W0260478

# Stromrichteranlagen der Starkstromtechnik

## Einführung in Theorie und Praxis

Von

**Dr.-Ing. Helmut Anschütz**

Leiter der Walzwerksabteilung der Brown, Boveri & Cie AG., Mannheim

Zweite neubearbeitete Auflage

Mit 196 Abbildungen und 16 Zahlentafeln

Springer-Verlag
Berlin/Göttingen/Heidelberg
1963

ISBN-13: 978-3-540-02940-3 e-ISBN-13: 978-3-642-47393-7
DOI: 10.1007/978-3-642-47393-7


Softcover reprint of the hardcover 2nd edition 1963
Library of Congress Catalog Card Number 62-19 573

## Vorwort zur zweiten Auflage

Seit dem Erscheinen der 1. Auflage hat die Stromrichtertechnik weitgreifende Fortschritte zu verzeichnen. Dies gilt für die Stromrichtventile selbst wie für ihre Anwendungen. Besonders die Halbleitergleichrichter haben eine außerordentliche Entwicklung erfahren.

Es ist daher notwendig geworden, das Buch durchgehend zu überarbeiten. Dabei konnten auch einige Anregungen verwendet werden, die der Verfasser seinerzeit den anerkennenden Besprechungen des Buches in Fachzeitschriften verdankt. Der Abschnitt über Planung von Anlagen wurde neu geordnet. Um den konstruktiven Aufbau der Stromrichtgefäße besser verständlich zu machen, wurden Schnittzeichnungen einiger Bauarten aufgenommen. Das Schrifttumsverzeichnis wurde neu gesichtet und ergänzt. Im ganzen sollte aber der Charakter des Buches als Einführung in das Fachgebiet gewahrt bleiben. Daher mußten sich notwendige Ergänzungen auf das Wesentliche beschränken.

Seit der 1. Auflage sind auch einige neue Benennungen und Bezeichnungen eingeführt worden. Einschlägige VDE-Vorschriften wurden überarbeitet und neu herausgegeben. Diese Veränderungen wurden soweit möglich noch berücksichtigt. Es erschien jedoch zweckmäßig, bisher übliche Bezeichnungen noch nebenher zu führen, damit dem Leser die Verbindung zum bisherigen Schrifttum erhalten bleibt. In dieser Fassung dürfte nunmehr das Buch wieder an den Stand der Technik und die heutige Fachsprache herangeführt sein.

Mannheim, im Herbst 1962

**H. Anschütz**

## Vorwort zur ersten Auflage

In der Starkstromtechnik haben Stromrichter eine ausgedehnte Anwendung gefunden. Trotzdem sind genügende Kenntnisse auf diesem Sondergebiet noch verhältnismäßig wenig verbreitet. Aus dem Wunsch, hierzu dem Studierenden und dem in der Praxis stehenden Ingenieur eine kurzgefaßte, übersichtliche Einführung zu geben, ist daher das vorliegende Lehrbuch entstanden.

Da die Konstruktion der Stromventile selbst eine mehr technisch-physikalische Aufgabe darstellt, werden die Ventile nur kurz beschrieben, ohne auf bauliche Einzelheiten einzugehen. Es sollen hier vielmehr vollständige Stromrichtgeräte und -Anlagen behandelt werden, wofür die Ventile als fertiges Bauelement angenommen werden.

Allgemeine Kenntnisse der Starkstromtechnik, insbesondere von elektrischen Maschinen und des Anlagenbaus, werden vorausgesetzt. Die theoretischen Grundlagen der Stromrichter werden in knapper Form gebracht, auf umfangreiche Ableitungen wird dabei verzichtet. Doch wird der Geltungsbereich der Gleichungen abgegrenzt, die Bedeutung der zugrunde gelegten Vereinfachungen und Vernachlässigungen werden erläutert.

Im Vordergrund der Darstellung steht mit Rücksicht auf sein praktisches Übergewicht der Gleichrichterbetrieb. Wechselrichter und Umrichter werden in besonderen Abschnitten beschrieben, doch können in dem gesteckten Rahmen des Buches nur die grundsätzlichen Schaltungen und ihre Eigenschaften gebracht werden. Es sei aber bemerkt, daß die allgemeinen Abschnitte über Meß- und Prüfverfahren, Schalt- und Schutzeinrichtungen und Anlagenplanung (Abschnitt D, E und F) auch auf Wechselrichter und Umrichter sinngemäß anwendbar sind, an einigen Stellen dieser Abschnitte wird auf die Besonderheiten dieser Stromrichterarten etwas näher eingegangen. Der Schlußabschnitt gibt einen Überblick über die wichtigsten Anwendungsgebiete.

Auf Grund langjähriger Erfahrungen im Bau von Stromrichteranlagen hofft der Verfasser, das für Studierende und Praktiker zur Einführung Wesentliche ausgewählt und verständlich gestaltet zu haben. Auf übersichtliche Anordnung und anschauliche Darstellung wurde vor allem Wert gelegt. Dazu mögen auch die zahlreichen Diagramme und Prinzipschaltbilder im Text beitragen.

Der Leser soll damit soweit grundlegende Kenntnisse und einen Überblick gewinnen, daß er sich in theoretische und praktische Einzelfragen, die ihm gestellt werden, an Hand der Literatur selbständig weiter einarbeiten kann. Hierfür nennt das Schrifttumsverzeichnis eine Auswahl der wichtigsten Veröffentlichungen, die auch in erster Linie für dieses Buch herangezogen wurden. Auf diese Quellen wird im Text und bei den Abbildungen durch Zahlen in eckigen Klammern hingewiesen. Weitere Angaben über das ziemlich umfangreiche Schrifttum der Stromrichtertechnik findet der Leser in diesen Büchern und Aufsätzen.

Berlin, im Herbst 1950 **H. Anschütz**

# Inhaltsverzeichnis

# Verzeichnis der Formelzeichen

*Vorbemerkung.* Große Buchstaben $E$, $I$, $U$ bedeuten bei Wechselstromgrößen, wenn nicht durch besonderen Index anders bestimmt, den Effektivwert, bei Gleichstromgrößen den Mittelwert. Überstrichene Formelzeichen (z. B. $\overline{I}_p$, $\overline{U}_{sp}$) bezeichnen den zeitlichen Höchstwert (Scheitelwert). Die entsprechenden kleinen Buchstaben $i$, $u$ stellen den Zeitwert (Augenblickswert) dar[1]. — Zur besseren Übersicht sind hier nur die wichtigsten Formelzeichen aufgeführt; vor allem sind einige spezielle Zeichen, die nur an *einer* Stelle des Buches verwendet werden, fortgelassen.

| | |
|---|---|
| $B$ | Anodensperrbeanspruchung, $B_0$ dgl. bei $\alpha = 0$. |
| $C$ | Kapazität. |
| $C_m$ | mittlerer Ausnutzungsfaktor des Gleichrichtertransformators, $C_p$ Ausnutzungsfaktor der Primärwicklung, $C_s$ dgl. der Sekundärwicklung. |
| $E_b$ | Brennspannung des Entladungsgefäßes. |
| $E_d$ | Durchlaß-Spannung eines Halbleiterventils |
| $E_{ds}$ | Schleusenspannung. |
| $E_k$ | Kurzschlußspannung des Transformators. |
| $E_r$ | Ohmscher Spannungsabfall. |
| $E_s$ | induktiver Gleichspannungsabfall. |
| $\Delta E$ | gesamter Spannungsabfall des Gleichrichters. |
| $e_k$ | relative Kurzschlußspannung. |
| $e_s$ | relativer induktiver Gleichspannungsabfall, $e_{s0}$ dgl. bei voller Aussteuerung. |
| $F(u)_b$ | Überlappungsfunktion zur Berechnung der Blindleistung ohne Gittersteuerung, $F(u, \alpha)_b$ dgl. mit Gittersteuerung. |
| $F(u)_i$ | Korrekturfunktion für den Effektivwert von Anodenstrom, Sekundär- und Primärstrom. |
| $f$ | Frequenz, $f_1$ dgl. primär, $f_2$ dgl. sekundär beim Umrichter. |
| $f_g$ | Formfaktor der Gleichspannung. |
| $g$ | Zahl der gleichzeitig brennenden Phasen außerhalb der Kommutierung, Anodenbeteiligung. |
| $I_a$ | Anodenstrom effektiv, $I_{am}$ dgl. Mittelwert. |
| $I_b$ | Blindstrom. |
| $I_g$ | Gleichstrom Mittelwert, $I_{ge}$ dgl. Effektivwert. |
| $I_{gk}$ | Kurzschluß-Gleichstrom. |
| $I_{gkr}$ | kritischer Gleichstrom der Saugdrosselschaltung. |
| $I_k$ | Kurzschlußstrom bei der Kommunitierung. |
| $I_{gn}$ | Oberwelle des Gleichstroms (Effektivwert) mit der Ordnungszahl $n$. |
| $I_m$ | Magnetisierungsstrom der Saugdrossel. |
| $I_n$ | Netzstrom[2], $I_{n1}$ dgl. Grundwelle. |

[1] Auf Seite 232 ist $i$ eine reine Verhältniszahl.

[2] In der Einführung zur Transformatorberechnung (Kap. B, Abschnitt 5, S. 48) bedeutet $I_n$ die $n$-te Oberwelle von $I$.

$I_p$ Primärstrom, $I_{p1}$ dgl. Grundwelle, $I_{pn}$ dgl. Oberwelle mit der Ordnungszahl $n$.

$I_s$ Sekundärstrom, $I_{sa}$, $I_{si}$ dgl. im äußeren bzw. inneren Wicklungszweig der Gabelschaltung.

$I_w$ Wirkstrom.

$k$ Faktor der Ordnungszahl der Oberwellen.

$k_0$ Gleichrichtungsfaktor.

$L$ Induktivität.

$m$ primäre Phasenzahl des Gleichrichters.

$n$ Ordnungszahl der Oberwellen.

$P$ Leistung.

$P_b$ Blindleistung, dazu Index $k$ für Kommutierung, $m$ für Magnetisierung, $st$ für Gittersteuerung.

$P_{b1}$ Blindleistung des Umrichters primär, $P_{b2}$ dgl. sekundär, $P'_{b2}$ Steuerblindleistung des Steuerumrichters.

$P_d$ Leistung der Saugdrossel.

$P_g$ Gleichstromleistung, $P_{g0}$ Gleichstrom-Bruttoleistung.

$P_m$ mittlere Typenleistung des Transformators.

$P_n$ Netzscheinleistung.

$P_p$ primäre Scheinleistung des Transformators, $P_s$ dgl. sekundär.

$P_{s3}$ Scheinleistung der Drehstrombelastung beim Wechselrichter.

$P_{sp}$ mittlere Scheinleistung des Spartransformators.

$P_{sch}$ Scheinleistung des Gleichrichters, $P_{sch1}$ dgl. für die Grundwelle.

$P_{TM}$ Scheinleistung der Taktgebermaschine.

$P_v$ Verzerrungsleistung.

$P_w$ Wirkleistung, $P_{w1}$ dgl. primär, $P_{w2}$ dgl. sekundär

$p$ Pulszahl (sekundäre Phasenzahl des Transformators)

$p'$ gesamte Pulszahl einer Anlage.

$Q_L$ Luftmenge, $Q_1$ Umlaufwassermenge, $Q_2$ Frischwassermenge.

$q$ Pulszahl einer Kommutierungsgruppe, Ventilqualität

$r$ Ohmscher Widerstand

$r'$ Ohmscher Ersatzwiderstand, insgesamt vom Netz bis zu den Gleichstromklemmen, $r_a$ Ohmscher Widerstand der Anodendrosseln, $r_d$ dgl. Saugdrossel, $r_k$ Kathodendrossel, $r_n$ Netz, $r_p$ Primärwicklung des Transformators, $r_s$ Sekundärwicklung des Transformators, $r_{sa}$, $r_s$ äußerer bzw. innerer Wicklungszweig der Sekundärwicklung des Transformators, $r_i$ innerer Widerstand eines Halbleiterventils.

$r_1$ Ohmscher Widerstand der Transformatorwicklung kalt, $r_2$ dgl. warm.

$t$ Zeit, Betriebsstunden.

$t_f$ Freiwerdezeit.

$t_l$ Löschzeit der Gittersperrung, Lichtbogenzeit eines Schnellschalters, $t_l$ Lichtbogenzeit eines normalen Überstromschalters.

$t_v$ Ausschaltverzug.

$U$ Netzspannung, $U_d$ Saugdrosselspannung.

$U_g$ Gleichspannung bei Belastung, Mittelwert, $U'_g$ konventionelle Leerlaufgleichspannung, $U_{ge}$ dgl. Effektivwert, $U_{gn}$ Oberwelle der Gleichspannung mit der Ordnungszahl $n$, $U_{g0}$ (ideelle) Leerlaufgleichspannung bei voller Aussteuerung, $U'_{g0}$ dgl. unterhalb der kritischen Last, $U_{g\alpha}$ Leerlaufgleichspannung bei Gittersteuerung.

$U_k$ Kommutierungsspannung, $U_L$ Läuferspannung der Stromrichterkaskade, $U_m$ Motorwechselspannung des Stromrichtermotors.

$U_p$ Transformator-Primärspannung, $U_s$ dgl. Sekundärspannung, $U_{s1}$, $U_{s2}$ dgl. Sekundärspannungen des Stufenregelbereichs.
$U_{sp}$ Sperrspannung, $U_{spr}$ Sprungspannung.
$U_v$ verkettete Sekundärspannung.
$U_w$ Wechselrichter-Gleichspannung, $U_{w0}$ dgl. bei voller Aussteuerung, $U_{w\beta}$ dgl. bei Zündverfrühung $\beta$.
$\Delta U$ Schwankung der Drehstrom-Netzspannung.
$\Delta U_g$ gesamter Steuerbereich der Gleichspannung.
$u$ Überlappungswinkel der Anodenströme.
$V$ Verluste, $V_d$ dgl. in den Drosselspulen, $V_{fe}$ Eisenverluste des Transformators, $V_h$ Verbrauch der Hilfsbetriebe, $V_i$ innerer Verlust der Stromrichtventile, $V_r$ Wicklungsverluste des Transformators ($V_p$ primär, $V_s$ sekundär), $V_r'$ Wicklungsverlust der Saugdrossel, $\Sigma V_r$ gesamte Ohmsche Verluste, $\Sigma V$ Gesamtverluste.
$v$ Verzerrungsfaktor, Grundwellengehalt, $v_{ow}$ Oberwellengehalt.
$W$ Rückzündungswahrscheinlichkeit.
$w_a$, $w_i$ Windungszahl der äußeren bzw. inneren Wicklung bei der Sparschaltung.
$w_g$ Welligkeit der Gleichspannung, $w_{gi}$ dgl. des Gleichstroms.
$w_p$ Windungszahl einer primären Phase.
$w_s$ Windungszahl eines sekundären Wicklungszweiges (bei Durchmesserschaltung volle Phase, bei Zickzackschaltung nur Teilwicklung).
$X_a$ Reaktanz der Anodendrossel, $X_a'$ wechselstromseitige Ersatzreaktanz, $X_k$ gleichstromseitige Reaktanz (Kathodendrossel), $X_m$ Reaktanz des Motorankers.
$x$ Zeitabszisse $= \omega t$.
$z$ Übersetzungsverhältnis der Spannungen, $z'$ dgl. bezogen auf die verkettete Sekundärspannung, $z_i$ dgl. der Ströme.
$z_e$ Spannungsabfallziffer (induktiver Gleichspannungsabfall bezogen auf die Kurzschlußspannung).

$\alpha$ Steuerwinkel, Zündverzögerung des Gleichrichters, $\alpha_{kr}$ kritischer Steuerwinkel, $\alpha_{max}$ Steuerbereich.
$\Delta\alpha$ Schwenkwinkel.
$\beta$ Steuerwinkel, Zündverfrühung des Wechselrichters.
$\gamma$ Phasenwinkel der Gleichrichterbelastung.
$\delta$ Brenndauer ohne Überlappung, $\delta'$ dgl. verkürzt bei lückendem Gleichstrom, $\delta''$ dgl. mit Überlappung.
$\eta$ Wirkungsgrad, $\eta_0$ dgl. Gefäßwirkungsgrad.
$\vartheta$ Temperatur, $\vartheta_1$ $\vartheta_2$ Transformatorwicklung kalt, bzw. warm, $\vartheta_3$ $\vartheta_4$ Umlaufwasser Ablauf bzw. Zulauf zum Rückkühler, $\vartheta_5$ $\vartheta_6$ Frischwasser oder Frischluft Zulauf bzw. Ablauf zum Rückkühler, $\Delta\vartheta$ Erwärmung der Transformatorwicklung, $\vartheta_k$ Kühlmitteltemperatur.
$\lambda$ totaler Leistungsfaktor.
$\omega$ Kreisfrequenz der Netzspannung.
$\cos\varphi_p$, $\cos\varphi_s$ Leistungsfaktor der Grundwelle des Umrichters primär bzw. sekundär.
$\cos\varphi_0$ $= \lambda$ totaler Leistungsfaktor.
$\cos\varphi_1$ Leistungsfaktor der Grundwelle, Verschiebungsfaktor.
$\cos\varphi_3$ Leistungsfaktor der Drehstrombelastung beim Wechselrichter.

# Verzeichnis der Zahlentafeln

# A. Einleitung

## 1. Stromrichterarten

Stromrichter sind ruhende Einrichtungen zur Umformung elektrischer Energie von einer Stromart in eine andere, vorzugsweise für Starkstrom. Sie arbeiten im Gegensatz zu rotierenden Umformern wie Motorgeneratoren, Einanker-Umformern, Kaskaden-Umformern u. ä. ohne die Verwendung mechanischer Energie als Zwischenstufe. Grundsätzlich unterscheidet man nach ihrer Aufgabe:

a) **Gleichrichter** zur Umformung von ein- oder mehrphasigem Wechselstrom, meist von Drehstrom, in Gleichstrom (Abb. 1, a),

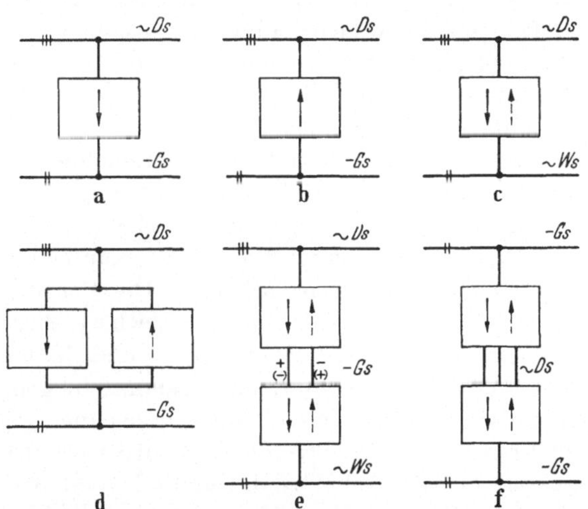


Abb. 1 a—f. Stromrichterarten.
*Ds* = Drehstrom, *Gs* = Gleichstrom, *Ws* = einphasiger Wechselstrom, → Energierichtung.
a) Gleichrichter, b) Wechselrichter, c) Umrichter, d) Umkehrstromrichter,
e) mittelbarer Umrichter, f) Gleichstrom-Transformator

b) **Wechselrichter** für die umgekehrte Aufgabe, also für die Energierichtung Gleichstrom—Drehstrom oder Gleichstrom—Wechselstrom (Abb. 1, b),

c) **Umrichter** zur Umformung zwischen Wechselstromsystemen verschiedener Frequenz, wobei gleichzeitig auch die Phasenzahl geändert werden kann, z. B. von Drehstrom 50 Hz in Einphasen-Wechselstrom $16^2/_3$ Hz (unmittelbarer Umrichter, Abb. 1, c).

Durch Zusammenschalten aus diesen Elementen erhält man weiter:

**d) Umkehrstromrichter,** auch als Gleich-Wechselrichter bezeichnet, durch Parallelschalten eines Gleichrichters *a* und eines Wechselrichters *b*, so daß zwischen Drehstrom- und Gleichstromnetz Energie in beiden Richtungen übertragen werden kann (Abb. 1, d),

**e) Umrichter** in mittelbarem Betrieb mit Gleichstrom-Zwischenkreis durch Reihenschaltung eines Gleichrichters *a* und eines Wechselrichters *b*, wobei zwischen Netzen verschiedener Frequenz und Phasenzahl Energie ausgetauscht wird (Abb. 1, e).

**f) Gleichstrom-Transformator,** auch Gleichumrichter genannt, zur Umspannung von Gleichstrom durch Reihenschaltung eines Wechselrichters *b* und eines Gleichrichters *a* mit mehrphasigem Zwischenkreis (z. B. Drehstrom, Abb. 1, f), wobei jedoch zur Vereinfachung dieser Zwischenkreis meist nicht voll ausgebildet wird.

Am weitaus häufigsten wird der Stromrichter zum Gleichrichten verwendet. Daher soll der Gleichrichterbetrieb zunächst allein behandelt werden. Aus den damit gewonnenen Grundlagen lassen sich anschließend Wirkungsweise und Eigenschaften der anderen Stromrichterarten in einfacher Weise ableiten.

Ein Stromricht-Ventil, auch als Mutator bezeichnet, ist ein Gerät, das den Strom nur in einer Richtung durchläßt, dagegen in der umgekehrten Richtung sperrt. Ungeachtet dieser Richtwirkung kann man das Gerät auch als einen unverzögerten Schalter auffassen, wenn man den inneren Spannungsabfall vernachlässigt. Die Ventilstrecken eines Gleichrichters schalten in regelmäßigem Wechsel Ausschnitte der Wechselspannungen auf die Gleichstromseite und bilden damit die Gleichspannung. Zu einem Stromrichter gehören allgemein mehrere Ventilstrecken, zusammen auch als Gefäßsatz bezeichnet, während streng genommen ein Ventil nur *einen* Stromweg (Ventilstrecke) besitzt.

Man nennt *echte Ventile* solche, bei denen die Durchlaßrichtung durch ihre physikalischen Eigenschaften (Unsymmetrie) eindeutig bestimmt ist. Dazu gehören Hochvakuum-Ventile, Gas- oder Dampfentladungsgefäße, Elektrolytventile und Halbleiterventile (Trockengleichrichter). *Unechte Ventile* haben selbst keine eindeutige Richtwirkung; besondere Hilfsmittel, wie Steuerung der Kontaktgabe oder Steuerung von Zündung und Löschung, müssen die Ventilwirkung erzwingen. Hierzu sind Hochdruck-Lichtbogenventile (nach Marx) und mechanische Gleichrichter (Pendel-Gleichrichter, Quecksilberstrahl-Gleichrichter, Kontaktumformer) zu rechnen.

In der Starkstromtechnik werden vorzugsweise Entladungsgefäße und Halbleiterventile verwendet. Daher werden sie den folgenden Betrachtungen zugrunde gelegt. Die Theorie der Schaltungen für echte

Ventile läßt sich weitgehend auch auf unechte anwenden, natürlich hat man dabei die besonderen Eigenschaften dieser Geräte zu berücksichtigen. Es sollen hier zur Einführung in die Stromrichtertechnik nur die echten Ventile kurz beschrieben werden, und zwar in den gebräuchlichen Bauformen.

## 2. Wirkungsweise und Aufbau der Stromventile

### a) Entladungsgefäße

In der einfachsten Form hat ein Entladungsgefäß nur 2 Hauptelektroden, die Anode $A$ und die Kathode $K$ (Abb. 2, a und b). Der Strom tritt bei der Anode $A$ ein, bei der Kathode $K$ aus, wenn ihr gegenüber

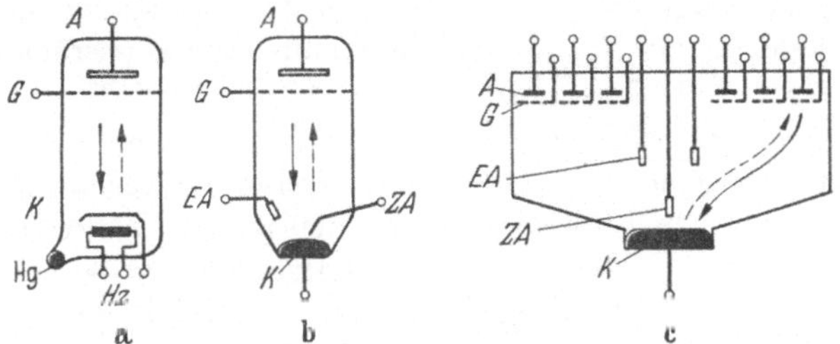


Abb. 2a—c. Grundsätzliche Bauweise der Dampfentladungsgefäße.
a) Glühkathodengefäß (mit Quecksilber-Tropfen im Fuß), b) Quecksilberdampfgefäß einanodig, c) Quecksilberdampfgefäß sechsanodig,
$A$ Anode, $EA$ Erregeranode, $G$ Gitter, $Hz$ Heizung, $K$ Kathode, $ZA$ Zündanode.
——→ Richtung des elektrischen Stroms (Durchlaßrichtung)
- - - → Richtung der Elektronen

die Anode positives Potential hat. Dazwischen erfolgt der Stromübergang in einer Entladung, wobei Elektronen, von der Kathode ausgehend, zur Anode strömen. Die Elektronen sind also nach der üblichen Betrachtungsweise dem elektrischen Strom entgegengerichtet. Bei negativer Anode fließt kein Strom.

Die Kathode muß imstande sein, mit geringem Energieverbrauch die erforderlichen Elektronen auszusenden, wogegen eine Elektronenemission an der Anode möglichst vollständig unterbunden wird. Dies geschieht durch Wahl geeigneten Elektrodenmaterials und durch Einhaltung besonderer Betriebsbedingungen. Man nimmt für die Anode meist Grafit, sie wird auf relativ niedriger Temperatur gehalten, so daß eine Elektronenemission erst bei einem Potential weit über der Betriebsspannung einsetzen würde. Dagegen hat die Kathode im Betrieb eine viel höhere Temperatur, sie besteht aus einem Material mit hoher Emission bei geringer Austrittsarbeit. Das Elektrodensystem wird in ein luftdicht abgeschlossenes Entladungsgefäß aus Glas oder Stahl eingebaut.

In einer *Hochvakuumröhre* werden die Elektronen von einer Glühkathode geliefert und bewegen sich unter dem Einfluß der Spannung

Anode—Kathode zur Anode. Dabei behindern sie sich gegenseitig. Diese Raumladung bedingt einen hohen Spannungsabfall von z. B. 1000 V bei 1 A. Daher sind diese Ventile nur für kleine Ströme und hohe Spannungen brauchbar (bis ca. 230 kV).

Wenn man dem Gefäß eine gewisse Gasfüllung (Edelgas) oder Dampffüllung (Quecksilber) gibt, erzeugen die Elektronen Stoßionisation. Die Raumladung wird durch positive Ionen aufgehoben. Damit beträgt für solche Lichtbogenentladung der Spannungsabfall nur etwa 10—30 V. Das Gefäß kann einen hohen Strom führen. Man unterscheidet folgende Ausführungen:

| | |
|---|---|
| nach Art der Elektronenerzeugung . . | Glühkathode und Quecksilber-Kathode |
| nach der Gefäßart . . . . . . . . . . | Glas oder Stahl |
| nach der Vakuumhaltung . . . . . . . | pumpenlos oder mit Vakuumpumpe |
| nach der Kühlung . . . . . . . . . . | mit Luft- oder Wasserkühlung |
| nach der Zahl der Anoden . . . . . . | einanodig, mehranodig |

Der *Glühkathoden-Gleichrichter* (Abb. 2, a) hat eine direkt oder indirekt elektrisch geheizte Kathode aus festem Material mit geringer Elektronen-Austrittsarbeit (Wolframdraht mit Barium- oder Calcium-Oxyd-Schicht). Dabei benötigt man eine Anheizzeit von 0,2—10 Min., die Temperatur der Kathode beträgt ca. 800 bis 1200 °C. Der Entladungsraum enthält etwas Edelgas (Argon) von rd. 0,01—0,02 Torr (mm Hg) für Niederspannungsventile. Für Hochspannungsventile verwendet man als Zusatz Quecksilberdampf, geliefert von einem Tropfen flüssigen Quecksilbers im Fuß des Gefäßes. Das Gefäß (Abb. 3) besteht aus Glas und ist meist einanodig, manchmal auch zweianodig. Der Spannungsabfall (Brennspannung) beträgt 7—15 V, die Sperrspannung je nach Bauform und Gas- oder Dampffüllung 100 V—20 kV. Bei Edelgasfüllung ist das Gefäß für einen größeren Temperaturbereich geeignet. Ventile mit Steuergittern heißen Thyratrons (Stromtore) und werden für Anodenströme bis 20 A Mittelwert, 80 A Spitzenwert und mehr gebaut.

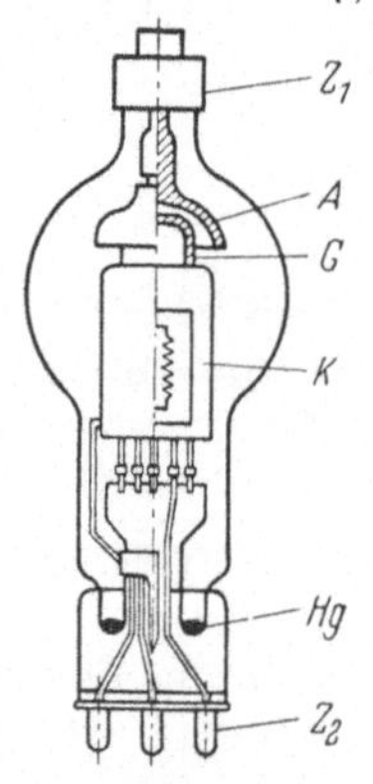


Abb. 3. Glühkathoden-Gleichrichter. *A* Anode; *G* Gitter; *Hg* Quecksilber-Tropfen; *K* Kathode; $Z_1$ Anschluß Anode; $Z_2$ Anschlüsse Gitter, Kathode, Heizung [*8*][1]

Der *Quecksilberdampf-Gleichrichter* (Abb. 2, b, c) hat eine Kathode aus Quecksilber (Hg). Dadurch ist eine wesentlich ergiebigere Elektronenquelle gegeben als mit einer Glühkathode. Der Lichtbogen setzt am sogenannten Kathodenfleck (Brennfleck) an (rd. 2000° C), der auf der Quecksilber-Oberfläche mit großer Geschwindigkeit regellos umher wandert. Der Brennfleck kann an einer Spitze aus Molybdän oder

[1] Zahlen in eckigen Klammern verweisen auf das Schrifttumsverzeichnis, S. 246.

Wolfram fixiert werden, jedoch nur bis zu einer begrenzten Stromstärke. Der Betriebsdruck beträgt etwa 0,5—10 · $10^{-3}$ Torr (mm Hg). Die Anoden haben eine Temperatur von etwa 600—800 °C. Der Quecksilberdampf, der von der Kathode infolge der Erhitzung durch den Strom aufsteigt, kondensiert im oberen Teil des Gefäßes und fließt zur Kathode zurück, so daß sich die Kathode ständig wieder erneuert. Die Anoden dürfen sich gegenseitig nicht „sehen". Daher werden sie in besonderen Anodenarmen untergebracht oder mit Hülsen verkleidet.

Solche Entladungsgefäße aus Spezialglas hoher Elastizität (Hartglas), kurz als *Glasgleichrichter* bezeichnet, haben 2, 3 oder 6 Anoden in seitlich angesetzten Anodenarmen (Abb. 4). In der Mitte ist der Kondensationsdom; darunter die Quecksilberkathode. Die Anoden sind vakuumdicht und thermoelastisch eingeschmolzen. Die üblichen Baugrößen sind ausgelegt für 30—500 A und

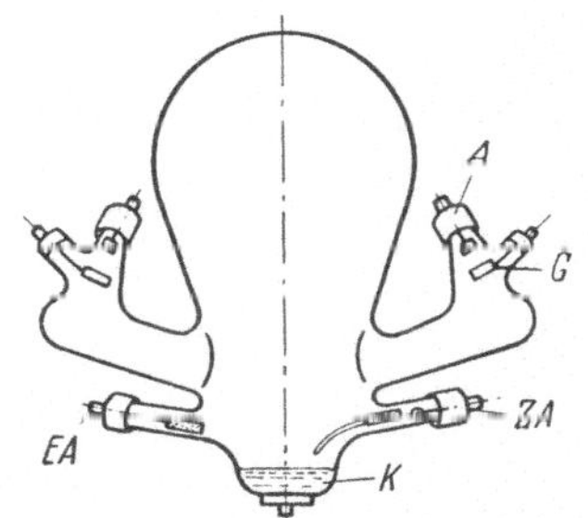


Abb. 4. Quecksilberdampf-Glasgleichrichter (6anodig). *A* Anode; *EA* Erregeranode; *G* Gitter; *K* Kathode; *ZA* Zündanode

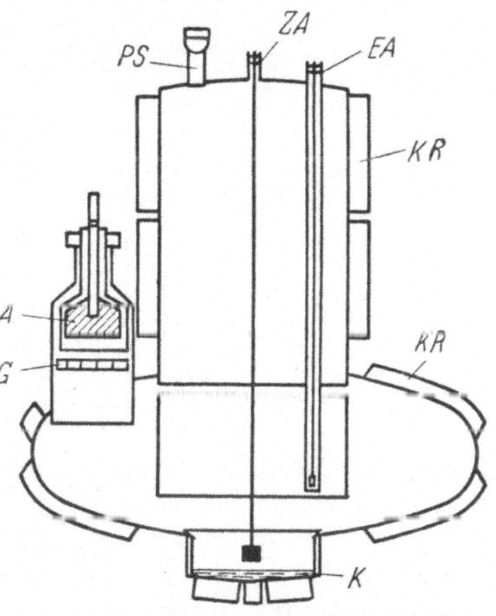


Abb. 5. Pumpenloses Stahlgefäß (6anodig) (Gefäß ohne Lüfter-Unterbau). *A* Anode; *EA* Erregeranode; *G* Gitter; *K* Kathode; *KR* Kühlrippen; *PS* Pumpstutzen; *ZA* Zündanode [*99*]

mehr bei einer Nennspannung von 500 V.[1] Der Lichtbogenabfall beträgt 16—25 V. Zur Sicherung der Ventilwirkung sind bestimmte Temperaturen an Kathode und Anode einzuhalten. Dafür genügt bei kleinen Einheiten die Luftselbstkühlung. Für Baugrößen von etwa 60 A an muß die Wärme mit einem Ventilator abgeführt werden, der das Gefäß von unten anbläst. Glasgleichrichter der großen Stromstärken werden nur noch selten verwendet.

*Pumpenlose Stahlgefäße* (auch kurz als Pulos bezeichnet) haben einen etwa linsenförmigen Körper mit aufgesetzten Anodenröhren und Kühl-

[1] Diese Daten gelten für die üblichen Baugrößen. Vereinzelte Sonder- und Versuchsausführungen sind für noch höhere Ströme gebaut worden. Allgemein gehört zu einer höheren Stromstärke eine größere Anodenzahl. Eine hohe Betriebsspannung verlangt eine gewisse Beschränkung der Strombelastung bei gegebener Baugröße.

dom (Abb. 5). Üblich sind drei oder sechs Anoden für 150—1500 A Nennstrom bei 600 V[1]. Die Kathode ist gegen das Gefäß isoliert. Der Lichtbogenabfall liegt zwischen 20 und 23 V. Die Zuleitung zur Kathode erfolgt meist von unten, bei einigen Konstruktionen jedoch von oben. Die Anodenzuleitungen sind vakuumdicht über Glas oder Keramik eingeschmolzen. Allgemein wird mit Luft durch einen Ventilator von unten gekühlt. Nur bei niedriger Temperatur rascher mit Belastung in Betrieb zu gehen, kann ein Edelgaszusatz dienen.

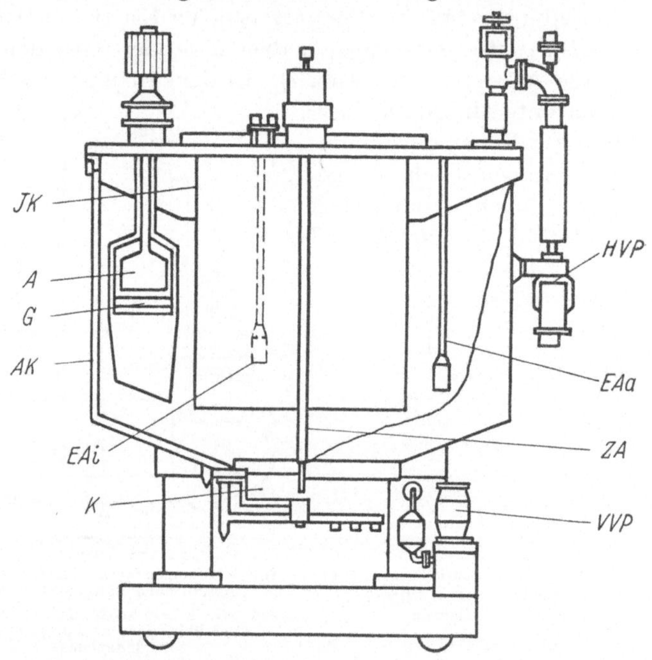


Abb. 6. Großgleichrichter mit Vakuumhaltung und Wasserkühlung.
*A* Anode; *AK* Außenkühler (Kühlmantel); *EA* Erregeranode ($EA_a$ außen, $EA_i$ innen); *G* Gitter; *HVP* Hochvakuumpumpe; *IK* Innenkühler; *K* Kathode; *VVP* Vorvakuumpumpe; *ZA* Zündanode [8]

*Großgleichrichter mit Vakuumhaltung* arbeiten wassergekühlt. Sie sind mit 12, 18 und sogar 24 Anoden für 2000 bis zu 8000 A[1] gebaut worden (Abb. 2, c). Das Stahlgefäß ist zylindrisch; je nach Konstruktion sind Anodenrohre und Kühldom aufgebaut oder in den entsprechend höheren Zylinderraum eingesetzt (Abb. 6). Das Kühlwasser durchströmt den Kühlmantel von Gefäß und Kathode, den Kühlmantel des Kühldoms oder Innenkühlers und die Kühlung der Hochvakuumpumpe. Anoden, Kathode und Deckel sind mit Dichtungen (Gummi, Quecksilber) eingesetzt. Das Gefäß kann also für Überholungsarbeiten geöffnet werden. Im Betrieb muß für eine ständige Vakuumhaltung ge-

---

[1] s. Fußnote S. 5.

sorgt werden. Dazu dienen eine Hochvakuumpumpe (meist Quecksilber-Dampf-Strahlpumpe) und eine rotierende Vorpumpe (Schieberkapselpumpe) in Reihenschaltung. Ein Vorvakuumgefäß als Zwischenbehälter ermöglicht es, die Vorpumpe nur in größeren Zeitabständen laufen zu lassen. Großgleichrichter dieser Art werden kaum noch gebaut. Man bevorzugt auch für größere Leistungen pumpenlose mehranodige Gefäße oder eine Gruppe von Einanoden-Ventilen.

*Einanodige Stahlgefäße* werden für 30, 100, 300, 500 und 600 A[1] mittleren Anodenstrom gebaut. Diese Baugrößen sind meist luftgekühlt und pumpenlos. Für größere Leistungen wird auch Wasserkühlung eingesetzt. Bei Verwendung besonderer Konstruktionsformen (z. B. Kupferkühlrohre auf Gefäßmantel) oder von speziellem Wandmaterial (besonderer Stahl oder Emailleüberzug) ist auch bei Wasserkühlung Betrieb ohne Vakuumpumpe möglich. Abb. 7 zeigt den Schnitt einer Bauart mit Luftkühlung und ohne Vakuumpumpen. Zum Zünden der Dauererregung werden bei einigen Konstruktionen auch Halbleiterzündstifte verwendet, zuweilen zwei Stück, so daß bei Ausfall das Gefäß betriebsfähig bleibt. Die Kathode wird vom Gehäuse meist nicht isoliert. Dann ist eine Wandabschirmung oder ein isolierender Innenbelag erforderlich. Der Anschluß zur Kathode kann aber einfach am Deckel des Gefäßes angebracht werden.

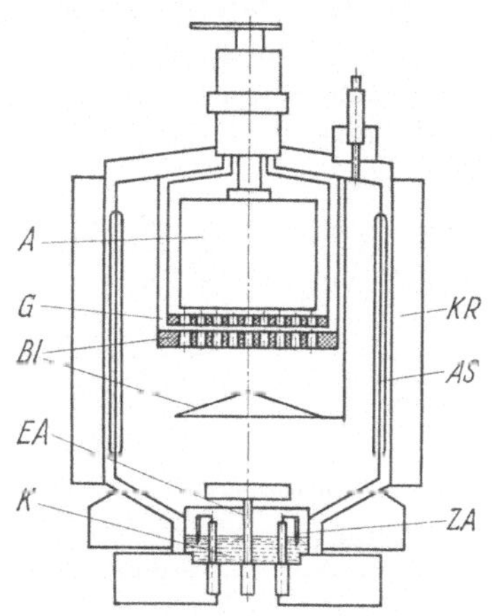


Abb. 7. Einanodiges Stromricht-Ventil pumpenlos, für Luftkühlung.

*A* Anode; *AS* Abschirmung; *Bl* Blende (Entionisierungsgitter und Anodenblende); *EA* Erregeranode; *G* Steuergitter; *K* Kathode; *KR* Kühlrippen; *ZA* Zündanode [*103*]

Während Glühkathodengefäße mit Edelgasfüllung auch bei niedriger Raumtemperatur einwandfrei arbeiten, benötigen Entladungsgefäße mit Quecksilberdampf eine gewisse Mindesttemperatur. Der Lichtbogen brennt sonst unruhig und kann abreißen. In einem kalten Aufstellungsraum muß das Gefäß künstlich geheizt werden. Statt dessen kann man auch als „Kälteschutz" etwas Edelgas einfüllen. Kleine einanodige Gefäße sind dagegen weniger temperaturempfindlich.

Bei Inbetriebsetzung eines Stromventils muß die Entladung gezündet werden. Bei Glühkathodengefäßen genügt es im allgemeinen, die Anodenspannung anzulegen, wenn die Kathode angeheizt ist. Die Anheizzeit liegt zwischen 10 s und einigen min, je nach Baugröße. Manche zweianodige Gefäße für Niederspannung haben eine besondere Zündanode,

[1] s. Fußnote S. 5.

die dauernd oder vorübergehend an eine evtl. erhöhte Spannung gelegt wird (s. Abb. 187, S. 229). Quecksilberdampfgefäße benötigen aber stets eine besondere Zündeinrichtung. Hierzu dient eine Zündanode *ZA* (Abb. 2, b, c) dicht über der Kathode. Zwischen beiden wird ein Hilfslichtbogen eingeleitet. Bei feststehender Zündanode kann zu diesem Zweck das Gefäß gekippt werden, oder das Quecksilber wird durch einen Tauchmagneten gegen die Zündanode gespritzt. Bei der Kontraktionszündung wird eine schmale Quecksilberbrücke zwischen Kathode und Zündanode durch einen hohen Stromstoß zum Abreißen gebracht. Auch eine Zündung mit Hochspannungsstoß ist verwendet worden. Bei Glasgefäßen wird häufig eine bewegliche Zündanode von außen durch einen Magneten betätigt und damit der Zündlichtbogen eingeleitet. Bei positiver Anodenspannung setzt sofort auch die Hauptentladung ein. Die Zündanode wird dann wieder abgeschaltet. Der Kathodenfleck muß

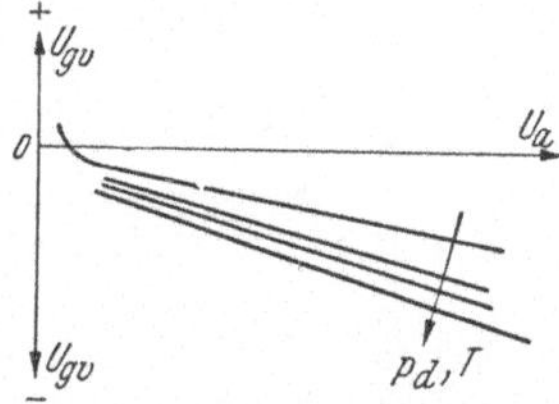


Abb. 8. Zündkennlinien eines Glühkathodengefäßes mit Quecksilberdampffüllung.
$p_d$ Dampfdruck, $T$ Temperatur, $U_{gv}$ Gitter(vor)-spannung, $U_a$ Anodenspannung [2].

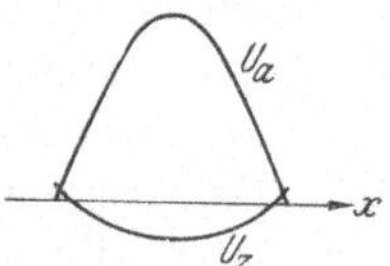


Abb. 9. Zündkurve eines Entladungsgefäßes bei sinusförmiger Anodenspannung.
$U_z$ Zündspannung, $U_a$ Anodenspannung

selbst bei kleinster Last, wenn z. B. nur ein Spannungsmesser angeschlossen ist, aufrecht erhalten werden. Dazu dient eine im Betrieb ständig brennende Hilfsentladung zwischen besonderen Erregeranoden (*EA* in Abb. 2, b, c) und der Kathode (Dauererregung, 5—10 A, evtl. auch mehr).

Im Gegensatz zu den Hochvakuum-Entladungsgefäßen ist es bei den Gas- oder Dampf-Entladungsgefäßen nicht möglich, die Entladung noch nach ihrem Beginn zu beeinflussen. Höhe und Verlauf des Stroms sind nur noch durch die Schaltung des Stromrichters und die Belastung vorgeschrieben. Man kann jedoch den Zündzeitpunkt der betreffenden Anode willkürlich bestimmen. Hierzu dienen Hilfselektroden aus Grafit, Wolfram oder Molybdän vor den Anoden, die sogenannten Steuergitter (Abb. 2, a—c). Erteilt man diesen Gittern gegenüber der Kathode ein negatives Potential, so wird der Stromeinsatz der betreffenden Anoden verhindert. Abb. 8 zeigt eine Zündkennlinienschar für einen gesteuerten Glühkathodengleichrichter. Bei Quecksilberkathode ist der Streubereich der Kennlinien noch größer. Danach kann man zu der Wechselspannungskurve der Anode $U_a$ eine Zündkurve $U_z$ zeichnen (Abb. 9), die von der

Gitterspannung im positiven Sinn überschritten werden muß, damit die Entladung der betreffenden Anode einsetzt. Nach Beginn der Entladung entsteht im Bereich des Gitters eine positive Raumladung, wodurch sein Einfluß auf den Entladungsweg aufgehoben wird. Die Entladung erlischt an dieser Anode erst dann, wenn eine andere Anode mit höherem positiven Potential durch ihr Gitter frei gegeben wird oder wenn die eigene Anodenspannung durch Null geht. Wie weiter unten erläutert wird, gestattet die Gittersteuerung eine stetige Verstellung des Mittelwerts der abgegebenen Gleichspannung bei Gleichrichtern sowie Wechselrichter- und Umrichterbetrieb (S. 25, 126, 129). Eine Gleichstromentladung kann aber durch das Gitter nicht unterbrochen werden.

Nach dem Verlöschen der Entladung sollen die noch vorhandenen positiven und negativen Ladungsträger so schnell wie möglich durch Wiedervereinigung und Abwanderung unwirksam gemacht werden. Man bezeichnet dies mit Entionisierung. Die Zeit, die vergeht, bis das Gitter seine Sperrfähigkeit voll wiedererlangt hat, heißt die Freiwerdezeit. Unter Entionisierungszeit versteht man die Zeitspanne bis zur Entfernung aller Ladungsträger aus der Entladungsbahn nach dem Verlöschen des Stromes; sie ist größer als die Freiwerdezeit. Diese ist besonders wichtig für Schaltungen, bei denen die Anode bald nach dem Verlöschen des Stroms positives Potential annimmt, nämlich vor allem bei Wechselrichtern und Umrichtern. Dadurch ist bei ihnen eine obere Grenze für die Frequenz gesetzt. Die Freiwerdezeit muß wesentlich kürzer sein als die Ruhezeit, d. h. als die Dauer der negativen Sperrspannung (s. Abb. 78). Die Freiwerdezeit liegt in der Größenordnung von $1 \cdot 10^{-4}$ bis $1 \cdot 10^{-3}$ s. Die Grenzfrequenz, d. h. die zulässige höchste Frequenz der Wechselspannung, ist daher rd. 2000 Hz bei Quecksilberdampfgefäßen, rd. 5000 Hz bei Glühkathodengefäßen mit Argonfüllung. Zur Erleichterung der Entionisierung können im Anodenraum unterhalb der Steuergitter Blenden oder Entionisierungsgitter angebracht werden.

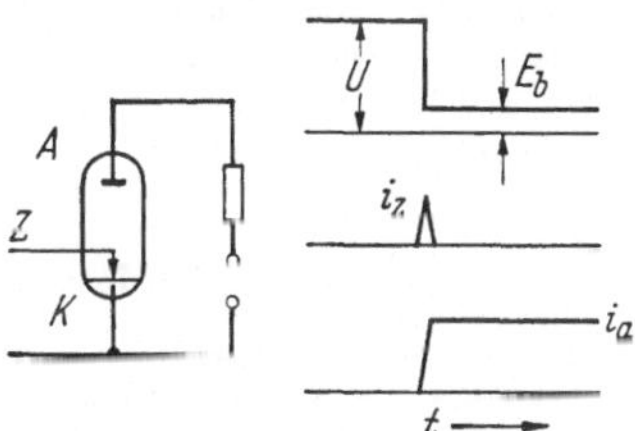

Abb. 10. Wirkungsweise eines Ignitrons, Prinzipschaltbild und Zeitdiagramm. $A$ Anode; $K$ Kathode; $Z$ Zündstift; $U$ Anodenspannung; $E_b$ Brennspannung; $i_a$ Anodenstrom; $i_z$ Zündstrom

Die Entladungsgefäße mit Dauererregung werden auch Excitrons genannt. *Ignitrons* arbeiten dagegen mit periodischer Zündung. Das einanodige Gefäß ist meist aus Stahl und arbeitet ohne Vakuumpumpen mit Wasserkühlung. Üblich sind Baugrößen für 500 A mittleren Anodenstrom und mehr. In die Quecksilberkathode (Abb. 10) taucht ein Zündstift aus Halbleitermaterial, z. B. aus Silizium-Carbid (Silit) oder Borcarbid. Über ihn wird mit 200 V ein Stromstoß von 6—8 A geleitet, wodurch sich der Kathodenfleck bildet und die Hauptentladung einsetzt. Der Zündstift dient also gleichzeitig als Zündelektrode und als Steuergitter. Der Zeitpunkt der Zündung kann nämlich wie bei der zuvor beschriebenen Gittersteuerung willkürlich gewählt werden. Die Elektronenentwicklung setzt aber erst mit der Hauptentladung ein. Dadurch soll die Sicherheit gegen Rückzündungen erhöht werden. Anode und Kathode können einander näher gegenübergestellt werden, so daß der Lichtbogenabfall nur klein ist [*56*, *83*]. Als weitere Vorteile der Ignitron-Bauweise werden genannt: niedriges Gewicht, einfache Bauweise, wenig Platzbedarf, einfache Wartung, hoher Stoßstrom, geringer Preis. Die Zündstifte haben jedoch eine begrenzte Lebensdauer. Außerdem arbeitet die Steuerung der Gleichspannung nicht so genau, wie eine Gittersteuerung. Ignitrons werden in den Vereinigten Staaten in großem Umfang verwendet. In Europa werden sie jedoch vorzugsweise nur für bestimmte Steuerungszwecke, z. B. für elektronisch gesteuerte Schweißmaschinen eingesetzt, Schaltleistung in Antiparallelschaltung 600—2400 kVA bei 600 V, 50 Hz.

### b) **Halbleiterventile** (Trockengleichrichter)

Gewisse Halbleiter zwischen Metallelektroden ergeben eine Richtwirkung für den Strom. Die Kupferoxydul-Zelle hat eng begrenzte

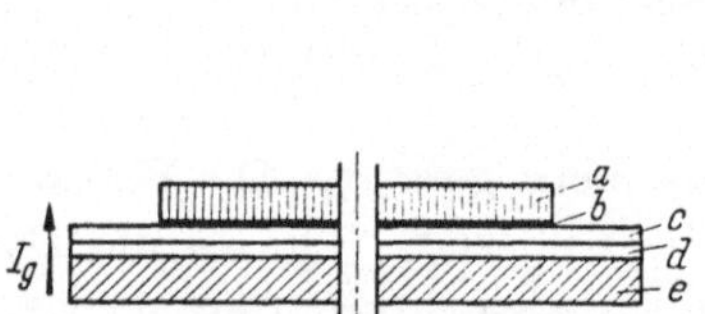


Abb. 11. Selen-Ventilzelle (schematisch). *a* Gegenelektrode; *b* Sperrschicht; *c* Selen; *d* Zwischenschicht; *e* Trägerplatte; → Durchlaßrichtung des Gleichstroms $I_g$

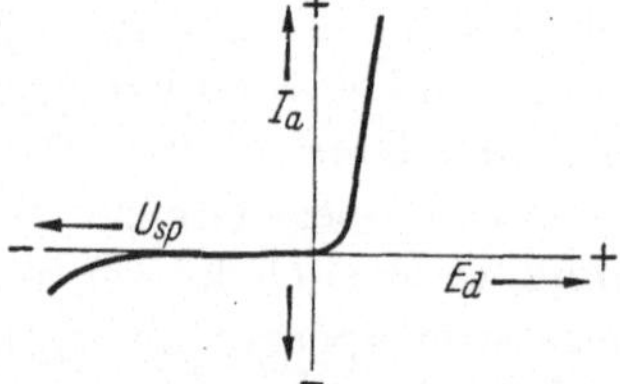


Abb. 12. Kennlinie eines Halbleiter-Gleichrichters. $E_d$ Durchlaß-Spannung; $U_{sp}$ Sperrspannung; $I_a$ Anodenstrom; + Durchlaßrichtung, — Sperrichtung

Belastbarkeit und wird daher nur für Meßschaltungen verwendet. Mit Selen sind aber Leistungsgleichrichter möglich. Abb. 11 zeigt den geschichteten Aufbau einer solchen Selen-Zelle. Die Sperrschicht zwischen Halbleiter und Gegenelektrode läßt den Strom vorzugsweise in Richtung zu dieser Elektrode durch. Der Rückstrom ist dagegen vernachlässigbar (Abb. 12). Um Spannungsabfall und Verluste klein zu halten, muß man die Sperrschicht möglichst dünn ausführen. Infolgedessen vermag ein solches Ventil nur eine ziemlich niedrige Spannung abzusperren.

Weit höhere Werte von Strom und Spannung vertragen Silizium- und Germanium-Ventile [*94*]. Es ist gelungen, hierfür Einkristalle hoher Reinheit in besonderer Vollendung herzustellen. Durch ausgewählte und genau dosierte Legierungsstoffe in den Grenzschichten wird auf der einen Seite ein Überschuß an Elektronen ($n$-Leitung), auf der anderen Seite ein Mangel an Elektronen (Defektelektronen, $p$-Leitung) geschaffen. Damit erreicht man eine hohe Sperrfähigkeit und gute Durchlaßeigenschaften als Grundlagen für einen Leistungsgleichrichter. Das Halbleiterplättchen mit dem positiven Anschluß wird in einer Metallkapsel luftdicht eingeschlossen (Abb. 13). Das Innere ist mit einem trockenen Schutzgas gefüllt. Germanium-Zellen haben einen besonders kleinen Spannungsabfall, jedoch sind Silizium-Zellen wesentlich höher belastbar.

Beim Halbleiter-Gleichrichter sind die Verluste auf kleinem Raum konzentriert. Das Material verträgt nur eine begrenzte Temperatur. Daher ist für gute Wärmeabfuhr zu sorgen. Bei Selen-Gleichrichtern ist eine Elektrode vergrößert als Kühlfläche ausgebildet. Durch Fremdbelüftung wird die Belastbarkeit auf etwa das Dreifache erhöht. Der aktive Teil von Germanium- und Silizium-Zellen ist noch erheblich kleiner. Daher werden hier große Kühlkörper auf dem Minuspol aufgesetzt.

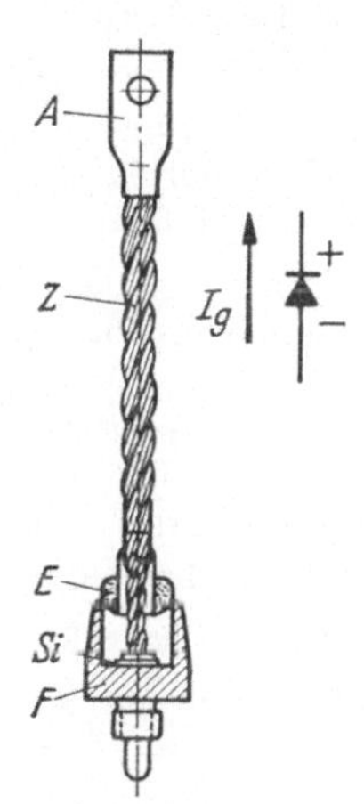

Abb. 13. Silizium-Zelle, schematischer Aufbau. *A* Anschluß (Kathode); *E* Einschmelzung; *F* Fassung; *Si* Siliziumscheibe; *Z* bewegliche Zuleitung; → Durchlaßrichtung der Gleichstromes $I_g$

Die Eigenschaften dieser vier Halbleiter-Gleichrichter sind am besten aus ihrer Gegenüberstellung in Tafel 1 zu ersehen. Die zulässige Sperrspannungs-Beanspruchung liegt natürlich weit unter der Durchschlagsspannung. Berücksichtigt ist auch ein Anstieg der Wechselspannung um 10%. Daraus ergeben sich die erreichbaren Gleichspannungen, wofür als Beispiel eine 6-pulsige Doppelsternschaltung mit Saugdrossel zugrunde gelegt ist. Nach den Listen verschiedener Hersteller ist die Tafel 2 für Selenzellen aufgestellt. Zu den üblichen Schaltungen ist jeweils die erreichbare Gleichspannung und zulässige Stromstärke angegeben. Dabei enthält jeder Zweig einer Schaltung nur eine einzelne Selenzelle. Für höhere Gleichspannung muß eine entsprechende Anzahl von Zellen in Reihe geschaltet werden. Dabei werden Selenzellen wie bei einer Filterpresse säulenartig auf Bolzen aufgereiht, evtl. in bestimmter Ordnung entsprechend der gewählten Schaltung (siehe Abb. 21, S. 20). Wenn die Strombelastbarkeit nicht ausreicht, werden mehrere Zellen parallel geschaltet.

Zahlentafel 1. *Vergleich der gebräuchlichen Halbleiter-Gleichrichter*

| Halbleitertyp | $Cu_2O$ Kupfer-oxydul | Se Selen | Ge Germanium | Si Silicium | |
|---|---|---|---|---|---|
| Sperrspannung max. | 8,5 | 35 | 80—160 | 600 | V |
| eff. | 6 | 25 | 110 | 380 | V |
| Gleichspannung bei DSS | 3 | 13 | 60 | 220 | V |
| Schleusenspannung | 0,2 | 0,6 | 0,5 | 0,7—0,8 | V |
| Spannungsabfall bei Nennstrom | 0,6 | 1,2 | 0,7 | 1,2 | V |
| Max. Temperatur | 50 | 85 | 75 | 140 | °C |
| Max. Erwärmung über 35 °C | 15 | 50 | 30 | 105 | °C |
| Strombelastung (Schaltung E) | | | | | |
| selbstbelüftet | 0,4 | 0,07 | 50 | 80 | A/cm² |
| fremdbelüftet | 0,14 | 0,20 | 150 | 200 | A/cm² |
| Wirkungsgrad bei DSS (ohne Transformator) | 83 | 91,5 | 98,5 | 99,4 | % |

DSS = Doppelsternschaltung mit Saugdrossel, E = Einwegschaltung
Se-Platten gibt es auch mit erhöhter Sperrspannung und erhöhter Temperaturgrenze.

Zu Beginn der Sperrzeit des Ventils ergibt sich bei dem raschen Wechsel der Spannungsrichtung kurzzeitig ein erhöhter Sperrstrom. Dieser Trägerstaueffekt kann bei großen Einheiten zu Überspannungen an den Induktivitäten führen. Daher wird zum Ausgleich eine Entladungskette (*RC*) parallel geschaltet (siehe auch S. 175).

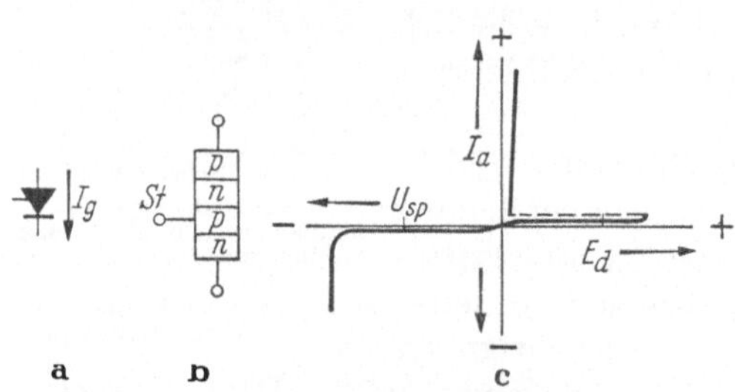


Abb. 14 a—c. Steuerbares Halbleiter-Ventil (Silizium). *a*) Schaltsymbol; → Durchlaßrichtung $I_g$; *b*) schematischer Aufbau, *p* *p*-leitende Schicht, *n* *n*-leitende Schicht, *St* Steuer-Anschluß; *c*) Kennlinie, Bezeichnungen wie zu Abb. 12 [*43*]

Eine Steuerung des Stromdurchgangs wie bei Entladungsgefäßen ist bei den beschriebenen Bauarten nicht möglich. Also sind solche Halbleiterventile nicht für Wechselrichterbetrieb geeignet.

*Steuerbare Siliziumventile* (Si — Thyratrono) erhalten eine dritte Elektrode, deren Anschluß neben der Kathode herausgeführt ist (Abb. 14). Die Sperrspannung ist niedriger als bei ungesteuerten Ventilen. Auch ist die Nennstromstärke vorläufig begrenzt, 15—130 A (Gleichstrom-Mittelwert) bei ca. 300 V Betriebsspannung. Man kann aber vor eine steuerbare Zelle ein ungesteuertes Ventil schalten und damit die Spannungsfestigkeit in Sperrichtung wesentlich erhöhen. Der Spannungsabfall beträgt ca. 1,2—2 V bei höchstem Durchlaßstrom, der Zündstrom ca. 5—100 mA.

Zahlentafel 2. *Schaltungen für Halbleitergleichrichter (Selen) Gleichspannung und Gleichstrom für 1 Platte je Zweig*

| Schaltung nach DIN 47 161 | | Einphasig | Zweiphasig | | dreiphasig | | sechsphasig | | |
|---|---|---|---|---|---|---|---|---|---|
| | | | Mittelpunkt | Brücke | Stern | Drehstrom Brücke | Doppelstern | Doppelstern mit Saugdr. | |
| | | E | M | B | S | DB | DS | DSS | |
| Abbildung Nr. | | 15 | 16 | 19 | 56 | 20, 58 | 59 | 61 | |
| Pulszahl | | 1 | 2 | 2 | 3 | 6 | 6 | 6 | |
| Zahl der Platten insgesamt | | 1 | 2 | 4 | 3 | 6 | 6 | 6 | |
| Platten in Reihe | | 1 | 1 | 2 | 1 | 2 | 1 | 1 | |
| Anschlußspannung V | | 25* | 25 | 25 | 25 | 25 | 25 | 25** | |
| Gleichspannung bei V. | Widerstandbelastung | 10 | 10 | 20 | 15 | 30 | 15 | 13** | |
| | Gegenspannung ca. | 12,5 | 12,5 | 25 | 15 | 30 | 15 | 13** | |
| Belastung zulässiger Strom A | Platte 50×50 mm | 1,7 | 3,4 | 3,4 | 5,1 | 5,1 | 8,4 | 10 | ohne verstärkte Kühlung *** |
| | 100×100 mm | 6 | 12 | 12 | 18 | 18 | 30 | 36 | |
| | 200×200 mm | 24 | 48 | 48 | 72 | 72 | 120 | 144 | |
| | 200×400 mm | 45 | 90 | 90 | 135 | 135 | 225 | 270 | |

(nach Listen der Hersteller SSW und SEL) für 25 V Nennsperrpannung effektiv; mit Platten mit erhöhter Sperrspannung entsprechend höhere Anschlußspannung und Gleichspannung.

* bei Gegenspannung nur 12,5 V
** ohne Spannungsanstieg bei Leerlauf 15% höher
*** bei Fremdbelüftung ca. 3fach

Die **Lebensdauer** der Stromventile ist außer von der Betriebsweise vor allem von der Bauform abhängig. Bei Glühkathodengefäßen ist die Grenze der Betriebsfähigkeit durch die Abnahme der Kathodenemission (Zerstäubung des Kathodenmaterials) gegeben. Die garantierte Betriebsstundenzahl liegt verhältnismäßig niedrig, im Durchschnitt werden aber tatsächlich 5—10000 Stunden erreicht. Quecksilberdampf-Glasgleichrichter haben eine höhere Lebensdauer, in der Größenordnung von einigen 10000 Stunden. Gleichrichter mit Stahlgefäß erreichen noch weit größere Betriebsstundenzahlen. Ursachen für das Betriebsende sind dabei Zerstäuben der Anoden, Verschmutzen des Quecksilbers, Glasspannungen und Undichtigkeit des Gefäßes. Bei Gefäßen mit Vakuumhaltung können abgenutzte Teile besonders leicht ausgetauscht werden. Auch Halbleiterventile haben eine hohe Lebensdauer und stehen darin den Stahlgefäßen kaum nach.[1] Bei Ignitrons wird die Lebensdauer durch die Abnutzung des Zündstifts begrenzt; je nach Betriebsweise werden fünf Jahre und mehr erreicht.

Die **Darstellung der Stromventile** im Schaltbild wird in verschiedener Weise ausgeführt. Oft lehnt man sich dabei an die vereinfachte Bauform an, zumal bei Entladungsgefäßen, so daß die Schaltzeichen ungefähr der Abb. 2, a, b oder c entsprechen (vgl. Abb. 17, 25, 31, 123, 172). Genormt ist aber ein kreisförmiges Schaltzeichen, das je nach Ausführlichkeit des Schaltplans nur schematisch mit zwei Elektroden oder mit näheren Einzelheiten wie Zahl der Hauptanoden, Gitter, Erregeranoden usw. versehen wird (DIN 40706 u. 40715, vgl. z. B. Abb. 26, 72, 105, 169, 171, 175, 195). Das Kurzzeichen für ein Halbleiter Gleichrichter-Element (Abb. 15, 16, 19, 20) wird zuweilen auch für einanodige Entladungsgefäße ohne Steuergitter verwendet [*8*, *11*].

## 3. Voraussetzungen des Rechnungsgangs

Bei der Berechnung von Stromrichtern sind in der Praxis folgende, vereinfachende Voraussetzungen üblich und werden daher auch hier den theoretischen Untersuchungen allgemein zugrunde gelegt. Es wird angenommen:

*Für den Stromrichter selbst:*

a) Rückstrom in Sperrichtung = 0. In Wirklichkeit hat man während der Sperrzeit einen sehr kleinen Rückstrom, der vernachlässigt werden kann.

b) Innerer Spannungsabfall während der Durchlaßzeit (Brenndauer), Durchlaß-Spannungsabfall oder Brennspannung (Lichtbogenabfall) = konstant. Bei Entladungsgefäßen zeigt aber das Oszillogramm zu Beginn der Entladung eine Zündspitze, außerdem ändert sich der Lichtbogenabfall während der Brenndauer entsprechend dem Verlauf der

[1] vgl. DIN 41 760. für Selengleichrichter Nennbetriebsdauer ca. 100000 Std.

Anodenstromkurve. Für gewisse grundsätzliche Betrachtungen kann der innere Spannungsabfall oft ganz vernachlässigt werden.

c) Gitterzündspannung = 0. In Wirklichkeit hat man eine Zündkennlinie, etwa wie in Abb. 8.

*Für das Drehstrom- und Gleichstromnetz:*

d) Spannungen des Drehstromnetzes sinusförmig und symmetrisch, auch bei Belastung. Ebenso sollen die sekundären Phasenspannungen des Gleichrichter-Transformators sinusförmig und symmetrisch bleiben. Im Drehstromnetz können jedoch Verzerrungen der Spannung auftreten, besonders dann, wenn die Leistung des Gleichrichters groß ist im Verhältnis zur Anschlußleistung des betreffenden Netzabschnitts. Weiter kann die Stromrichterschaltung selbst zu Unsymmetrien oder Verzerrungen Anlaß geben.

e) Gleichstrom lückenlos und ohne Oberwellen, also völlig geglättet, entsprechend einer unendlich großen Induktivität der Gleichstromseite.

Im allgemeinen sind diese Voraussetzungen praktisch durchaus zulässig. Wo dies aber nicht mehr gegeben erscheint, wird man zu prüfen haben, welche Wirkungen des Stromrichterbetriebs gegenüber solchen Vereinfachungen doch zu berücksichtigen sind. Dies gilt vor allem für Punkt d) und e). Daher werden die Oberwellen der Gleichstrom- und Drehstromseite später in einem besonderen Abschnitt behandelt werden.

# B. Gleichrichter

## 1. Grundschaltungen

Der Stromrichter besteht im allgemeinen aus Transformator, Drosseln, Hilfsgeräten und einem oder mehreren Ventilen. Dabei vermittelt der Transformator nicht nur die Anpassung an die gewünschte Gleichspannung, sondern zuweilen auch den Übergang zur vorgesehenen Phasenzahl. Vom Betrieb der Stromrichteranlage her gesehen, spricht man jedoch von Pulszahl $p$, entsprechend der Anzahl der Anodenwechsel, die in einer Periode der Wechselspannung in zeitlich gleichen Abständen aufeinander folgen.

Unter Grundschaltungen (Einfachschaltungen) sollen Schaltungen mit einfacher Anodenbeteiligung verstanden werden. Bei ihnen wird der volle Gleichstrom jeweils von einer einzigen Transformatorphase über die zugehörige Anode (oder Gruppe paralleler Anoden) geführt. Es arbeiten also nicht etwa 2 oder mehr Anoden, die an verschiedene Phasen angeschlossen sind, gleichzeitig.

Allgemein gilt für die Pulszahl

$$p = q \cdot g \tag{1}$$

worin $q$ = Pulszahl eines unabhängig kommutierenden Teilsystems (Kommutierungsgruppe), Kommutierungszahl,

$g$ = Anodenbeteiligung = Zahl der parallel arbeitenden, phasenversetzten Teilsysteme (Kommutierungsgruppen).

Die dreiphasige Brückenschaltung arbeitet jedoch 6-pulsig.

Die verschiedenen Schaltungen werden später im Abschnitt über die Transformator-Berechnung ausführlicher behandelt. Daher mag hier eine kurze Erläuterung genügen.

### a) **Einwegschaltung** (auch Halbwellenschaltung oder gelegentlich Einphasenschaltung genannt)

Bei der einfachsten Schaltung eines Gleichrichters (Abb. 15) ist an eine einphasige Wechselstromquelle (z. B. an die Sekundärwicklung eines Transformators) nur ein Stromventil angeschlossen. Von ihm wird der Strom nur in der positiven Halbwelle der Wechselspannung durchgelassen. Bei rein Ohmscher Belastung ist also die Brenndauer des Ventils 180° (bei Vernachlässigung der Brennspannung). Wenn die Wechselspannung ihre Richtung ändert, ist der Stromrichter gesperrt. Es fließt Strom nur in der einen Richtung. In jeder Periode der Wechselspannung wird die Wechselstromseite einmal mit der Gleichstromseite während der positiven Halbwelle verbunden.

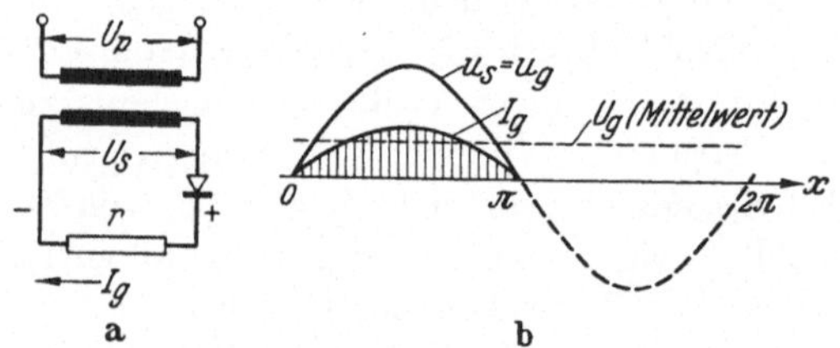


Abb. 15 a u. b. Einweggleichrichter ($E$) mit Ohmscher Belastung $r$. a) Schaltbild; b) Zeitdiagramm: $U_p$ primäre, $U_s$ sekundäre Wechselspannung, $U_g$ Gleichspannung, $I_g$ Gleichstrom

Man erhält lückenden (intermittierenden) Gleichstrom. Eine Glättung würde unverhältnismäßig große Mittel verlangen. Daher wird diese Schaltung für Starkstrom nur wenig angewendet.

### b) **Mittelpunktschaltungen**

Um eine gleichförmigere Gleichspannung zu bekommen, muß man die Zahl der Schaltfunktionen je Periode vermehren. Bei einphasigem Wechselstrom liegt es nahe, beide Halbwellen zu benutzen. Dies führt zur *Zweiweg-* oder *Vollwegschaltung* (auch Gegentaktschaltung), sie wird als zweiphasig bezeichnet, da für die Gleichstromseite 2 um 180° versetzte Wechselspannungen wirksam werden. Nach den für Halbleiter-Gleichrichter üblichen Bezeichnungen gilt diese Schaltung speziell als Mittelpunktschaltung $M$ (Abb. 16). Hiermit erhält man immer noch stark welligen Gleichstrom, wenn man nicht eine kräftige Glättungsdrossel einbaut. Die Leistung des Wechselstromnetzes pulsiert mit doppelter Frequenz, dasselbe würde sich ohne die Drossel auch auf der Gleichstromseite zeigen. Erst ein Drehstromnetz bietet mit der Summe der Leistungen der 3 Phasen einen zeitlich konstanten Wert der Leistung, wie es das Gleichstromnetz verlangt. Für größere Leistungen wird

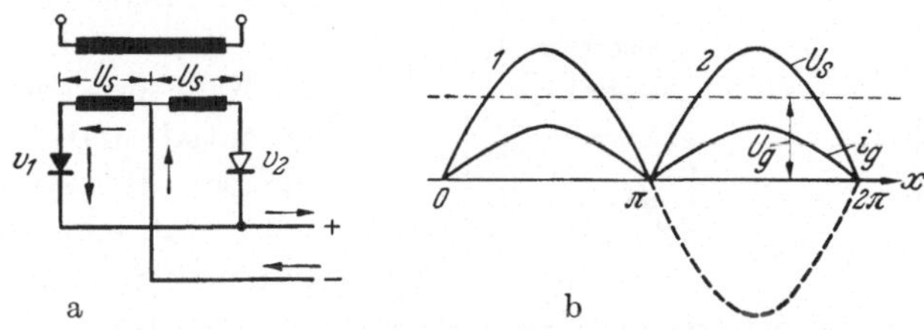


Abb. 16 a u. b. Zweiphasige Mittelpunktschaltung[1]. (M)
a) Schaltung; b) Bildung der Gleichspannung $U_g$, Gleichstrom $i_g$ bei Ohmscher Belastung, $v_1$, $v_2$ Stomventile

daher fast stets Drehstrom-Anschluß gewählt. Abb. 17 zeigt ein Beispiel für Drehstrom und dreipulsigen Gleichrichterbetrieb. Aus den 3 Spannungen des Drehstromnetzes lassen sich aber noch höherphasige Systeme aufbauen, z. B. mit 6, 12 oder mehr Phasen, der Gleichrichter arbeitet dann 6-, 12- oder höher-pulsig.

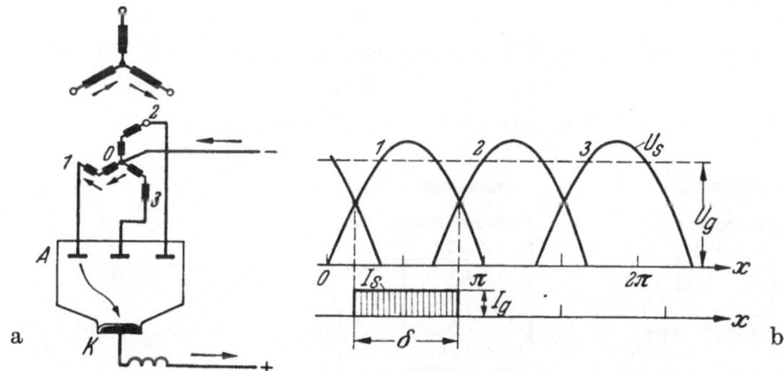


Abb. 17 a u. b. Dreiphasige Mittelpunktschaltung mit dreianodigem Gleichrichter (Stern-Zickzack).
a) Schaltung; b) Bildung der Gleichspannung $U_g$, Sekundärstrom $I_s$ bei geglättetem Gleichstrom $I_g$

Für solche zwei- oder mehrphasige Gleichrichter in *Mittelpunktschaltung* bildet der Gleichrichtertransformator sekundär ein symmetrisches Mehrphasensystem in Sternschaltung. Daran werden die Stromventile ebenfalls in Sternschaltung angeschlossen. Zwischen beiden Sternpunkten wird die Gleichspannung abgegriffen. An jede Transformatorphase wird nur eine Ventilstrecke gelegt. Es ist stets nur eine

---

[1] Die stromführenden Ventile des im Schaltbild betrachteten Zeitabschnitts sind durch ausgefüllten Druck gekennzeichnet (Abb. 16, 19, 20).

einzige Anode, und damit eine einzige Sekundärphase des Transformators unter Strom.

Wie Abb. 18 am Beispiel des zweiphasigen Gleichrichters zeigt, können die Stromventile entweder mit ihren Anoden (Abb. 18, a) oder mit ihren Kathoden (Abb. 18, b) an die Phasenklemmen des Transformators angeschlossen werden. Im ersten Fall haben die Kathoden gemeinsames Potential und bilden den Pluspol der Gleichstromseite, während der Transformator-Sternpunkt negativ ist. Daher kann man hier mehranodige Entladungsgefäße benutzen. Im zweiten Fall haben dagegen die Anoden gemeinsames Potential und bilden den Minuspol, der Transformator-Sternpunkt ist positiv. Hier müssen einanodige Entladungsgefäße oder Halbleiterventile verwendet werden.

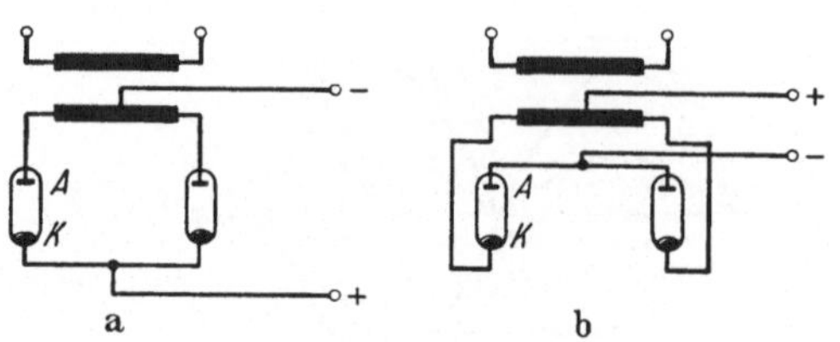


Abb. 18 a u. b. Zweiphasen-Gleichrichter (Mittelpunktschaltung). a) mit gemeinsamem Kathodenpotential; b) mit gemeinsamem Anodenpotential. $A$ Anode, $K$ Kathode

## c) Brückenschaltungen

Durch Vereinigung von zwei Stromrichtergruppen nach Abb. 18, a und b, kommt man zu den Brückenschaltungen (nach Graetz), indem man die Transformatorwicklungen zusammenfallen läßt. Die beiden Gefäßsternpunkte bilden dann die Gleichstromklemmen des Systems.

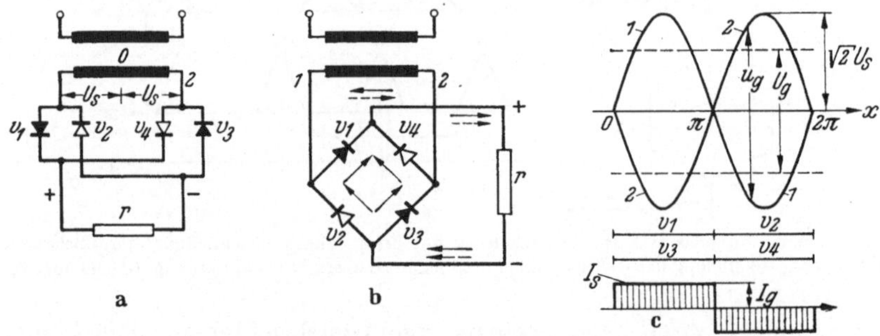


Abb. 19 a—c. Zweiphasige Brückenschaltung (nach Graetz). ($B$)
a) Darstellung mit gegensinnigen Ventilen; b) Darstellung als Brücke, mit Stromverlauf; c) Bildung der Gleichspannung $u_g$ (Mittelwert $U_g$) aus der Anodenspannung $U_s$, Brenndauerschema der Ventile $v_1\,v_2\,v_3\,v_4$, Sekundärstrom $I_s$, Gleichstrom $I_g$

Bei einphasigem Wechselstrom werden an jede Wechselstromklemme zwei Ventile gegensinnig angeschlossen (Abb. 19, a). Man kann die Schaltung auch als Brücke darstellen (Abb. 19, b). Es sind stets zwei Ventile in Reihe im Betrieb ($v_1\,v_3$ oder $v_2\,v_4$), an den beiden übrigen einzeln liegt die volle Wechselspannung in Sperrichtung. Die Brenndauer jedes Ventils ist 180° (Brennspannung vernachlässigt). Der Strom ist aber lückenlos (Abb. 19, c), da sich an den Strom der einen Wechselspannungs-Halbwelle unmittelbar der Strom der anderen Halbwelle (umgepolt) anschließt. Bei Verwendung von Entladungsstrecken sind einanodige Ventile erforderlich. Vorzugsweise wird daher die Brückenschaltung bei Halbleiter-Gleichrichtern angewendet.

Die dreiphasige Schaltung mit sechs Halbleiterventilen für Drehstrom zeigt Abb. 20. Die Brenndauer jedes Ventils ist 120°, jeder Transformatorphase 2×120°. Jede Transformatorphase ist in beiden Halbwellen unter Strom. Daraus ergibt sich eine gute Ausnutzung der Wicklung, und also eine geringe Typenleistung des Transformators.

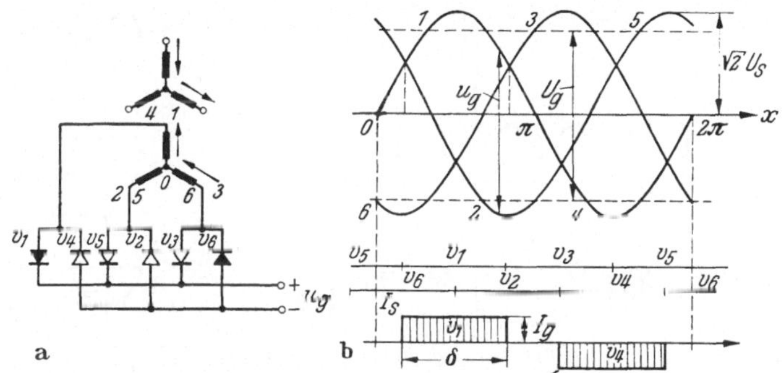


Abb. 20 a u. b. Dreiphasige Brückenschaltung. (*DB*)
a) Schaltbild, $v_1 \cdots v_6$ Ventile; b) Bildung der Gleichspannung $u_g$, (Mittelwert $U_g$), Brenndauerschema, Sekundärstrom $I_s$, Gleichstrom $I_g$

Wieder sind stets zwei Ventile in Reihe in Betrieb, an den übrigen liegt die verkettete Anodenspannung, z. B. am Ventil $v_4$ die Spannung $U_{s1}$—$U_{s3}$ als Differenz der Spannungen von Phase (Anode) 1 und 3. Die Gleichspannung ist gleich der Summe der Augenblickswerte von zwei Phasenspannungen. Für die Gleichstromseite arbeitet die Schaltung sechspulsig. Er ist $p = 6, q = 3$.

Man kann die Brückenschaltung auch auffassen als eine Reihenschaltung von zwei Gleichrichtern, deren Anodenspannungen gegeneinander um 180° versetzt sind, so daß sich die Gleichspannungen addieren. Dies ist am besten am Zeitdiagramm und Brenndauerschema zu erkennen (Abb. 20, b). Der Ventilwechsel der Teilgleichrichter ist bei der zweiphasigen Schaltung gegeneinander um 180°, bei der dreiphasigen Schaltung um 60° versetzt. Die Gleichspannung wird hinter den Ventilen abgenommen. Ein Sternpunkt ist auf der Sekundärseite des Transformators nicht erforderlich. Daher ist hier auch eine Ringschaltung bei (Drehstrom Dreieckschaltung) verwendbar.

### d) Aufbau der Gleichrichtersäulen

Bei Selen-Gleichrichtern werden die Zellen zu Säulen zusammengebaut. In der Einwegschaltung sind alle Zellen gleichsinnig aufgereiht (Abb. 21*E*). Für die zweiphasige Mittelpunktschaltung benötigt man zwei entgegengesetzt gerichtete Hälften (Abb. 21, *M*). Wenn man eine vollständige Brückenschaltung in einer einzigen Säule zusammenstellen will, sind zwei oder drei Gruppen mit wechselnder Durchlaßrichtung aneinander zu setzen (Abb. 21, *B* und *DB*).

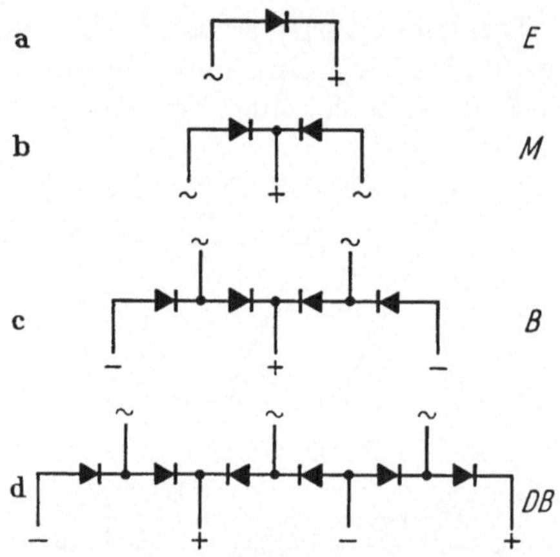


Abb. 21a — d. Aufbau von Halbleiter-Säulen.
a) *E* Einwegschaltung (Abb. 15);
b) *M* Mittelpunktschaltung (zweipulsig) (Abb. 16);
c) *B* Brückenschaltung (Abb. 19);
d) *DB* Drehstrom-Brückenschaltung (Abb. 20);
~ Wechselspannungs-Anschlüsse;
+— Gleichspannungs-Anschlüsse

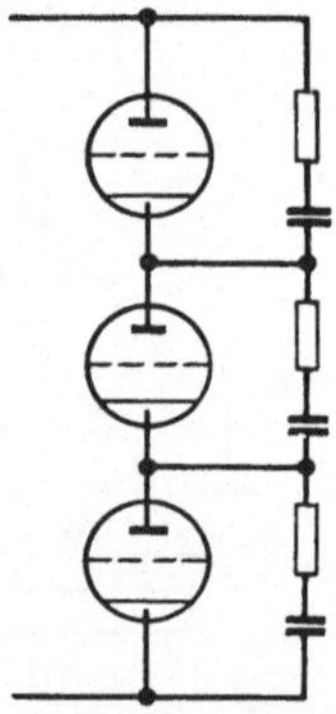

Abb. 22. Reihenschaltung von Stromrichtventilen, Potentialsteuerung mit *RC*-Gliedern

### e) Reihenschaltung von Stromrichtventilen

#### $e_1$) Reihenschaltung von Einanodenventilen

Für hohe Sperrspannung können auch Entladungsgefäße in Reihe geschaltet werden. Dabei wird die gleichmäßige Aufteilung der Spannung durch Potentialsteuerung mit Kondensatoren erzwungen (Abb. 22).

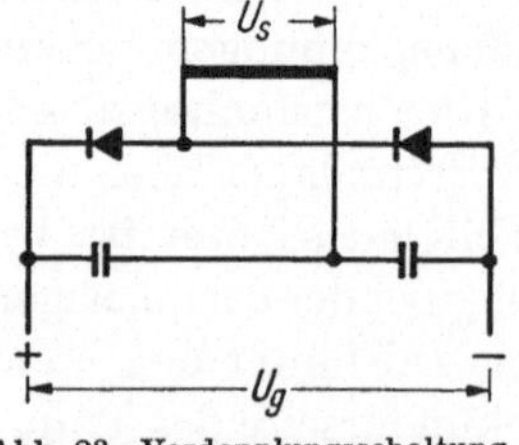


Abb. 23. Verdopplungsschaltung nach Delon-Greinacher.
$U_s$ Sekundärspannung am Transformator; $U_g$ Gleichspannung

#### $e_2$) Schaltungen zur Spannungsvervielfachung

Hier soll als Beispiel nur eine Verdoppelungsschaltung nach Delon-Greinacher gezeigt werden (Abb. 23). Für eine gegebene Phasenspannung liefert die Reihenschaltung abwechselnd aufgeladener Kondensatoren die doppelte Gleichspannung. Dies gilt genau nur im Leerlauf.

Bei Belastung sinkt die Gleichspannung soweit ab, daß der mittlere Ventilstrom gerade gleich dem abgegebenen Gleichstrom ist.

### $e_3$) Reihenschaltung von mehranodigen Teil-Stromrichtern

Mehranodige Stromrichter können zu verschiedenen Zwecken in Reihe geschaltet werden, z. B. um eine erhöhte Pulszahl zu bekommen (S. 83, Abb. 72), oder um die Blindstromaufnahme bei starker Gittersperrung herabzusetzen (S. 118, Abb. 105).

### f) Parallelschaltung von Stromrichtventilen

Bei großen Stromstärken ist es zweckmäßig, den Strom einer Transformatorphase auf 2 oder mehr Anoden in einem oder in mehreren Entladungsgefäßen aufzuteilen. Dann sollen natürlich diese parallel geschalteten Anoden oder Gefäße gleiche Belastung führen. Wegen der fallenden Lichtbogenkennlinie ist ein unmittelbarer Parallelbetrieb aber nicht möglich. Es würde nur eine einzige Anode oder ein einziges Gefäß zünden und allein den Laststrom führen. Man muß daher jedem parallelen Entladungsweg einen zusätzlichen Spannungsabfall zur Stabilisierung geben. Dazu kann man vor die einzelnen Anoden Drosselspulen schalten, deren Luftspalt so eingestellt wird, daß die parallelen Stromzweige etwa gleichen Spannungsabfall aufweisen (zusätzlicher Gleichspannungsabfall ca. 10—15 V). Diese Anodendrosseln begrenzen außerdem den Kurzschlußstrom, vergrößern aber auch die Überlappung und damit den Gleichspannungsabfall (Abb. 24, a). Gleichstrom-Vormagnetisierung und zusätzlicher Spannungsabfall werden vermieden, wenn man die Wicklungen zusammengehöriger Anoden gegensinnig auf einen gemeinsamen Kern legt (Abb. 24, b). Bei geradzahliger sekundärer Phasenzahl kann derselbe Kern die Spulen der um 180° versetzten Transformatorphasen gemeinsam aufnehmen. Also haben z. B. bei der Sechsphasenschaltung (Abb. 60) die Phasen 1,4, 2,5 und 3,6 je paarweise eine gemeinsame Anodendrossel (Abb. 24, c). Bei der praktischen Ausführung werden die Wicklungen meist auf beide Schenkel in Zickzackschaltung verteilt. Wenn

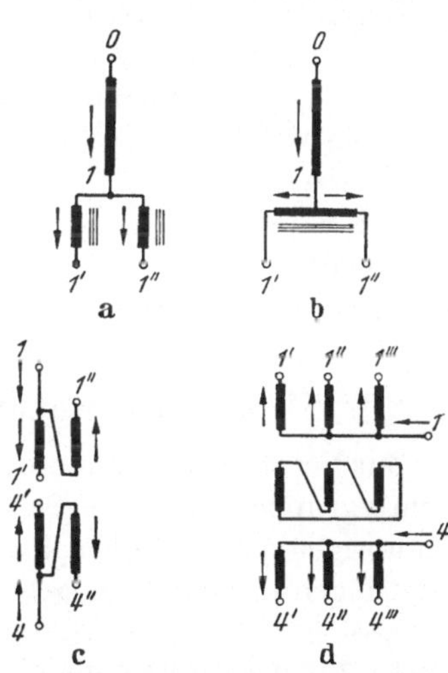

Abb. 24a—d. Stromteiler (Anodendrosseln). a) mit getrenntem Kern für die Anoden 1' und 1''; b) mit gemeinsamem Kern; c) für 2 um 180° versetzte Phasen 1 und 4, für je 2 parallele Anoden 1' 1'' und 4' 4''; d) wie c) jedoch für 3 parallele Anoden 1' 1'' 1''' und 4' 4'' 4''', 01 Transformatorwicklung (Phase 1)

drei Anoden parallel arbeiten sollen, verwendet man eine dreischenklige Drossel mit Ausgleichswicklung in Dreieckschaltung (Abb. 24, d). Bei Ausfall eines Anodensystems ist jedoch das Gleichgewicht gestört. Der dazugehörige Stromteiler muß kurz geschlossen werden. Einfacher erscheint es, die sekundäre Transformatorwicklung aufzuteilen. Zu jeder Anode führt eine eigene getrennte Wicklungsphase. Die Streuung der Teilwicklung ist dabei größer als sonst. Den Parallelbetrieb über geteilte Transformatorwicklung hat man schon wiederholt angewendet, oft noch verbessert durch zusätzliche Drosseln.

Unter schwierigen Steuerbedingungen, insbesondere bei starker Gittersperrung, wird die Lastverteilung durch eine Stromausgleichsregelung sichergestellt. Dabei wird die Belastung paralleler Anodengruppen verglichen und durch Eingriffe in die Gittersteuerung gleich gehalten.

Für den Parallelbetrieb von Halbleiterzellen sind zusätzliche Drosseln nicht erforderlich. Selen-Gleichrichter werden daher ohne solche aufgebaut. Bei großen Gruppen von Silizium-Zellen kann eine Überwachung der Lastverteilung als Schutz gegen innere Störungen angewandt werden.

Bei Parallelschaltung von Stromrichtern mit verschiedenem Schaltungswinkel, müssen die Ausgleichsströme auf der Gleichstromseite durch Drosseln begrenzt werden (S. 83).

### g) Schaltungsaufbau einer Gleichrichtergruppe

Zur Veranschaulichung der Arbeitsweise einer vollständigen Gleichrichtergruppe sollen zwei Schaltungsbeispiele hier kurz erläutert werden. Im übrigen wird auf die späteren Abschnitte über Schalt- und Schutzeinrichtungen und über Anlagenplanung verwiesen.

Abb. 25 zeigt einen dreianodigen Glasgleichrichter ohne Gittersteuerung. Im Hauptstromkreis liegen der Netzleistungsschalter *LS*, der Haupttransformator *T*, Anodensicherungen *ASi*, Gleichrichtergefäß *G*, Kathodendrossel *KD* zur Glättung des abgegebenen Gleichstroms, Gleichstrom-Schutzschalter *SS* oder Kathodensicherung *KS*. Für den Anschluß weiterer Glasgefäße an denselben Transformator sind Anodendrosseln *AD* notwendig. Man pflegt dann vor jedes Gefäß einen dreipoligen Anodentrennschalter zu setzen, so daß es möglich ist, einzelne Gleichrichter abzuschalten.

Die Zünd- und Erregereinrichtung wird von einem besonderen Hilfstransformator *ET* gespeist. Dieser ist wie auch der Lüftermotor *LM* an die Sekundärspannung des Haupttransformators angeschlossen. Wenn der Netzschalter eingelegt wird, erhält die Zündspule *ZSp* von der Zündwicklung 4,5 von *ET* Spannung. Die Zündanode *ZA* wird in das Quecksilber der Kathode *K* eingetaucht. Damit setzt der Zündstrom ein, begrenzt durch den Zündwiderstand *ZW*. Die Zündspule ist kurz geschlossen, so daß die Zündanode durch ihre Federkraft zurückschnellt. Es wird ein Lichtbogen zwischen *ZA* und *K* gezogen. Damit setzt auch der Erregerstrom ein, gespeist von der Erregerwicklung 6,7 von *ET* über Erregerdrosseln *ED*. Dieser Strom fließt von der Kathode zum

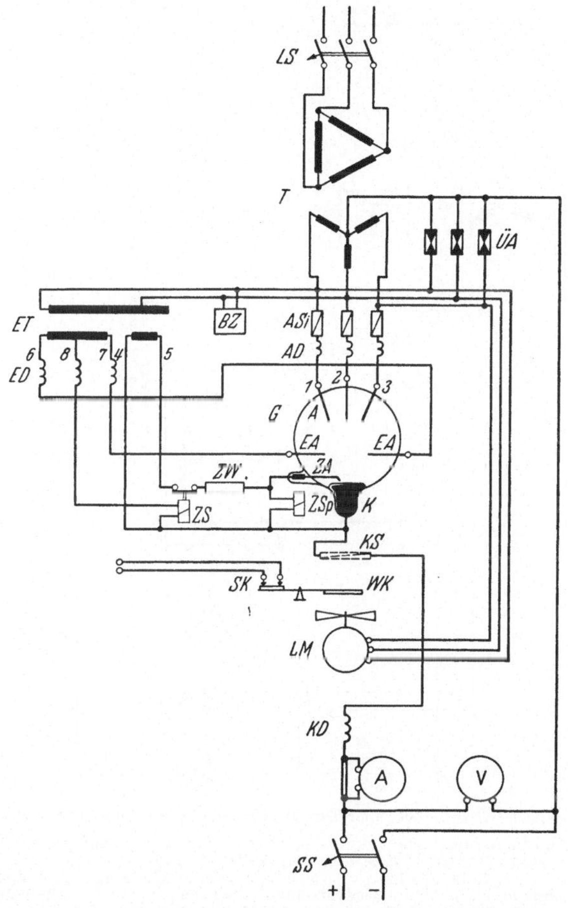


Abb. 25. Dreianodiger Glasgleichrichter ohne Gittersteuerung. Prinzipschaltbild
*A* Anoden; *AD* Anodendrosseln; *ASi* Anodensicherungen; *BZ* Brennstundenzähler; *EA* Erregeranoden; *ED* Erregerdrosseln; *ET* Erregertransformator; *G* Glasgefäß; *K* Kathode; *KD* Kathodendrossel; *KS* Kathodensicherung; *LM* Lüftermotor; *LS* Leistungsschalter Drehstromseite; *SK* Signalkontakt für Windklappe; *SS* Schutzschalter Gleichstromseite; *T* Transformator; *ÜA* Überspannungsableiter; *WK* Windklappe; *ZA* Zündanode; *ZS* Zündschütz: *ZSp* Zündspule; *ZW* Zündwiderstand

Mittelpunkt der Erregerwicklung 8 über das Zündschütz *ZS*. Infolgedessen zieht es an und unterbricht den Zündstromkreis. Der Gleichrichter ist jetzt zur Stromabgabe bereit.

Die Schaltung eines pumpenlosen Stahlgefäßes mit Luftkühlung ist in Abb. 26 dargestellt. Das Gefäß hat 6 Hauptanoden, 2 Erregeranoden und 1 Zündanode. Dazu gehören 4 Hilfsstromkreise, nämlich Anodenheizung *AH*, über einen Hilfstransformator (Isoliertransformator) gespeist, Gittersteuerung *GSt* (die Steuereinrichtung selbst ist

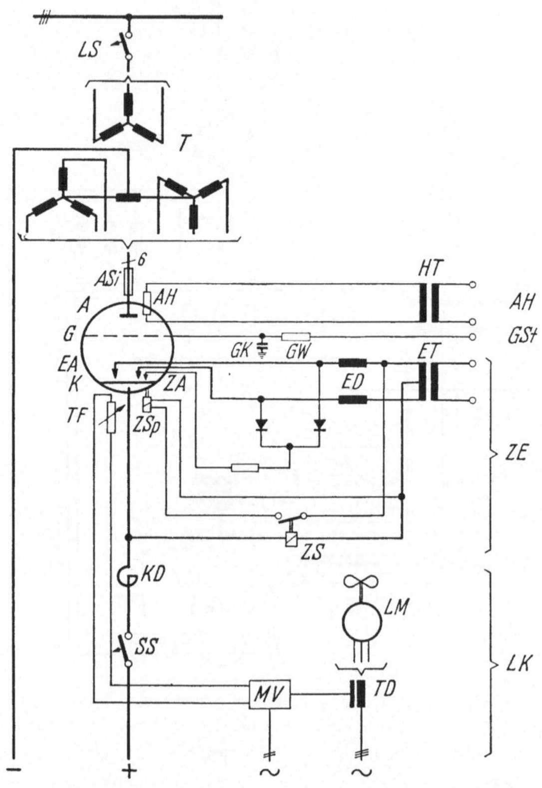


Abb. 26. Sechsanodiger Gleichrichter mit Steuergittern (pumpenloses Stahlgefäß), Prinzipschaltbild.

*A* Anoden; *AH* Anodenheizung; *ASi* Anodensicherungen; *EA* Erregeranoden; *ED* Erregerdrosseln; *ET* Erregertransformator; *G* Gitter; *GK* Gitterkondensator; *GSt* Gittersteuerung; *GW* Gitterwiderstand; *HT* Heiztransformator; *K* Kathode; *KD* Kathodendrossel; *LK* Luftkühlung; *LM* Lüftermotor; *LS* Leistungsschalter (Drehstromseite); *MV* Magnetverstärker (Transduktor); *SS* Schnellschalter (Gleichstromseite); *T* Transformator; *TD* Transduktordrossel; *TF* Temperaturfühler; *ZA* Zündanode; *ZE* Zünd- und Erregereinrichtung; *ZS* Zündschütz; *ZSp* Zündspule

nicht gezeichnet), Zünd- und Erregereinrichtung *ZE* mit Zündstromkreis *ZA*, *ZSp* und *ZS* und Erregerstromkreis *EA* und *ED*, beide am Erregertransformator *ET*, schließlich die Luftkühlung *LK* mit Lüftermotor *LM*, dessen Drehzahl über Transduktoren von der Gefäßtemperatur *TF* gesteuert wird.

## 2. Bildung der Gleichspannung

Der Gleichrichter bildet die abgegebene Spannung durch Aneinanderreihen von Ausschnitten der Anoden-Wechselspannungskurven. Dies ist in Abb. 27, a) für einen dreipulsigen Gleichrichter gezeigt. Es führt stets diejenige Anode den Strom, die gegenüber der Kathode zur Zeit das höchste positive Potential hat. Die anderen Anoden sind stromlos. Zunächst möge Anode 1 mit der Spannung $u_{s1}$ brennen. Wenn ihr Potential auf das der folgenden Anode 2 gesunken ist (Schnittpunkt der Spannungskurven bei $a$), so wird das Potential $u_{s2}$ von Anode 2 größer. Infolgedessen übernimmt nun Anode 2 die Belastung. Die Brenndauer (Durchlaßzeit) einer Anode ist bei der Pulszahl $p$ der Anodenspannungen (Sekundärspannungen des Gleichrichtertransformators):

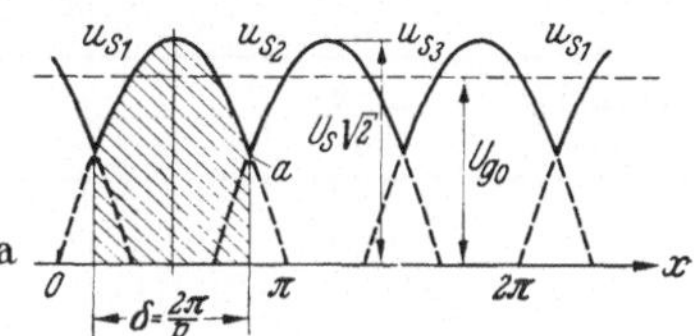


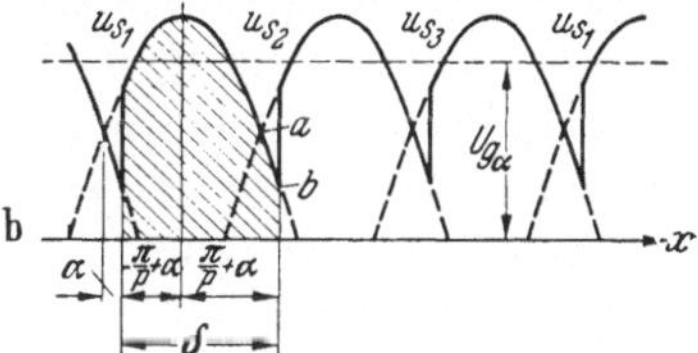


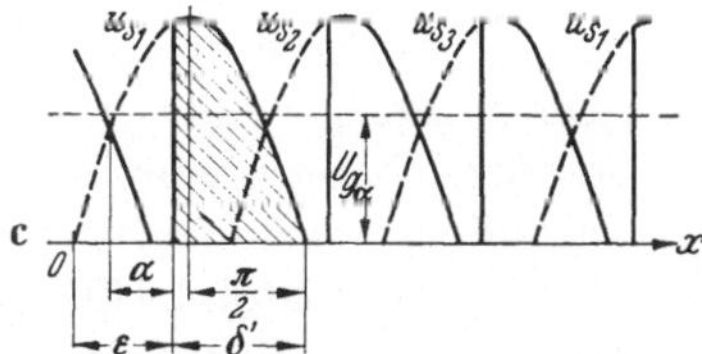


Abb. 27a—c. Bildung der Gleichspannung.
a) ungesteuert, Anodenwechsel unverzögert; b) gesteuert mit Zündverzögerung $\alpha$, lückenloser Gleichstrom; c) gesteuert, lückender Gleichstrom.
Mittelwert der Gleichspannung $U_{g0}$, $U_{g\alpha}$ entspricht der schraffierten Fläche.

$$\delta = \frac{2\pi}{p}. \qquad (2)$$

Bezogen auf die Mitte der Brenndauer erstreckt sich die Stromführung von $-\pi/p$ bis $+\pi/p$. Für die sekundäre Phasenspannung wird angesetzt:

$$u_s = \sqrt{2}\, U_s \sin x ,$$

worin $U_s$ Effektivwert, $x = \omega t$ und $\omega = 2\pi f$ (Kreisfrequenz), $f$ = Frequenz der Primärseite. Dann erhält man den Mittelwert der Gleichspannung im Leerlauf wie folgt:

$$U_{g0} = \frac{p}{2\pi}\sqrt{2}\, U_s \int\limits_{-\pi/p}^{+\pi/p} \cos x\, dx = \sqrt{2}\,\frac{p}{\pi} \sin\frac{\pi}{p}\, U_s = k_0\, U_s , \qquad (3)$$

auch als ideelle Leerlauf-Gleichspannung bezeichnet, da der innere Spannungsabfall im Ventil (Brennspannung, Durchlaß-Spannung) vernachlässigt ist. Der Gleichrichtungsfaktor $k_0$ in dieser Gleichung bedeutet die Leerlaufübersetzung zwischen der sekundären Phasenspannung und der Gleichspannung. Die Auswertung für verschiedene Pulszahlen ist in Zahlentafel 3 zusammengestellt. Wie man sieht, strebt $k_0$ mit zunehmender Pulszahl dem Scheitelfaktor der Sinuskurve, also dem Wert 1,41, zu. Der oft gebrauchte Kehrwert $1/k_0$ ist ebenfalls angegeben.

Für $p = 1$ (Einwegschaltung) tritt an die Stelle der vorstehenden, allgemeinen Gleichung die Beziehung:

$$U_{g0} = \frac{\sqrt{2}}{\pi} U_s \,. \tag{3a}$$

Zahlentafel 3. *Gleichrichtungsfaktor $k_0$ und $1/k_0$ bei einfacher Anodenbeteiligung* [Gl. (3)]

| Schaltung $p$ | Einweg 1 | Mittelpunktschaltung 2 | 3 | 6 | 12 | $\infty$ | Brückenschaltung 2 | 6 |
|---|---|---|---|---|---|---|---|---|
| $k_0$ | 0,45 | 0,9 | 1,17 | 1,35 | 1,398 | 1,41 | 1,8 | 2,34 |
| $1/k_0$ | 2,22 | 1,11 | 0,855 | 0,74 | 0,715 | 0,707 | 0,56 | 0,43 |

Bisher wurde einfache Anodenbeteiligung vorausgesetzt, also daß stets nur eine Anode und Phase den Strom führt. Wenn stattdessen, wie später an verschiedenen Schaltungen gezeigt wird, gleichzeitig $g$ Anoden brennen, so ist in die Gl. (3) an Stelle von $p$ nun $q = p/g$ einzusetzen.

Die Spannungsbildung bei Gittersteuerung ist in Abb. 27, b) dargestellt. Dabei wird eine neue Anode statt im Schnittpunkt der Anodenspannungen $a$ (natürlicher Zündzeitpunkt) erst verspätet im Zeitpunkt $b$ vom Gitter her freigegeben. Die Entladung über diese Anode setzt also, von $a$ aus gerechnet, mit dem Verzögerungs- oder Steuerwinkel $\alpha$ ein. Die vorausgehende Anode bleibt bis dahin unter Strom, obwohl ihr Potential bereits vom Zeitpunkt $a$ an kleiner geworden ist als das der folgenden, aber noch gesperrten Anode. Wenn alle Anoden in gleichem Maße verspätet freigegeben werden, so verschiebt sich der Ausschnitt aus ihren Spannungskurven um den Winkel $\alpha$ in das Gebiet niedrigerer Zeitwerte. Dementsprechend sinkt auch der Mittelwert der so gebildeten Gleichspannung. Die Stromführung erstreckt sich jetzt von $-\frac{\pi}{p} + \alpha$ bis $\frac{\pi}{p} + \alpha$. Die Brenndauer ist jedoch unverändert. Es ergibt sich:

$$\left.\begin{aligned} U_{g\alpha} &= \frac{p}{2\pi}\sqrt{2}\, U_s \int\limits_{-\frac{\pi}{p}+\alpha}^{\frac{\pi}{p}+\alpha} \cos x \, dx = \sqrt{2}\,\frac{p}{\pi} \sin\frac{\pi}{p}\, U_s \cos\alpha = \\ &= U_{g0} \cos\alpha \,. \end{aligned}\right\} \tag{4}$$

Wie man sieht, läßt sich durch die Gittersteuerung der Mittelwert der Gleichspannung stetig einstellen. Diese Gleichung gilt jedoch nur solange, wie die Gleichspannungskurve lückenlos ist (Abb. 28).

Der Verlauf des Gleichstroms wird durch den Charakter der Belastung bestimmt. Bei rein Ohmscher Belastung beginnt der Gleichstrom zu lücken von dem kritischen Steuerwinkel $\alpha_{kr}$ an, dafür gilt:

$$\alpha_{kr} = \frac{\pi}{2} - \frac{\pi}{p} \quad \text{(Lückgrenze)} \quad \text{(vgl. Abb. 29, Kurve } a.) \tag{5}$$

Bei größerer Zündverzögerung (vgl. Abb. 27, c) verkürzt sich die Brenndauer der Anode auf den Zeitabschnitt von $-\frac{\pi}{p} + \alpha$ bis $\frac{\pi}{2}$, also auf

$$\delta' = \frac{\pi}{2} + \frac{\pi}{p} - \alpha \,. \tag{6}$$

Die Gleichspannung ist dann:

$$U_{g\alpha} = \frac{p}{2\pi}\sqrt{2}\, U_s \int\limits_{-\pi/p+\alpha}^{\pi/2} \cos x\, dx = \sqrt{2}\,\frac{p}{2\pi}\, U_s \left(1 - \sin\left(\alpha - \frac{\pi}{p}\right)\right). \tag{7}$$

Für einen zweiphasigen Gleichrichter ($p = 2$) ergibt sich daraus

$$U_{g\alpha} = \frac{\sqrt{2}}{\pi}\, U_s (1 + \cos\alpha)\,. \tag{8}$$

Für den Einweggleichrichter gilt

$$U_{g\alpha} = \frac{1}{\sqrt{2}\,\pi}\, U_s (1 + \cos\alpha)\,. \tag{9}$$

Gln. (7), (8), (9) gelten erst von der Lückgrenze an.

Bei einer unendlich großen Drosselspule auf der Gleichstromseite (Kathodendrossel, Reaktanz, bezogen auf die primäre Frequenz, $X_k = \infty$), ist der Gleichstrom stets lückenlos. Dann ist für volle Herabsteuerung der Gleichspannung bis auf $U_g = 0$ der maximale Steuerwinkel (Steuerbereich):

$$\alpha_{max} = \frac{\pi}{2} = 90^\circ \tag{10a}$$

für beliebige Pulszahl. Denselben Wert hat man bei rein Ohmscher Belastung ($X_k = 0$), wenn die Pulszahl unendlich groß ist. In beiden Fällen gilt Gl. (4) im ganzen Steuerbereich:

Wenn aber der Gleichstrom lückt, ist ein größerer Steuerbereich notwendig. Für beliebige Pulszahl und rein Ohmsche Last hat man nämlich:

$$\left.\begin{aligned} \alpha_{max} &= \frac{\pi}{2} + \frac{\pi}{p} && \text{bei } p \geqq 2,\ X_k = 0 \ \text{(vgl. Abb. 29, Kurve } g), \\ \alpha_{max} &= \pi && \text{bei } p = 1,\ X_k = 0\,. \end{aligned}\right\} \tag{10b}$$

Die Werte von $\alpha_{kr}$ und $\alpha_{max}$ bei $X_k = 0$ sind in Zahlentafel 4 zusammengestellt.

Zahlentafel 4. *Kritischer Steuerwinkel* $\alpha_{kr}$ *und Steuerbereich* $\alpha_{max}$ *bei Ohmscher Belastung* [Gl. (5) und (10)]

| $p$ | 1 | 2 | 3 | 6 | 12 | $\infty$ | Abb. 29 |
|---|---|---|---|---|---|---|---|
| $\alpha_{kr}$ | 0 | 0 | 30 | 60 | 75 | 90° | Kurve a |
| $\alpha_{max}$ | 180 | 180 | 150 | 120 | 105 | 90° | Kurve g |

Man erhält also die in Abb. 28 dargestellten Steuerkennlinien. Die stark ausgezogene Grenzkurve entspricht Gl. (4); für viele praktische Zwecke genügt es, damit zu rechnen. Wenn die Gleichstromreaktanz nur begrenzt, aber größer als Null ist, so liegt die tatsächliche Steuerkennlinie zwischen der zur betreffenden Pulszahl $p$ gehörigen Kurve für $X_k = 0$ und der Grenzkurve für $X_k = \infty$.

Bei einem zweipulsigen Gleichrichter führt schon die geringste Zündverzögerung zu einer Verkürzung der Brenndauer, wenn $X_k = 0$ ist [s. Gl. (5)]. Abgesehen von der Zündspannung genügt also bereits die Brennspannung, um den Strom lücken zu lassen. Wenn aber Drosseln im Gleichstromkreis vorhanden sind, so wird die Stromführung der einzelnen Phase über den Nulldurchgang der zugehörigen Anodenspannung hinaus verlängert. Das Lücken tritt erst bei einer größeren Zündverzögerung ein. Der mehrpulsige Betrieb hat stets einen gewissen lückenlosen Steuerbereich. Bei rein Ohmscher Belastung beginnt nach Gl. (5) das Lücken erst nach 30° Zündverzögerung bei drei Pulsen; bei sechs Pulsen ist dieser Winkel 60°. Mit zunehmender Pulszahl nähert sich die Lückgrenze immer mehr einer Zündverzögerung von 90°. Im mehrpulsigen Betrieb vermag schon eine mäßige Drossel das Lücken in einem weiten Steuerbereich zu verhindern.

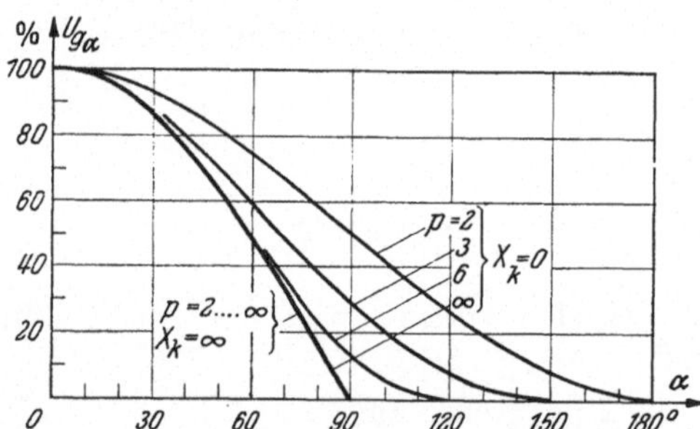


Abb. 28. Steuerkennlinien des gittergesteuerten Gleichrichters für $p = 2....\infty$ und $X_k = 0...\infty$. Gleichspannung $U_{g\alpha}$ als Funktion des Steuerwinkels $\alpha$ [2, 55]

Dieses Verhalten von Steuerbereich und Lückgrenze ist in Abb. 29 dargestellt. Als Parameter der Kurven ist darin das Verhältnis von Reaktanz und Widerstand der Gleichstromseite $\tan\gamma = \frac{X_k}{r}$ gewählt.

Das Lücken des Gleichstroms kann auch ohne Gittersteuerung durch eine Gegenspannung (Batterie, Motoren) verursacht werden. Wenn die Gegenspannung den Augenblickswert der gleichgerichteten Anodenspannung überschreitet, so reißt der Strom ab. Natürlich ermöglicht auch hier die Induktivität eine Verlängerung der sonst begrenzten Brenndauer. Bis zu einem bestimmten Wert der Gegenspannung kann so das Lücken überbrückt werden. Demgegenüber sei noch einmal hervorgehoben, daß der Strom eines ungesteuerten zwei- oder mehrpulsigen Gleichrichters (bei Vernachlässigung der Brennspannung) bei Ohmscher, induktiver oder gemischter Belastung ohne Gegenspannung stets lückenlos ist.

Der Zündverzögerungswinkel $\alpha$ wird vom Schnittpunkt von zwei aufeinander folgenden Anodenspannungskurven aus gerechnet. Bezogen auf den Nulldurchgang der Anodenspannung ist dann der Zündwinkel:

$$\varepsilon = \alpha + \frac{\pi}{2} - \frac{\pi}{p}\,.$$

Wenn der Zündpunkt noch vor den Schnittpunkt der Anodenspannungen vorverlegt wird, so wird $\alpha$ negativ. Die Gleichspannung bleibt aber auf ihrem höchsten Wert für $\alpha = 0$. Das trifft jedoch nur dann zu, wenn die Gitterspannung nach dem eingestellten Zündzeitpunkt noch mindestens bis zum Zeitpunkt $\alpha = 0$ positiv ist. Bei sehr kurzen Stoßsteuerspannungen ist dagegen eine Zündung nur in der Nähe des eingestellten Zeitpunkts möglich. Wird also dann die Steuerspannung zu weit nach vorn verlegt (Zündverfrühung), so fällt jede zweite Anode ganz aus. Damit sinkt unvermittelt die Gleichspannung auf fast den halben Nennwert.

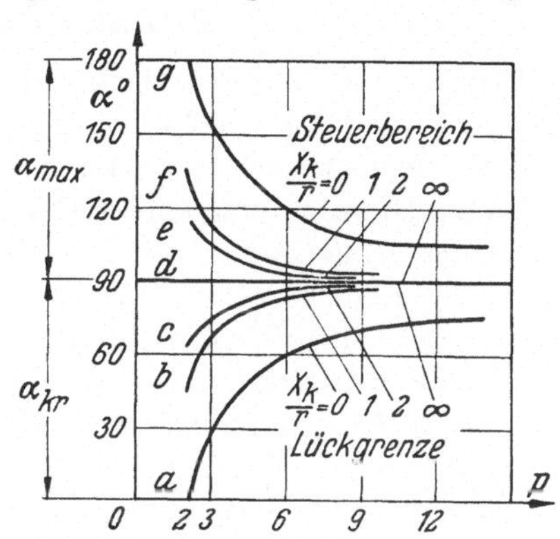


Abb. 29. Steuerbereich $\alpha_{max}$ und Lückgrenze $\alpha_{kr}$ des gittergesteuerten Gleichrichters für $p = 2, 3, 6 \ldots$ und $X_k/r = 0, 1, 2 \ldots \infty$

Man bezeichnet das Verhältnis $\frac{U_{g\alpha}}{U_{g0}}$ als Aussteuerung, $\frac{U_{g0} - U_{g\alpha}}{U_{g0}}$ dagegen als relative Sperrung der Gleichspannung. Bei $\alpha = 0$ (man spricht dabei auch von „offenen Gittern") hat man also volle Aussteuerung 100% oder Sperrung 0%. Wenn man aber die Gleichspannung auf Null herabsteuert, ergibt sich die Aussteuerung 0%, die Sperrung 100%.

Bisher war die Mittelpunktsschaltung allgemein vorausgesetzt. Gl. (3) gilt aber auch für die Brückenschaltungen, wenn man beachtet, daß sie wie eine Reihenschaltung von zwei Mittelpunktsschaltungen wirken. Daher erhält man (siehe Zahlentafel 3):

Zweiphasige Brückenschaltung $U_{g0} = 2\sqrt{2}\,\frac{2}{\pi}\,U_s = 1{,}8\,U_s$, (11)

für $p = q = 2$

Dreiphasige Brückenschaltung $U_{g0} = 2\sqrt{2}\,\frac{3}{\pi}\sin\frac{\pi}{3}\,U_s = 2{,}34\,U_s$. (12)

für $q = 3$. Die Pulszahl ist $p = 6$.

Man erhält also im Vergleich zu einer Mittelpunktsschaltung die doppelte Gleichspannung. Es wird aber auch die doppelte Anzahl Ventilstrecken benötigt. Bei Gittersteuerung sind die übrigen Formeln sinngemäß anzuwenden. Diese Gleichungen sind auf die sekundäre Phasenspannung bezogen. Da hier aber direkt die verkettete Spannung anliegt, werden die Faktoren oft auf diese bezogen. Man erhält dann für $p = 2$ die Werte 0,9 bzw. 1,11, für $p = 6$ die Werte 1,35 bzw. 0,74 für $k_0$ bzw. $1/k_0$.

## 3. Gittersteuerverfahren

Die Gittersteuereinrichtung dient dazu, den Steuergittern der einzelnen Entladungsstrecken in einem bestimmten, durch die Arbeitsweise der Stromrichterschaltung bedingten Rhythmus Steuerspannungen geeigneter Form zu erteilen. Beim Gleichrichter erhält jede Anode einen positiven Steuerimpuls, die gegenseitigen Zeitabstände der Impulse entsprechen den Phasenwinkeln der Anodenspannungen. Das Gittersteuergerät muß also dieselbe Pulszahl haben wie der Gleichrichter selbst.

Mit dem Gitterimpuls setzt der Anodenstrom praktisch unverzögert ein (ca. $10^{-6}$ s). Der Gitterimpuls kann kürzer sein als die Anoden-Brenndauer, wenn der Gleichstrom nicht lückt. Nach dem Verlöschen des Anodenstroms soll das Gitter wieder negativ werden, um eine ungewollte Neuzündung sicher zu verhindern. Für den vollen Bereich des Gleichrichterbetriebes benötigt man eine Winkelverschiebung von theoretisch 90° (Abb. 28), wenn die Induktivität sehr groß ist. Einschließlich Wechselrichterbetrieb kommt man auf ca. 150° elektrisch. Die Gitterimpulse sollen möglichst genauen Zeitabstand haben. Eine Unsymmetrie von $\pm$ 1° kann zu einer Schieflast von ca. 4% führen. Auch wird der Lastabgleich der Saugdrossel durch Gleichstrom-Vormagnetisierung gestört. Der Zündeinsatz soll möglichst wenig streuen, damit phasengleiche Anoden gleichzeitig einsetzen. Dazu muß der Gitterimpuls eine hohe Steilheit aufweisen.

Nach der Form der Gittersteuerspannung und ihrer Erzeugung hat man zu unterscheiden [*73*]:

### a) Sinusformsteuerung

Das Gitter erhält eine sinusförmige Wechselspannung gleicher Frequenz wie die Anodenspannung. Zur Steuerung des Zündzeitpunktes können folgende Verfahren dienen:

**Verschiebung der Phasenlage der Gitterwechselspannung** $U_{gw}$ gegenüber der Anodenspannung $U_a$ (Abb. 30, a) (nach Toulon). Die Zündspannung sei gleich dem Kathodenpotential gesetzt. Dann zündet die Anode in dem Zeitpunkt, in dem die Gitterspannung die Nullinie überschreitet. Verschiebt man nun die Gitterwechselspannung um den Winkel $\alpha$, so setzt die Zündung der Anode mit der gleichen Verzögerung ein. Der Ausschnitt aus der Kurve der Anodenspannung wird entsprechend verkürzt. Im Gleichrichterbetrieb ergibt also die Zündverzögerung eine Verringerung der Gleichspannung (vgl. Abb. 27) (Horizontalsteuerung).

**Veränderung der Amplitude der Gitterwechselspannung** $U_{gw}$, die einer negativen Vorspannung $U_{gv}$ überlagert wird (Abb. 30, b). Eine Verringerung der

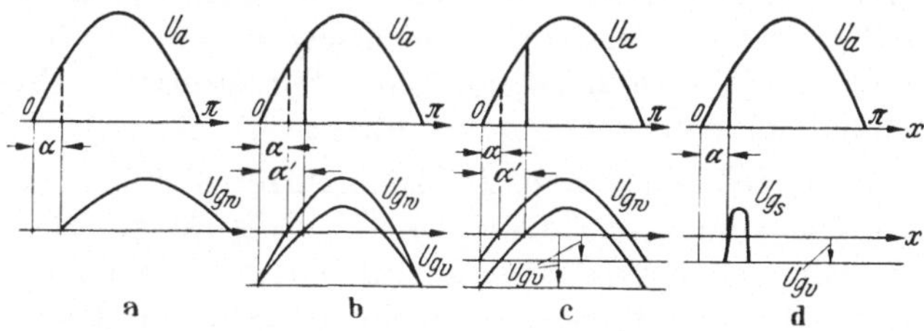


Abb. 30 a — d. Verfahren zur Gittersteuerung, dargestellt am ein- bzw. zweipulsigen Gleichrichter. *Sinusformsteuerung*: a) mit Phasenverschiebung der Gitterwechselspannung $U_{gw}$; b) mit Veränderung der Amplitude der Gitterwechselspannung $U_{gw}$; c) mit Veränderung der Gittervorspannung $U_{gv}$; *Stoßsteuerung*: d) mit Phasenverschiebung der Stoßspannung $U_{gs}$. $U_a$ Anodenspannung. $\alpha\alpha'$ Zündverzögerung.

Amplitude von $U_{gw}$ führt zu einer größeren Zündverzögerung z. B. vom Zündwinkel $\alpha$ nach $\alpha'$. Der Steuerbereich ist aber auf die erste Hälfte der Halbwelle der Anodenspannung beschränkt, d. h. bei Gleichrichterbetrieb auf etwa 100 bis 50% Gleichspannung. Die Steuerung ist außerdem infolge teilweise geringer Steilheit der Steuerspannung unsicher und ungenau.

**Veränderung der Gittervorspannung** $U_{gv}$ (nach G. W. Müller) bei fester Gitterwechselspannung (Abb. 30, c). Auch dies Verfahren hat nur einen begrenzten Stellbereich und ist nur in dessen oberem Teil ausreichend genau, weil die Zündkennlinie (vgl. Abb. 8) stets eine gewisse Streuung aufweist (Vertikalsteuerung).

Die Steuerung durch Phasenverschiebung der Gitterwechselspannung wird am häufigsten verwendet. Man benutzt dazu meist einen Induktionsdrehregler vor dem Gittersteuergerät oder eine Phasenschwenkbrücke (*LC*, *RC*). Im ganzen ist eine Sinusformsteuerung wenig genau und eignet sich nicht für den Parallelbetrieb mehrerer Gefäße.

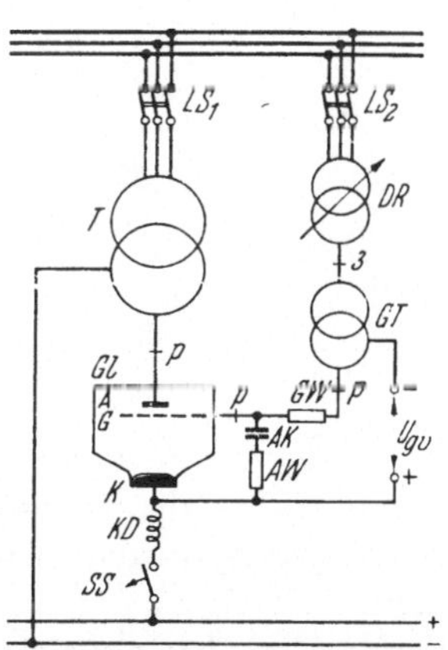


Abb. 31. Grundsätzliche Schaltung eines gittergesteuerten, mehranodigen Gleichrichters.

*A* Anoden, *AK* Ableitkondensator, *AW* Ableitwiderstand, *DR* Drehregler, *G* Gitter, *Gl* Gleichrichtergefäß, *GT* Gittertransformator, *GW* Gitterwiderstand, *K* Kathode, *KD* Kathodendrossel, $LS_1$, $LS_2$ Leistungsschalter, *SS* Schnellschalter, *T* Haupttransformator, $U_{gv}$ negative Gittervorspannung, *p* sekundäre Phasenzahl (Pulszahl)

Abb. 31 zeigt das Prinzipschaltbild eines gittergesteuerten Gleichrichters mit Sinusformsteuerung. Zur Regelung dient der Drehtransformator (Drehregler) *DR*.

### b) Stoßsteuerung (Impulssteuerung)

wobei die Gitterspannung $U_{gs}$ (Abb. 30, d) die Nullinie stoßartig durchschneidet. Für gewöhnliche Quecksilberdampfgefäße wird eine Steilheit von mindestens etwa 20 V/elektr. Grad verlangt. Man erreicht damit eine zuverlässige und genaue Steuerung, was bei Parallelbetrieb mehrerer Anoden und großem Gitterstellbereich, insbesondere aber bei Wechselrichtern und Umrichtern notwendig ist. Der stoßartige Verlauf der Steuerspannung kann erreicht werden durch:

*Elektromechanische Steuerung.* In regelmäßigen Zeitabständen werden positive Gleichspannungsstöße an das Gitter geführt. Man benutzt hierzu z. B. einen Steuerkollektor mit umlaufenden Bürsten und synchronem Antrieb. Zur Phasenverschiebung kann ein Drehregler vor dem Antriebsmotor oder ein Querfeld im Läufer dieser Maschine dienen, wenn man nicht den Kollektor verstellt. Dies Verfahren wird jedoch kaum noch angewendet.

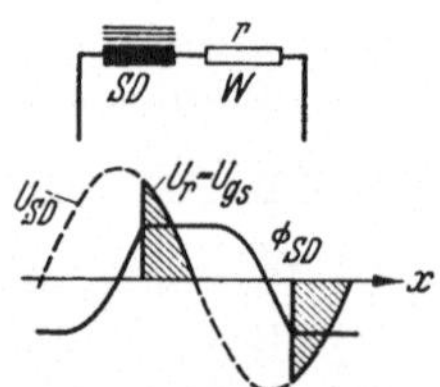


Abb. 32. Magnetische Stoßsteuerung. Bildung der Stoßsteuerung. *SD* gesättigte Drossel, *W* Ohmscher Widerstand *r*, Verlauf der Spannungen $U_{SD}$ und $U_r$, $\Phi_{SD}$ Fluß der Drossel (nach [*73*], Abb. 8)

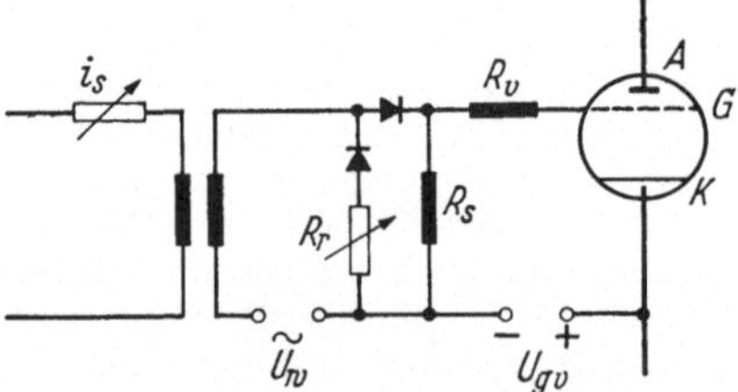


Abb. 33. Transduktor-Gittersteuerung. $i_s$ Steuerstrom (Einstellwiderstand); $U_w$ Wechselspannung; $U_{gv}$ negative Vorspannung; $R_r$ Rückmagnetisierungs-Widerstand; $R_s$ Stoßwiderstand; $R_v$ Gittervorwiderstand; *A*, *G*, *K* wie in Abb. 2—7 [*41*]

*Magnetische Stoßsteuerung*, wobei durch die magnetische Sättigung von Drosseln steile Spannungskurven erzeugt werden. Es gibt hierfür zahlreiche Schaltungen. Abb. 32 zeigt schematisch das Prinzip an einer Reihenschaltung von einer gesättigten Drossel *SD* und einem Ohmschen Widerstand *r*. Die angelegte Wechselspannung liegt zunächst fast ganz an der Drossel. Wenn diese ihre Sättigung erreicht, geht die Spannung auf den Widerstand über. Die Verschiebung der Steuerimpulse kann erfolgen durch Drehregler vor dem Steuergerät oder durch eine veränderliche Gleichstrom-Vormagnetisierung der Drossel.

Damit kommt man zur magnetischen Verstärkersteuerung, *Transduktorsteuerung.* Von den zahlreichen Steuerungen soll hier ein Beispiel in Abb. 33 gezeigt werden. Der Steuerbereich ist etwa 100° elektrisch, kann aber mit einem besonderen Vorsatz vergrößert werden. Die Verschiebung der Steuerimpulse geschieht durch Veränderung des Steuerstromes. Bei der sogenannten Phasenschwenksteuerung wird in einer

*LC*-Brücke die Drossel durch Vormagnetisierung verändert. Hiermit wird ein Steuerbereich von ca. 200° elektrisch überstrichen. [41].

Diese Steuerverfahren haben höhere Verstellgeschwindigkeit als eine elektro-mechanische Stoßsteuerung, setzen aber grundsätzlich erst nach einer Totzeit ein. Die höchste Stellgeschwindigkeit erreicht man mit elektronischen Verfahren.

*Röhrensteuerung.* Der praktisch trägheitslose Stromeinsatz in einer Entladungsstrecke bietet die Möglichkeit, sehr steile Spannungsstöße zu erzeugen. Das Gittersteuergerät wirkt dabei zuerst auf die Steuergitter

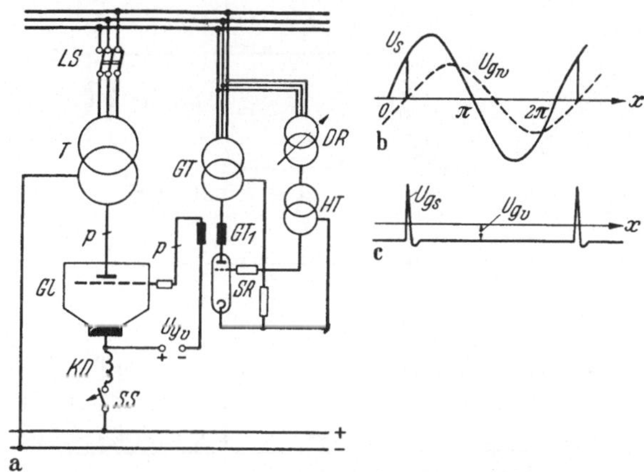


Abb. 34 a — c. Röhrensteuerung eines Gleichrichters.

a) Schaltung: *DR* Drehregler, *Gl* Gleichrichter, *GT* Gittertransformator, $GT_1$ Gitterhilfstransformator, *HT* Hilfstransformator des Gitterkreises der Steuerröhren, *KD* Kathodendrossel, *LS* Leistungsschalter, *SR* Steuerröhre, *SS* Schnellschalter, *T* Haupttransformator, *p* Pulszahl.

b) Verlauf von Anodenspannung $U_s$ und Gitterspannung $U_{gw}$ der Steuerröhre; c) Verlauf der Stoßspannung $U_{gs}$ bei Vorspannung $U_{gv}$ am Gitter des Gleichrichters (nach [*73*], Abb. 5)

von Hilfsentladungsgefäßen (Abb. 34). Der stoßartige Stromeinsatz in ihnen wird dann auf den Gitterkreis des zu steuernden Stromrichtergefäßes selbst übertragen. Der Aufwand für eine solche Röhrensteuerung ist verhältnismäßig groß, die Lebensdauer ist begrenzt. Man hat sie daher nur bei hohen Anforderungen an die Steuerung, vor allem bei Umrichtern, verwendet.

Bei den *Transistorsteuerungen* werden steuerbare Halbleiter (Transistoren) verwendet. Wie bei den Elektronenröhren läßt sich der Zündzeitpunkt trägheitslos verschieben, und zwar durch Veränderung der Steuergleichspannung im Eingang (vereinfachtes Schema Abb. 35) [*95*].

Im Wechselrichterbetrieb muß die Verschiebung der Steuerimpulse begrenzt werden, um das sogenannte Kippen zu vermeiden (siehe Abb. 113). Hierzu kann man einen zweiten Stoßimpuls im festen Abstand vom Schnittpunkt der negativen Anodenspannungen einsetzen (Kippwächter, S. 175. Ignitrons werden durch parallele Thyratrons oder mit Kondensatorentladung gesteuert.

Bei diesen Verfahren wird stets eine negative Gittervorspannung eingeführt, und zwar meist mit Hilfe eines Halbleiter-Gleichrichters. Mit dem Gitterwiderstand wird der Gitterstrom begrenzt. Ein Gitterkondensator soll das Ventil gegen Fehlzündungen schützen. Beide Maßnahmen beeinträchtigen aber die Steilheit des Gitterimpulses und die Freiwerdezeit. Daher muß die Größe der vorgeschalteten Bauelemente sorgfältig gewählt werden.

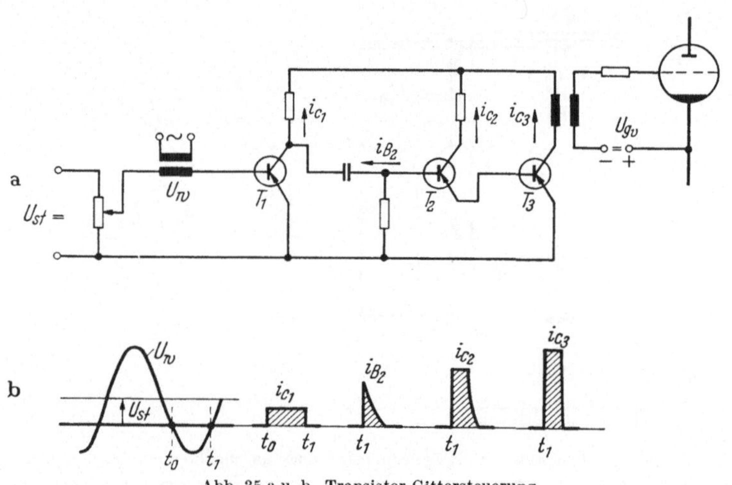


Abb. 35 a u. b. Transistor-Gittersteuerung.
$T_1$ $T_2$ $T_3$ Transistoren; $U_{gv}$ Gittervorspannung; $U_{st}$ Steuerspannung; $U_w$ Wechselspannung.
*a* Schaltbild; *b* Zeitdiagramm zur Bildung der Stoßspannung [95]

Als Richtwerte können gelten:

| | |
|---|---|
| Negative Vorspannung ca. | 150—200 V |
| Impulsspannung | 200—500 V |
| Gitterwiderstand | 2— 5 k$\Omega$ und mehr. |

Die Stromaufnahme der Steuergitter ist gering, sie liegt in der Größenordnung von einigen 10—100 mA. Der Verbrauch der Steuereinrichtung insgesamt ist vielmehr durch die Verluste der Geräte selbst bedingt und liegt je nach Steuerverfahren und Anodenzahl zwischen ca. 0,2—0,6 kW und mehr.

## 4. Gleichspannung bei Belastung

Zur Berechnung der Gleichspannung bei Belastung wird ein schematisches Schaltbild nach Abb. 36 zugrunde gelegt. Darin bedeuten:

$X_n$ Reaktanz des primären Netzes,
$X_p$ „ des Gleichrichtertransformators primär,

$X_s$ Reaktanz des Gleichrichtertransformators sekundär,
$X_a$ „ der Anodendrosseln,
$X_k$ Kathodenreaktanz (Kathodendrossel, Induktivität der Gleichstrombelastung),
$r$ Belastungswiderstand,
$E_b$ Brennspannung, Durchlaß-Spannung
$E_g$ Gegen-EMK (Batterie, Motoren).

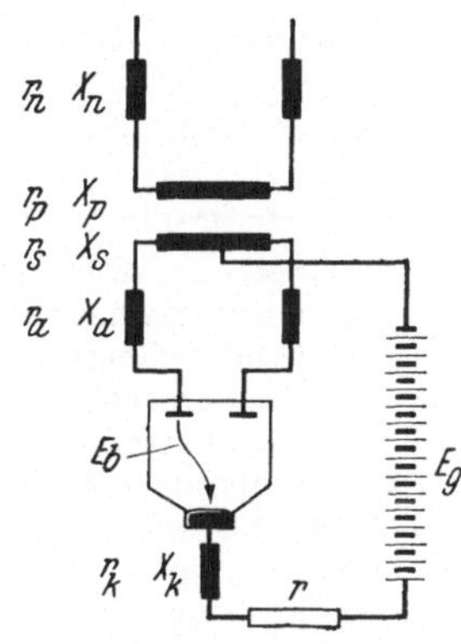

Abb. 36. Ersatzschaltbild eines Gleichrichters mit verteilten Widerständen und Reaktanzen.

Zu allen Reaktanzen sind sinngemäß Ohmsche Verlustwiderstände $r_n$, $r_p$, $r_s$, $r_a$ und $r_k$ hinzuzurechnen. Zur Vereinfachung werden die Reaktanzen und Ohmschen Widerstände unter Berücksichtigung der Übersetzung des Transformators zusammengefaßt. Damit ergeben sich durch die Belastung folgende Spannungsabfälle: der innere Spannungsabfall des Stromventils (Brennspannung, Durchlaßspannung), der Ohmsche Spannungsabfall und der induktive Spannungsabfall, alles bezogen auf die Gleichspannungsseite. Ihr Wert soll nunmehr getrennt ermittelt werden.

### a) Innerer Spannungsabfall des Stromrichtventils

Bei Entladungsgefäßen tritt die Brennspannung (Lichtbogenabfall) $E_b$ im Entladungsweg von Anode zu Kathode auf. Sie setzt sich zusammen aus dem Anodenfall 1 V, dem Kathodenabfall 10 V und dem Spannungsabfall im Entladungsweg, der etwa proportional der Weglänge des Lichtbogens ist. Infolge der verhältnismäßig hohen Belastung des Entladungsweges hat man hier nicht die bekannte fallende Lichtbogenkennlinie, man arbeitet vielmehr fast stets auf dem wiederansteigenden Ast dieser Kurve. Das Minimum liegt je nach Bauart und Kühlung bei kleiner Teillast von rd. 10—40% Nennlast, teilweise auch höher. Außer von der Belastung ist die Brennspannung vor allem abhängig von Dampfdruck und Temperatur, und damit von der Kühlung. Für die praktische Rechnung wird man ihren Wert vom Hersteller des Gleichrichters einfordern. Als Anhalt mögen die in Zahlentafel 5 genannten Werte gelten.

Bei gegebener Temperatur ist nur ein bestimmter Höchststrom zulässig. Wenn die Brennspannung ca. 40 V überschreitet, entsteht die Gefahr von Sekundärzündungen. Die Entladung setzt bei Stahlgefäßen an der Anodenhülse, an der Gefäßwand oder am Gitter als Zwischenelektrode an, so daß zwei Lichtbogen in Reihe geschaltet sind.

Als Beispiel zeigt Abb. 37 die Lichtbogenkennlinie von Quecksilberdampfgleichrichtern, und zwar eines Stahlgefäßes von 5000 A und eines Glasgefäßes von 400 A. Für dieses sind zwei Kurven eingezeichnet, für einanodigen Betrieb (Gabelschaltung, F3, s. S. 68) und für zweianodigen Betrieb (Doppelsternschaltung mit Saugdrossel, F2, s. S. 70). In ähnlicher Weise verschiebt sich die Lichtbogenkennlinie von *b* nach *c* durch Verstärkung der Kühlung, womit die Belastbarkeit des Glaskolbens

Zahlentafel 5. *Brennspannung (Lichtbogenabfall) von Entladungsgefäßen (mittlere Richtwerte)*

| | |
|---|---|
| Glühkathoden-Gleichrichter | |
| mit Edelgasfüllung | 10—15 V |
| mit Quecksilberdampf-Füllung | |
| ohne Steuergitter | 8—18 V |
| mit Steuergitter | 10—20 V |
| Quecksilberdampf-Gleichrichter mit Steuergitter[1] | |
| mit Glasgefäß | 16—25 V |
| mit pumpenlosem Stahlgefäß | 19—23 V |
| mit Stahlgefäß und Vakuumpumpen | 22—30 V |
| mit einanodigem Stahlgefäß | 16—20 V |
| Ignitron (Röhre mit Zündstiftsteuerung) | 12—20 V |

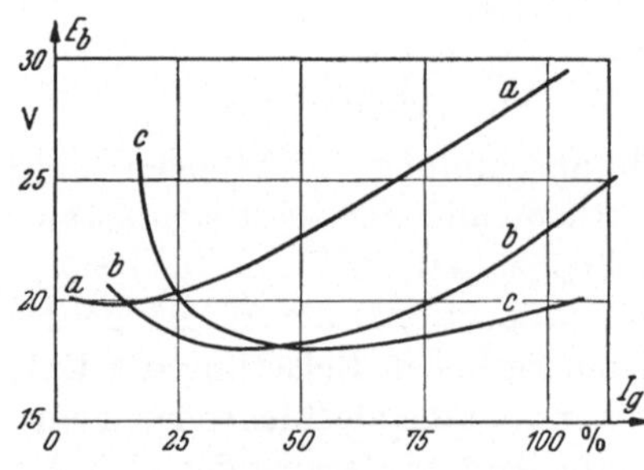


Abb. 37. Lichtbogenkennlinien von Quecksilberdampf-Gleichrichtern.
*a*) mit Stahlgefäß für 5000 A Nennstrom; *b*) mit Glasgefäß für 400 A bei einanodigem Betrieb (Gabelschaltung F 3); *c*) mit Glasgefäß wie *b*, jedoch bei zweianodigem Betrieb (Saugdrosselschaltung F 2) oder mit verstärkter Kühlung (nach [2], Abb. 7 u. 13)

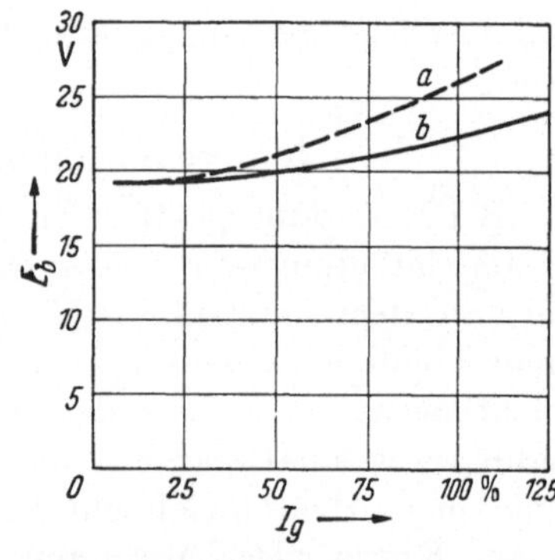


Abb. 38. Brennspannung $E_b$ von pumpenlosen Eisengleichrichtern bei veränderter Last.
$I_g$ = Gleichstrom; *a*) Gabelschaltung (Abb. 60); *b*) Saugdrosselschaltung (Abb. 61)
Für beide Abb. 37 und 38 gilt konstante Gefäßtemperatur

erhöht wird. Pumpenlose Stahlgefäße mit 6 Anoden haben einen Verlauf der Kennlinien nach Abb. 38. Es ist üblich, die Brennspannung nicht auf den Anodenstrom, sondern auf den Gleichstrom zu beziehen und als Mittelwert über die Brenndauer anzugeben. Die Brennspannung ist nicht nur von der Höhe des Anodenstroms abhängig, sondern auch von seinem zeitlichen Verlauf. Durch mehrfache Anodenbeteiligung läßt sich natürlich die Brennspannung gegenüber dem Betrieb mit einer Grundschaltung, bei der stets nur eine Anode den Strom führt, erheblich ver-

[1] Ohne Gitter 1—2 V niedriger.

ringern. Für Überschlagsrechnungen genügt es oft, als Brennspannung unabhängig von der Belastung einen festen Wert einzusetzen, der auch schon bei Leerlauf auftritt.

Bei der Einwegschaltung erscheint die Brennspannung in der mittleren Gleichspannung bei Belastung nur mit dem halben Wert. Dagegen ist bei Brückenschaltungen die Brennspannung doppelt einzusetzen, weil stets zwei Ventile in Reihe im Betrieb sind.

Halbleitergleichrichter haben einen inneren Spannungsabfall $E_d$, der mit der Belastung weit mehr ansteigt als die Brennspannung der Entladungsgefäße. Die Kennlinie nach Abb. 39 zeigt einen gewissen Mindestwert der Durchlaß-Spannung. Wenn man den geradlinigen Teil darüber bis zur Abszissenachse verlängert, erhält man hier die sogenannte Schleusenspannung $E_{ds}$. Praktisch ist der Spannungsabfall von Zelle zu Zelle etwas verschieden, so daß man für eine fertige Gleichrichtersäule einen mittleren Wert einsetzen muß. Auch hier wird man sich nach den Angaben des Herstellerwerks zu richten haben. Da die Zahl der in Reihe zu schaltenden Zellen mit der Gleichspannung steigt, so nimmt auch der gesamte innere Spannungsabfall eines Halbleitergleichrichters stufenförmig zu. Bei Entladungsgefäßen ist dagegen die Brennspannung bei gegebener Konstruktion in einem weiten Bereich der Gleichspannung von dieser unabhängig.

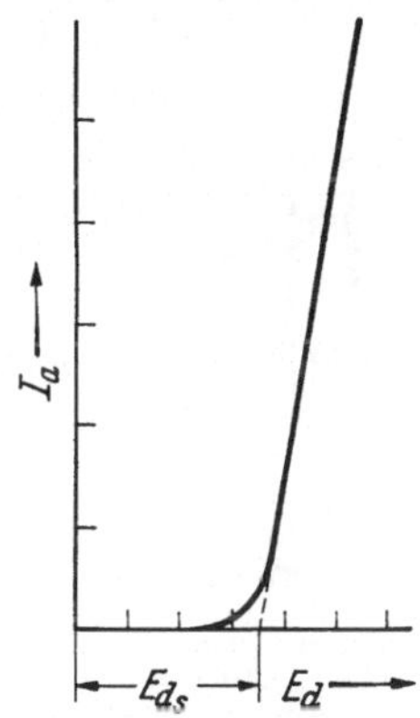


Abb. 39. Durchlaßkennlinie eines *Si*-Ventils.
$E_d$ = Durchlaßspannung; $E_{ds}$ = Schleusenspannung; $I_a$ = Durchlaß-Strom (Anodenstrom)

## b) Ohmscher Spannungsabfall

Der Spannungsabfall an den Ohmschen Widerständen kann errechnet werden aus:

$$E_r = I_g r', \tag{13}$$

worin $I_g$ der Mittelwert des Gleichstroms, $r'$ der resultierende Ersatzwiderstand der Ohmschen Verluste vom Netz bis zu den Gleichstromklemmen bedeuten. Bei einfacher sekundärer Sternschaltung und einfacher Anodenbeteiligung z.B. ergibt sich der Ersatzwiderstand aus:

$$r' = \frac{1}{I_g^2} (I_g^2 r_k + p\, I_s^2 (r_a + r_s) + m\, I_p^2 r_p + m\, I_n^2 r_n) = \frac{\Sigma V_r}{I_g^2}, \tag{14}$$

worin $m$ = primäre Phasenzahl, $I_s$ = sekundärer Phasenstrom, $I_p$ = Primärstrom, $I_n$ = Netzstrom. Man rechnet dabei mit dem Wicklungswiderstand für 50 Hz und legt rechteckförmige Stromkurven zugrunde. Tatsächlich ist der Wechselstromwiderstand wegen der Oberwellen höher, dafür sind aber die Oberwellen selbst durch die Reaktanzen herabgesetzt. Beide Einflüsse heben sich bei mittleren Werten der Reaktanz und bei mäßiger Gittersperrung angenähert gegenseitig auf. Im übrigen wird auf den Abschnitt „Verluste und Wirkungsgrad" (s. S. 119) verwiesen.

### c) Induktiver Spannungsabfall

Der Übergang des Anodenstroms von einer Anode zur folgenden geht wegen der wechselstromseitigen Reaktanzen nicht verzögerungsfrei vor sich. Nach der Zündung von Anode 2 muß der Strom von Anode 1 erst gelöscht werden, während der neue Anodenstrom nur allmählich ansteigt. Vorübergehend führen beide Anoden gleichzeitig Strom. Wie in Abb. 40 schematisch dargestellt, sind dabei die benachbarten Anodenspannungen $u_{s1}$ und $u_{s2}$ über den Lichtbogen kurzgeschlossen. Man hat eine Kommutierung wie unter der Bürste einer Gleichstrommaschine. Der Bürstenbedeckung entspricht hier die Überlappung $u$ der Anodenströme[1]. Gegenüber der theoretischen Brenndauer $\delta$ (Gl. (2)) hat man jetzt eine verlängerte Brenndauer, nämlich:

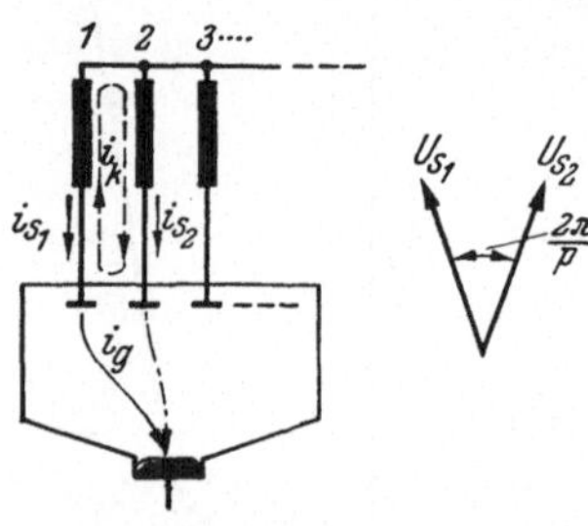


Abb. 40. Kommutierung bei einem Gleichrichter.
Anodenstrom wechselt von Phase 1 nach Phase 2, Kurzschlußstrom $i_k$ bringt $i_{s1}$ auf 0 und $i_{s2}$ auf $i_g$

$$\delta'' = \frac{2\pi}{p} + u\,, \tag{15}$$

weiter ist mit den Bezeichnungen[2] von Abb. 40:

$$i_{s1} + i_{s2} = i_g\,.$$

Der Kurzschlußstrom während der Kommutierung wird durch die wechselstromseitigen Reaktanzen (Transformator, primär und sekundär, Anodendrosseln) begrenzt. Bei unendlich großer Kathodenreaktanz $X_k$ sind die beiden Sekundärströme

$$i_{s1} = I_g - i_k$$

$$i_{s2} = i_k\,.$$

Die Kommutierungsspannung für $i_k$ ist

$$u_k = u_{s1} - u_{s2}\,,$$

d. h. die verkettete Spannung der beteiligten Anoden. Also ist

$$U_k = 2\,U_s \sin\frac{\pi}{p} = \sqrt{2}\,U_{g0}\,\frac{\pi}{p}\,. \tag{15a}$$

[1] Wenn der Gleichstrom lückt, tritt natürlich eine Überlappung nicht mehr auf.

[2] Zur Bedeutung großer und kleiner Buchstaben siehe S. 251.

Der Kurzschlußstrom eilt dieser Spannung um 90° nach. Die Kommutierung beginnt bei Gleichheit der Anodenspannungen (Schnittpunkt $a$ in Abb. 41). Man erhält den Einschaltvorgang eines induktiven Kurzschlußstromes, der aber am Ende der Kommutierung unterbrochen wird. Im Löschzeitpunkt ist

$$i_k = \bar{I}_a$$

(Scheitelwert des Anodenstromes).

Weiter ist:

$$I_k = \frac{\bar{I}_a}{\sqrt{2}\,(\cos\alpha - \cos(\alpha + u))}\,. \tag{16}$$

Wir denken uns die wechselstromseitigen Reaktanzen unter Berücksichtigung der Übersetzung des Transformators phasenweise in einer Ersatzdrossel $X'_a$ konzentriert. Dann ist während der Überlappungszeit der Augenblickswert der Gleichspannung

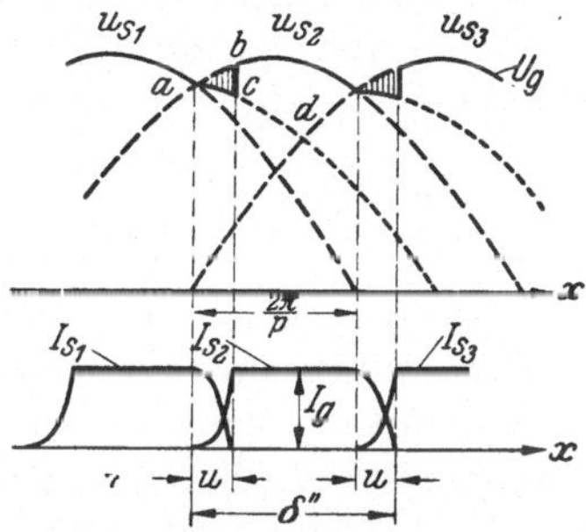

Abb. 41. Entstehung des induktiven Gleichspannungsabfalls $E_s$ und der Überlappung $u$ (Dreieck $a\,b\,c$), Verlauf von Gleichspannung $U_g$, Anodenspannungen $u_{s1}\, u_{s2}\, u_{s3}$, Anodenströme $I_{s1}\, I_{s2}\, I_{s3}$

für die Phase 1: $u_g = u_{s1} - X'_a \dfrac{di_{s1}}{dx}$,

für die Phase 2: $u_g = u_{s2} - X'_a \dfrac{di_{s2}}{dx}$.

Summiert man, so ergibt sich

$$u_g = \frac{u_{s1} + u_{s2}}{2} - \frac{X'_a}{2}\frac{di_g}{dx}\,.$$

Nach der Stromwendung ist im Alleinbetrieb von Phase 2:

$$u_g = u_{s2} - X'_a \frac{di_g}{dx}\,.$$

Bei unendlicher großer Kathodendrossel $X_k = \infty$ ist:

$$\frac{di_g}{dx} = 0\,,$$

also während der Überlappung

$$u_g = \frac{u_{s1} + u_{s2}}{2}\,,$$

d.h. die Gleichspannung folgt dann dem Mittelwert der Spannungen der einander ablösenden Anoden (Abb. 41, Kurve $a\,c$). Die mittlere Gleichspannung bei Belastung ist somit:

$$U_g = \frac{p}{2\pi}\left[\int_0^u \left(u_{s1} - X'_a \frac{di_{s1}}{dx}\right) dx + \int_u^{2\pi/p} u_{s1}\, dx\right] = U_{g0} - \frac{p}{2\pi} X'_a\, I_g\,.$$

Das zweite Glied ist der induktive Gleichspannungsabfall $E_s$, der infolge der wechselstromseitigen Induktivitäten auf der Gleichstromseite auftritt. Im Liniendiagramm Abb. 41 ist dieser Spannungsabfall gegeben durch das Dreieck $abc$, danach ist:

$$E_s = \frac{p}{2\pi} \int_0^u \frac{u_{s1} - u_{s2}}{2} dx = \frac{p}{2\pi} X_a' I_g . \tag{17}$$

Bezogen auf die Leerlaufgleichspannung $U_{g0}$ hat man den relativen Spannungsabfall

$$e_{s0} = \frac{E_s}{U_{g0}} = \frac{p}{2\pi} \frac{X_a' I_g}{U_{g0}} = \frac{1 - \cos u}{2} = \sin^2 \frac{u}{2} . \tag{18}$$

Diese Beziehung ist in Abb. 46 durch die Kurve für $\alpha = 0$ dargestellt. Daraus ergibt sich die Gleichspannung bei Belastung (ohne Ohmschen Abfall und Brennspannung), im Verhältnis zur Leerlaufgleichspannung:

$$\frac{U_g}{U_{g0}} = \frac{1 + \cos u}{2} = \cos^2 \frac{u}{2} . \tag{19}$$

In der Praxis ist an Stelle von $X_a'$ leichter die Kurzschlußspannung $E_k$ zu messen. Darunter versteht man diejenige Primärspannung, die bei Kurzschluß der Anodenseite einen Primärstrom in Höhe des primären Nennstromes $I_p$ bei Gleichrichterbetrieb hervorruft. Bei den Sechsphasenschaltungen ist der Kurzschluß sekundär symmetrisch-dreiphasig auszuführen. Man pflegt dann zwei Messungen, elektrisch versetzt, vorzunehmen und daraus den Mittelwert zu ermitteln, indem man z. B. nach Abb. 59 zuerst die Phasen 1, 3 und 5, dann die Phasen 2, 4 und 6 kurzschließt. Also ist:

$$E_k = z^2 X_a' I_p ,$$

wo $z$ = Leerlaufübersetzung oder

$$e_k = z^2 X_a' I_p \frac{1}{U_p} , \tag{20}$$

bezogen auf die Primärspannung $U_p$[1]. Das Verhältnis $z_e = \frac{e_{s0}}{e_k}$ aus Gl. (18) und (20), die Spannungsabfallziffer, hat für jede Transformatorschaltung einen bestimmten Wert und bietet einen bequemen Weg, aus der Kurzschlußspannung den induktiven Spannungsabfall zu ermitteln. Meist ist dafür die Kurzschlußspannung des Transformators allein ohne die Netzreaktanz ausschlaggebend. Der Ohmsche Spannungsabfall wird

[1] Die Kurzschlußspannung beträgt je nach Leistung und Anschlußspannung etwa 3—8%.

Tafel 6. *Spannungsabfallziffer $z_e$, d. h. induktiver Gleichspannungsabfall, bezogen auf die Kurzschlußspannung des Transformators*

| Puls-zahl | Schaltung | Kurzzeichen alt [1] | Kurzzeichen neu [2] | | | Abb. Nr. | $g$ | $z_e$ |
|---|---|---|---|---|---|---|---|---|
| 2 | Mittelpunkt | | Ii 0 | M | M 2/0 | 50 | 1 | 0,707 |
| | Brücke | | Ii 0 | B | B 2/0 | 53 | 1 | 0,707 |
| 3 | Dreieck-Stern | Cl Dl | Dy 5 | S | M 3/0 | 56 | 1 | 0,866 |
| | | | Dy 11 | | | | | |
| | Stern-Zickzack | C3 D3 | Yz 5 | | M 3/30 | 57 | 1 | 0,866 |
| | | | Yz 11 | | | | | |
| 6 | Brücke | | Dy 5 | DB | B 6/0 | 58 | 1 | 0,5 |
| | | | Yy 0 | | B 6/30 | | | |
| | Dreieck-6-Phasen | F1 | | DS | M 6/30 | 59 | 1 | 1,5 |
| | Gabelschaltung | F3 | | | M 6/30 | 60 | 1 | 0,6—0,7 |
| | | G3 | | | M 6/0 | | | |
| | 2×3 Phasen | F2 | | DSS | M 6/30 | 61 | 2 | 0,5 |
| | | G2 | | | M 6/0 | | | |
| | 3×2 Phasen | | | | M 6/30 | 66 | 3 | 0,38—0,56 |
| 12 | 3×4 Phasen | | | | | 67 | 3 | 0,38 |
| | 4×3 Phasen | | | | | 68 | 4 | 0,26 |
| | 2×2×3 Phasen[3] | F2/G2 | | | M 12/15 | 69 | 4 | 0,26[3] |

vernachlässigt. Für Drehstromanschluß und einfache Anodenbeteiligung[4] läßt sich allgemein ableiten:

$$z_e = \frac{3}{4 \sin \frac{\pi}{p}} .$$

Wie man sieht, nimmt der Spannungsabfall mit steigender Pulszahl rasch zu. Daher sind für Pulszahlen $p > 6$ Schaltungen mit einfacher Anodenbeteiligung nicht verwendbar.

Für die gebräuchlichen Schaltungen,auch mit erhöhter Anodenbeteiligung $g \geqq 2$, sind die Werte der Spannungsabfallziffer $z_e$ in Zahlentafel 6 zusammengestellt.

Auch die Reaktanz des Primärnetzes ist zu berücksichtigen. Jedoch ist die Netzreaktanz entsprechend dem Verhältnis von Stromrichterleistung zu Netz-Kurzschlußleistung umzurechnen. Mit höherer Pulszahl wird der Gleichspannungsabfall durch die Netzreaktanz kleiner: bei $p > 12$ ist der Wert zu vernachlässigen (Vergl [21]).Dieser anteilige Spannungsabfall ist dort durch eine einfache Messung nicht festzustellen, da

[1] nach VDE 0532/43, VDE 0555/36.

[2] nach VDE 0555/9.62, VDE 0532/55, DIN 41671.

[3] bezogen auf 6-phasige Kurzschlußmessung ergibt sich 0,52.

[4] Nicht für Gabelschaltungen.

nach Abb. 42 sich der Effektivwert durch die Zacken der Kommutierungsspannung kaum ändert. Selbst wenn die Primärspannung nachgeregelt wird, wird der anteilige Spannungsabfall durch die Netzreaktanz auf der Gleichstromseite nicht ganz zu Null [*21*].

Wenn entgegen der bisherigen Annahme die Reaktanz der Gleichstromseite nicht unendlich groß ist, so ist die Überlappung kleiner, damit auch der induktive Spannungsabfall.

An Stelle von Gl. (17) erhält man jetzt angenähert für $X_k = 0$

$$E_s = \frac{1}{2 \tan \frac{\pi}{p}} X'_a I_g . \tag{21}$$

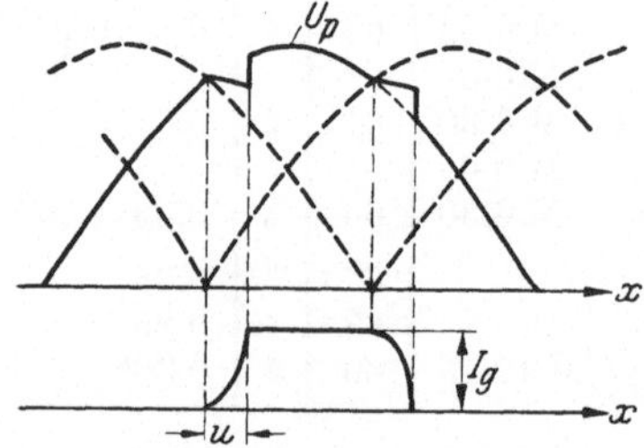


Abb. 42. Umbildung der primären Spannungskurve $U_p$ durch den induktiven Gleichspannungsabfall

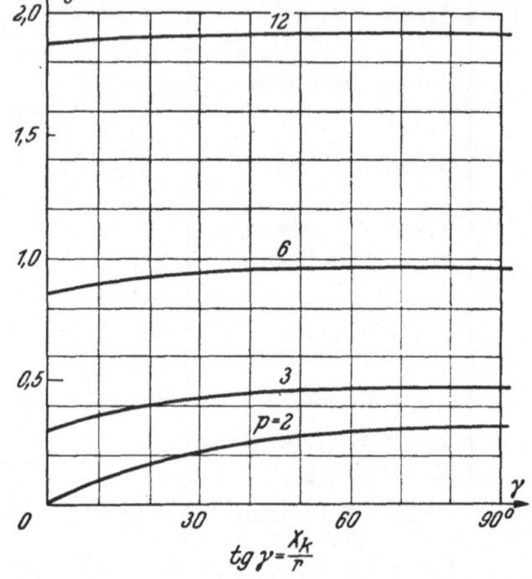


Abb. 43. Faktor $k_s$ des induktiven Spannungsabfalles als Funktion der Gleichstromreaktanz [$\tan \gamma = X_k/r$] für $p = 2$, 3, 6 und 12

Dagegen ist für $X_k \neq 0$ allgemein

$$E_s = X'_a I_g \frac{\cos \gamma}{2} \left( \frac{\cos \gamma}{\tan \frac{\pi}{p}} + \frac{\sin \gamma}{\tan \left( \frac{\pi}{p} \cot \gamma \right)} \right),$$

worin $\tan \gamma = \frac{X_k}{r}$ das Verhältnis von Reaktanz zum Ohmschen Widerstand der Gleichstromseite bedeutet. Unter Einführung eines von diesem Verhältnis und von der Phasenzahl abhängigen Faktors $k_s$ wird folgende Gleichung erhalten:

$$E_s = k_s I_g X'_a . \tag{22}$$

Der Faktor $k_s$ ist für die üblichen Phasenzahlen 2, 3, 6 und 12 und veränderliche Belastungsverhältnisse berechnet und in Abb. 43 in Kurven dargestellt.

Bei Gittersteuerung setzt die Kommutierung entsprechend der Zündverzögerung $\alpha$ später ein. Da dann die Spannungsdifferenz der sich ablösenden Anoden größer ist, verläuft die Stromwendung in kürzerer Zeit (Abb. 44). Bei unendlich großer Gleichstrominduktivität ist der

Ansatz der Rechnung derselbe wie oben, auch das absolute Ergebnis ist unverändert. Die Fläche der Kommutierungsspannung $\int (u_{s1} - u_{s2})\, dt$ bleibt ebenfalls konstant. Daraus ergibt sich das Diagramm Abb. 45 mit dem Parameter $u_0$ für $\alpha = 0$. Bezogen auf die herabgeregelte Gleichspannung ist aber der relative Spannungsabfall:

$$e_s = \frac{e_{s0}}{\cos \alpha}. \tag{23}$$

Weiter kann man für Gittersteuerung ableiten:

$$\frac{U_g}{U_{g0}} = \frac{\cos \alpha + \cos (\alpha + u)}{2 \cos \alpha}, \qquad e_s = \frac{\cos \alpha - \cos (\alpha + u)}{2 \cos \alpha}. \tag{24}$$

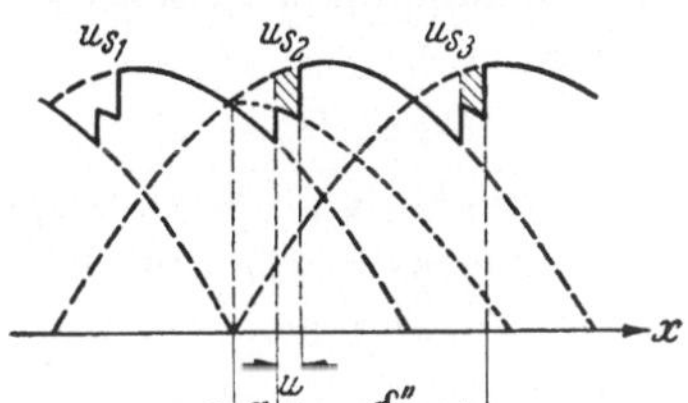


Abb. 44. Kommutierung bei Zündverzögerung durch Gittersteuerung

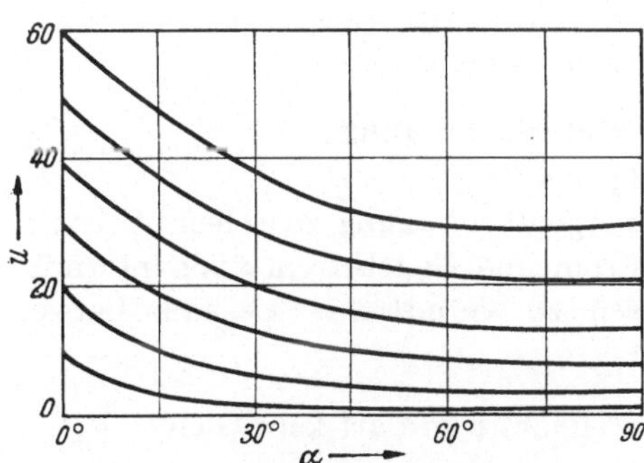


Abb. 45. Überlappungswinkel $u$, als Funktion der Zündverzögerung $\alpha$ (Parameter $u_0$ für $\alpha = 0$) [55, Bild 15].

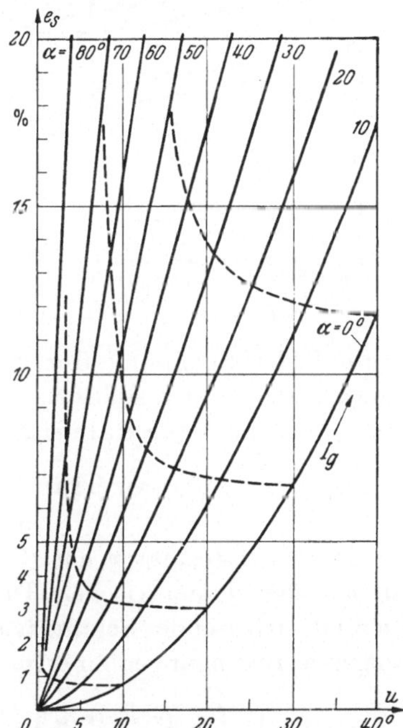


Abb. 46. Induktiver Gleichspannungsabfall $e_s$, bezogen auf die Leerlaufgleichspannung $U_{g\alpha}$, als Funktion von Überlappung $u$ und Steuerwinkel $\alpha$ (gestrichelte Kurven gelten für konstanten Gleichstrom); vgl. [55], Bild 16

Den Zusammenhang zwischen $e_s$ und $u$ zeigt das Diagramm in Abb. 46 für konstanten Steuerwinkel $\alpha = 0$ bis 80°. Die Kurven gelten also für zunehmende Gleichstrombelastung $I_g$. Der Verlauf der Kurven bei konstanter Last ist gestrichelt eingetragen.

### d) Belastungskennlinie

Aus diesen einzelnen Spannungsabfällen läßt sich nun die Belastungskennlinie ableiten. Die Gleichspannung bei Belastung ist:

$$U_g = U_{g0} - E_b - E_r - E_s = U_{g0} - \Delta E\,. \tag{25}$$

Darin ist die Brennspannung $E_b$ angenähert konstant, dagegen sind die übrigen Abfälle dem Gleichstrom proportional. Der Gesamtspannungsabfall (Gleichspannungsänderung) ist mit $\Delta E$ bezeichnet. Die Belastungskennlinie verläuft also praktisch geradlinig mit einer Parallelverschiebung um $E_b$ gegenüber der (ideellen) Leerlauf-Gleichspannung $U_{g0}$. Man bezeichnet den Beginn der geradlinigen Belastungskennlinie $U_{g0} - E_b$ auch als konventionelle Leerlauf-Gleichspannung. Dabei ist die konstant angenommene Brennspannung abgezogen.

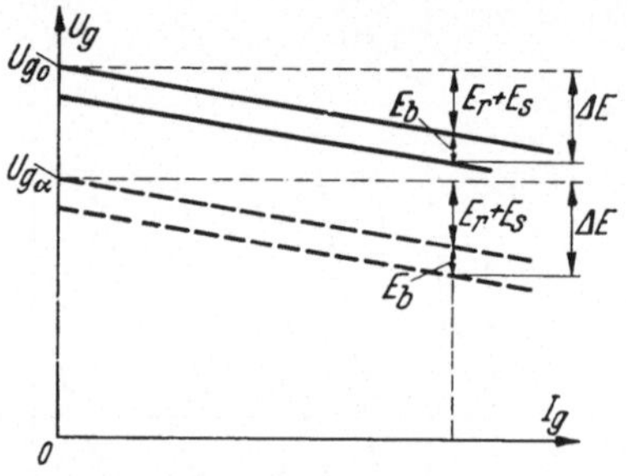

Abb. 47. Belastungskennlinien eines Gleichrichters mit Entladungsgefäßen mit voller (———) und verringerter Aussteuerung (— — —)

$$U_g' = U_{g0} - E_b\,. \tag{25a}$$

Der lastabhängige Spannungsabfall ist für Quecksilberdampf-Gleichrichter bei der üblichen Gleichspannung etwa 6—8%. Da die Spannungsabfälle ihrem Absolutwert nach von der Aussteuerung praktisch unabhängig sind, so verschiebt sich bei Herabreglung der Spannung durch Gittersteuerung die Belastungskennlinie nur parallel zu sich selbst nach unten (Abb. 47). Diese Betrachtung gilt sinngemäß auch für Halbleiter-Gleichrichter.

## 5. Transformator-Berechnung

### a) Allgemeines

Der Transformator hat die Energieübertragung zwischen Wechselstrom oder symmetrischem Drehstrom und Gleichstrom über intermittierend arbeitende Sekundärphasen zu vermitteln. Deshalb hat er folgende Bedingungen zu erfüllen:

1. $\int_0^{2\pi} i_p\,dx = 0$ d.h. der Primärstrom darf kein Gleichstromglied enthalten (Wechselstrombedingung), (26a)

2. $i_{p1} + i_{p2} + i_{p3} = 0$ d.h. die Summe der Augenblickswerte der 3 Primärströme im Netz muß gleich Null sein. Bei primärer Sternschaltung gilt dies auch für die Ströme in der Primärwicklung. Bei primärer Dreieckschaltung kann die Summe der drei Wicklungsströme verschieden von Null sein, dann ist aber die Summe der drei verketteten Spannungen gleich Null (Drehstrombedingung). (26b)

Im Gegensatz zu Transformatoren mit normaler Belastung ist bei Gleichrichtertransformatoren die Summe der Ampere-Windungen (AW) je Schenkel nicht bei allen Schaltungen gleich Null. Es können sich ähnliche Verhältnisse ergeben wie bei Drehstromtransformatoren mit Nullpunktsbelastung.

Zur Vereinfachung der Berechnung wird der Magnetisierungsstrom zunächst vernachlässigt, er ist auf der Primärseite zu dem errechneten Primärstrom noch hinzuzurechnen. Angenähert beträgt der Magnetisierungsstrom bei kleinen einphasigen Transformatoren 5—10% des Primärstroms, bei größeren Transformatoren mit Drehstromanschluß 3,5—8%, wobei zu den größeren Leistungen die kleineren Werte gehören. Weiter werden die allgemeinen Voraussetzungen von S. 14 zugrunde gelegt, außerdem werden zunächst Überlappung und Verluste vernachlässigt. Die Einwegschaltung wird aber bei rein Ohmscher Belastung untersucht, die zweiphasigen Schaltungen bei den beiden kennzeichnenden Belastungsfällen $X_k = 0$ und $X_k = \infty$.

Zur Berechnung von $U_s$ aus $U_{g0}$ siehe Seite 25, Gl. (3).

Als Übersetzungsverhältnis gilt

$$z = \frac{U_p}{U_s}$$

als Verhältnis der effektiven Wirkungszahlen. Dabei bedeuten $U_s$ die sekundäre (gefäßseitige) Phasenspannung (Anodenklemme — Sternpunkt), $U_p$ die primäre Wicklungsspannung, d.h. bei Drehstrom und Sternschaltung die primäre Phasenspannung, bei Dreieckschaltung die verkettete Spannung. Von diesem Übersetzungsverhältnis der Spannungen ist das Übersetzungsverhältnis der Wicklungsströme $z_i = \frac{I_s}{I_p}$ zu unterscheiden. Im Gegensatz zu Transformatoren mit normaler Belastung sind bei Gleichrichterbelastung diese Übersetzungsverhältnisse im allgemeinen nicht einander gleich. Dies ist bedingt durch die verschiedene Kurvenform von Sekundär- und Primärstrom. Daher sind auch die Scheinleistungen von Primär- und Sekundärwicklung nicht gleich. Um die Ausnutzung beurteilen zu können, pflegt man sie auf die Gleichstromleistung zu beziehen, und zwar auf die Gleichstrom-Bruttoleistung, d.h. Leerlaufgleichspannung mal Gleichstrom, nämlich

$$P_{g0} = U_{g0}\, I_g\,.$$

Für eine $m$-phasige Primärwicklung ist dann die Scheinleistung

$$P_p = m\, I_p\, U_p = C_p\, P_{g0}\,, \tag{27}$$

für eine $p$-phasige Sekundärwicklung erhält man:

$$P_s = p\, I_s\, U_s = C_s\, P_{g0}\,. \tag{28}$$

Die Baugröße (Bauleistung) des Transformators ist durch den Mittelwert beider Leistungen gegeben:

$$P_m = \frac{P_p + P_s}{2} = C_m P_{g0} . \qquad (29)$$

In diesen Gleichungen bedeuten $C_p$, $C_s$ und $C_m$ die Ausnutzungsfaktoren der beiden Wicklungen und der gesamten Baugröße.

Bei den Brückenschaltungen haben Primär- und Sekundärstrom gleiche Kurvenform. Die Scheinleistungen der beiden Wicklungen sind einander gleich, ebenso das Übersetzungsverhältnis der Spannungen und Ströme. Sekundär ist ein Sternpunkt nicht erforderlich.

Der Effektivwert des Sekundärstroms errechnet sich für die Mittelpunktschaltungen bei einfacher Anodenbeteiligung aus der Gleichung:

$$I_s = \sqrt{\frac{1}{2\pi}\int_{x_1}^{x_2} i_s^2\, dx} = \frac{1}{\sqrt{p}} I_g , \qquad (30)$$

Dazu gehört der Scheitelwert

$$\bar{I}_s = I_g ,$$

der Mittelwert

$$I_{sm} = \frac{I_g}{p}$$

wobei $x_1 = \frac{\pi}{2} - \frac{\pi}{p}$, $x_2 = \frac{\pi}{2} + \frac{\pi}{p}$ die Grenzen der Brenndauer ohne Zündverzögerung durch Gittersteuerung bedeuten. Überlappung und Brennspannung sind vernachlässigt. Der Gleichstrom ist lückenlos und ohne Oberwellen. Wenn aber $g$ Phasen bei gleichmäßiger Lastverteilung parallel arbeiten, so führt jede Anode den $g$-ten Teil des Gleichstroms. Dann ist der Effektivwert des Sekundärstroms entsprechend niedriger, nämlich

$$I_s = \frac{I_g}{g} \frac{1}{\sqrt{\frac{p}{g}}} = \frac{I_g}{\sqrt{g\,p}} . \qquad (31)$$

Bei den Brückenschaltungen ist die Sekundärwicklung höher belastet, der Sekundärstrom ergibt sich infolge der doppelten Ausnutzung der Wicklung zu

$$I_s = \sqrt{\frac{1}{\pi}\int_{x_1}^{x_2} i_s^2\, dx} = \sqrt{\frac{2}{p}}\, I_g . \qquad (32)$$

Vielfach wird die Berechnung hier auf die verkettete Sekundärspannung bezogen, also

für die zweiphasige Brückenschaltung auf

$$U_v = 2\,U_s$$

für die dreiphasige Brückenschaltung auf

$$U_v = \sqrt{3}\,U_s. \qquad \text{(vgl. S. 30 oben).}$$

Zur Bestimmung des Primärstroms zeichnet man am besten an Hand des Wicklungsdiagramms den zeitlichen Verlauf der Ströme in beiden Wicklungen unter Beachtung der eingangs gegebenen allgemeinen Bedingungen. Bei der folgenden Behandlung der einzelnen Schaltungen werden zunächst die Grundschaltungen mit einfacher Anodenbeteiligung und dann die Sonderschaltungen mit zweifacher und höherer Anodenbeteiligung besprochen. Für Primär- und Netzstrom werden auch Scheitelwert und Effektivwert der Grundwelle abgeleitet. Im übrigen werden für die Wechselstromgrößen, wenn nicht anders angegeben, stets Effektivwerte genannt, für die Gleichstromgrößen Mittelwerte [*2*].

Die Vernachlässigung der Überlappung ergibt etwas zu hohe Effektivwerte der Ströme (vgl. Abb. 89). Ebenso sind die Scheinleistungen etwas zu reichlich. Zur Berücksichtigung der Überlappung kann man eine Korrekturfunktion verwenden, nämlich [*2*]:

$$F(u)_i = \frac{(2 + \cos u)\sin u - (1 + 2\cos u)\,u}{2\,\pi\,(1 - \cos u)^2}. \tag{33}$$

Für praktische Zwecke genügt es angenähert zu setzen:

$$F(u)_i \approx 0{,}043\,u\,. \tag{34}$$

Mit dieser Korrekturfunktion erhält man als verbesserte Effektivwerte der Wicklungsströme:

$$\text{sekundär} \quad I_s' = I_s\sqrt{1 - p\,F(u)_i}\,, \tag{35}$$

$$\text{primär} \quad I_p' = I_p\sqrt{1 - 2\,p\sin^2\frac{\pi}{p}\,F(u)_i}\,. \tag{36}$$

Bei Gittersteuerung wird die Korrektur noch etwas größer. Es ist aber selten lohnend, deshalb eine wesentlich umständlichere Rechnung durchzuführen.

Zum leichteren Verständnis der folgenden Ableitungen werden noch kurz die wichtigsten Beziehungen für periodischen Wechselstrom hier zusammengestellt:

*Sinusförmiger Strom.* Allgemeine Gleichung $i = \bar{I} \sin x$, worin $\bar{I}$ den Scheitelwert, $i$ den Augenblickswert und $x = \omega t$ mit $\omega = 2\pi f$ (Kreisfrequenz) bedeuten.

$$\text{Effektivwert} \qquad I = \frac{1}{\sqrt{2}} \bar{I} = 0{,}707\,\bar{I}\,, \tag{37}$$

$$\text{Mittelwert einer Halbwelle} \quad I_{mi} = \frac{2}{\pi} \bar{I} = 0{,}637\,\bar{I}\,, \tag{38}$$

$$\text{daraus der Formfaktor} \quad \frac{I}{I_{mi}} = \frac{\pi}{2\sqrt{2}} = 1{,}11\,. \tag{39}$$

*Halbwellenstrom*, d. h. Sinushalbwelle von 0 bis $\pi$, dann von $\pi$ bis $2\pi$ Lücke (Abb. 15, b)

$$\text{Allgemeine Gleichung } i = [\bar{I} \sin x]_0^\pi\,;$$

$$\text{Effektivwert} \qquad I = \frac{1}{2} \bar{I}\,, \tag{40}$$

$$\text{Mittelwert} \qquad I_{mi} = \frac{1}{\pi} \bar{I} = 0{,}318\,\bar{I}\,, \tag{41}$$

$$\text{Formfaktor} \qquad \frac{I}{I_{mi}} = \frac{\pi}{2} = 1{,}57\,. \tag{42}$$

*Nichtsinusförmiger Strom* (ohne Gleichstromglied), allgemeine Gleichung (Zerlegung in die Harmonischen)

$$i = \bar{I}_1 \sin(x + \varphi_1) + \bar{I}_2 \sin(2x + \varphi_2) + \bar{I}_3 \sin(3x + \varphi_3) + \cdots,$$

worin $\bar{I}_1$ den Scheitelwert der Grundwelle, $\bar{I}_2, \bar{I}_3, \bar{I}_4, \bar{I}_5 \ldots$ den Scheitelwert der einzelnen Oberwellen (Harmonischen) mit der Ordnungszahl $n = 2, 3, 4, 5, \ldots$, $\varphi_1, \varphi_2, \varphi_3, \varphi_4, \varphi_5 \ldots$ die zugehörigen Phasenwinkel d. h. die Zeitverschiebung des Nulldurchgangs gegenüber dem Koordinatenanfang bedeuten. Jede Harmonische läßt sich in zwei aufeinander senkrechte Komponenten zerlegen, also mit einer gegenseitigen Verschiebung um $\pi/2$. Die Komponente $\bar{I}_{wn}$ heißt Wirkstrom, in Phase mit der zugehörigen Spannung, die Komponente $\bar{I}_{bn}$ Blindstrom. Es ist

$$\bar{I}_n \sin(n x + \varphi_n) = \bar{I}_{wn} \sin n x + \bar{I}_{bn} \cos n x\,,$$

worin

$$\bar{I}_{wn} = \bar{I}_n \cos\varphi_n\,, \qquad \bar{I}_{bn} = \bar{I} \sin\varphi_n\,,$$

$$\tan\varphi_n = \frac{\bar{I}_{bn}}{\bar{I}_{wn}}\,.$$

Der Effektivwert der einzelnen Harmonischen ist

$$I_n = \frac{1}{\sqrt{2}} \bar{I}_n\,,$$

der Gesamteffektivwert des nichtsinusförmigen Stroms:

$$I = \sqrt{I_1^2 + I_2^2 + I_3^2 + I_4^2 + I_5^2 + \cdots}\,. \tag{43}$$

Aus einer gegebenen Stromkurve werden die einzelnen Harmonischen nach der FOURIERschen Methode ermittelt. Dazu dienen die Gleichungen:

für die Grundwelle $$\bar{I}_{w1} = \frac{1}{\pi}\int_0^{2\pi} i \sin x\, dx\,, \tag{44}$$

$$\bar{I}_{b1} = \frac{1}{\pi}\int_0^{2\pi} i \cos x\, dx\,, \tag{45}$$

für die $n$-te Oberwelle $$\bar{I}_{wn} = \frac{1}{\pi}\int_0^{2\pi} i \sin n\, x\, dx\,, \tag{46}$$

$$\bar{I}_{bn} = \frac{1}{\pi}\int_0^{2\pi} i \cos n\, x\, dx\,. \tag{47}$$

*Sonderfall; rechteckiger Wechselstrom* (vgl. Abb. 50, c).

Allgemeine Gleichung $i = \bar{I}$ von 0 bis $\pi$ ,

$i = -\bar{I}$ von $\pi$ bis $2\pi$ ,

Effektivwert $$I = \bar{I}\,, \tag{48}$$

Mittelwert einer Halbwelle $I_{mi} = \bar{I}$ , Formfaktor = 1 ,

Grundwelle $$I_1 = \frac{1}{\sqrt{2}}\frac{4}{\pi}\bar{I} \text{ (effektiv)}\,, \tag{49}$$

$n$-te Oberwelle $$I_n = \frac{1}{\sqrt{2}}\frac{4}{\pi}\frac{1}{n}\bar{I} \text{ (effektiv)}\,. \tag{50}$$

Die Stromkurven der Gleichrichterschaltungen werden abschnittsweise integriert. Als *Beispiel* werden die Ableitungen für die dreiphasige Schaltung Stern-Stern (S. 61) hier wiedergegeben.

Effektivwert des Sekundärstroms (Abb. 55, Kurve $b$) nach Gl. (30):

$$i_s = I_g \quad \text{von} \quad x_1 = \frac{\pi}{2} - \frac{\pi}{3} \quad \text{bis} \quad x_2 = \frac{\pi}{2} + \frac{\pi}{3}\,, \quad \text{also} \quad dx = \frac{2}{3}\pi\,,$$

somit

$$I_s = \sqrt{\frac{1}{2\pi} I_g^2 \frac{2}{3}\pi} = \frac{1}{\sqrt{3}} J_g = 0{,}58\, I_g \qquad \text{(Gl. 98).}$$

Effektivwert des Primärstroms (Abb. 55, Kurve $c$)

$$I_p = \sqrt{\frac{1}{2\pi} \int i_p^2\, dx}\,,$$

wobei

$$i_p = -\frac{2}{3} I_g \frac{1}{z} \quad \text{für} \quad dx = \frac{2\pi}{3}\,,$$

$$i_p = \frac{1}{3} I_g \frac{1}{z} \quad \text{für} \quad dx = \frac{4\pi}{3}\,,$$

also

$$I_p = \sqrt{\frac{1}{2\pi}\left[\left(\frac{2}{3}\frac{1}{z} I_g\right)^2 \frac{2\pi}{3} + \left(\frac{1}{3}\frac{1}{z} I_g\right)^2 \frac{4\pi}{3}\right]} = \frac{1}{z}\frac{\sqrt{2}}{3} I_g = 0{,}47 \frac{1}{z} I_g$$

(Gl. 99).

(S. 62)

Grundwelle des Primärstroms (effektiv) (Abb. 55, Kurve $c$) nach Gl. (44) (Wirkstrom):

$$I_{p1} = \frac{1}{\sqrt{2}} \frac{1}{\pi} \frac{1}{z}\left[\int\limits_0^{\pi/6} \frac{I_g}{3} \sin x\, dx - \int\limits_{\pi/6}^{5/6\pi} \frac{2}{3} I_g \sin x\, dx + \int\limits_{5/6\pi}^{2\pi} \frac{I_g}{3} \sin x\, dx\right]$$

$$= \frac{1}{\sqrt{2}} \frac{1}{\pi} \frac{1}{z} I_g \sqrt{3} = 0,39 \frac{1}{z} I_g\,.$$

Das zugehörige cos-Glied [Gl. (45)] ist Null.

Für die Schaltungen gibt es verschiedene Systeme der Kurzbezeichnungen. Drehstrom-Transformatoren werden entsprechend VDE 0532/55 durch die Schaltgruppe bestimmt. Dabei bedeutet:

*D* Dreieckschaltung, *Y* Sternschaltung, *Z* Zickzackschaltung einer Wicklung.

Dazu kommt eine Kennzahl für den Phasenwinkel zwischen Primär- und Sekundärspannung. Die Schaltung Dreieck/Stern (früher C 1 und D 1) wird bezeichnet Dy 5 und Dy 11, entsprechend einem Phasenwinkel von $5 \cdot 30°$ und $11 \cdot 30°$. Diese Bezeichnungen gelten zunächst auch für die dreiphasigen Mittelpunktschaltungen. Die bisher geltenden Stromrichtervorschriften hatten für sechsphasige Schaltungen nur das Kurzzeichen *F* und *G* mit einer Zusatzziffer für die spezielle Schaltung. Nach der Neufassung der Stromrichter-Vorschriften wird eine bestimmte Schaltung jetzt gekennzeichnet durch die Schaltung-Nr. und die Schaltgruppe. Diese ist gegeben durch *M* für Mittelpunktschaltung oder *B* für Brückenschaltung, dazu kommen die Angaben von Pulszahl und Schaltungswinkel, d. h. Phasenwinkel zwischen Anodenspannung oder erster Oberwelle der Gleichspannung und primärer Phasenspannung. Die Doppelsternschaltung mit Saugdrossel, früher F 2, wird also jetzt bezeichnet mit 5a— M6/30 [*21, 23, 26*].

Zahlentafel 7. *Übersicht der gebräuchlichen Transformator-Schaltungen*

| Bezeichnung | | Schaltgruppe alt VDE 0555/32 | Schaltgruppe neu VDE 0555/9.62 | Puls-zahl $p$ | $\overline{U}_{sp}$ bezogen auf $U_{g0}$ | $U_s$ bezogen auf $U_{g0}$ | $U_d$ bez. auf $\overline{U}_s$ | $I_s$ bezogen auf $I_g$ | $I_p$ bezogen auf $I_g$ | $P_s$ bezogen auf $P_{g0}$ | $P_p$ bezogen auf $P_{g0}$ | $P_m$ bezogen auf $P_{g0}$ | Hinweis Seite | Hinweis Abb. |
|---|---|---|---|---|---|---|---|---|---|---|---|---|---|---|
| *Zweiphasig* | Mittelpunkt | | M 2/0 | 2 | 3,14 | 1,11 | | 0,707 | 1 | 1,57 | 1,11 | 1,34 | 54 | 16, 50 |
| | Brücke | | B 2/0 | 2 | 1,57 | 0,56 | | 1 | 2 | 1,11 | 1,11 | 1,11 | 58 | 19, 53 |
| *Dreiphasig* | Stern/Zickzack | Yz 5 | M 3/30 | 3 | 2,09 | 0,855 | | 0,58 | 0,47 | 1,71 | 1,21 | 1,46 | 64 | 17, 57 |
| | Brücke Stern/Stern | | B 6/30 | 6 | 1,05 | 1,43 | | 0,82 | 0,82 | 1,05 | 1,05 | 1,05 | 65 | 20, 58 |
| *Sechsphasig* | Gabelschaltung | F 3 | M 6/30 | 6 | 2,09 | 0,74 | | 0,408<br>0,577 | 0,47 | 1,79 | 1,05 | 1,42 | 68 | 60 |
| | Stern/Doppelstern mit Saugdrossel | F 2 | M 6/30 | 6 | 2,42 | 0,855 | | 0,289 | 0,408 | 1,48 | 1,05 | 1,26 | 70 | 61 |
| | | | | | | | 0,2 | 0,5 | | | | 0,057 | | |
| *12-phasig* | Stern/Doppelstern | F 2 | M 12/15 | 12 | 2,42 | 0,855 | | 0,144 | 0,204 | 0,74 | 0,53 | 0,63 | 79 | 69 |
| | Dreieck/Doppelstern | + G 2 | | | | | | 0,144 | 0,118 | 0,74 | 0,53 | 0,63 | | |
| | 2 Saugdrosseln | | | | | | 0,2 | 0,25 | | | | 0,029 | | |
| | 1 Saugdrossel | | | | | | 0,046 | 0,5 | | | | 0,0065 | | |

vorausgesetzt: $X_k = \infty$, $P_{g0} = U_{g0} I_g$

$Z = 1$ für primär Stern

$Z = \sqrt{3}$ für primär Dreieck

bei der Gabelschaltung ist der äußere und innere Wicklungsstrom $I_s$ angegeben.

Für Halbleitergleichrichter sind noch die einfachen Kurzbezeichnungen üblich, (Zahlentafel 2), also z. B.
*B* für Brückenschaltung, *DB* für Drehstrombrückenschaltung, *DS* für Durchmesserschaltung, *DSS* für die Saugdrosselschaltung.

Im Schrifttum findet man naturgemäß vielfach noch die alten Bezeichnungen. Daher werden nachstehend alte und neue Bezeichnungen jeweils nebeneinander gestellt.

## b) Einwegschaltung

(Schaltbild und Erläuterung s. S. 16 u. Abb. 15.)

Die Einwegschaltung (E) nimmt eine Sonderstellung ein. Ohne besondere Glättungsmittel ist nämlich der Gleichstrom stets lückend. Bei rein Ohmscher Belastung ist die Brenndauer 180°. Durch die Brennspannung wird sie noch etwas kleiner, und zwar um so mehr, je niedriger im Verhältnis zu ihr die Wechselspannung ist. Induktivitäten im Stromkreis führen zu einer Verlängerung der Brenndauer. Gleichzeitig geht aber die Gleichspannung stark zurück, da sich die Brenndauer in die negative Halbwelle der Wechselspannung erstreckt. Bei unendlich großer Induktivität arbeitet das Ventil mit der Brenndauer 360° im Kurzschluß.

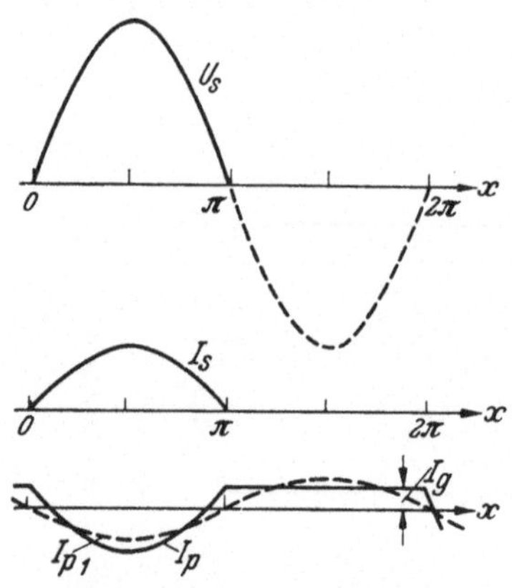

Abb. 48. Einwegschaltung (*E*). a) Sekundärspannung $U_s$; b) Sekundärstrom $I_s$; c) Primärstrom $I_p$ und dessen Grundwelle $I_{p1}$

Für die Berechnung wird rein Ohmsche Belastung $r$ angenommen. Der Sekundärstrom verläuft dann nach einer Sinus-Halbwelle (Abb. 48,b). In der Primärwicklung tritt ein entsprechender, übertragener Laststrom auf. Zur Erfüllung der allgemeinen Wechselstrombedingung muß aber der darin enthaltene Gleichstrom durch ein Ausgleichsglied aufgehoben werden. Damit wird die Kurve des Primärstroms unsymmetrisch. Der Primärstrom ist also:

$$i_p = \frac{1}{z}(i_s - I_g)\,. \qquad (51)$$

Darin ist $I_g$ der Mittelwert des Gleichstroms, für ihn gilt nach Gl. (41):

$$I_g = \frac{1}{\pi}\frac{\sqrt{2}\,U_s}{r} = 0{,}45\,\frac{U_s}{r}\,, \qquad (52)$$

sein Effektivwert ist (nach Gl. (40))

$$I_{ge} = \frac{\pi}{2} I_g = 1{,}57\, I_g\,, \qquad (53)$$

was auch gleich dem Effektivwert des Sekundärstroms $I_s$ im Transformator ist. Der Effektivwert des Primärstroms ergibt sich aus Gl. (51) zu

$$I_p = \frac{1}{z}\sqrt{\frac{\pi^2}{4} - 1}\; I_g = \frac{1}{z}\, 1{,}21\, I_g\,. \tag{54}$$

Der Scheitelwert in der ersten Halbwelle ist

$$\bar{I}_p = \frac{1}{z}(\pi - 1)\, I_g = \frac{1}{z}\, 2{,}14\, I_g\,.$$

Die Grundwelle darin (in Abb. 48, c), gestrichelt eingezeichnet) hat den Effektivwert

$$I_{p1} = \frac{\pi}{2\sqrt{2}}\,\frac{1}{z}\, I_g = 1{,}11\,\frac{1}{z}\, I_g\,.$$

Die Sekundärspannung ist nach Gl. (3a):

$$U_s = \frac{\pi}{\sqrt{2}}\, U_{g0} = 2{,}22\, U_{g0}\,, \tag{55}$$

die Primärspannung ist einfach

$$U_p - z\, U_s\,.$$

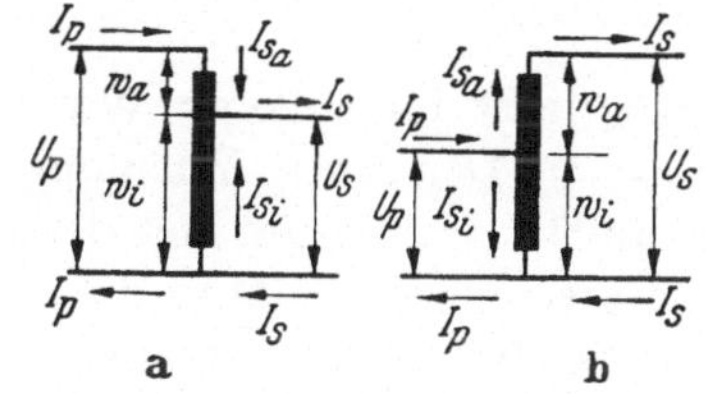


Abb. 49 a u. b. Spartransformator für die Einwegschaltung, Stromverteilung

a) Übersetzungsverhältnis $z = \frac{U_p}{U_s} = \frac{w_a + w_i}{w_i} > 1$

b) Übersetzungsverhältnis $z = \frac{U_p}{U_s} = \frac{w_i}{w_a + w_i} < 1$

Das Übersetzungsverhältnis der Ströme ist aber:

$$z_i = \frac{I_s}{I_p} = 1{,}3\, z\,.$$

Nun können die Scheinleistungen berechnet werden. Mit den vorstehenden Beziehungen erhält man:

$$P_s = I_s\, U_s = \frac{\pi}{2}\, I_g\, \frac{\pi}{\sqrt{2}}\, U_{g0} = 3{,}49\, P_{g0}\,, \tag{56}$$

$$P_p = I_p\, U_p = \frac{1}{z}\sqrt{\frac{\pi^2}{4} - 1}\; I_g\, z\, \frac{\pi}{\sqrt{2}}\, U_{g0} = 2{,}69\, P_{g0}\,, \tag{57}$$

$$P_m = 3{,}09\, P_{g0}\,. \tag{58}$$

Die Ausnutzung der Wicklungen ist also bei dieser Schaltung recht gering.

Bisher war der Transformator mit getrennten Wicklungen gedacht. Wenn dagegen eine *Sparschaltung* gewählt wird, so sind zwei Fälle zu unterscheiden. Bei Abwärts-Transformation ist das Übersetzungsverhältnis $z > 1$ (Abb. 49, a). Für die Windungszahl der Teilwicklungen gilt

$$\frac{w_a}{w_i} = z - 1\,.$$

Im äußeren Wicklungsteil fließt der Primärstrom, es ist also $I_{sa} = I_p$; im inneren Wicklungsteil aber die Differenz von Sekundär- und Primärstrom, also ist hier $i_{si} = i_s - i_p$, daraus der Effektivwert:

$$I_{si} = I_g \sqrt{\frac{1-2z}{z^2}\left(\frac{\pi^2}{4} - 1\right) + \frac{\pi^2}{4}} \,. \tag{59}$$

Bei Aufwärts-Transformation dagegen ist das Übersetzungsverhältnis $z < 1$ (Abb. 49, b). Das Windungsverhältnis ist dann

$$\frac{w_a}{w_i} = \frac{1}{z} - 1 \,.$$

Jetzt fließt im äußeren Wicklungsteil der Sekundärstrom, es ist also $I_{sa} = I_s$. Der innere Wicklungsteil führt die Differenz von Primär- und Sekundärstrom, wofür sich derselbe Ausdruck wie zuvor für $z > 1$ ergibt.

Berechnet man damit die mittlere Typenleistung, so findet man, daß sich die Sparschaltung nur lohnt, solange $z \leqq 2{,}3$ ist. Sonst ist die Typenleistung größer als bei getrennten Wicklungen.

### c) Zweiphasige Mittelpunktschaltung

Kurzbezeichnung: Transformator IiO, Stromrichter M oder 1—M 2/0 (s. S. 16 u. Abb. 16.)

Man kann diese Schaltung als Parallelschaltung von zwei Einweggleichrichtern nach Abb. 15 auffassen. Wegen der symmetrischen Sekundärbelastung heben sich aber primär die Ausgleichsglieder für die beiden Teilströme gegenseitig auf. Der Sekundärstrom überträgt sich kurvengetreu auf die Primärseite, bei rein Ohmscher Belastung als sinusförmiger Strom, bei unendlich großer Gleichstromreaktanz $X_k$ (völlig geglättetem Gleichstrom) als Rechteckkurve. Diese beiden Grenzfälle sind in Abb. 50 in den Zeitdiagrammen b) und c) dargestellt.

Bei rein Ohmscher Belastung ($X_k = 0$) fließt in jeder Sekundärphase eine Sinus-Halbwelle. Der Effektivwert davon ist

$$I_s = \frac{1}{\sqrt{2}} \frac{\pi}{2} \frac{1}{\sqrt{2}} I_g = \frac{\pi}{4} I_g = 0{,}785\, I_g \,. \tag{60}$$

Hierzu gehört ein Primärstrom mit dem Effektivwert

$$I_p = \frac{1}{z} \frac{\pi}{2\sqrt{2}} I_g = \frac{1}{z} 1{,}11\, I_g$$

und dem Scheitelwert (61)

$$\bar{I}_p = \frac{1}{z} \frac{\pi}{2} I_g = \frac{1}{z} 1{,}57\, I_g \,.$$

Bei völlig geglättetem Gleichstrom ($X_k = \infty$) ist aber für den Sekundärstrom der Scheitelwert $= I_g$, der Effektivwert

$$I_s = \frac{1}{\sqrt{2}} I_g = 0{,}707\, I_g\,. \tag{62}$$

Für den Primärstrom sind Effektivwert und Scheitelwert gleich, nämlich

$$I_p = \bar{I}_p = \frac{1}{z} I_g\,. \tag{63}$$

Die Grundwelle darin ist (in Abb. 50, c gestrichelt eingezeichnet) nach Gl. (49):

$$I_{p1} = \frac{1}{z} \frac{1}{\sqrt{2}} \frac{4}{\pi} I_g = \frac{1}{z} \frac{2\sqrt{2}}{\pi} I_g$$

$$= 0{,}9 \frac{1}{z} I_g\,.$$

Für die Spannungen gilt in beiden Fällen (nach Gl. 3):

$$U_s = \frac{1}{\sqrt{2}} \frac{\pi}{2} U_{g0} = 1{,}11\, U_{g0}\,, \tag{64}$$

$$U_p = z\, U_s\,.$$

Auch die Übersetzungsverhältnisse sind von der Art der Belastung unabhängig. Man erhält:

$$z = \frac{U_p}{U_s}\,, \qquad z_i = \frac{1}{\sqrt{2}} z\,.$$

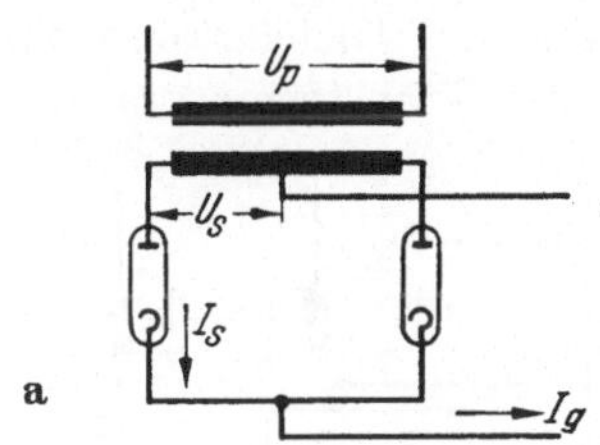


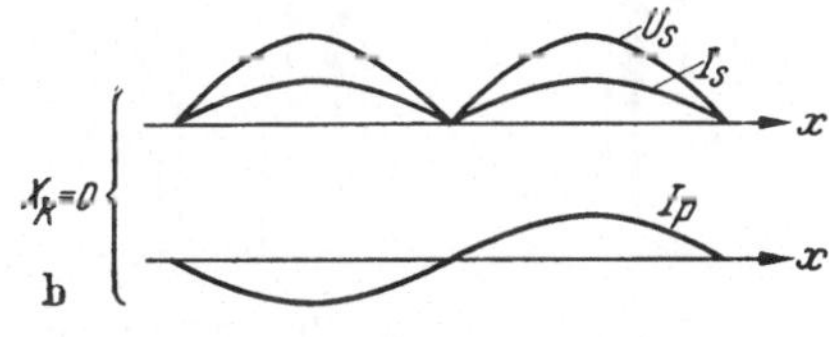


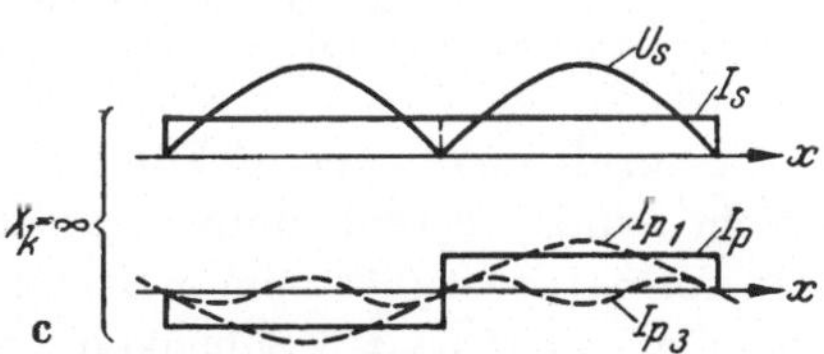


Abb. 50a–c. Zweiphasige Mittelpunktschaltung. a) Schaltbild; b) Spannung und Ströme bei $X_k = 0$; c) Spannung und Ströme bei $X_k = \infty$

Die Berechnung der Scheinleistungen ergibt für Ohmsche Belastung ($X_k = 0$) die Beziehungen:

$$P_s = 2\, I_s\, U_s = \frac{\sqrt{2}}{8} \pi^2 P_{g0} = 1{,}73\, P_{g0}\,, \tag{65}$$

$$P_p = I_p\, U_p = \frac{\pi^2}{8} P_{g0} = \frac{1}{\sqrt{2}} P_s = 1{,}23\, P_{g0}\,, \tag{66}$$

daraus die mittlere Typenleistung:

$$P_m = \frac{\pi^2}{8} \frac{1+\sqrt{2}}{2} P_{g0} = 1{,}48\, P_{g0}\,. \tag{67}$$

Für völlig geglätteten Gleichstrom ($X_k = \infty$) erhält man:

$$P_s = \frac{\pi}{2} P_{g0} = 1{,}57\, P_{g0}\,, \tag{68}$$

$$P_p = \frac{\pi}{2\sqrt{2}} P_{g0} = \frac{1}{\sqrt{2}} P_s = 1{,}11\, P_{g0}\,, \tag{69}$$

daraus ist die mittlere Typenleistung

$$P_m = \frac{\pi}{2\sqrt{2}} \frac{1+\sqrt{2}}{2} P_{g0} = 1{,}34\, P_{g0}\,. \tag{70}$$

Die Glättung des Gleichstroms führt also zu einer Verminderung der Belastung des Transformators um rd. 10%.

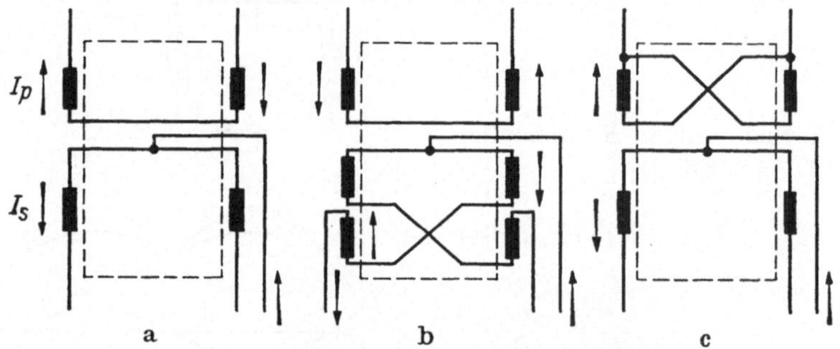


Abb. 51a—c. Zweiphasige Mittelpunktschaltung, Ausführung des Transformators als Kerntyp. Stromrichtung $I_p$, $I_s$. a) Stern — Stern, b) Stern — Zickzack, c) Ring — Stern

Wenn Primär- und Sekundärwicklung auf demselben Kern angebracht sind, besteht immer AW-Gleichgewicht. Bei einem Manteltransformator ist dies ohne weiteres verwirklicht. Kerntransformatoren pflegt man auf beiden Schenkeln zu bewickeln. Dann würde aber eine Ausführung nach Abb. 51, a je Schenkel einen AW-Überschuß von $\frac{1}{2} I_s w_s$ haben ($w_s$ = sekundäre Windungszahl je Phase). Wenn nämlich z. B. die Sekundärphase 1 den Strom führt, so fließt der zugehörige Primärstrom auch durch die Primärwicklung von Schenkel 2. Dort finden seine AW sekundär keinen Ausgleich, da die Sekundärphase stromlos ist. Man vermeidet dies durch Verteilen der Sekundärwicklung auf beide Schenkel und Zickzackschaltung (Abb. 51, b). Dann besteht auf jedem Schenkel AW-Gleichgewicht. Dasselbe erreicht man durch primäre Parallelschaltung (Ringschaltung, Abb. 51, c).

Die *Sparschaltung* in symmetrischer Ausführung zeigt Abb. 52. Im Gegensatz zum Einweggleichrichter hat man hier stets eine Ersparnis an Typenleistung zu erwarten, unabhängig vom Übersetzungsverhältnis.

Einer Abwärts-Transformation entspricht hier ein Übersetzungsverhältnis $z > 2$, für eine Aufwärts-Transformation ist $z < 2$.

Für $z > 2$ ist das Windungsverhältnis der Wicklungsteile nach Abb. 52, a

$$\frac{w_a}{w_i} = \frac{z}{2} - 1\,.$$

Der Strom im äußeren Wicklungsteil ist gleich dem Primärstrom, also nach Gl. (61):

$$I_{sa} = I_p = \frac{\pi}{2\sqrt{2}}\,\frac{1}{z}\,I_g \quad \text{bei } X_k = 0\,. \tag{71}$$

Im inneren Wicklungsteil fließt während der ersten Halbwelle die Differenz von Sekundär- und Primärstrom, während der zweiten Halbwelle der Primärstrom. Der Effektivwert dieser Stromfolge ist

$$I_{si} = \frac{\pi}{2\sqrt{2}}\,\frac{1}{z}\,I_g \sqrt{\frac{2 - 2z + z^2}{2}} \quad \text{bei } X_k = 0\,. \tag{72}$$

Bei geglättetem Gleichstrom

$$(X_k = \infty)$$

erhält man nach Gl. (63):

$$I_{sa} = \frac{1}{z}\,I_g\,, \tag{73}$$

$$I_{si} = \frac{1}{z}\,I_g \sqrt{\frac{2 - 2z + z^2}{2}}\,. \tag{74}$$

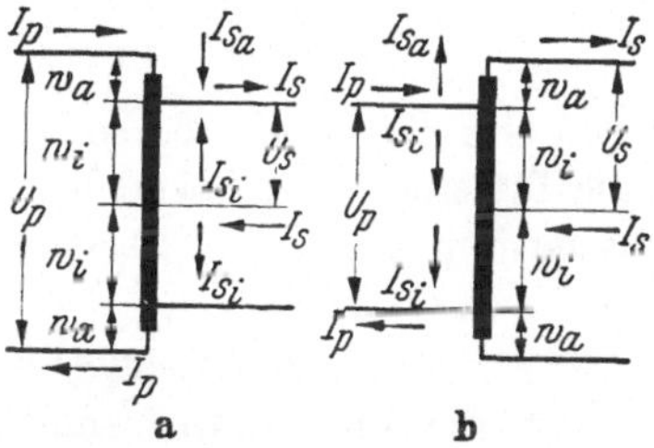

Abb. 52 a u. b. Spartransformator für die zweiphasige Mittelpunktschaltung. Stromverteilung.

a) Übersetzungsverhältnis $z = \frac{U_p}{U_s} = \frac{2w_a + 2w_i}{w_i} > 2$,

b) Übersetzungsverhältnis $z = \frac{2w_i}{w_a + w_i} < 2$.

Die mittlere Typenleistung des Spartransformators ergibt sich daraus

$$\text{für } X_k = 0 \quad P_{sp} = \frac{\pi^2}{16}\,\frac{1}{z}\left(2\sqrt{\frac{2 - 2z + z^2}{2}} + z - 2\right) P_{g0}\,, \tag{75}$$

$$\text{für } X_k = \infty \quad P_{sp} = \frac{\pi}{4\sqrt{2}}\,\frac{1}{z}\left(2\sqrt{\frac{2 - 2z + z^2}{2}} + z - 2\right) P_{g0}\,. \tag{76}$$

Bei $z < 2$ liegt die Netzspannung an der Innenwicklung mit der Windungszahl $2\,w_i$. Die sekundäre Phasenspannung wird von zwei Teilwicklungen mit der Gesamtwindungszahl $w_a + w_i$ geliefert. Also ist das Windungsverhältnis (Abb. 52, b)

$$\frac{w_a}{w_i} = \frac{2}{z} - 1\,.$$

Im äußeren Wicklungsteil fließt der Sekundärstrom $I_s$, im inneren Wicklungsteil in der ersten Halbwelle die Differenz von Primär- und

Sekundärstrom, in der zweiten Halbwelle der Primärstrom. Die effektiven Wicklungsströme sind also

$$\text{für } X_k = 0 \qquad I_{sa} = \frac{\pi}{4} I_g \quad \left(\text{nach Gl. (60)}\right), \tag{77}$$

$$I_{si} = \frac{\pi}{2\sqrt{2}} \frac{1}{z} I_g \sqrt{\frac{2 - 2z + z^2}{2}}, \tag{78}$$

$$\text{für } X_k = \infty \qquad I_{sa} = \frac{1}{\sqrt{2}} I_g \quad \left(\text{nach Gl. (62)}\right), \tag{79}$$

$$I_{si} = \frac{1}{z} I_g \sqrt{\frac{2 - 2z + z^2}{2}}. \tag{80}$$

Die mittlere Typenleistung des Spartransformators bei $z < 2$ errechnet sich dann wie folgt:

$$\text{für } X_k = 0 \qquad P_{sp} = \frac{\pi^2}{16}\left(\sqrt{\frac{2 - 2z + z^2}{2}} + \frac{2 - z}{\sqrt{2}}\right) P_{g0}, \tag{81}$$

$$\text{für } X_k = \infty \qquad P_{sp} = \frac{\pi}{4\sqrt{2}}\left(\sqrt{\frac{2 - 2z + z^2}{2}} + \frac{2 - z}{\sqrt{2}}\right) P_{g0}. \tag{82}$$

Aus den Gln. (75) und (76) sowie Gln. (81) und (82) sieht man leicht, daß die Typenleistung bei geglättetem Gleichstrom um rd. 10% niedriger ist als bei rein ohmscher Belastung.

### d) Zweiphasige Brückenschaltung

Kurzbezeichnung: Transformator IiO, Stromrichter B oder 9—B 2/0 (s. S. 18 u. Abb. 19.)

Im Gegensatz zur Mittelpunktschaltung führt bei der Brückenschaltung die ganze Sekundärwicklung dauernd Strom, und zwar in beiden Richtungen, also einen Wechselstrom ohne Gleichstromglied. Primär- und Sekundärstrom haben gleiche Kurvenform. Infolgedessen sind die Scheinleistungen primär und sekundär gleich. Wir betrachten wieder die beiden typischen Belastungsarten.

Für $X_k = 0$ hat man sekundär und primär sinusförmigen Wechselstrom. Die Effektivwerte sind nach Abb. 53, b u. c:

$$I_s = \frac{\pi}{2\sqrt{2}} I_g = 1{,}11\, I_g, \tag{83}$$

$$I_p = \frac{\pi}{2\sqrt{2}} \frac{2}{z} I_g = \frac{1}{z} 2{,}22\, I_g, \tag{84}$$

worin $I_g$ Mittelwert des Gleichstroms bedeutet.
Dazu die Scheitelwerte:

$$\bar{I}_s = \frac{\pi}{2} I_g, \quad \bar{I}_p = \frac{1}{z} \pi\, I_p.$$

Für $X_k = \infty$ sind die Stromkurven rechteckförmig. Effektiv- und Scheitelwerte sind gleich, und zwar (Abb. 53, d u. e):

$$I_s = \bar{I}_s = I_g\,, \tag{85}$$

$$I_p = \bar{I}_p = \frac{2}{z}\,I_g\,. \tag{86}$$

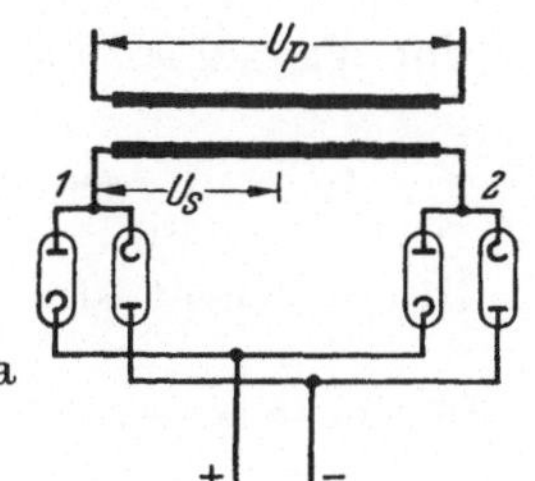


Der Anodenstrom ist jedoch effektiv:

$$I_a = \frac{1}{\sqrt{2}}\,I_g\,.$$

Die Grundwelle des Primärstroms ist dabei

$$I_{p1} = \frac{1}{\sqrt{2}}\,\frac{4}{\pi}\,\frac{2}{z}\,I_g = 0{,}9\,\frac{2}{z}\,I_g$$

$$= 1{,}8\,\frac{1}{z}\,I_g\,.$$

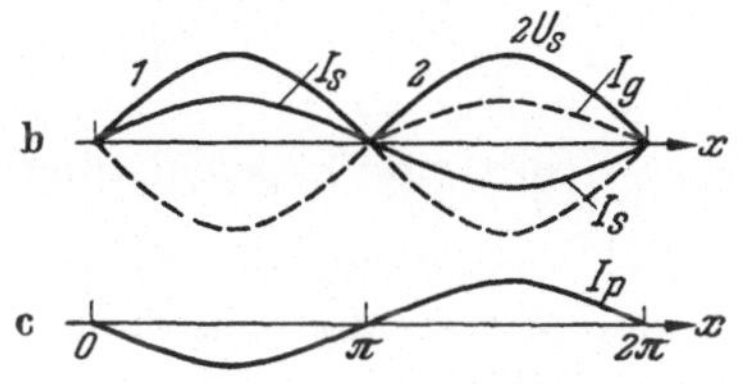


Die Sekundärspannung $U_s$ wird von der Phasenklemme bis zum Mittelpunkt der Wicklung gerechnet. Also ist das Übersetzungsverhältnis der Spannungen

$$z = \frac{U_p}{U_s}\,, \qquad \text{(siehe Abb. 53, a)}$$

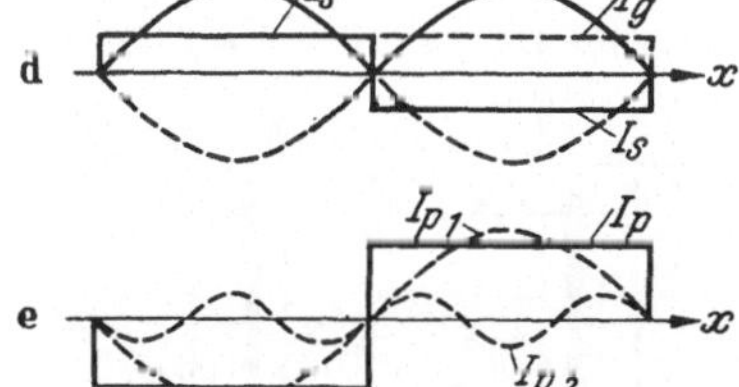


dagegen für die Ströme

$$z_i = \frac{I_s}{I_p} = \frac{z}{2}\,.$$

Abb. 53 a—e. Zweiphasige Brückenschaltung. a) Schaltbild; b) u. d) Spannung und Strom sekundär; c) u. e) Primärstrom $I_p$ mit Grundwelle $I_{p1}$ und 3. Oberwelle $I_{p3}$. b) u. c) für $X_k = 0$, d) u. e) für $X_k = \infty$

Für die Leerlaufgleichspannung $U_{g0}$ benötigt man eine Sekundärspannung (nach Gl. (11)):

$$U_s = \frac{1}{2}\,\frac{\pi}{2}\,\frac{1}{\sqrt{2}}\,U_{g0} = 0{,}56\,U_{g0}\,. \tag{87}$$

Wird mit der verketteten Spannung $U_v = 2\,U_s$ gerechnet, so ist

$$\left.\begin{aligned} z' &= \frac{U_p}{U_v} = \frac{z}{2}\,, \\ z_i &= z' \\ U_v &= 1{,}11\,U_{g0}\,, \end{aligned}\right\} \tag{87a}$$

$$I_p = \frac{1}{z'}\,1{,}11\,I_g \qquad \text{für } X_k = 0\,, \tag{84a}$$

$$\left.\begin{aligned} I_p &= \frac{1}{z'}\,I_g \\ I_{p1} &= \frac{1}{z'}\,0{,}9\,I_g \end{aligned}\right\} \qquad \text{für } X_k = \infty\,. \tag{86a}$$

Auf Grund dieser Beziehungen errechnen sich die Scheinleistungen wie folgt:

$$\text{für } X_k = 0 \text{ sekundär } P_s = \frac{\pi^2}{8} P_{g0} = 1{,}23\, P_{g0}\,, \tag{88}$$

$$\text{primär } P_p = \frac{\pi^2}{8} P_{g0} = 1{,}23\, P_{g0}\,, \tag{89}$$

$$\text{mittlere Typenleistung } P_m = 1{,}23\, P_{g0}\,, \tag{90}$$

$$\text{für } X_k = \infty \text{ sekundär } P_s = \frac{\pi}{2\sqrt{2}} P_{g0} = 1{,}11\, P_{g0}\,, \tag{91}$$

$$\text{primär } P_p = \frac{\pi}{2\sqrt{2}} P_{g0} = 1{,}11\, P_{g0}\,, \tag{92}$$

$$\text{mittlere Typenleistung } P_m = 1{,}11\, P_{g0}\,. \qquad (93)^1$$

Bei Ausführung des Transformators in *Sparschaltung* hat man wie bei der Mittelpunktschaltung zu unterscheiden $z > 2$ und $z < 2$. Im ersten Fall (Abb. 54, a) führt der äußere Wicklungsteil den Primärstrom, der innere die Differenz von Sekundär- und Primärstrom. Dagegen ist im zweiten Fall (Abb. 54, b) die äußere Wicklung zu bemessen für den Sekundärstrom, die innere für die Differenz von Primär- und Sekundärstrom. Die Windungsverhältnisse sind wie bei der Mittelpunktschaltung

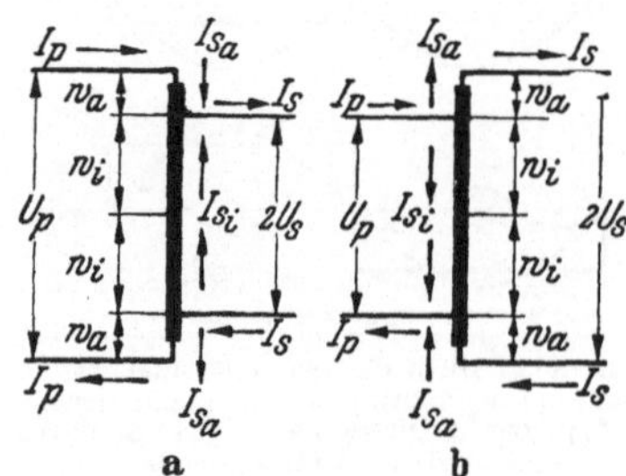

Abb. 54 a u. b. Spartransformator für die zweiphasige Brückenschaltung. a) Übersetzungsverhältnis $z > 2$; b) Übersetzungsverhältnis $z < 2$

$$\frac{w_a}{w_i} = \frac{z}{2} - 1 \quad \text{für } z > 2\,,$$

$$\frac{w_a}{w_i} = \frac{2}{z} - 1 \quad \text{für } z < 2\,.$$

Die mittlere Typenleistung ergibt sich dann aus folgenden Gleichungen:

$$z > 2,\ X_k = 0 \qquad P_{sp} = \frac{\pi^2}{8}\left(1 - \frac{2}{z}\right) P_{g0}\,, \tag{94}$$

$$X_k = \infty \qquad P_{sp} = \frac{\pi}{2\sqrt{2}}\left(1 - \frac{2}{z}\right) P_{g0}\,, \qquad (95)^1$$

$$z < 2,\ X_k = 0 \qquad P_{sp} = \frac{\pi^2}{8}\left(1 - \frac{z}{2}\right) P_{g0}\,, \tag{96}$$

$$X_k = \infty \qquad P_{sp} = \frac{\pi}{2\sqrt{2}}\left(1 - \frac{z}{2}\right) P_{g0}\,. \qquad (97)^1$$

[1] Auch hier wird durch die Glättung des Gleichstroms die Typenleistung herabgesetzt.

Zum Vergleich sei hier noch die Gleichung für einen Spartransformator mit normaler Wechselstrombelastung gegeben; dafür gilt:

$$P_{sp} = \left(1 - \frac{1}{z}\right) P \quad \text{bzw.} \quad (1 - z)\, P \quad \text{für } z \gtrless 1\,,$$

worin $P$ die Durchgangsleistung bedeutet.

### e) Dreiphasige Mittelpunktschaltungen

Bei dreipulsigem Gleichrichterbetrieb werden die drei Sekundärphasen nacheinander während 120° belastet. Man hat also dieselben Lastverhältnisse wie bei einseitiger Nullpunktbelastung im Drehstrombetrieb, nur mit dem Unterschied, daß bei einem Gleichrichter-Transformator die Nullpunktslast periodisch von Phase zu Phase wechselt. Damit ist ohne weiteres verständlich, daß die verschiedenen, bekannten Schaltungen von Drehstromtransformatoren nicht alle in gleicher Weise für Gleichrichterbetrieb geeignet sind.

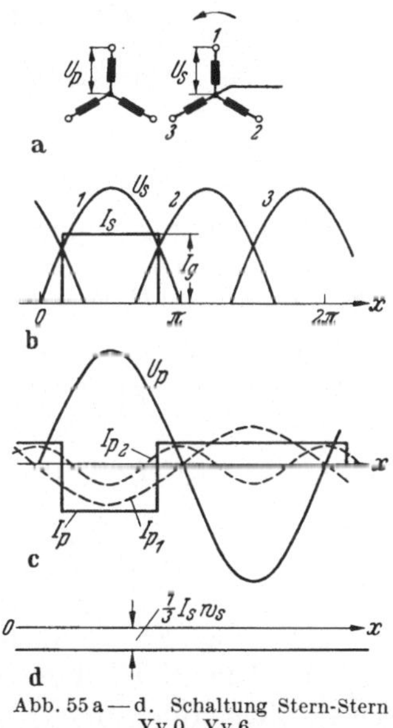


Abb. 55a—d. Schaltung Stern-Stern Yy 0, Yy 6
a) Wicklungsdiagramm; b) Sekundärspannung $U_s$ und Sekundärstrom $I_s$ (Anodenstrom); c) Primärspannung $U_p$, Primärstrom $I_p$, Grundwelle $I_{p1}$ und zweite Oberwelle $I_{p2}$; d) AW-Überschuß

Wir betrachten zunächst die *Stern-Stern-Schaltung*, nach VDE 0532 bzw. 0555, mit Yy 0 und Yy 6 bezeichnet. Bei freiem primären Sternpunkt ist ein AW-Gleichgewicht je Schenkel bei Nullpunktslast nicht möglich. Auf dem belasteten Schenkel werden vom Primärstrom nur $^2/_3$ der sekundären AW aufgebracht. Der Primärstrom dieser Phase verteilt sich gleichmäßig auf die beiden anderen Phasenwicklungen. Dadurch bleibt auf allen drei Schenkeln ein AW-Überschuß von $\frac{1}{3} I_s w_s$. Ein Ausgleichstrom kann aber nicht fließen, denn dieser AW-Überschuß hat auf allen Schenkeln gleiche Richtung. Es entsteht ein pulsierender Jochstreufluß, was erhebliche, zusätzliche Eisenverluste zur Folge hat. Dieser Streufluß wirkt ähnlich wie eine Kathodendrossel. Weiter ergibt sich ein starker Spannungsabfall. Die Stern-Stern-Schaltung wird daher nur selten verwendet.

Der Sekundärstrom hat den Scheitelwert $I_g$, den Effektivwert

$$I_s = \frac{I_g}{\sqrt{3}} = 0{,}58\, I_g \quad \text{(Abb. 55, b)}\,. \tag{98}$$

Der Primärstrom hat in einer Halbwelle als höchsten Scheitelwert $\frac{2}{3}\frac{1}{z} I_g$, in der zweiten Halbwelle nur $\frac{1}{3}\frac{1}{z} I_g$, seine Kurve ist also unsymmetrisch. SeinEffektivwert ist

$$I_p = \frac{\sqrt{2}}{3}\frac{1}{z} I_g = 0{,}47 \frac{1}{z} I_g . \tag{99}$$

Die Analyse ergibt eine Grundwelle $I_{p1} = 0{,}39\, I_g$ (Abb. 55, *c*).

Für die Spannungen gilt:

$$\left.\begin{aligned} U_s &= \frac{\pi}{3}\sqrt{\frac{2}{3}}\, U_{g0} = 0{,}855\, U_{g0} , \\ U_p &= z\, U_s . \end{aligned}\right\} \tag{100}$$

Dann ist das Übersetzungsverhältnis der Ströme:

$$z_i = \sqrt{\frac{3}{2}}\, z = 1{,}23\, z .$$

Die Scheinleistungen sind

$$\text{sekundär} \qquad P_s = 3\, I_s\, U_s = \frac{\pi\sqrt{2}}{3} P_{g0} = 1{,}48\, P_{g0} , \tag{101}$$

$$\text{primär} \qquad P_p = 3\, I_p\, U_p = \frac{2\,\pi}{3\sqrt{3}} P_{g0} = 1{,}21\, P_{g0} , \tag{102}$$

daraus die mittlere Typenleistung

$$P_m = \frac{\sqrt{2}\,\pi}{3}\left(1 + \sqrt{\frac{2}{3}}\right) P_{g0} = 1{,}35\, P_{g0} . \tag{103}$$

Zum Ausgleich der unsymmetrischen Belastung kann man eine zusätzliche Dreieckwicklung (Tertiärwicklung oder Schubwicklung) einbauen. Meist führt man aber dann die Primärwicklung selbst in Dreieckschaltung aus. Damit erhält man die *Dreieck-Stern-Schaltung*, nach VDE Dy 5 und Dy 11, auch kurz mit S bezeichnet. Man kann die einzelne Phase zunächst als Einweggleichrichter betrachten. Der übertragene Laststrom wird durch einen Ausgleich-Gleichstrom zu einem reinen Wechselstrom ergänzt. Der Strom in der Primärwicklung erhält dadurch dieselbe Kurvenform wie in einer Phase der Stern-Stern-Schaltung (Abb. 56, c). In einer Netzzuleitung fließt die Differenz zweier Wicklungsströme, so daß dort der Ausgleichsstrom nicht mehr erscheint. Zwar besteht auf jedem Schenkel noch ein AW-Überschuß, der Jochfluß ist aber ein reiner Gleichfluß. Es ergibt sich kein zusätzlicher Spannungsabfall. Die Dreieckwicklung läßt einen pulsierenden Jochfluß nicht zu.

Scheitel- und Effektivwert des Sekundärstroms haben dieselbe Größe wie zuvor, nämlich:

$$\bar{I}_s = I_g \,, \qquad I_s = \frac{1}{\sqrt{3}} J_g = 0{,}58\ I_g \,. \tag{104}$$

Auch für den Strom in der Primärwicklung hat man wieder:

$$\left.\begin{aligned} &\text{Scheitelwert in der ersten Halbwelle } \frac{2}{3}\frac{1}{z} I_g \,, \\ &\text{in der zweiten Halbwelle } \frac{1}{3}\frac{1}{z} I_g \,, \\ &\text{Effektivwert } I_p = \frac{\sqrt{2}}{3}\frac{1}{z} I_g = 0{,}47\ \frac{1}{z} I_g \,. \end{aligned}\right\} \tag{105}$$

Die sekundäre Phasenspannung ist

$$U_s = 0{,}855\ U_{g0} \,, \tag{106}$$

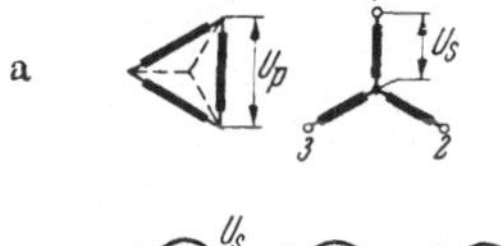


die Primärspannung (an einer Dreieckseite, also verkettete Netzspannung)

$$U_p = z\, U_s \,,$$

das Übersetzungsverhältnis der Ströme

$$z_i = \sqrt{\frac{3}{2}}\, z = 1{,}23\ z \,.$$

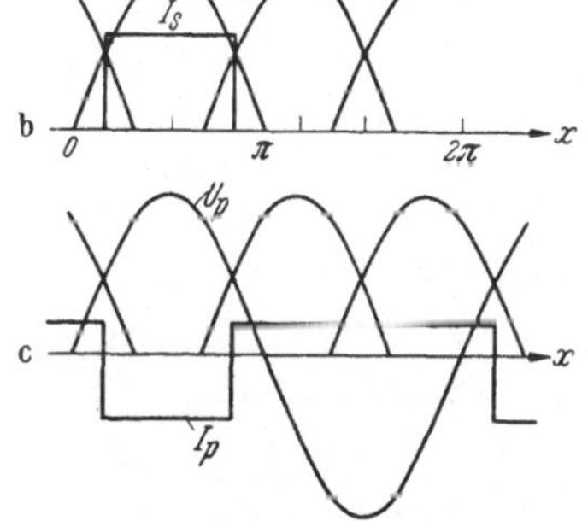


Die Scheinleistungen sind

$$\text{sekundär} \quad P_s = 1{,}48\ P_{g0} \,, \tag{107}$$

$$\text{primär} \quad P_p = 1{,}21\ P_{g0} \,, \tag{108}$$

also die mittlere Typenleistung

$$P_m = 1{,}35\ P_{g0} \,. \tag{109}$$

Der Netzstrom hat aber den Scheitelwert

$$\bar{I}_n = \frac{1}{z} I_g \qquad \text{(Abb. 56, d)},$$

sein Effektivwert ist

$$I_n = \sqrt{\frac{2}{3}}\, \frac{1}{z} I_g = 0{,}82\ \frac{1}{z} I_g \,. \tag{110}$$

seine Grundwelle

$$I_{n1} = 0{,}676\ \frac{1}{z} I_g \,.$$

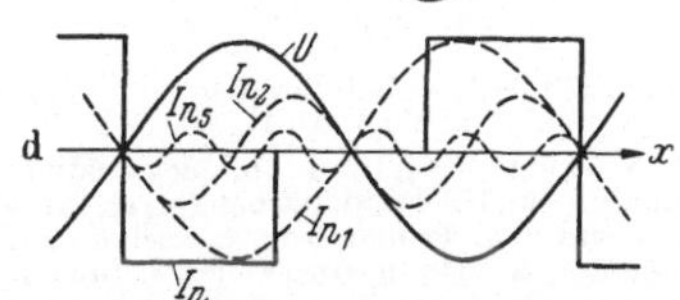


Abb. 56 a — d. Schaltung Dreieck-Stern, Dy 5, Dy 11.
a) Wicklungsdiagramm; b) Sekundärspannung $U_s$ und Sekundärstrom $I_s$; c) Spannung $U_p$ und Strom $I_p$ der Dreieckwicklung; d) Netzspannung (Phase) $U$, Netzstrom $I_n$, Grundwelle $I_{n1}$, 2. und 5. Oberwelle $I_{n2}$ und $I_{n5}$

Danach ist die Netzscheinleistung $P_n = \sqrt{3}\ U_p\, I_n = 1{,}21\ P_{g0}$.

Die *Stern-Zickzack-Schaltung*, nach VDE Yz 5, Yz 11, zeigt Abb. 57. Ähnlich wie bei einem zweiphasigen Transformator (Abb. 51 b) wird durch die Zickzack-Schaltung das AW-Gleichgewicht hergestellt. Während der Brenndauer einer Sekundärphase sind stets zwei Schenkel belastet. Es führen die zwei zugehörigen Primärwicklungen Strom, die dritte Primärwicklung ist dabei stromlos. Jeder Schenkel wird sekundär mit AW wechselnder Richtung belastet, der Primärstrom ist daher ein reiner Wechselstrom (Abb. 57, c).

Die Windungszahl einer sekundären Wicklungshälfte sei $w_s$, die einer primären Phase $w_p$ (Abb. 57, a). Dann ist das Übersetzungsverhältnis

$$z = \frac{U_p}{U_s} = \frac{w_p}{\sqrt{3}\; w_s}.$$

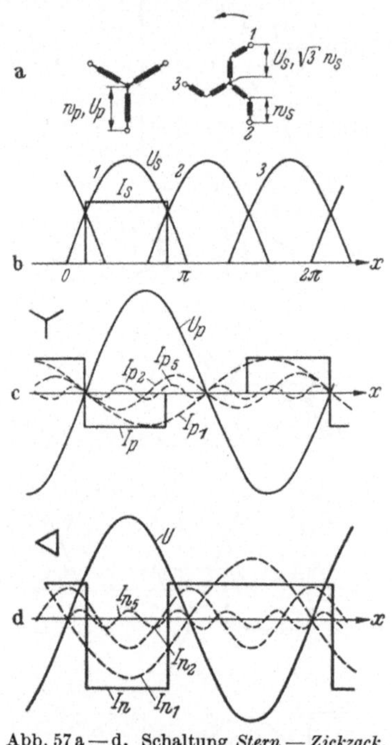

Abb. 57 a—d. Schaltung *Stern — Zickzack*, Yz 5, Yz 11. a) Wicklungsdiagramm; b) Sekundärspannung $U_S$. und Sekundärstrom $I_S$; c) Primärspannung $U_p$, Primärstrom $I_p$, seine Grundwelle $I_{p_1}$, 2. und 5. Oberwelle $I_{p_2}$ und $I_{p_5}$, *Dreieck — Zickzack*, Dz 0, Dz 6; d) Netzspannung $U$ und Netzstrom $I_n$, zerlegt in $I_{n_1}$, $I_{n_2}$, $I_{n_5}$

Für den Sekundärstrom gilt wieder

$$\left.\begin{aligned} &\text{Scheitelwert} \\ &\bar{I}_s = I_g, \\ &\text{Effektivwert} \\ &I_s = \frac{1}{\sqrt{3}} I_g = 0{,}58\, I_g. \end{aligned}\right\} \quad (111)$$

Für den Primärstrom erhält man

$$\left.\begin{aligned} &\text{Scheitelwert} \\ &\bar{I}_p = \frac{1}{\sqrt{3}} \frac{1}{z} I_g, \\ &\text{Effektivwert} \\ &I_p = \frac{\sqrt{2}}{3} \frac{1}{z} I_g = 0{,}47 \frac{1}{z} I_g, \\ &\text{Grundwelle} \\ &I_{p1} = 0{,}39 \frac{1}{z} I_g. \end{aligned}\right\} \quad (112)$$

Also ist das Übersetzungsverhältnis der Ströme

$$z_i = \sqrt{\frac{3}{2}}\, z = 1{,}23\, z.$$

Damit werden die Scheinleistungen

$$\text{sekundär} \qquad P_s = 3\, U_s I_s \frac{2}{\sqrt{3}} = 1{,}71\, P_{g0}, \qquad (113)$$

$$\text{primär} \qquad P_p = 3\, U_p I_p = 1{,}21\, P_{g0}. \qquad (114)$$

$$\text{die mittlere Typenleistung} \qquad P_m = 1{,}46\, P_{g0}. \qquad (115)$$

Die Zickzack-Schaltung bedingt also eine etwas größere Typenleistung als die einfachen dreiphasigen Schaltungen, wie auch sonst bei normaler Drehstrombelastung.

Die Primärseite kann auch im Dreieck geschaltet sein. Dann hat man die *Dreieck-Zickzack-Schaltung*, nach VDE Dz 0, Dz 6. Wenn das Übersetzungsverhältnis der Wicklungen wie zuvor beibehalten wird ($U_p$ Spannung einer Primärwicklung, also verkettete Netzspannung), so gelten die Beziehungen für Ströme und Spannungen, wie sie für primäre Sternschaltung abgeleitet sind. Auch die Scheinleistungen bleiben dieselben. $I_p$ ist dann der Strom in der Primärwicklung (Abb. 57, c). In einer Netzzuleitung fließt die Differenz zweier Wicklungsströme. Dadurch erhält der Netzstrom die unsymmetrische Kurvenform nach Abb. 57, d.

Sein Scheitelwert in der ersten Halbwelle ist $\frac{2}{\sqrt{3}} \frac{1}{z} I_g$,

in der zweiten Halbwelle $\frac{1}{\sqrt{3}} \frac{1}{z} I_g$.

Der Effektivwert beträgt

$$I_n = \sqrt{3}\, I_p = 0{,}82\, I_g \frac{1}{z}. \tag{116}$$

Die Grundwelle des Netzstromes ist

$$I_{n1} = 0{,}676 \frac{1}{z} I_g.$$

neue Kurzzeichen:

Stern-Zickzack 2b — M 3/30 oder
2d — M 3/90,

Dreieck-Zickzack 2a — M 3/0 oder
2c — M 3/60.

### f) Dreiphasige Brückenschaltung

Kurzzeichen:

DB oder 10b — B 6/30, Schaltbild und Wirkungsweise s. S. 19 u. Abb. 20.

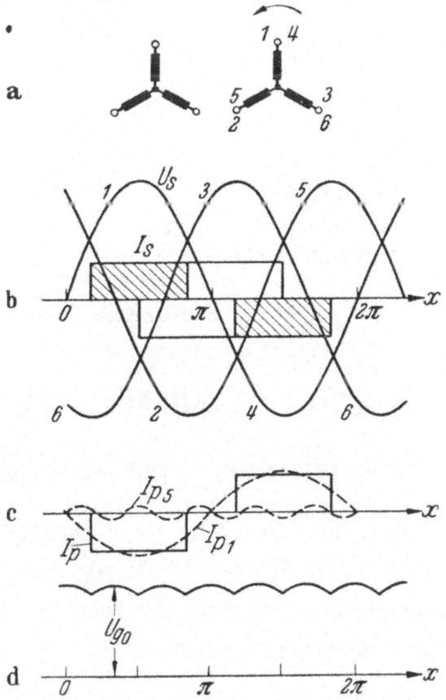

Da immer zwei Sekundärphasen in Betrieb sind, besteht auf jedem Schenkel AW-Gleichgewicht. Die Sekundärwicklung führt reinen Wechselstrom. Sekundär- und Primärstrom haben gleiche Kurvenform (Abb. 58, b und c). Die Gleichspannung hat sechs-



Abb. 58a—d. Dreiphasige Brückenschaltung. a) Wicklungsdiagramm; b) Sekundärspannung $U_S$ und Sekundärstrom $I_S$; c) Primärstrom $I_p$, Grundwelle $I_{p1}$ und 5. Oberwelle $I_{p5}$; d) Gleichspannung $U_{g0}$

pulsige Welligkeit. Es gelten folgende Beziehungen:

$$\left.\begin{array}{lll} \text{Sekundärstrom} & \text{Scheitelwert} & \bar{I}_s = I_g\,, \\ & \text{Effektivwert} & I_s = \sqrt{\frac{2}{3}}\, I_g = 0{,}82\, I_g \end{array}\right\} \tag{117}$$

$$\text{Anodenstrom} \quad \text{effektiv:} \quad I_a = \frac{1}{\sqrt{3}}\, I_g = 0{,}577\, I_g$$

$$\left.\begin{array}{lll} \text{Primärstrom} & \text{Scheitelwert} & \bar{I}_p = I_g \frac{1}{z}\,, \\ & \text{Effektivwert} & I_p = 0{,}82\, I_g \frac{1}{z}\,, \\ & \text{Grundwelle} & I_{p1} = \frac{\sqrt{6}}{\pi} \frac{1}{z} I_g = 0{,}78 \frac{1}{z} I_g\,. \end{array}\right\} \tag{118}$$

Die Übersetzungsverhältnisse der Spannungen und Ströme sind gleich. Es ist weiter:

$$U_s = 0{,}427\, U_{g0}\,. \tag{119}$$

Wird mit der verketteten Spannung $U_v = \sqrt{3}\, U_s$ gerechnet, so ist

$$z' = \frac{z}{\sqrt{3}}\,,$$

$$U_v = 0{,}74\, U_{g0}\,, \tag{119a}$$

$$I_p = 0{,}47 \frac{1}{z'} I_g\,,$$

$$I_{p1} = 0{,}45 \frac{1}{z'} I_g\,. \tag{118a}$$

Die Scheinleistungen sind

$$\text{sekundär} \quad P_s = \frac{\pi}{3} P_{g0} = 1{,}05\, P_{g0}\,, \tag{120}$$

$$\text{primär} \quad P_p = \frac{\pi}{3} P_{g0} = 1{,}05\, P_{g0}\,, \tag{121}$$

$$\text{die mittlere Typenleistung} \quad P_m = 1{,}05\, P_{g0}\,. \tag{122}$$

Da die Wicklungen beiderseits reinen Wechselstrom führen, entspricht die Typenleistung einer *Sparschaltung* derjenigen für normalen Drehstrombetrieb. Je nach dem Übersetzungsverhältnis ergibt sich für den Spartransformator

$$\left.\begin{array}{ll} \text{bei } z > 1 & P_{sp} = \frac{\pi}{3}\left(1 - \frac{1}{z}\right) P_{g0}\,, \\ \text{bei } z < 1 & P_{sp} = \frac{\pi}{3}(1 - z)\, P_{g0}\,. \end{array}\right\} \tag{123}$$

### g) Sechsphasige Schaltungen

**Schaltungen mit einfacher Anodenbeteiligung.** Aus einer Dreieck-Stern-Schaltung erhält man eine sechsphasige Schaltung, wenn man sekundär einen zweiten Wicklungsstern mit um 180° versetzten Phasen hinzufügt. Es werden also die Schaltungen Dy 5 und Dy 11 mit gemeinsamer Primärwicklung in einem einzigen Transformator zur *sechsphasigen Durchmesserschaltung* (Kurzzeichen DS, früher F 1 oder jetzt 3 — M 6/30) vereinigt. Die Sternpunkte werden unmittelbar zum Anschluß des Minuspols zusammengeschaltet. Jeder Schenkel trägt zwei Sekundärwicklungen. Die Brenndauer einer Phase ist nur $\frac{2\pi}{p} = 60°$, während dieser Zeit fließt über die zugehörige Wicklung der volle Gleichstrom. Jeder Schenkel wird sekundär mit AW wechselnder Richtung belastet. Zur Herstellung des AW-Gleichgewichts ist aber primäre Dreieck-Schaltung erforderlich (Abb. 59).

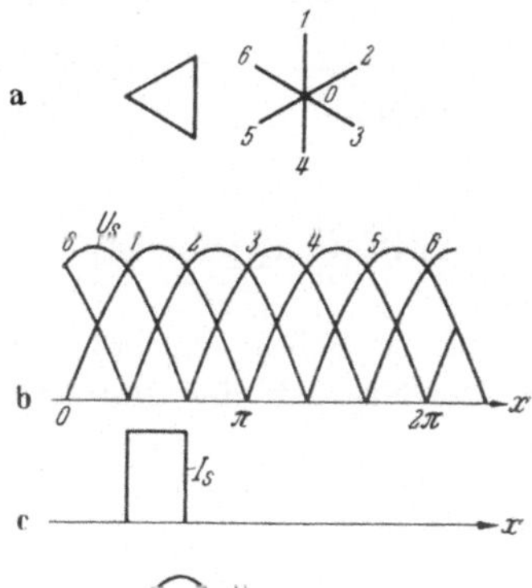


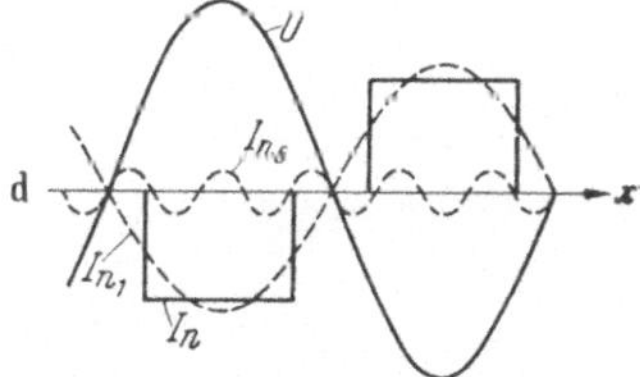


Abb. 59 a — d. Sechsphasige Durchmesserschaltung.
a) Wicklungsdiagramm; b) Sekundärspannungen $U_s$; c) Sekundärstrom $I_s$; d) Netzspannung $U$, Netzstrom $I_n$, Grundwelle $I_{n1}$ und 5. Oberwelle $I_{n5}$

Der Sekundärstrom hat also den Scheitelwert $\bar{I}_s = I_g$, den Effektivwert

$$I_s = \frac{1}{\sqrt{6}} I_g = 0{,}408\, I_g . \qquad (124)$$

Der Primärstrom in der Wicklung ist

$$I_p = \frac{1}{\sqrt{3}} \frac{1}{z} I_g = 0{,}577 \frac{1}{z} I_g . \qquad (125)$$

Der Netzstrom ist die Differenz von zwei Wicklungsströmen. Für ihn gilt

$$\left.\begin{aligned} &\text{Scheitelwert} && \bar{I}_n = \frac{1}{z} I_g ,\\ &\text{Effektivwert} && I_n = \frac{1}{z}\sqrt{\frac{2}{3}}\, I_g = 0{,}82 \frac{1}{z} I_g ,\\ &\text{Grundwelle} && I_{n1} = 0{,}78 \frac{1}{z} I_g . \end{aligned}\right\} \qquad (126)$$

Weiter ergeben sich folgende Beziehungen:

$$\left.\begin{aligned} &\text{Spannungen, sekundär} && U_s = \frac{\pi}{3\sqrt{2}} U_{g0} = 0{,}74\, U_{g0} ,\\ &\text{primär} && U_p = z\, U_s . \end{aligned}\right\} \qquad (127)$$

Übersetzungsverhältnisse

Spannungen $z = \frac{U_p}{U_s}$, worin $U_p$ = verkettete Netzspannung,

Ströme $z_i = \frac{1}{\sqrt{2}} z$,

Scheinleistungen

sekundär $$P_s = 6\, U_s I_s = \frac{\pi}{\sqrt{3}} P_{g0} = 1{,}81\, P_{g0}\,, \tag{128}$$

primär $$P_p = 3\, U_p I_p = \frac{\pi}{\sqrt{6}} P_{g0} = 1{,}28\, P_{g0}\,, \tag{129}$$

mittlere Typenleistung $$P_m = \frac{\pi}{\sqrt{6}} \frac{1+\sqrt{2}}{2} P_{g0} = 1{,}55\, P_{g0}\,. \tag{130}$$

Diese Schaltung benötigt also eine ziemlich große Typenleistung. Außerdem ist der induktive Spannungsabfall recht hoch (s. S. 41, Zahlentafel 6).

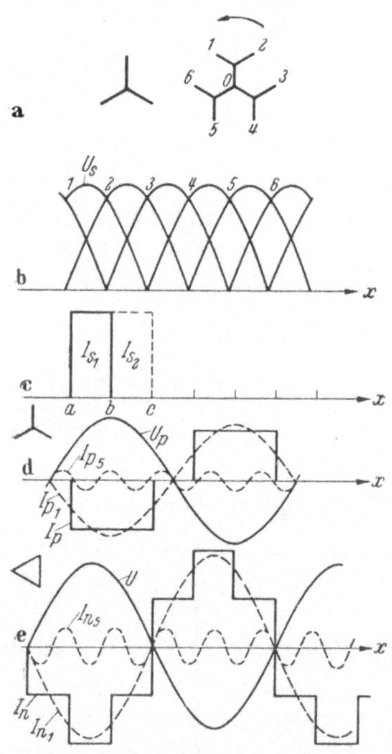


Abb. 60a—e. Sechsphasige Gabelschaltung, *primär Stern.*

a) Wicklungsdiagramm; b) Sekundärspannungen $U_S$; c) Sekundärströme $I_S$; d) Primärspannung $U_P$, Primärstrom $I_P$, Grundwelle $I_{P1}$, 5. Oberwelle $I_{P5}$; *primär Dreieck*; e) Netzspannung $U$, Netzstrom $I_n$, Grundwelle $I_{n1}$ und 5. Oberwelle $I_{n5}$

Daher wird meist die sechsphasige *Gabelschaltung* vorgezogen. Man kann sie aus der Vereinigung von zwei dreiphasigen Zickzack-Schaltungen Yz 5 und Yz 11 ableiten. Zwecks Ersparnis von Wicklungen sind die inneren Wicklungszweige zusammengelegt. Dabei hat $\overline{01}$ die Phasenspannung $U_s$, der innere und äußere Zweig je $\frac{1}{\sqrt{3}} U_s$. Primär ist eine Sternschaltung (Kurzzeichen: einfach DS, oder F 3 bzw. 4a — M 6/30) möglich.

Nach Abb. 60, b) und c), ist die Brenndauer jeder Anode wieder nur 60°. Ebenso ist die Stromdauer in den äußeren Zweigen der Sekundärwicklung. Die Phase 1 z. B. führt den Strom von *a* bis *b*. Daran schließt sich die nächste Phase 2 an (*b* bis *c*). Beide Phasen sind an denselben inneren Wicklungszweig angeschlossen. Somit ist die Stromdauer hier 120°. Auf demselben Schenkel wie der innere Wicklungszweig der Phasen 1 und 2 liegen auch die äußeren Wicklungszweige der Phasen 4 und 5. Wie bei der dreiphasigen Zickzack-Schaltung besteht auf jedem Schenkel AW-Gleichgewicht. Es ergibt sich daraus ein Primärstrom nach Kurve d) in Abb. 60.

Der Scheitelwert des Sekundärstroms ist für die inneren und äußeren Wicklungszweige gleich, nämlich $I_g$. Der Effektivwert ist aber

$$\text{in der äußeren Wicklung} \quad I_{sa} = \frac{I_g}{\sqrt{6}} = 0{,}408\, I_g\,, \tag{131}$$

$$\text{in der inneren Wicklung} \quad I_{si} = \frac{I_g}{\sqrt{3}} = 0{,}577\, I_g\,. \tag{132}$$

$$\left.\begin{aligned} &\text{Der Primärstrom hat den Scheitelwert } \bar{I}_p = \frac{1}{\sqrt{3}}\, I_g\,,\\ &\text{den Effektivwert } I_p = \frac{\sqrt{2}}{3}\,\frac{1}{z}\, I_g = 0{,}47\,\frac{1}{z}\, I_g.\\ &\text{Seine Grundwelle hat den Effektivwert } I_{p1} = 0{,}45\, I_g\,. \end{aligned}\right\} \tag{133}$$

Weiter gelten folgende Beziehungen:

$$\left.\begin{aligned} \text{Spannungen, sekundär } U_s &= \frac{\pi}{3\sqrt{2}}\, U_{g0} = 0{,}74\, U_{g0}\\ \text{primär } U_p &= z\, U_s\,, \end{aligned}\right\} \tag{134}$$

Übersetzungsverhältnis der Ströme

$$z_i = \frac{\sqrt{3}}{2}\, z \quad \text{bzw} \quad \sqrt{\frac{3}{2}}\, z\,, \quad \text{bezogen auf } I_{sa} \text{ bzw. } I_{si}\,.$$

Scheinleistungen

sekundär für die inneren und äußeren Wicklungszweige zusammen:

$$P_s = 6\, I_{sa}\,\frac{U_s}{\sqrt{3}} + 3\, I_{si}\,\frac{U_s}{\sqrt{3}} = \frac{\pi}{3\sqrt{2}}\,(1+\sqrt{2})\, P_{g0} = 1{,}79\, P_{g0}\,, \tag{135}$$

$$\text{primär} \quad P_p = 3\, U_p\, I_p = \frac{\pi}{3}\, P_{g0} = 1{,}05\, P_{g0}\,, \tag{136}$$

$$\text{mittlere Typenleistung} \quad P_m = 1{,}42\, P_{g0}\,. \tag{137}$$

Wenn man primär Dreieck-Schaltung (Kurzzeichen: G 3 oder 4b — M 6/0) anwendet, so ist der Strom $I_p$ der Strom in der Primärwicklung (Abb. 60, d). Unter Beibehaltung des Übersetzungsverhältnisses der Spannungen und Wicklungen bleiben die zuvor abgeleiteten

Beziehungen auch hierfür gültig. Der Strom im Netz verläuft dann aber nach Abb. 60, e).

$$\left.\begin{aligned}&\text{Sein Scheitelwert ist} && \bar{I}_n = \frac{2}{\sqrt{3}}\frac{1}{z} I_g\,,\\ &\text{sein Effektivwert} && I_n = \sqrt{\frac{2}{3}}\frac{1}{z} I_g = 0{,}82\frac{1}{z} I_g\,.\\ &\text{Die Grundwelle des Netzstromes beträgt} && \\ & && I_{n_1} = 0{,}78\frac{1}{z} I_g\,.\end{aligned}\right\} \qquad (138)$$

**Schaltungen mit mehrfacher Anodenbeteiligung.** Die Schaltungen mit einfacher Anodenbeteiligung benötigen verhältnismäßig große Typenleistungen des Transformators. Auch der Gleichrichter ist durch die kurze Brenndauer der Anoden schlecht ausgenutzt. Man könnte mit Zickzackwicklungen ohne weiteres noch höherphasige Schaltungen aufbauen, bei denen stets nur eine Anode den Strom führt. Dann würden sich aber die bereits bei sechs Phasen beobachteten Nachteile noch erheblich verschärfen. Für eine höhere Phasenzahl sind daher Grundschaltungen nicht verwendbar. Auch für sechsphasigen Betrieb sucht man bessere Eigenschaften der Schaltung zu erreichen.

Hierzu dienen Schaltungen mit mehrfacher Anodenbeteiligung. Es sind dabei stets zwei oder mehr Phasen mit den angeschlossenen Anoden gleichzeitig in Betrieb. Infolgedessen führt die einzelne Anode nur einen Teil des Gleichstroms. Außerdem wird die Brenndauer des Anodenstroms verlängert. Wenn $g$ Anoden parallel arbeiten, so ist die Brenndauer einer Anode $g$ mal so lang wie bei einer Grundschaltung.

Die gleichzeitig brennenden Anoden sind durch den Lichtbogen unmittelbar miteinander verbunden. Es ist also notwendig, daß sie im Parallelbetrieb gleiche Spannungen haben. Ihre Anodenspannungen müssen daher entsprechend umgeformt werden. Zu den Sekundärspannungen muß eine Zusatzspannung addiert werden, die den Spannungsunterschied zwischen ihnen ausgleicht.

Zunächst soll die gebräuchlichste Schaltung mit zweifacher Anodenbeteiligung, die sogenannte *Doppelsternschaltung* oder *sechsphasige Halbierungsschaltung*, (Kurzzeichen: DSS, F 2 oder jetzt 5a — M 6/30), behandelt werden. Sekundär hat man zwei dreiphasige Sterne und zwischen ihren Nullpunkten zum Ausgleich der Spannungsdifferenzen die Saugdrossel, früher als Saugtransformator oder Stromteiler bezeichnet. Der Minuspol der Gleichstromseite liegt am Mittelpunkt dieser Saugdrossel (Abb. 61). Die drei Anoden jedes Spannungssterns arbeiten zusammen als dreipulsiger Gleichrichter. Jede Anode brennt also während 120°. Der Gleichstrom verteilt sich aber auf je eine Anode der beiden

Spannungssterne. Die Gleichspannung verläuft nun, wie Abb. 61 in Kurvenzug b) zeigt, entsprechend dem Mittelwert benachbarter Anodenspannungen. Die Spannung der einzelnen Anode ist durch die von der Saugdrossel gelieferte Zusatzspannung aus der Sinusform umgeformt in die gestrichelt ein gezeichnete Kurve $U_a$.

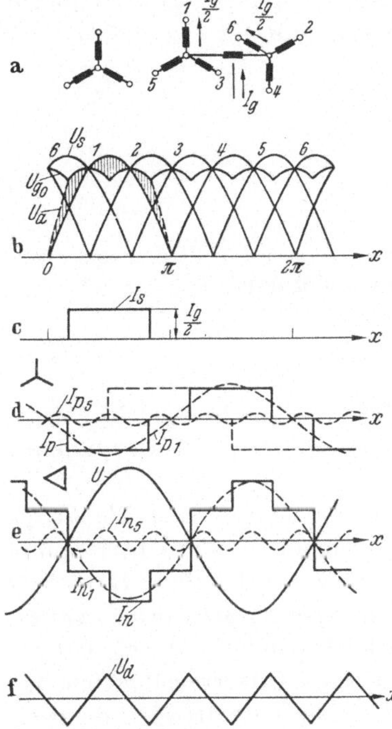


Abb. 61 a — f. Doppelsternschaltung mit zweiphasiger Saugdrossel.

*primär Stern.* a) Wicklungsdiagramm; b) Umbildung der Sekundärspannung $U_s$ zur Anodenspannung $U_a$ für die Gleichspannung $U_{g0}$; c) Sekundärstrom $I_s$; d) Primärstrom $I_p$, Grundwelle $I_{p_1}$ und 5. Oberwelle $I_{p_5}$, *primär Dreieck*; e) Netzspannung $U$, Netzstrom $I_n$, Grundwelle $I_{n_1}$ und 5. Oberwelle $I_{n_5}$; f) Saugdrosselspannung $U_d$ bei $u = 0$ und $\alpha = 0$

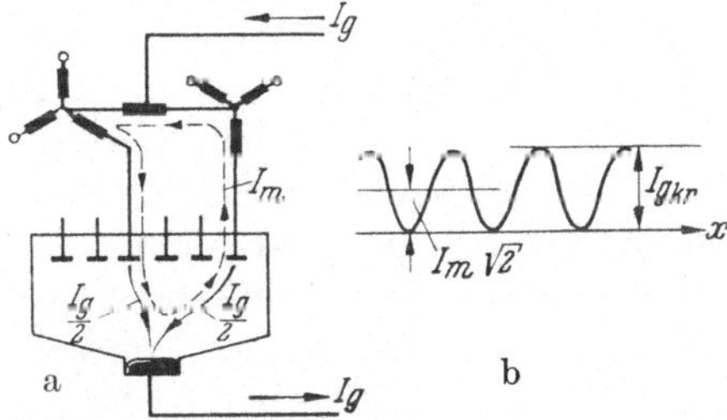


Abb. 62 a u. b. Wirkungsweise der Magnetisierung der Saugdrossel.

Bestimmung des kritischen Gleichstroms $I_{gkr}$

a) Schaltbild mit Stromverlauf; b) Überlagerung von Magnetisierungstrom der Saugdrossel $I_m$ und Gleichstrom $I_g$

Die Spannung an der Saugdrossel verläuft nach Kurvenzug f) dreieckförmig entsprechend der schraffierten Differenzfläche in Abb. 61 b, und hat eine Grundfrequenz von 3 f (bei 50 Hz im Netz 150 Hz). Der Magnetisierungsstrom der Saugdrossel $I_m$[1] fließt über die parallelarbeitenden Anoden (Abb. 62). An der einen Anode sind Belastungsstrom und dieser Magnetisierungsstrom einander entgegen gerichtet. Dadurch ergibt sich ein Mindestwert für den Belastungsstrom entsprechend der Gleichung

$$I_{gkr} = 2\sqrt{2}\, I_m = 2{,}82\, I_m\,. \tag{139}$$

Erst von dieser Belastung an kann die Saugdrossel die erforderliche Zusatzspannung liefern. Bei geringeren Belastungen ist sie dazu nicht in der Lage. Der Gleichrichter arbeitet dann wie bei der Durchmesserschaltung mit einfacher Anodenbeteiligung bei sehr hohem Spannungsabfall. Jede Anode brennt dann nur während 60°. Die Saugdrossel

[1] Sinusförmig angenommen.

hat die Wirkung von einem Satz verketteter Anodendrosseln. Natürlich wird man die Saugdrossel so bemessen, daß die Belastungen normal stets über der erwähnten kritischen Mindestlast liegen (einige % des Nennstroms).

Die Spannung an einer Wicklungshälfte der Saugdrossel ist gleich der halben Differenz benachbarter Phasenspannungen, also gleich

$$u_d = \frac{u_{s_1} - u_{s_2}}{2}.$$

Die Amplitude dieser Spannung ist

$$\overline{U}_d = \frac{U_s\sqrt{2}}{4}.$$

Der Effektivwert der Grundwelle berechnet sich zu

$$U_d = \frac{1}{\sqrt{2}}\frac{8}{\pi^2}\frac{U_s\sqrt{2}}{4} = 0{,}2\,U_s. \qquad (140)$$

Dabei ist die Überlappung der Anodenströme noch nicht berücksichtigt. Es entsteht in Wirklichkeit zwischen den benachbarten Phasenspannungen eine größere Differenz.

Auch die Zündverzögerung durch Gittersteuerung läßt die Saugdrosselspannung ansteigen, wenn man mit gleichbleibender Überlappung rechnet. Die Saugdrosselspannung wird dann zur Mitte ihrer Halbwelle unsymmetrisch und hat nicht mehr die einfache Dreieckform. Außerdem geht aber bei Herabreglung der Gleichspannung durch Gittersteuerung die Überlappung zurück. Im oberen Gitterregelbereich hat man also mit einer großen Überlappung, im unteren Bereich dagegen mit einer kleinen Überlappung zu rechnen. Es ist nicht leicht, für diese mit Belastung und Aussteuerung in ihrer Kurvenform veränderliche Spannung die richtige Bewertung zur Bemessung der Saugdrossel zu finden. Man rechnet daher meist angenähert mit dem Effektivwert der gesamten Kurve einschließlich Oberwellen und ihrem Formfaktor, indem man dafür eine sinusförmige Ersatzspannung von Netzfrequenz ermittelt, welche die gleichen Eisenverluste verursacht wie die wirkliche Saugdrosselspannung. Bei voller Aussteuerung ist für die übliche Überlappung von rd. 20°

$$U_d \approx 0{,}25\,U_s,$$

allgemein kann man für $\cos\alpha = 1$ rechnen mit

$$U_d \approx 0{,}2\,U_s\left(1 + 0{,}5\frac{u^\circ}{40}\right). \qquad (141)$$

Abb. 63 zeigt den Verlauf der effektiven Saugdrosselspannung unter Berücksichtigung der Überlappung für veränderliche Aussteuerung; man kann sich für die praktische Anwendung mit einer mittleren Näherungskurve begnügen.

Die Leistung der Saugdrossel ist, als Transformator gerechnet:

$$P_d = \frac{1}{2} I_g U_d\,, \quad \text{mit} \quad U_d = 0{,}2\, U_s \quad \text{etwa} \cong 0{,}086\, P_{g0}\,. \tag{142}$$

Für $u = 20°$ wird

$$U_d = 0{,}25\, U_s\,, \quad P_d = 0{,}107\, P_{g0}\,.$$

Daraus wird die zugehörige Typenleistung ermittelt, wenn man zur Umrechnung das Frequenzverhältnis 3:1 und eine reduzierte Eiseninduktion von 50% berücksichtigt. Damit ermittelt man

$$P_{d_{50}} = \frac{2}{3} P_d = 0{,}057\, P_{g0}\,,$$

und für $u = 20°$:

$$P_{d_{50}} = 0{,}072\, P_{g0}\,.$$

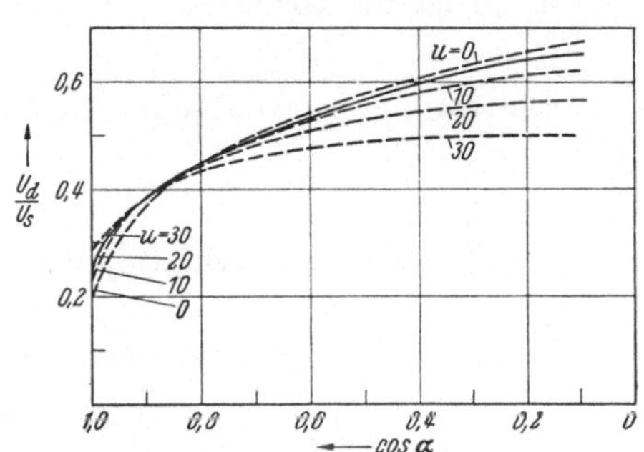

Abb. 63. Saugdrosselspannung $U_d$, bezogen auf die sekundäre Phasenspannung $U_s$, als Funktion der Aussteuerung cos α bei verschiedener Überlappung $u$. ——— mittlerer Näherungskurve

Unterhalb des kritischen Stroms arbeitet die Schaltung sechspulsig, jede Anode brennt nur während 60°. Die Leerlaufgleichspannung ist dann:

$$U'_{g0} = \sqrt{2}\, \frac{6}{\pi} \sin\frac{\pi}{6}\, U_s = 1{,}35\, U_s\,. \tag{143}$$

Dagegen hat man im ordnungsgemäßen, zweianodigen Betrieb, wenn die Saugdrossel die erforderliche Spannung aufbringt, als Leerlaufspannung

$$U_{g0} = \sqrt{2}\, \frac{3}{\pi} \sin\frac{\pi}{3}\, U_s = 1{,}17\, U_s\,. \tag{144}$$

nach Gl. (3) gerechnet mit $q = 3$ anstelle von $p = 6$ (s. Gl. (1)).

Also steigt die Gleichspannung unterhalb der kritischen Last um $\Delta U'_g = 15\%$ an (Abb. 64, a). Dieser Wert gilt für volle Aussteuerung. Bei Gittersteuerung wird der Spannungsanstieg noch wesentlich größer (Abb. 64, b), ebenso der kritische Strom.

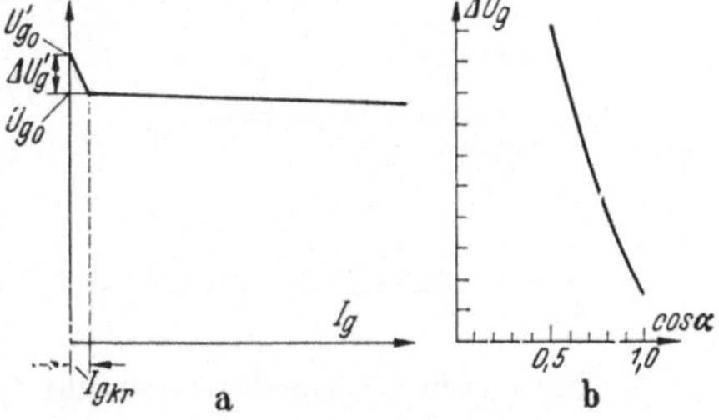

Abb. 64a u. b. Spannungsanstieg bei der Doppelsternschaltung mit Saugdrossel.
a) Belastungskennlinie; b) Spannungsanstieg $\Delta U_g$ als Funktion der Aussteuerung cos α

Der Gleichstrom verteilt sich gleichmäßig auf die zwei parallel arbeitenden Anoden. Der Scheitelwert des Sekundärstroms ist somit $\frac{I_g}{2}$, der Effektivwert ergibt sich aus (Abb. 61, c):

$$I_s = \frac{I_g}{2} \frac{1}{\sqrt{3}} = 0{,}289\ I_g\,. \tag{145}$$

$$\left.\begin{aligned} &\text{Für den Primärstrom ist der Scheitelwert } \bar{I}_p = \frac{1}{z}\frac{1}{2} I_g\,,\\ &\text{der Effektivwert } I_p = \frac{1}{z}\frac{1}{\sqrt{2}}\frac{I_g}{\sqrt{3}} = \frac{1}{z}\,0{,}408\ I_g\,,\\ &\text{darin ist die Grundwelle } I_{p1} = \frac{1}{z}\,0{,}39\ I_g\,. \end{aligned}\right\} \tag{146}$$

Die Spannungen sind sekundär $U_s = \sqrt{\frac{2}{3}}\,\frac{\pi}{3}\,U_{g0} = 0{,}855\ U_{g0}$ (147)

primär $U_p = z\,U_s\,,$

das Übersetzungsverhältnis der Ströme $z_i = \frac{1}{\sqrt{2}}\,z\,.$

Damit sind die Scheinleistungen

$$\text{sekundär } P_s = \sqrt{2}\,\frac{\pi}{3}\,P_{g0} = 1{,}48\ P_{g0}\,, \tag{148}$$

$$\text{primär } P_p = \frac{\pi}{3}\,P_{g0} = 1{,}05\ P_{g0}\,, \tag{149}$$

daraus die mittlere Typenleistung $P_m = 1{,}26\ P_{g0}\,.$ (150)

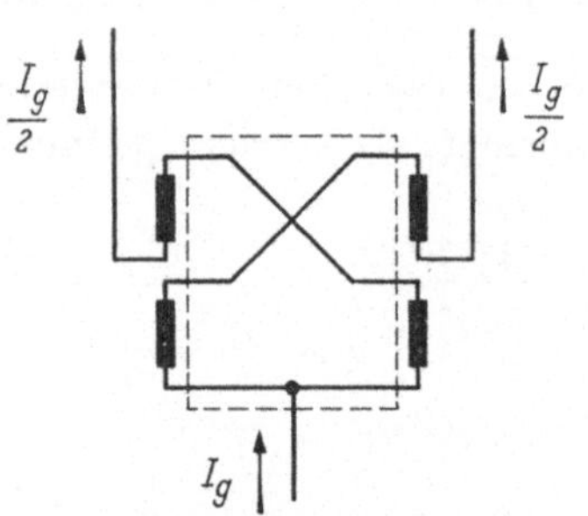

Abb. 65. Ausführung der zweiphasigen Saugdrossel-Wicklung

Dazu kommt noch die Leistung der Saugdrossel. Zur besseren Verkettung werden die beiden Wicklungshälften der Saugdrossel im Zickzack geschaltet (Abb. 65). Der Kern hat keinen Luftspalt.

Wenn die Primärwicklung im Dreieck geschaltet wird (Kurzzeichen G 2 oder 5b — M 6/0), so hat der Netzstrom als Differenz von zwei Wicklungsströmen den Verlauf nach Abb. 61, e. Sein Scheitelwert hat die Größe

$$\left.\begin{aligned} &\frac{1}{z} I_g\,, \text{ der Effektivwert ist } I_n = \frac{1}{z}\,0{,}709\ I_g\,,\\ &\text{dazu gehört eine Grundwelle } I_{n_1} = \frac{1}{z}\,0{,}676\ I_g\,. \end{aligned}\right\} \tag{151}$$

Wenn der Zündwinkel paralleler Anoden nicht genau gleich ist, arbeitet die Saugdrossel unvollkommen. Bei hoher Beanspruchung, vor allem bei geringer Aussteuerung eines Stromrichters kann eine besondere Stromausgleichsregelung notwendig werden.

Die Vorzüge der Saugdrosselschaltung gegenüber der Gabelschaltung seien nochmals zusammengefaßt:

> Anodenstrom nur halb so hoch, Brenndauer verdoppelt, also günstigere Beanspruchung des Stromrichters, Brennspannung entsprechend niedriger, Typenleistung des Transformators im Verhältnis 1,26/1,42 kleiner, einfacher Wicklungsaufbau.

Es mag noch erwähnt werden, daß auch die sechsphasige Durchmesserschaltung (Abb. 59) mit zweifacher Anodenbeteiligung arbeiten kann. Bei hoher Belastung übernimmt die Jochstreuinduktivität die Aufgabe der Saugdrossel. Jedoch liegt diese Belastung ziemlich hoch und wird nur mit erheblichem Spannungsabfall erreicht. Daher ist dieser Arbeitsbereich praktisch nicht verwendbar.

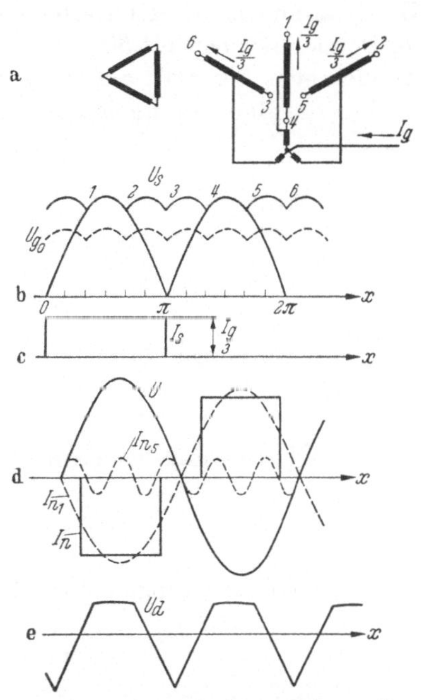


Abb. 66a—e. Sechsphasenschaltung mit dreiphasiger Saugdrossel.
a) Wicklungsdiagramm; b) Sekundärspannung $U_s$ und Gleichspannung $U_{g0}$; c) Sekundärstrom $I_s$; d) Netzspannung $U$, Netzstrom $I_n$, Grundwelle $I_{n1}$, 5. Oberwelle $I_{n5}$; e) Saugdrosselspannung $U_d$

Wenn man die Saugdrossel dreiphasig ausführt, kommt man zu einer Schaltung nach Abb. 66 (*sechsphasige Drittelungsschaltung*) (Kurzzeichen jetzt 6 — M 6/30), wobei drei zweiphasige Systeme zusammen arbeiten. Primär ist Dreieckschaltung notwendig. Jede Anode brennt während 180°. Es arbeiten stets drei Anoden gemeinsam. Die Saugdrossel hat die Anodenspannung entsprechend umzubilden. Die Gleichspannung ist stets der Mittelwert von drei benachbarten Sekundärspannungen des Transformators. Der Effektivwert der Saugdrosselspannung (Frequenz der Grundwelle $2f$) beträgt:

$$U_d = 0{,}429\, U_s \quad \text{bei} \quad \cos\alpha = 1\,, \quad u = 0\,. \tag{152}$$

Die Leistung der Saugdrossel ist:

$$P_d = 0{,}238\, P_{g0} \quad \text{bei} \quad 100\,\text{Hz}\,.$$

Zum Ausgleich der Gleichstrom-AW wird die Drossel im Zickzack geschaltet, also ergibt sich

$$P_d = \frac{2}{\sqrt{3}}\, 0{,}238\, P_{g0} = 0{,}275\, P_{g0}\,. \tag{153}$$

Dieser Wert gilt auch für 50 Hz und halbe Induktion.

Der kritische Strom für den Beginn des dreianodigen Betriebs errechnet sich aus der Gleichung:

$$I_{g\,kr} = 3\sqrt{2}\, I_m = 4{,}23\, I_m\,. \tag{154}$$

Der Spannungsanstieg unterhalb der kritischen Last, wo nur eine Anode im Betrieb ist, beträgt 50%, ist also recht hoch. Die Brenndauer der Anoden geht von 180° auf 60° zurück.

Für die Berechnung gelten folgende Beziehungen:

$$q = 2\,, \qquad g = 3$$

Ströme $$I_s = \frac{I_g}{3\sqrt{2}} = 0{,}236\, I_g\,, \tag{155}$$

$$I_p = \frac{1}{z}\frac{I_g}{3} = 0{,}333\, I_g \frac{1}{z}\,, \tag{156}$$

Spannungen $$\left.\begin{aligned} U_s &= \frac{1}{\sqrt{2}}\frac{\pi}{2}\, U_{g0} = 1{,}11\, U_{g0}\,, \\ U_p &= z\, U_s\,. \end{aligned}\right\} \tag{157}$$

Übersetzungsverhältnis der Ströme

$$z_i = \frac{1}{\sqrt{2}}\, z = 0{,}707\, z\,,$$

Scheinleistungen sekundär $$P_s = \frac{\pi}{2}\, P_{g0} = 1{,}57\, P_{g0}\,, \tag{158}$$

primär $$P_p = \frac{\pi}{2\sqrt{2}}\, P_{g0} = 1{,}11\, P_{g0}\,, \tag{159}$$

mittlere Typenleistung $$P_m = 1{,}34\, P_{g0}\,. \tag{160}$$

Der Netzstrom nach Abb. 66, d, hat den Effektivwert

$$\left.\begin{aligned} I_n &= \frac{1}{z}\frac{1}{\sqrt{3}}\, I_g = \frac{1}{z}\, 0{,}577\, I_g\,, \\ \text{seine Grundwelle ist} \quad I_{n1} &= \frac{1}{z}\, 0{,}55\, I_g\,. \end{aligned}\right\} \tag{161}$$

### h) Zwölfphasenschaltungen

**Allgemeines.** Wenn schon bei sechs Phasen ein mehranodiger Betrieb erhebliche Vorteile bringt, so wird eine solche Arbeitsweise bei zwölf Phasen zur Notwendigkeit. Wollte man den Transformator nach einer Grundschaltung ausführen, so ergäbe sich eine äußerst schlechte Ausnutzung der Wicklung. Die Brenndauer wäre nur 30°. Durch die spannungsmäßig bessere Ausnutzung ($U_{g0} = 1{,}4\ U_s$) wird dies längst nicht ausgeglichen. Die primäre Scheinleistung würde zwar nur etwa gleich der Gleichstrom-Bruttoleistung sein; dafür ergäbe sich sekundär eine Scheinleistung von 2,48 $P_{g0}$, so daß die mittlere Typenleistung 1,74 $P_{g0}$ erreicht. Außerdem wird der induktive Spannungsabfall wegen der großen Zahl von Kommutierungen mit vollem Strom in einer Periode unerträglich hoch. Die Spannungsabfallziffer $z_e$ wäre 2,9 gegenüber 0,6 bis 0,7 für die sechsphasige Gabelschaltung und nur 0,5 für die Saugdrosselschaltung (vgl. Zahlentafel 6, S. 41).

Daher wurden für zwölf Phasen Schaltungen mit verlängerter Anodenbrenndauer und mehrfacher Anodenbeteiligung entwickelt. Bei Verwendung eines einzigen Transformators benötigt man eine mehrphasige Saugdrossel. Man kann aber auch ohne sie mehranodigen Betrieb erzwingen, wenn man zwei Teiltransformatoren in Kaskade benutzt. Bei der Beurteilung einer höherphasigen Schaltung ist auch zu untersuchen, ob das gewünschte Mehrphasensystem nicht nur bei Leerlauf einen symmetrischen Aufbau zeigt. Manche Schaltungen lassen bei Belastung Unsymmetrien auftreten. Die Anoden der einzelnen Teilsysteme können sich durch die Kommutierung gegenseitig beeinflussen. Damit entsteht aber wieder teilweise eine sechspulsige Welligkeit. Schließlich können sogar verschiedene Phasenspannungen zusammenfallen, so daß der Stromrichter nur mit geringerer Pulszahl arbeitet. Es ist oft nicht leicht, die einzelnen Wicklungszweige mit gleicher Streuung auszuführen. Wichtig ist auch ein kurzschlußsicherer Aufbau der Wicklung, was bei komplizierten Schaltungen nur schwer zu erreichen ist.

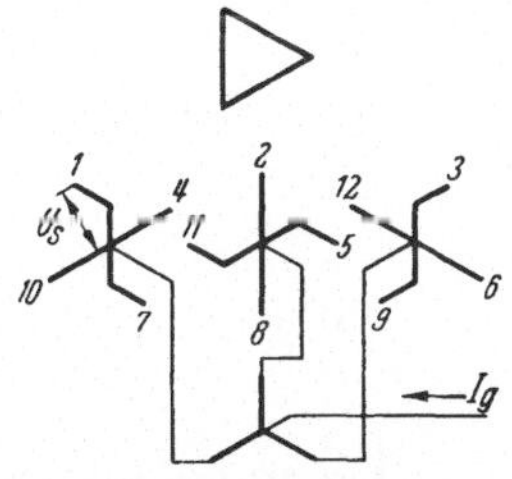

Abb. 67. Zwölfphasenschaltung mit 3 × 4 Phasen und dreiphasiger Saugdrossel

Von den zahlreichen Schaltungen für zwölf Phasen sollen nachstehend nur einige der wichtigsten, die häufiger zur Anwendung gekommen sind, besprochen werden.

**Schaltungen mit Einzeltransformator.** Für dreianodigen Betrieb werden drei vierphasige Systeme gegeneinander um 30° versetzt. Wie Abb. 67 zeigt, werden die vierphasigen Systeme aus den drei Grundvektoren mit Durchmesser- und Zickzackschaltung gebildet. Ihre Sternpunkte sind an eine dreiphasige Saugdrossel angeschlossen. Der Sternpunkt dieser Saugdrossel ist dann der Minuspol der Gleichrichterspannung. Die Primärseite muß im Dreieck geschaltet sein, weil die drei Schenkel des Haupttransformators sekundär nicht gleichmäßig belastet sind.

Die Brenndauer einer Anode ist 90°. Die von der Saugdrossel aufzubringende Spannung hat eine Grundfrequenz von $4\,f$. Der Effektivwert der Saugdrossel-Ersatzspannung ist:

$$U_d = 0{,}123\,U_s \quad \text{bei} \quad \cos\alpha = 1\,, \quad u = 0\,. \tag{162}$$

Ihre Leistung bei der Frequenz $4\,f$ ist $0{,}048\,P_{g0}$.

Der Spannungsanstieg bei Entlastung beträgt unterhalb des kritischen Stroms 10%. Der kritische Strom ist gegeben durch die Beziehung

$$I_{gkr} = 3\sqrt{2}\,I_m = 4{,}23\,I_m\,. \tag{163}$$

Für die Berechnung gelten folgende Gleichungen:

$$q = 4\,, \qquad g = 3$$

Ströme
$$I_s = \frac{I_g}{3}\frac{1}{\sqrt{4}} = \frac{I_g}{6} = 0{,}167\,I_g\,, \tag{164}$$

$$I_p = \frac{1}{z}\,0{,}437\,I_g\,, \tag{165}$$

Spannungen
$$\left.\begin{aligned} U_s &= \frac{\pi}{4\sqrt{2}}\,\frac{1}{\sin\frac{\pi}{4}}\,U_{g0} = 0{,}787\,U_{g0}\,,\\ U_p &= z\,U_s\,, \end{aligned}\right\} \tag{166}$$

Übersetzungsverhältnis der Ströme

$$z_i = 0{,}38\,z\,,$$

Scheinleistungen
$$P_s = 12\,\frac{I_g}{6}\,0{,}787\,U_{g0}\,\frac{1+\frac{2}{\sqrt{3}}}{2} = 1{,}69\,P_{g0}\,, \tag{167}$$

$$P_p = 1{,}03\,P_{g0}\,, \tag{168}$$

mittlere Typenleistung

$$P_m = 1{,}36\,P_{g0}\,, \tag{169}$$

hierzu kommt noch die Leistung der Saugdrossel.

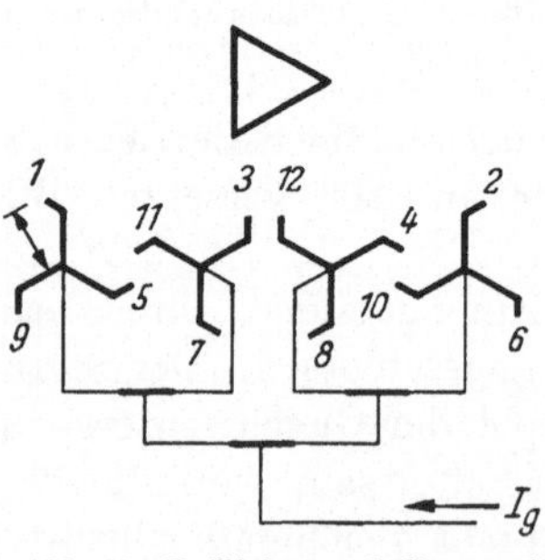


Abb. 68. Zwölfphasenschaltung mit 4×3 Phasen und 3 Saugdrosseln

Für vieranodigen Betrieb werden vier dreiphasige Systeme gebildet (Abb. 68). Ihre Sternpunkte werden über zwei innere Saugdrosseln für 150 Hz und eine äußere Saugdrossel für 300 Hz verbunden. Die Brenndauer jeder Anode ist 120°. Der Gleichstrom verteilt sich gleichmäßig auf die vier gleichzeitig brennenden Anoden. Die Sekundärseite erhält verkürzte Zickzackwicklungen. Bezeichnet man wieder mit $U_s$ die sekundäre Phasenspannung, so betragen die Teilspannungen dieser Zickzackwicklungen 0,3 $U_s$ und 0,815 $U_s$. Die Primärseite kann in Stern oder Dreieck geschaltet sein.

Die Spannung der inneren Saugdrossel beträgt

$$U_{d_1} = 0{,}201\, U_s \quad \text{bei} \quad \cos\alpha = 1\,, \qquad u = 0\,; \tag{170}$$

ihre Grundfrequenz ist 150 Hz, ihre Leistung

$$\left.\begin{aligned} &P_{d_{50}} = 0{,}0287\, P_{g0}\,, \quad \text{bezogen auf 50 Hz}\,. \\ &\text{Für die äußere Drossel gilt:} \\ &U_{d_2} = 0{,}046\, U_s\,, \\ &P_{d_{50}} = 0{,}0065\, P_{g0}\,. \end{aligned}\right\} \tag{171}$$

Der kritische Gleichstrom wird durch die äußere Saugdrossel bestimmt und ergibt sich aus der Beziehung:

$$I_{gkr} = 2\sqrt{2}\, I_m = 2{,}83\, I_m\,. \tag{172}$$

Bei Entlastung hat man unterhalb der kritischen Last einen Spannungsanstieg von 20%.

Zur Berechnung dienen folgende Gleichungen:

$$q = 3, \qquad g = 4$$

Ströme
$$I_s = \frac{I_g}{4\sqrt{3}} = 0{,}145\, I_g\,, \tag{173}$$

$$I_p = 0{,}394\, \frac{1}{z}\, I_g\,, \tag{174}$$

Spannungen
$$\left.\begin{aligned} &U_s = \sqrt{\frac{2}{3}}\,\frac{\pi}{3}\, U_{g0} = 0{,}855\, U_{g0}\,, \\ &U_p = z\, U_s\,, \end{aligned}\right\} \tag{175}$$

Übersetzungsverhältnis der Ströme

$$z_i = z \cdot 0{,}367\,,$$

Scheinleistungen

$$P_s = 1{,}65\, P_{g0}\,, \tag{176}$$

$$P_p = 1{,}01\, P_{g0}\,, \tag{177}$$

mittlere Typenleistung

$$P_m = 1{,}33\, P_{g0}\,. \tag{178}$$

hierzu kommt noch die Leistung der Saugdrossel.

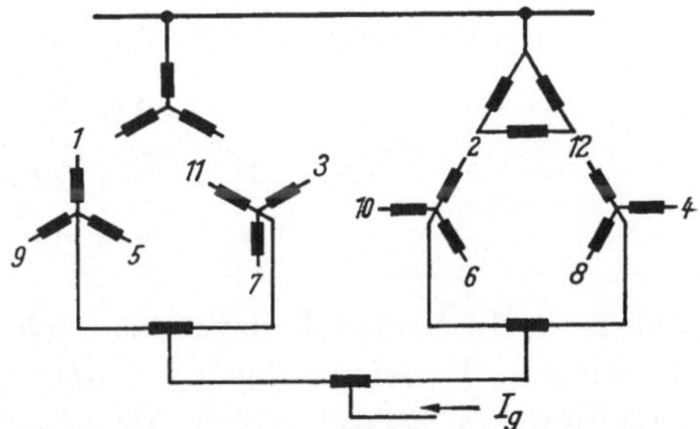


Abb. 69. Zwölfphasige Schaltung mit Doppeltransformator und 3 Saugdrosseln (F 2 + G 2 oder 7 — M 12/15)

**Schaltungen mit Doppeltransformator** (Kurzzeichen F 2 + G 2 oder 7 — M 12/15). Das System besteht aus 2 Teiltransformatoren. Der eine hat primär Sternschaltung, der andere primär Dreieck. Jeder Teiltransformator ist 6-phasig mit Saugdrossel (Abb. 69). Zur Lastverteilung ist zwischen ihre Mittelpunkte eine dritte Saugdrossel geschaltet. Es gilt:

$$U_s = 0{,}855\ U_{g0}\,, \tag{179}$$

bei Transformator A (primär Stern) $U_p = \frac{U_n}{\sqrt{3}}$, Übersetzungsverhältnis $z_a$

bei Transformator B (primär Dreieck) $U_p = U_n$. Übersetzungsverhältnis $z_b = \sqrt{3}\ z_a$.

Dabei bedeutet $U_n$ die verkettete Netzspannung.

Zur Berechnung gelten weiter folgende Gleichungen:

Sekundärstrom $$I_s = \frac{1}{4}\frac{1}{\sqrt{3}} I_g = 0{,}145\ I_g\,, \tag{180}$$

Anodenstrom (Brenndauer 120°)

$$\overline{I}_a = \overline{I}_s = \frac{I_g}{4}\,, \text{ also Anodenbeteiligung } g = 4.$$

Primärstrom $$\left.\begin{aligned} I_p &= 0{,}204\ \frac{1}{z_a}\ I_g \text{ für Transformator A,} \\ &= 0{,}204\ \frac{1}{z_b}\ I_g \text{ für Transformator B.} \end{aligned}\right\} \tag{181}$$

gemeinsamer Netzstrom $I_n = 0{,}394\ I_g$, (Kurvenform siehe Abb. 92.)

Saugdrossel $$\begin{aligned} U_{d_1} &= 0{,}2\ U_s \quad \text{(innen)}, \\ U_{d_2} &= 0{,}046\ U_s \quad \text{(außen)}, \\ P_{d_{50}} &= 0{,}029 \quad \text{bzw.} \quad 0{,}0065\ P_{g0}\,. \end{aligned} \tag{182}$$

Scheinleistungen für die 2 Teiltransformatoren zusammen:

$$\begin{aligned} P_s &= 2 \times 0{,}74\ P_{g0}\,, \\ P_p &= 2 \times 0{,}53\ P_{g0}\,, \\ P_m &= 2 \times 0{,}63\ P_{g0}\,. \end{aligned} \tag{183}$$

Man kann die beiden Teilsysteme auch zu einem einzigen Transformator vereinigen. Dabei werden zwei magnetische Dreischenkelsysteme mit gemeinsamem Zwischenjoch übereinander in einen einzigen Ölkessel gesetzt. Das Zwischenjoch ist für 52% des Schenkelflusses auszulegen, da die magnetischen Flüsse der Teilsysteme gegeneinander um 30° versetzt sind.

Infolge des einfachen übersichtlichen Aufbaus und der sicheren Beherrschung der Streuspannungen wird diese Schaltung mit Doppeltransformator häufig angewendet.

### i) Höherphasige Schaltungen

Als Grundelement für Systeme höherer Pulszahl als zwölf wird allgemein die sechs- und zwölfphasige Schaltung benutzt. Die einzelnen Gruppen werden gegeneinander in bestimmter Weise in der Phase verschoben. Hierzu kann man auf der Primärseite verkürzte Zickzackwicklungen verwenden. Dies bedingt aber einen schwierigeren Aufbau der Transformatoren. Außerdem sind sie dann nicht mehr untereinander gleich, was den gegenseitigen Austausch behindert. Man zieht es daher

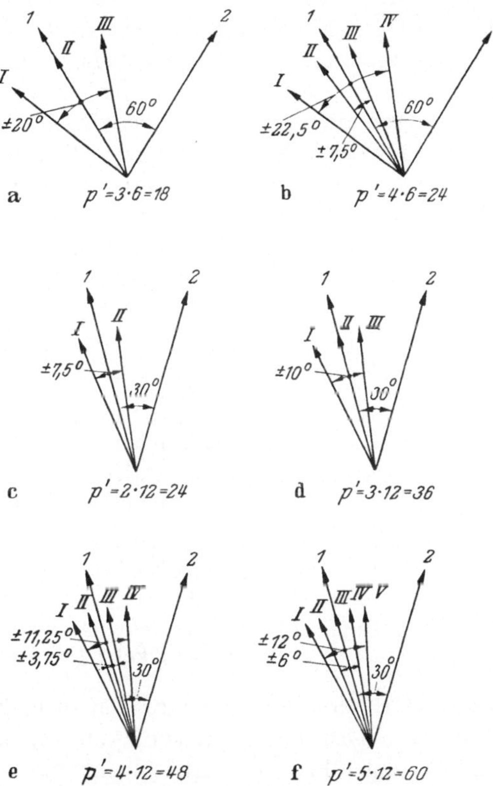


Abb. 70a—f. Bildung von höheren Pulszahlen durch Schwenktransformatoren. Sechsphasige Gruppen: a) $p' = 3 \cdot 6 = 18$; b) $p' = 4 \cdot 6 = 24$. Zwölfphasige Gruppen: c) $p' = 2 \cdot 12 = 24$; d) $p' = 3 \cdot 12 = 36$; e) $p' = 4 \cdot 12 = 48$; f) $p' = 5 \cdot 12 = 60$. 1, 2 Spannungsvektoren einer Gruppe ohne Phasenschwenkung; I, II, ... V Spannungsvektoren von Phase 1 der verschiedenen Gruppen

meist vor, die Phasenverschiebung durch vorgeschaltete Spartransformatoren, sog. Schwenk- oder Quertransformatoren, auszuführen.

Den erforderlichen Schwenkwinkel erkennt man sofort aus dem Vektordiagramm der Spannungen für die Stromrichtergruppen und für die Gesamtanlage. Ein Beispiel mag dies näher erläutern (Abb. 70, b). Vier sechsphasige Gruppen sollen zusammen 24pulsig arbeiten. Der Winkel zwischen den Phasen der einzelnen Gruppe, z. B. Phase 1 und 2, ist 60°, bei 24 Phasen aber hat man zwischen zwei benachbarten Phasen nur 15°. Es sind also auf der Primärseite vier Spannungsvektoren derart gegeneinander zu verdrehen, daß jeweils ein Winkelabstand von 15° bleibt. Selbstverständlich wird man die Schwenkung symmetrisch ausführen. Es ergeben sich für die vier Gruppen I, II, III und IV folgende Schwenkwinkel: $\Delta\alpha = +22{,}5°, +7{,}5°, -7{,}5°, -22{,}5°$ gegenüber der ursprünglichen Lage von Vektor 1. Bei einer ungeraden Zahl von Gruppen bleibt die Phasenlage *einer* Gruppe unverändert. Wenn z. B. drei sechsphasige Gruppen zusammen 18phasig arbeiten sollen (Abb. 70, a) so sind die Schwenkwinkel +20°, 0°, —20°. Bei der mitteren Gruppe ist also kein Schwenktransformator vorzuschalten. Damit aber hier der gleiche Spannungsabfall auftritt wie bei den beiden anderen Gruppen, ist eine Ersatzdrossel einzubauen. Bei ungleichen Reaktanzen würde sonst das vielphasige System bei Belastung nicht ganz symmetrisch bleiben.

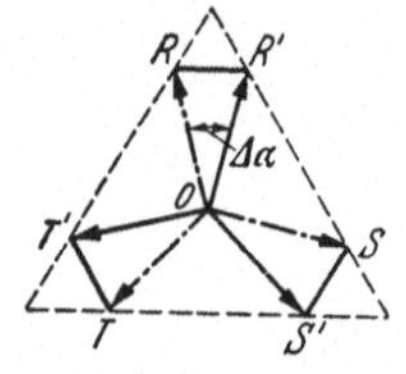


Abb. 71. Spannungsdiagramm eines Schwenktransformators. *R S T* Netzanschlüsse, *R' S' T'* Anschlüsse des Gleichrichtertransformators, $\Delta\alpha$ Schwenkwinkel

Mit zwölfphasigen Gruppen lassen sich folgende höherpulsige Systeme aufbauen (Abb. 70, c—f):

2 Gruppen zusammen 24 pulsig, Phasenwinkel 15°,
Schwenkwinkel +7,5°, —7,5°.

3 Gruppen zusammen 36 pulsig, Phasenwinkel 10°,
Schwenkwinkel +10°, 0°, —10°.

4 Gruppen zusammen 48 pulsig, Phasenwinkel 7,5°,
Schwenkwinkel +11,25°, +3,75°, —3,75°, —11,25°.

5 Gruppen zusammen 60 pulsig, Phasenwinkel 6°,
Schwenkwinkel +12°, +6°, 0°, —6°, —12°

Der Schwenktransformator wird am einfachsten in Zickzack-Ring-Schaltung (Dreieck mit abgestumpften Ecken, Abb. 71) ausgeführt. Das Netz wird bei *R S T* zugeführt. Der Gleichrichtertransformator wird an *R' S' T'* angeschlossen. Es wird also der Netzphasenspannung *RO* ein Spannungsvektor *RR'* hinzugefügt. Dem entspricht die Eigenleistung des Schwenktransformators. Auf einem Schenkel liegen zwei Wicklungsstränge, z. B.

$$RR' = 2\,RO \sin\frac{\Delta\alpha}{2} \quad \text{und} \quad TS' = 2\,RO \sin\left(\frac{\pi}{3} - \frac{\Delta\alpha}{2}\right).$$

Zur Berechnung der Wicklungen ist die Primärstromkurve des angeschlossenen Gleichrichtertransformators zugrunde zu legen.

Die Schwenktransformatoren werden am besten gekennzeichnet durch das Schaltzeichen ihrer Wicklung und den Schwenkwinkel, also z. B. $D/7{,}5$ für Dreieck und 7,5° Schwenkwinkel.

Zwischen solchen Teilsystemen für höherpulsigen Gesamtbetrieb bestehen natürlich Spannungsunterschiede auf der Gleichstromseite entsprechend der gegenseitigen Verschiebung ihrer Oberwellen. Soweit vorhandene Streureaktanzen im Transformator nicht ausreichen, müssen die Ausgleichsströme durch Drosseln begrenzt werden.

Auf der Primärseite stimmt der gewünschte Oberwellenausgleich auch nur dann, wenn die Teilsysteme mit gleichem Zündwinkel (Aussteuerung), gleicher Überlappung (Streuspannung, Belastung) und gleichem Strom arbeiten, sowie wenn die Netzspannung nicht bereits Oberwellen gleicher Ordnungszahl aufweist.

Bei den bisher beschriebenen Schaltungen wurde ein höherpulsiger Betrieb aus einzelnen Gruppen geringerer Pulszahl in Parallelschaltung erreicht. Bei hoher Gleichspannung kann aber statt dessen eine Reihenschaltung günstiger sein. In Abb. 72 sind einige Beispiele mit 2- und 3anodigen Gefäßen gezeigt. Zunächst a) und b) für 6pulsigen Betrieb, weiter c) für 12pulsigen Betrieb. Saugdrosseln werden dabei nicht benötigt.

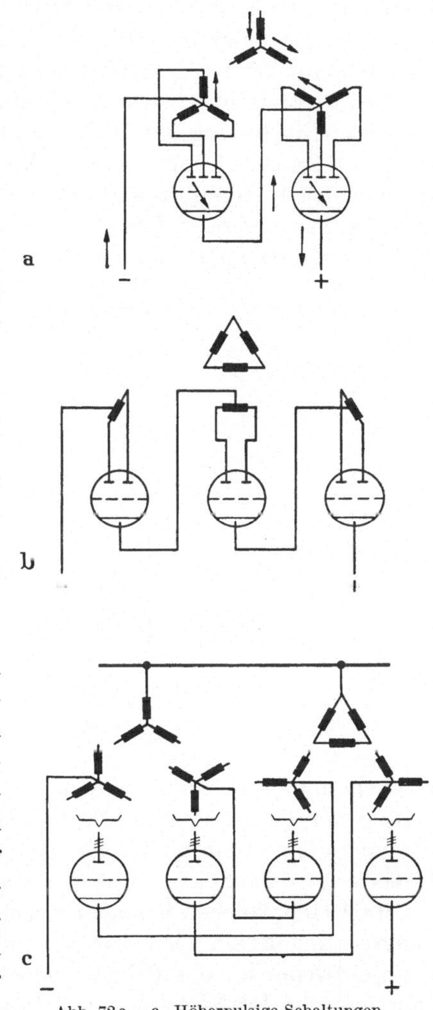


Abb. 72 a—c. Höherpulsige Schaltungen durch Reihenschaltung.
*a*) 2 × 3 Phasen = 6pulsig; *b*) 3 × 2 Phasen = 6pulsig; *c*) 4 × 3 Phasen = 12pulsig

## 6. Spannungssteuerung

Ein Gleichrichter hat ein festes Verhältnis zwischen primärer Wechselspannung und Gleichspannung und verhält sich in dieser Weise ähnlich wie ein Einankerumformer. Dies ist aus der oben abgeleiteten Grundgleichung für die Spannungsbildung (Gl. (3) s. S. 25) zu ersehen. Danach sind für das Übersetzungsverhältnis maßgebend das Windungsverhältnis des Transformators und die Phasenzahl (Pulszahl). Es wurde bereits erläutert, wie man mit Hilfe der Gittersteuerung in diese Spannungsbildung eingreifen und damit die gelieferte Gleichspannung einstellen kann. Eine andere Art der Steuerung besteht in einer Veränderung der den Stromrichtventilen zugeführten Wechselspannung.

Diese Einstellung der Wechselspannung ist auf verschiedene Weise möglich. Zunächst kann man die Spannung der Primärseite verändern, wozu man bei Anschluß an ein allgemeines Drehstromnetz ein entsprechendes Zusatzgerät vorzuschalten hat. Ein Drehtransformator (Drehregler) auf der Primärseite ergibt eine stufenlose Einstellung, ist aber nur für eine begrenzte Leistung wirtschaftlich und nur schwer kurzschlußfest zu bauen (Abb. 73, a). Bei größeren Leistungen, zumal mit

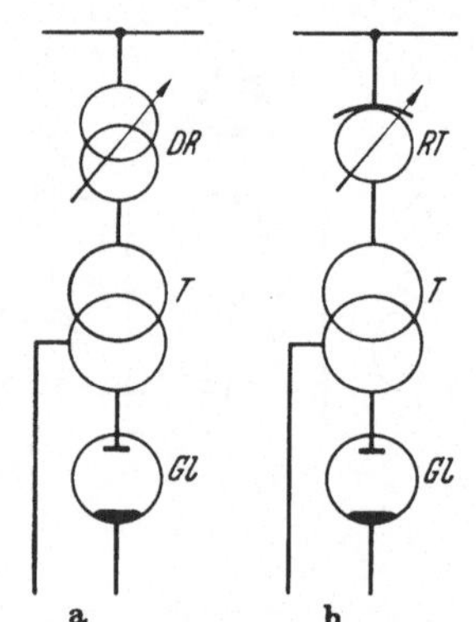


Abb. 73 a u. b. Primärspannungssteuerung einer Gleichrichteranlage.
a) mit Drehregler *DR*; b) mit Regeltransformator *RT*

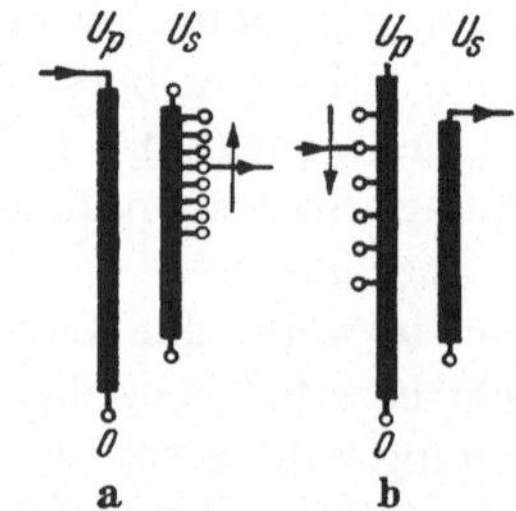


Abb. 74 a u. b. Stufeneinstellung am Gleichrichter-Transformator, einphasig dargestellt.
a) sekundär (anodenseitig), b) primär (netzseitig)
$U_p$ Primärspannung, $U_s$ Sekundärspannung

Hochspannungsanschluß, wird ein Stufentransformator (Regeltransformator) vorgeschaltet (Abb. 73, b). Je nach Spannung und Stellbereich wird er mit getrennten Wicklungen oder in Sparschaltung ausgeführt. Dabei erfolgt die Spannungsänderung fast stets in Stufen.

Statt einer solchen Primärsteuerung kann man die stufenweise Spannungsänderung am Gleichrichtertransformator selbst anbringen, und zwar entweder an der Primär- oder an der Sekundärwicklung. Wenn man auf der Primärseite durch Stufen die gelieferte Gleichspannung herabsteuern will, so ist dazu eine Vergrößerung der Windungszahl notwendig. Damit ergibt sich aber auch eine größere Typenleistung des Transformators, so daß man sich mit diesem Verfahren meist auf einen geringen Stellbereich beschränken muß (Abb. 74, b). Es erscheint daher günstiger, die Stufen auf die Sekundärseite zu legen (Abb. 74, a). Dann führt aber der Stufenschalter den meist verhältnismäßig hohen Anodenstrom. Außerdem wird die Sekundärwicklung oft mit größerer Phasenzahl ausgeführt. Man kann sich hier durch eine indirekte Steuerung helfen. In die Anodenzuleitungen wird ein Zusatzumspanner (*ZT* in Abb. 75, c) gelegt. Er wird von einem besonderen Regeltransformator mit einstellbarer Spannung gespeist. Dieser Regeltransformator ist nur für den Stellbereich zu bemessen. Das Übersetzungsverhältnis des Zusatzumspanners wird so gewählt, daß der Strom über den Stufenschalter des Regeltransformators den für diesen zulässigen Wert nicht überschreitet. Wie sich Blindleistung und Wicklungsverluste bei primärer und sekundärer Stufeneinstellung verhalten, wird in den späteren Abschnitten näher erläutert werden.

Die Stufeneinstellung kann sekundär an den Phasenenden oder im Nullpunkt angreifen. Es ist aber zu beachten, daß sich in beiden Fällen bei Zickzack- und Gabelschaltungen eine Veränderung der Phasenlage

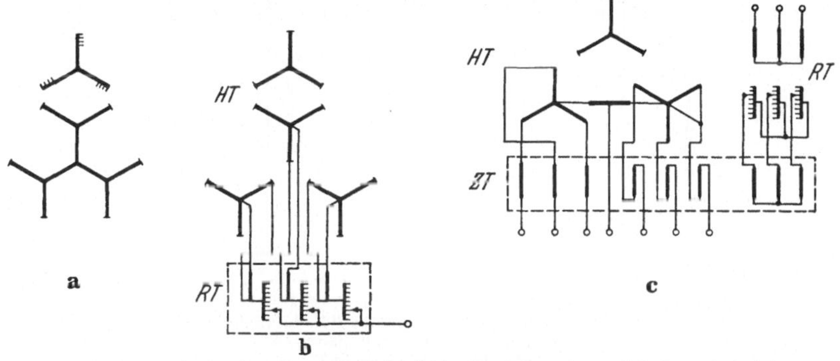


Abb. 75 a — c. Stufeneinstellung an Gleichrichter-Transformatoren, Schaltungsbeispiele. a) primär an den Phasenenden, b) sekundär im Nullpunkt mit Regeltransformator, c) sekundär mit Zusatztransformator, *HT* Haupttransformator, *RT* Regeltransformator (Stufentransformator), *ZT* Zusatztransformator

ergibt. Die sechsphasige Gabelschaltung erfährt dadurch eine Störung der Symmetrie des sechsphasigen Spannungssystems (vgl. Abb. 75, b). Man darf daher bei dieser Schaltung die Stufensteuerung sekundär nur in einem geringen Bereich anwenden. Auf der Primärseite (Abb. 75, a) wird natürlich die Symmetrie der Spannungen nicht gestört.

Die Umschaltung der Stufen soll meist unter Last, also ohne Unterbrechung des Betriebes erfolgen. Eine lastlose Steuerung genügt nur zur seltenen Einstellung der Spannung. Wird aber unter Last gesteuert, so sind besondere Überschaltgeräte notwendig, da vorübergehend zwei Anzapfungen verschiedenen Potentials miteinander verbunden werden müssen. Zur Begrenzung des dabei auftretenden Kurzschlußstroms verwendet man Drosselspulen oder Überschaltwiderstände. Für kleinere Leistungen kommt man mit einem einfachen Lastumschalter aus, der ähnlich wie ein Zellenschalter mit einem Vorkontakt und Überschaltwiderstand arbeitet (Abb. 76, a). Für größere Leistungen wird der Transformator mit einem Laststeller [7] ausgerüstet. Dabei ist der Schaltvorgang aufgeteilt auf einen Stufenwähler, mit dem die Spannungsstufe zunächst lastlos eingestellt wird, und auf den eigentlichen Lastschalter, der die Schnellumschaltung des Laststroms auf die neue Stufe ausführt. Abb. 76, b, zeigt schematisch die Ausführung eines solchen Laststellers mit Überschaltwiderständen. Bei Verwendung eines Spannungsteilers (Überschaltdrossel) ergibt sich das grundsätzliche Schaltbild 76, c. Auf weitere Einzelheiten von Konstruktion und Wirkungsweise kann hier nicht eingegangen werden.

Durch die Bauweise des Stufenschalters ist eine bestimmte höchste Stufenleistung gegeben, sofern unter Last umgeschaltet wird. Daraus

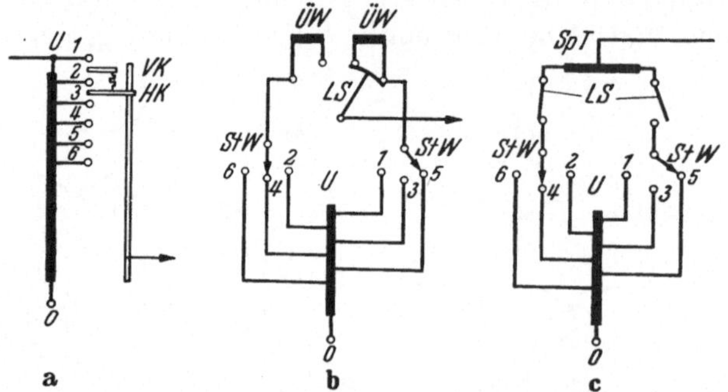


Abb. 76a—c. Ausführung der Stufenumschaltung unter Last (einphasig dargestellt). a) Lastumschalter mit Vorkontakt *VK* und Hauptkontakt *HK*, b) Lastschalter *LS* mit Stufenwähler *StW* und Überschaltwiderständen *ÜW*, c) Lastschalter *LS* mit Stufenwähler *StW* und Spannungsteiler *SpT*

ergibt sich die mindestens erforderliche Stufenzahl für einen bestimmten Stellbereich nach der Gleichung:

$$n_{st} = S\,\frac{P_{sch}}{P_{stz}}\,\frac{1}{100}. \qquad (184)$$

Darin bedeuten $S$ den prozentualen Stellbereich, $P_{sch}$ die primäre Scheinleistung des Gleichrichters bei Nennlast, $P_{stz}$ die höchste zulässige Stufenleistung des Stufenschalters. Hierbei ist für den Stellbereich konstanter Belastungsstrom angenommen.

Der Stufenschalter läßt sich konstruktiv nur für eine begrenzte Stufenzahl ausführen. Um noch mehr Stufen zu erhalten, kann man verschiedene Hilfsmittel anwenden, z.B. Unterteilung der Stufenschaltung in Grob- und Feinstufenwähler, Spannungsteiler mit Anzapfungen, Umschalten des Steuersinns der Regelwicklung (Zu- und Gegenschaltung) oder abwechselnde Einzelverstellung in den drei Primärphasen (*ABC*-Schaltung).

Eine grobstufige Verstellung kann man schon durch Umschalten der Transformatorwicklung bekommen, z.B. von Dreieck auf Stern oder durch Reihen-Parallel-Umschaltung von Wicklungssträngen. Damit läßt sich die höchste Stufenzahl des Umschalters auch auf verschiedene Bereiche mehrfach anwenden.

Im Alleinbetrieb eines Gleichrichters führt die Stufenverstellung zu plötzlichen Spannungsänderungen. Bei einer Spannungserhöhung ergeben sich Laststöße, die ein bestimmtes Maß nicht überschreiten dürfen. Im Parallelbetrieb wirkt die Stufenverstellung als Steuerung der Lastverteilung. Auch hier ist darauf zu achten, daß der Gleichrichter dabei nicht überbeansprucht wird.

Mit *steuerbaren Drosselspulen* (Transduktoren) kann man die Gleichspannung von Halbleitergleichrichtern verstellen. Meist wird hierfür eine Schaltung als sogenannter spannungssteuernder Transduktor ver-

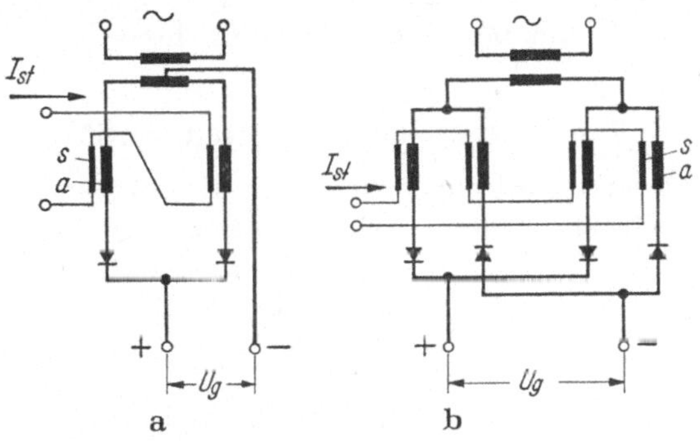


Abb. 77 a u. b. Steuerung mit Transduktoren.
a) Mittelpunktschaltung ($M$); b) Brückenschaltung ($B$);
$I_{st}$ = Steuerstrom; $U_g$ = Gleichspannung; $a$ = Arbeitswicklung; $s$ = Steuerwicklung

wendet. Die Gleichspannung wird durch den Steuerstrom in der Steuerwicklung bestimmt (Abb. 77). Die Steuerkennlinie ist wie bei der Sinusformsteuerung von Entladungsgefäßen nicht geradlinig, kann aber mit einer Regeleinrichtung linearisiert werden. Der Laststrom muß jedoch über einem unteren Grenzwert von rd. 3—5% des Nennstromes liegen. Wie bei der Gittersteuerung von Entladungsgefäßen (S. 111) verschlechtert sich auch hier der Leistungsfaktor etwa proportional der Aussteuerung. Bei voller Spannung ist er durch den induktiven Spannungsabfall der Drosseln verringert und dadurch niedriger als ohne Transduktorsteuerung. Zur Zeit werden solche Leistungstransduktoren ausgeführt bis zu etwa 200 kW.

Die Wirkungsweise der Spannungseinstellung durch *Gittersteuerung* ist oben bereits ausführlich erläutert worden (S. 26, 30). Es sei hier noch hervorgehoben, daß bei einer Abwärtssteuerung der Leistungsfaktor fast proportional zurückgeht. Außerdem nimmt die Welligkeit auf der Gleichstromseite zu. Die Beanspruchung des Entladungsgefäßes wird erheblich verschärft, indem die Sprungspannung zu hohen Werten ansteigt. Man kann daher die an sich so bequem erscheinende Gittersteuerung nicht kritiklos in beliebigem Umfang anwenden. Vielmehr hat man die Bedingungen der vorliegenden Anlage sorgfältig zu prüfen um festzustellen, wieweit spannungslos oder unter Last, stetig oder mit Stufen, dauernd oder kurzzeitig und schließlich bei welchem Belastungsverlauf geregelt werden muß. Zum gelegentlichen, kurzzeitigen Hochfahren eines Netzes genügt die Gittersteuerung. Ebenso verwendet man ihre stufenlose Arbeitsweise für das Anfahren von Elektrolysen und von Gleichstromantrieben. Die ungünstigen Eigenschaften der Gittersteuerung können mit verschiedenen Mitteln verbessert werden. Darauf wie auch auf die Frage der zweckmäßigen Ausführung der Spannungssteuerung soll später noch näher eingegangen werden, vor allem im Abschnitt über die Anwendungen des Stromrichters.

## 7. Beanspruchung des Stromventils

Ein Gleichrichter wird allgemein durch die Angabe von Strom und Spannung der Gleichstromseite gekennzeichnet. Im Dauerbetrieb hat man eine bestimmte thermische Beanspruchung durch die inneren Verluste der Ventile. Sie werden bestimmt bei gegebener Konstruktion durch Schaltung und Belastungsstrom. Soweit scheint die Belastbarkeit durch die Wärmeabfuhr allein begrenzt. Eine nähere Untersuchung zeigt aber weiter, daß die **Beanspruchung eines Dampfentladungsgefäßes** vor allem bestimmt wird durch Größe und Verlauf des Anodenstroms, besonders durch seine Stromänderung während der Kommutierung, und durch die Sperrspannung außerhalb der Brennzeit, besonders durch die Sprungspannung beim Verlöschen des Anodenstroms.

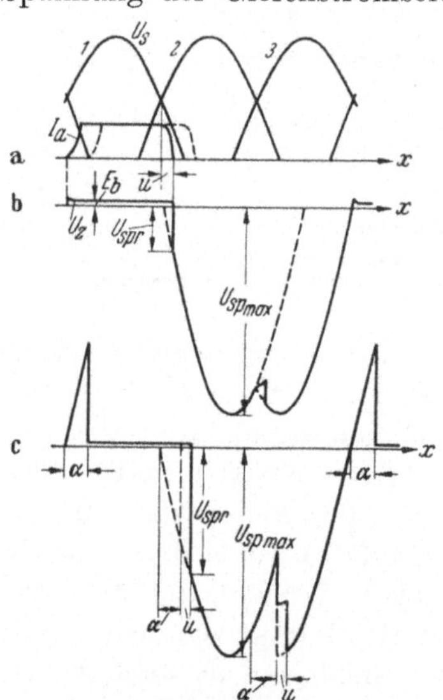


Abb. 78 a—c. Spannungsbeanspruchung eines Gleichrichters.

a) Sekundärspannung $U_s$, Anodenstrom $I_a$; b) Verlauf der Spannung Anode—Kathode, ohne Gittersteuerung $\cos\alpha = 1$, Überlappung $u \neq 0$; c) Verlauf der Spannung Anode—Kathode bei Gittersteuerung $\cos\alpha < 1$. $U_{spr}$ = Sprungspannung, $U_{sp_{max}} = \overline{U}_{sp}$ = Höchstwerte der Sperrspannung (für Anode 1)

Wir wollen zunächst die Spannungsbeanspruchung untersuchen. Der zeitliche Verlauf der Spannung an einem Stromventil zwischen Anode und Kathode ist in Abb. 78, b, dargestellt. Der Anodenstrom setzt mit der Zündspannung $U_z$ ein. Danach bleibt aber während der Brenndauer der Spannungsabfall auf dem Wert der Brennspannung $E_b$. Nach dem Erlöschen der Entladung tritt während der Sperrzeit die **Sperrspannung** auf, die vorzugsweise der normalen Stromrichtung entgegengerichtet, also negativ, ist. Abb. 79 zeigt schematisch einen mehrpulsigen Gleichrichter. Zur Zeit geht die Entladung über die Anode *3*. Die Anodenspannung an der unterdessen nicht arbeitenden Anode *1* (Sperrspannung) ist gleich der Gesamtspannung des gestrichelt eingezeichneten offenen Stromkreises zwischen Anode *1* und *3*. Vernachlässigt man den Spannungsabfall im Weg des Anodenstroms *3* (Transformatorwicklung, Anodendrossel und Lichtbogen), so ist die Sperrspannung einfach gleich der Differenz der beiden Sekundärspannungen *1* und *3* des Transformators, d.h. gleich der Kommutierungsspannung $U_k$ (siehe S. 38).

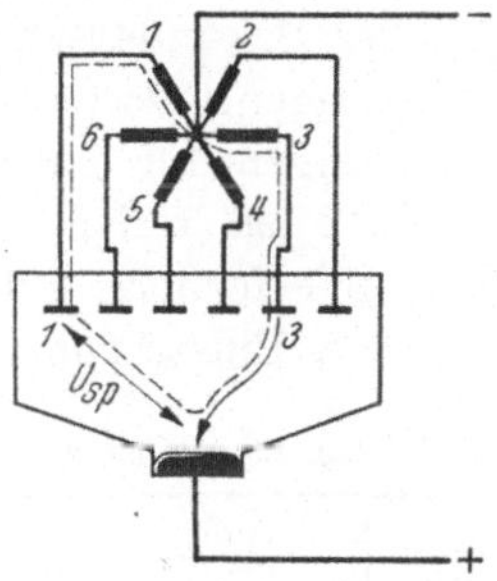

Am Verlauf der Sperrspannung interessieren besonders [75].

*a) Die Sprungspannung* $U_{spr}$, d. h. die Höhe des sprungartigen Einsatzes der Sperrspannung unmittelbar nach dem Verlöschen der Anode. Sie ist gegeben durch

$$U_{spr} = 2\sqrt{2}\,U_s \sin\frac{\pi}{p} \sin(\alpha + u) \quad \text{bei} \quad p \geqq 2\,,$$

$$= U_{g0}\frac{2\pi}{p} \sin(\alpha + u)\,. \tag{185}$$

Abb. 79. Erläuterung der Sperrspannung $U_{sp}$ an einem sechspulsigen Gleichrichter für Anode 1, während Anode 3 brennt.

Für eine bestimmte Gleichspannung [vgl. Gl. (3)] ist sie also um so niedriger, je höher die Pulszahl gewählt wird. Voraussetzung ist aber jedenfalls eine Verzögerung des Stromeinsatzes an der benachbarten Anode, sei es durch Überlappung oder durch Gittersteuerung.

*b) Der Höchstwert der Sperrspannung* $\overline{U}_{sp}$, dafür gilt allgemein

$$\overline{U}_{sp} = 2\sqrt{2}\,U_s\,,$$

jedoch nur für eine gerade Pulszahl.

Für die Einwegschaltung ist dagegen

$$\overline{U}_{sp} = \sqrt{2}\,U_s\,,$$

für dreiphasige Schaltungen

$$\overline{U}_{sp} = \sqrt{3}\,\sqrt{2}\,U_s = \sqrt{6}\,U_s\,. \tag{186}$$

Bei Brückenschaltungen ergeben sich dieselben Werte.

Man pflegt diese Zeitwerte der Sperrspannung in Beziehung zur Gleichspannung bei voller Aussteuerung zu setzen. Dann ergibt sich mit Gl. (3) für die Sprungspannung

$$\frac{U_{spr}}{U_{go}} = 2\,\frac{\pi}{p}\sin(\alpha + u)\,, \tag{187}$$

für den Höchstwert der Sperrspannung z.B. für $p =$ gerade Zahl:

$$\frac{\overline{U}_{sp}}{U_{go}} = \frac{2}{\frac{p}{\pi}\sin\frac{\pi}{p}}\,. \tag{188}$$

Bei Mittelpunktschaltungen mit einfacher Anodenbeteiligung ist danach der relative Wert der Sperrspannung nur von der Pulszahl und nicht von der Ausführung der Schaltung abhängig. Bei den Brückenschaltungen liegt die Sperrspannung nur an einer Ventilstrecke, nicht etwa an zwei Ventilen in Reihe. Jedoch ist die Gleichspannung bei gleicher Sekundärspannung doppelt so hoch wie bei den Mittelpunktschaltungen. Deshalb hat die relative Sperrspannung bei den Brückenschaltungen nur den halben Wert, obige Gleichungen sind für sie noch durch 2 zu teilen. Schaltungen mit mehrfacher Anodenbeteiligung ($g \geqq 2$) erfordern eine besondere Berechnung. Das Ergebnis für die üblichen Pulszahlen und Schaltungen zeigt Zahlentafel 8.

Zahlentafel 8. *Höchstwert der Sperrspannung $\overline{U}_{sp}$ bezogen auf die Gleichspannung*

| Puls-zahl | Schaltung | Schaltbild Abb. | $g$ | $\frac{\overline{U}_{sp}}{U_{g0}}$ |
|---|---|---|---|---|
| 1 | Einweg | 15 | 1 | $\pi = 3{,}14$ |
| 2 | Mittelpunkt | 16, 50 | 1 | $\pi = 3{,}14$ |
| | Brücke | 19, 53 | 1 | $\frac{\pi}{2} = 1{,}57$ |
| 3 | Mittelpunkt | 17, 55, 56, 57 | 1 | $\frac{2}{3}\pi = 2{,}09$ |
| 6 | ohne Saugdrossel | 59, 60 | 1 | $\frac{2}{3}\pi = 2{,}09$ |
| | mit Saugdrossel 2×3 Phasen | 61 | 2 | $\frac{2}{\sqrt{3}}\,\frac{2}{3}\pi = 2{,}42$ |
| | 3×2 Phasen | 66 | 3 | $\pi = 3{,}14$ |
| | Brücke | 20, 58 | 1 | $\frac{\pi}{3} = 1{,}05$ |
| 12 | 3×4 Phasen | 67 | 3 | $\frac{\pi}{\sqrt{2}} = 2{,}22$ |
| | 4×3 Phasen | 68 | 4 | $\frac{2}{\sqrt{3}}\,\frac{2}{3}\pi = 2{,}42$ |
| | 2×2×3 Phasen | 69 | 4 | $\frac{2}{\sqrt{3}}\,\frac{2}{3}\pi = 2{,}42$ |

Bei Gittersteuerung erstreckt sich der Verlauf der Sperrspannung infolge der Zündverzögerung bis in den Bereich positiver Werte (Abb. 78, *c*). Vor dem Wiederzünden der Anode ist also die Sperrspannung positiv. Dort ist der Höchstwert gleich der (negativen) Sprungspannung beim Verlöschen des Anodenstroms, wenn man die Überlappung vernachlässigt.

Auch am Steuergitter tritt eine Beanspruchung im Sinne einer Sperrspannung auf. Das Gitter vermag nur bis zu einer gewissen höchsten Anodenspannung die Zündung seiner Anode zu verhindern.

Der **Anodenstrom** ist ein Zeitabschnitt der Gleichstromkurve. Im Idealfall mit $X_k = \infty$ und $u = 0$ haben wir eine Rechteckkurve, deren zeitliche Länge gleich der Brenndauer ist: $\delta = \frac{2\pi}{p}$ (vgl. Abb. 17).

Der Höchstwert entspricht im Alleinbetrieb eines Gleichrichters seinem Gleichstrom $\bar{I}_a = I_g$. Für den Effektivwert hat man die einfache Beziehung:

$$I_a = \frac{I_g}{\sqrt{p}} . \tag{189}$$

Der Mittelwert ist $$I_{a_m} = \frac{I_g}{p} .$$

Bei $g$-facher Anodenbeteiligung ist dagegen die Brenndauer

$$\delta = g\,\frac{2\pi}{p} ,$$

der Höchstwert beträgt nur $\bar{I}_a = \frac{I_g}{g}$.

Dabei ist der Effektivwert gegeben durch

$$I_a = \frac{I_g}{g}\sqrt{\frac{g}{p}} = \frac{I_g}{\sqrt{g\,p}} .$$

Berücksichtigt man die Überlappung $u$, so wird die Brenndauer

$$\delta'' = g\,\frac{2\pi}{p} + u .$$

Der Effektivwert des Anodenstroms ergibt sich mit Hilfe der Korrekturfunktion $F(u)_i$ (s. Gl. (33), S. 47) aus der Gleichung:

$$I_a = \frac{I_g}{\sqrt{g\,p}}\sqrt{1 - p\,F(u)_i} . \tag{190}$$

Diese Beziehungen gelten sinngemäß auch für die Brückenschaltungen. Erwähnt sei noch, daß bei diesen Anodenstrom und Sekundärstrom nicht, wie sonst bei den Mittelpunktschaltungen, gleichwertig sind. Der Effektivwert des Sekundärstroms ist bei den Brückenschaltungen vielmehr $\sqrt{2}$ mal so groß wie der des Anodenstroms.

Während der Brenndauer der Anode wird die Beanspruchung bestimmt durch den Verlauf und den Höchstwert des Anodenstroms sowie durch die Brenndauer. Für die Kommutierung ist die Änderungsgeschwindigkeit des Anodenstroms maßgebend. Während der Sperrzeit hat man natürlich nur eine Spannungsbeanspruchung (Sperrspannung), die Entjonisierung dabei wird aber noch von dem Restwert des Anodenstroms vor der Kommutierung bestimmt. Der Höchstwert des Anodenstroms (Spitzenstrom) ist vor allem maßgebend für Glühkathodengefäße, da hier die Emission der Kathode schärfer begrenzt ist.

Diese Beanspruchungen kann man, was besonders bei Stromrichtern großer Leistung, bei Dauervollast, hohen Überlastungen und großem Gitterregelbereich notwendig ist, durch folgende Maßnahmen beschränken: höhere Pulszahl, mehrfache Anodenbeteiligung, höhere Anodenzahl (parallele Stromrichter), und begrenzter Gitterregelbereich. Man erreicht dadurch eine größere Sicherheit gegen Rückzündungen und geringere Lichtbogenverluste. Für Hochspannungsgleichrichter ist die Beherrschung der Sperrspannung entscheidend. Daher werden für solche Zwecke meist Brückenschaltungen gewählt.

Besonders im Betrieb mit Teilaussteuerung ist die Anodenbeanspruchung nach der Kommutierung bestimmend für die zulässige Belastung. Nach der Erfahrung tritt eine Rückzündung meist kurz nach dem Nulldurchgang des Anodenstroms auf. Später ist mit einer solchen Störung nur bei schlechtem Vakuum zu rechnen. Also ist die Anodenbeanspruchung gegeben durch das Produkt der Sprungspannung und der Restladungs-Trägerdichte. Diese ist proportional der Änderungsgeschwindigkeit des Anodenstroms am Ende der Kommutierung.

Damit ist die **Anodensperrbeanspruchung**

$$B = U_{spr} \frac{di_a}{dt} \,. \tag{191}$$

Die Anodenstromänderung darin wird abgeleitet aus den Kommutierungsgleichungen (S. 39) [39, 41, 88]

$$\frac{di_a}{dt} = I_k \sqrt{2}\ \omega \sin(\alpha + u) = \bar{I}_a\, \omega \frac{\sin(\alpha + u)}{\cos\alpha - \cos(\alpha + u)} \,.$$

Bezieht man $U_{spr}$ auf $U_{g0}$ Gl. (187) und $\frac{di_a}{dt}$ auf $I_g$ Gl. (189), und setzt

$$1 - e_{s0} = \frac{1 + \cos u}{2} \,,$$

so erhält man für volle Aussteuerung $\alpha = 0$:

$$B_0 = U_g\, I_g \frac{\pi}{p}\, 8\pi f$$

oder angenähert mit $P_g$ der Gleichstromleistung:

$$B_0 \cong 80\, P_g \frac{f}{p} . \tag{192}$$

Bei Teilaussteuerung ist die Beanspruchung erhöht im Verhältnis

$$\frac{B}{B_0} = \frac{\sin^2(\alpha + u)}{\sin^2 u_0} , \tag{193}$$

wo $u_0$ für $\alpha = 0$, $u$ für $\alpha \neq 0$ einzusetzen ist.

Dieser Beanspruchung steht das Anodensperrvermögen des Ventils gegenüber. Rückzündungen gehorchen statistischen Gesetzen. Danach gibt es an sich keinen völlig rückzündungsfreien Betrieb. Für die Betriebssicherheit ist aber die Rückzündungswahrscheinlichkeit maßgebend. Dies ist die Zahl der Rückzündungen einer Anode, bezogen auf die Zahl der Wechselstromperioden in der Probezeit. Als zulässig kann man ansetzen z.B. 1 Rückzündung/6 Anoden und Jahr.

Das bedeutet eine Rückzündungswahrscheinlichkeit:

$$W \leqq 1{,}67 \cdot 10^{-11} \text{ je Anode}$$

$$\text{bzw.} \quad \leqq 1 \cdot 10^{-1}{}_0 \text{ je Gefäß (6-anodig)} \tag{193a}$$

Das Anodensperrvermögen entspricht also jener Beanspruchung, bei der diese zulässige Rückzündungswahrscheinlichkeit eingehalten wird. Danach kann man auch die Gefäßqualität je nach den Anforderungen aussuchen.

Für ein bestimmtes Gefäß wird das Anodensperrvermögen in einer besonderen Prüfschaltung mit erhöhter Rückzündungshäufigkeit ermittelt. Von da aus kann man mit der POISSON'schen Gleichung auf die tatsachlichen Betriebsverhältnisse extrapolieren, nämlich:

$$W = \frac{\mu^q}{q!} \cdot e^{-\mu} . \tag{194}$$

Darin bedeutet:

$q$ = Ventilqualität[1] und

$\mu$ ist proportional der Anodensperrbeanspruchung $B$, nämlich $= 3{,}9 \cdot 10^{-11}\, B$ (195)

(empirisch gefunden)

Dazu dient ein Diagramm nach Abb. 80 im doppellogarithmischen Maßstab. Für die praktische Anwendung dieses Bewertungsverfahrens sind aber Belastungsverlauf, Aussteuerung und Gefäßtemperatur zu berücksichtigen. Bei gegebenen Werten von $B$ und $W$ muß der Nennstrom eines Gefäßes herabgesetzt werden, wenn erhöhte Betriebsspannung,

[1] sonst auch mit $n$ bezeichnet.

starke Gittersperrung, kleine Kurzschlußspannung oder hohe Frequenz vorliegen.[1]

Auch Überlastungen erhöhen die Beanspruchung. Es sind verhältnismäßig hohe Überlastungen zulässig, welche die thermische Durchschnittsbeanspruchung nicht vergrößern. Doch besteht hier auch eine Grenze je nach Gefäßtemperatur. Für den Betrieb ist eine zu starke Kühlung ähnlich ungünstig wie eine zu hohe Temperatur. Bei kaltem Gefäß ist die Stoßbelastbarkeit herabgesetzt; das gilt auch bei pumpenlosen Stahlgefäßen mit Edelgaszusatz noch in gewissem Maß. Je nach Beanspruchung empfiehlt sich eine Aufstellung in temperiertem Raum oder mit Beheizung von Kühlwasser, Kühlluft oder des Stromrichtgefäßes selbst.

Für eine zulässige Rückzündungswahrscheinlichkeit nach Gl. (193a) ist in Abb. 81 die Anodenbeanspruchung zu einer gegebenen Ventilqualität aufgetragen. An der Abszisse kann gleichzeitig die entsprechende Gleichstromleistung abgelesen werden.

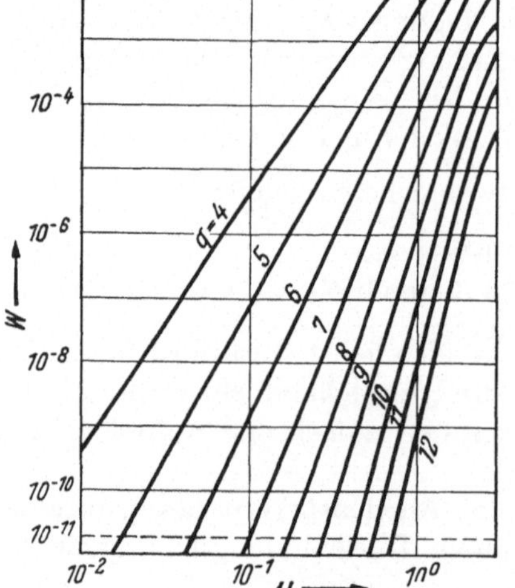


Abb. 80. Rückzündungswahrscheinlichkeit $W$ und Anodensperrbeanspruchung $B$. $q$ = Ventilqualität; $B$ = Anodenbeanspruchung; $P_g$ = Gleichstromleistung [88]

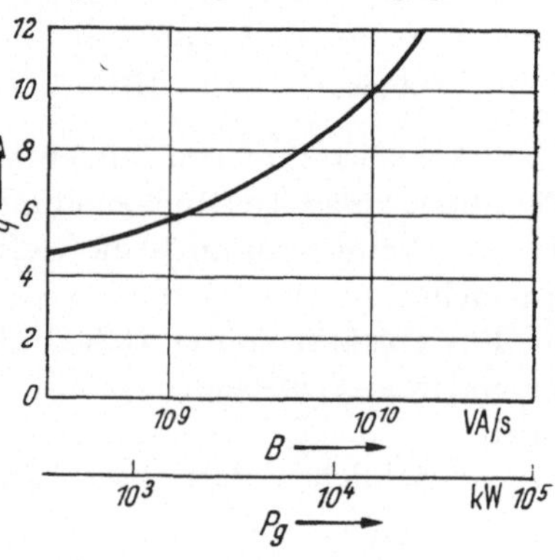


Abb. 81. Auswertung nach Diagramm Abb. 80 für sechspulsigen Gleichrichter bei $W = 1{,}67 \cdot 10^{-11}$ [88] für volle Aussteuerung.

Für ein bestimmtes Entladungsgefäß wird der Betriebsbereich durch den höchsten Gleichstrom und die höchste Gleichspannung begrenzt.

[1] Die grundlegende Gl. (191) für die Anodensperrbeanspruchung bedeutet eine gewisse Vereinfachung und berücksichtigt nur angenähert die Einzelheiten der Vorgänge im Entladungsweg. Wegen der Weiterentwicklung der Beanspruchungstheorie muß jedoch auf die Literatur verwiesen werden (u. a. [41, 43 und 99] mit Literaturangaben).

Dabei darf eine gewisse Leistung nicht überschritten werden. Durch Gittersteuerung wird die übertragbare Leistung herabgesetzt. Unter Berücksichtigung weiterer Einflüsse erhält man für einen solchen Gefäßtyp ein Belastungsdiagramm nach Abb. 82. Solche Diagramme werden vom Hersteller für jeden Typ aufgestellt.

Bei **Halbleitergleichrichtern** gelten die bisherigen Überlegungen an den Entladungsgefäßen sinngemäß. Da ein einzelnes Trockenventil nur eine verhältnismäßig geringe Sperrspannung verträgt, so sind für höhere Spannungen Ventile in größerer Zahl in Reihe zu schalten. Man verwendet meist die Brückenschaltung. Dann ist die Zahl der Stromventile $z_r$ eines Brückenzweigs gegeben durch die Bedingung

$$\overline{U}_{sp} = z_r \sqrt{2}\, U_{spz}\,.$$

worin $U_{spz}$ die zulässige, effektive Sperrspannung des einzelnen Trockenventils bedeutet. Mit dem Höchstwert der Sperrspannung $\overline{U}_{sp}$ aus Zahlentafel 8 und unter Verwendung der Gleichung für die Gleichspannung [Gl. (3), S. 25] erhält man die Beziehungen:

$$p = q = 2 \qquad z_r = \frac{\pi}{2} \frac{1}{\sqrt{2}} \frac{U_{g0}}{U_{spz}},$$

$$p = 6 \quad q = 3 \qquad z_r = \frac{\pi}{3} \frac{1}{\sqrt{2}} \frac{U_{g0}}{U_{spz}}.$$

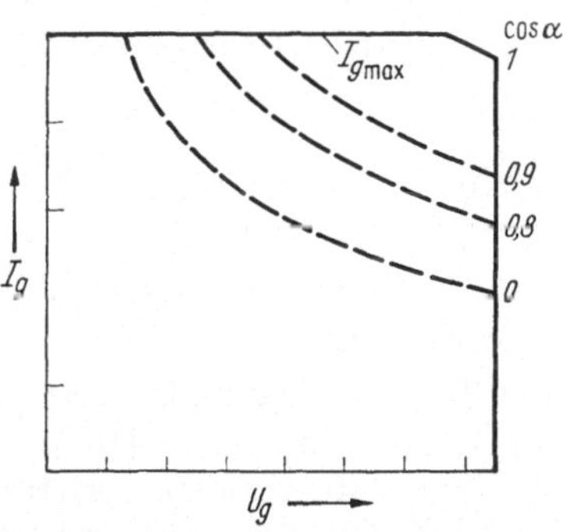


Abb. 82. Belastbarkeit eines Gleichrichters (Entladungsgefäß), Grenzen für Strom und Spannung bei Aussteuerung $\cos\alpha \leqq 1$

Für die Gesamtschaltung, also für 4 bzw. 6 Brückenzweige zusammen, ergibt sich für die gesamte Zahl der Stromventile:

$$n_z = 2\, q\, z_r = 2\,\pi \frac{1}{\sqrt{2}} \frac{U_{g0}}{U_{spz}}, \text{ für } p = 2 \text{ und } 6. \tag{196}$$

Außerdem sind der Stromstärke gemäß nötigenfalls mehrere Ventilsätze $z_p$ parallel zu schalten; jedoch wird wegen ungleicher Lastverteilung der zulässige Strom je Ventil etwas herabgesetzt. Damit ist also die Gesamtzahl aller Ventilzellen $2\, q\, z_r\, z_p$ eines Halbleitergleichrichters proportional der abgegebenen Gleichstromleistung.

## 8. Oberwellen

### a) Allgemeines

Wechsel- und Drehstromnetze führen im Normalbetrieb praktisch sinusförmige Ströme und Spannungen, dagegen haben im Gleichstromnetz Strom und Spannung zeitlich konstante Werte. Infolge seiner unstetigen Arbeitsweise mit einer begrenzten Anodenzahl ist aber der Gleichrichter nicht in der Lage, die Umformung nach diesen idealen Kurven auszuführen. Im allgemeinen treten auf beiden Seiten Verzerrungen der Kurvenform auf. Dem Gleichstrom sind als Oberwellen Wechselströme höherer Frequenz überlagert, ebenso hat der Drehstrom Oberwellen aufzuweisen. Zur Kennzeichnung dient ihre Ordnungszahl $n$; d. h. ihre Frequenz ist das $n$-fache der Netzfrequenz.

Bei der vorausgegangenen Berechnung des Gleichrichtertransformators war zur Vereinfachung angenommen, daß der Gleichstrom durch eine unendlich große Induktivität völlig geglättet, d. h. oberwellenfrei ist. Dadurch entstehen in den Transformatorwicklungen und im Primärnetz rechteckförmige Stromkurven mit bestimmtem Oberwellengehalt.

Für Drehstromanschluß mit sinusförmiger Netz-Phasenspannung $U_p$ lassen sich folgende Beziehungen ableiten [2]:

Gleichstrom-Bruttoleistung = primäre Grundwellenscheinleistung

$$U_{g0}\, I_g = 3\, U_p\, I_{p1}\,,$$

und für die Oberwellen:

$$\sqrt{2}\, U_{g_n}\, I_g = 3\, U_p\, (I_{p_{n-1}} - I_{p_{n+1}})\,.$$

Daraus kann man entnehmen, daß jeder Oberwelle der Gleichspannung $U_{g_n}$ von der Ordnungszahl $n$ ein Oberwellenpaar im Primärstrom $I_{p_{n-1}}$, $I_{p_{n+1}}$ mit den Ordnungszahlen $n-1$ und $n+1$ entspricht. Für ihre Effektivwerte erhält man durch Division der beiden vorstehenden Gleichungen die Beziehung

$$\frac{U_{g_n}}{U_{g0}} = \frac{1}{\sqrt{2}} \left( \frac{I_{p_{n-1}}}{I_{p1}} - \frac{I_{p_{n+1}}}{I_{p1}} \right) \tag{197}$$

(gilt auch für $p = 2$, jedoch nicht für $p = 1$).

Man hat also bei gegebener Pulszahl $p$ eine bestimmte Auswahl von Oberwellen in Gleichspannung und Primärstrom. Dies ist in Zahlentafel 9 für $p = 1, 2, 3, 6$ und 12 zusammengestellt. Die Größe der Oberwellen bestimmter Ordnungszahl ist für alle Schaltungen gleich, und zwar unabhängig von der Pulszahl. Mit höherer Pulszahl fallen bestimmte Oberwellen fort, die übrigen bleiben unverändert.

Weiter läßt sich zeigen, daß die Oberwellen des Gleichstroms mit denen des Primärstroms in Wechselwirkung stehen. Glättet man den Gleichstrom, so vergrößert man damit die primären Oberwellen. Umgekehrt entspricht einer Zunahme der Gleichspannungsoberwellen eine Abnahme der Oberwellen der Primärseite [51, 54, 63].

Zahlentafel 9. *Oberwellenschema von Gleichspannung und Primärstrom*

$U_{gn}/U_{g0}$ Effektivwert der Oberwellen der Gleichspannung bei Leerlauf, bezogen auf den Mittelwert,

$I_{pn}/I_{p1}$ Effektivwert der Oberwellen des Primärstroms, bezogen auf die Grundwelle,

vorausgesetzt: 100% Aussteuerung, Überlappung $u = 0$, völlig geglätteter Gleichstrom, bei $p = 1$ aber rein Ohmsche Belastung

| $p$ | 1 | | 2 | | 3 | | 6 | | 12 | |
|---|---|---|---|---|---|---|---|---|---|---|
| $n$ | $\frac{U_{gn}}{U_{g0}}$ | $\frac{I_{pn}}{I_{p1}}$ | $\frac{U_{gn}}{U_{g0}}$ | $\frac{I_{pn}}{I_{p1}}$ | $\frac{U_{gn}}{U_{g0}}$ | $\frac{I_{pn}}{I_{p1}}$ | $\frac{U_{pn}}{U_{g0}}$ | $\frac{I_{pn}}{I_{p1}}$ | $\frac{U_{gn}}{U_{g0}}$ | $\frac{I_{pn}}{I_{p1}}$ |
| 1 | 111 | 100 | — | 100 | — | 100 | — | 100 | — | 100 |
| 2 | 47,2 | 42,4 | 47,2 | — | — | 50 | — | — | — | — |
| 3 | — | — | — | 33,3 | 17,7 | — | — | — | — | — |
| 4 | 9,42 | 8,49 | 9,42 | — | — | 25 | — | — | — | — |
| 5 | — | — | — | 20 | — | 20 | — | 20 | — | — |
| 6 | 4,05 | 3,64 | 4,05 | — | 4,05 | — | 4,05 | — | — | — |
| 7 | — | — | — | 14,3 | — | 14,3 | — | 14,3 | — | — |
| 8 | 2,25 | 2,02 | 2,25 | — | — | 12,5 | — | — | — | — |
| 9 | — | — | — | 11,1 | 1,77 | — | — | — | — | — |
| 10 | 1,43 | 1,29 | 1,43 | — | — | 10 | | | | |
| 11 | — | — | — | 9,1 | — | 9,1 | — | 9,1 | — | 9,1 |
| 12 | 0,99 | 0,89 | 0,99 | — | 0,99 | — | 0,99 | — | 0,99 | — |
| 13 | — | — | — | 7,7 | — | 7,7 | — | 7,7 | — | 7,7 |
| 14 | 0,73 | 0,66 | 0,73 | — | — | 7,1 | — | — | — | — |
| 15 | — | — | — | 6,67 | 0,63 | — | — | — | — | — |
| 16 | 0,56 | 0,51 | 0,56 | — | — | 6,2 | — | — | — | — |
| 17 | — | — | — | 5,9 | — | 5,9 | — | 5,9 | — | |
| 18 | 0,44 | 0,40 | 0,44 | — | 0,44 | — | 0,44 | — | — | — |
| 19 | — | — | — | 5,26 | — | 5,26 | — | 5,26 | — | — |
| 20 | 0,36 | 0,35 | 0,36 | — | — | 5 | — | — | — | — |
| 21 | — | — | — | 4,76 | 0,32 | — | — | — | — | — |
| 22 | 0,29 | 0,26 | 0,29 | — | — | 4,55 | — | — | — | — |
| 23 | — | — | — | 4,35 | — | 4,35 | — | 4,35 | — | 4,35 |
| 24 | 0,25 | 0,22 | 0,25 | — | 0,25 | — | 0,25 | — | 0,25 | — |
| 25 | — | — | — | 4 | — | 4 | — | 4 | — | 4 |
| gesamter Effektivwert einschl. $n = 1$ | 121 | 109 | 48 | 111 | 19 | 121 | 4,2 | 105 | 1,04 | 101,2 |

## b) Gleichstromseite

Die Gleichspannung setzt sich, wie bereits erläutert, aus Abschnitten der Anodenspannungskurven zusammen. In Abb. 83 ist dies nochmals für verschiedene Pulszahlen $p = 2$, 3, 6 und 12 gezeigt. Gegenüber dem Mittelwert der Gleichspannung [s. Gl. (3)] ergeben sich unter Vernachlässigung der Überlappung und für volle Aussteuerung folgende Oberwellen:

Ordnungszahl $n = k\,p$, wo $k = 1, 2, 3 \cdots$

Effektivwert der einzelnen Oberwellen mit der Frequenz $n\,f$:

$$U_{g_n} = \frac{\sqrt{2}}{n^2 - 1}\,U_{g0}\,. \qquad \text{(s. Zahlentafel 9)} \tag{198}$$

Es treten nur solche Oberwellen auf, deren Ordnungszahl durch die Pulszahl $p$ teilbar ist. Der zweiphasige Gleichrichter hat nur geradzahlige Oberwellen, es ist also $n = 2, 4, 6, 8, \cdots$. Bei dreiphasigen

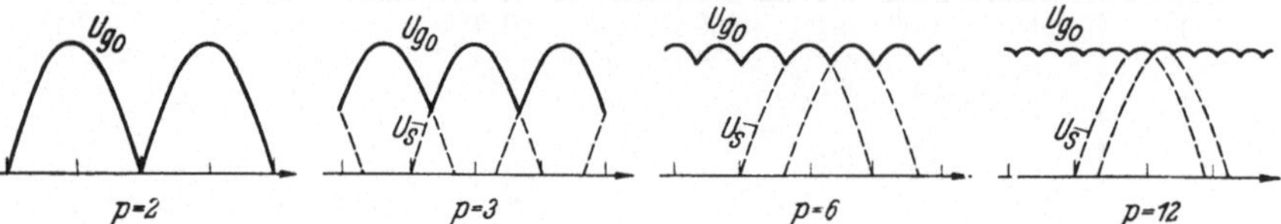


Abb. 83. Verlauf der Leerlaufgleichspannung $U_{g0}$ bei verschiedenen Pulszahlen $p = 2, 3, 6$ und 12

Gleichrichtern ergeben sich geradzahlige und ungeradzahlige Oberwellen, deren Ordnungszahl durch 3 teilbar ist, also $n = 3, 6, 9, 12 \cdots$. Der Einweggleichrichter ($p = 1$) bildet eine Ausnahme. Seine Gleichspannung hat bei Ohmscher Belastung die Oberwellen mit $n = 1, 2, 4$ 6, 8, ..., also als größte eine Oberwelle mit der primären Frequenz und dem Effektivwert

$$U_{g1} = \frac{\pi}{2\sqrt{2}}\,U_{g0} = 1{,}11\;U_{g0}\,. \tag{199}$$

Allgemein hat eine bestimmte Oberwelle bei verschiedenen Pulszahlen soweit überhaupt vorhanden, stets denselben Wert, so ist z. B. die 6. Oberwelle 4,05% der Leerlaufgleichspannung bei $p = 1$ bis 6. Die Verbesserung der Gleichspannungskurve mit höherer Pulszahl beruht auf dem Ausfall bestimmter Oberwellen, nicht etwa auf der Verminderung der vorhandenen Oberwellen.

Die Oberwellen der Gleichspannung werden durch die Überlappung noch vergrößert. In Abb. 84 ist der Anstieg der Oberwellen mit der Ordnungszahl $n = 3, 6, 9, 12$ und 18 gezeigt. Da die Überlappung mit steigender Gleichstromlast zunimmt, gelten diese Kurven sinngemäß auch für steigende Belastung.

Wie bereits aus dem Liniendiagramm einer gittergesteuerten Gleich-Spannung (Abb. 27) zu sehen ist, führt auch die Gittersteuerung zu einer weiteren Zunahme der Oberwellen. Dafür gilt:

$$U_{g_n} = \frac{\sqrt{2}}{n^2 - 1}\sqrt{n^2 - (n^2 - 1)\cos^2\alpha} \cdot U_{g0}\,. \tag{200}$$

Der Höchstwert, dem die Oberwellen schließlich bei voller Gittersperrung zustreben, ist (Überlappung $u = 0$ gesetzt):

$$U_{gn} = \frac{\sqrt{2}}{n^2 - 1}\, n\, U_{g0}$$

(s. hierzu Abb. 85).

Als Welligkeit wird das Verhältnis des Effektivwerts aller Oberwellen zum Mittelwert der Gleichspannung bezeichnet:

$$w_g = \frac{\sqrt{\Sigma\, U_{gn}^2}}{U_{g0}}. \qquad (201)^1$$

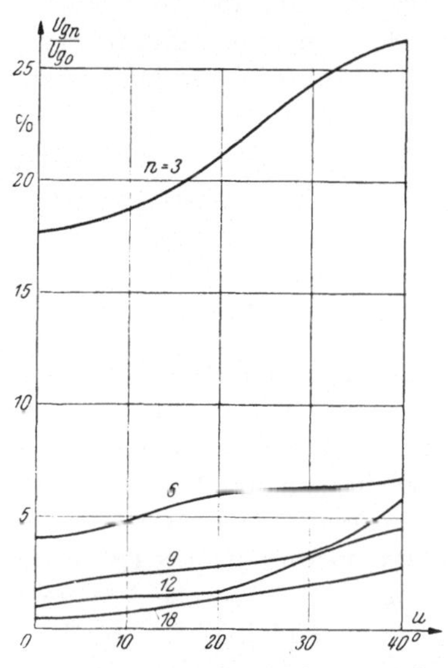


Abb. 84. Oberwellen der Gleichspannung $U_{gn}$, bezogen auf die Leerlaufgleichspannung $U_{g0}$, als Funktion der Überlappung $u$ (nach [2], Abb. 127)

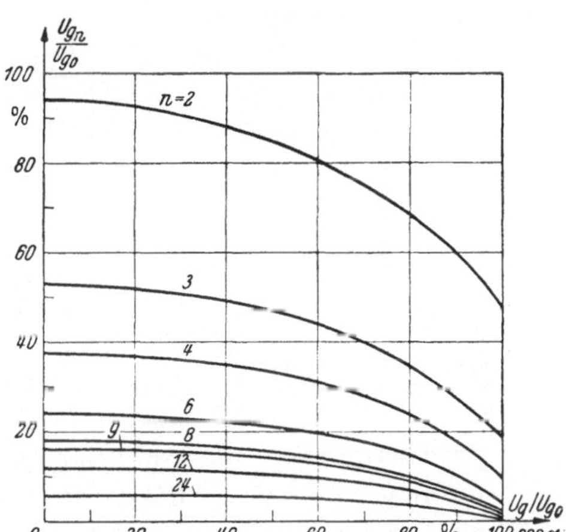


Abb. 85. Oberwellen der Gleichspannung $U_{gn}$, bezogen auf die Leerlaufgleichspannung $U_{g0}$, als Funktion der Aussteuerung [63]

Der Formfaktor ist das Verhältnis des Gesamteffektivwerts einschl. Oberwellen zum Mittelwert:

$$f_g = \frac{U_{ge}}{U_{g0}}. \qquad (202)^1$$

Zwischen beiden Größen besteht die Beziehung

$$w_g = \sqrt{f_g^2 - 1}. \qquad (203)$$

Für verschiedene Pulszahlen sind diese Werte in Zahlentafel 10 zusammengestellt ($\cos\alpha = 1$, $u = 0$). Bei Gittersteuerung steigt die Welligkeit mit zunehmender Sperrung über diese Werte hinaus rasch an. Die dreiphasige Brückenschaltung hat sechspulsige Welligkeit.

[1] Anstelle von $U_{g0}$ tritt bei Gittersteuerung $U_{g\alpha}$, bei Belastung $U_g$.

Zahlentafel 10. *Welligkeit und Formfaktor der Gleichspannung bei 100% Aussteuerung und Leerlauf* [2]

| $p$ | 1 | 2 | 3 | 6 | 12 | 18 | $\infty$ |
|---|---|---|---|---|---|---|---|
| $w_g$ | 1,21 | 0,48 | 0,19 | 0,042 | 0,0104 | 0,004 | 0,00 |
| $f_g$ | 1,57 | 1,11 | 1,017 | 1,0009 | 1,00005 | 1,00001 | 1,00 |

Welche Ströme ergeben sich nun durch diese Oberwellenspannungen auf der Gleichstromseite? Dies ist allein durch den Charakter der Belastung bedingt. Nach dem Superpositionsgesetz kann man, von Sättigungseinflüssen abgesehen, für die mittlere Gleichspannung und für jede Oberwelle einzeln eine getrennte Rechnung durchführen. Für den Mittelwert der Gleichspannung gilt:

$$I_g = \frac{U_g - E_g}{r},$$

für jede Oberwellenspannung:

$$I_{gn} = \frac{U_{gn}}{\sqrt{r^2 + n^2 X_k^2}} \tag{204}$$

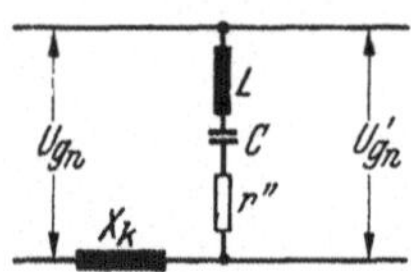


Abb. 86. Glättungseinrichtung für die Gleichstromseite, bestehend aus Kathodendrossel $X_k$ und Resonanzkreis $L\,C\,r''$. Links *vom* Gleichrichter, rechts *zum* Gleichstromverbraucher (Netz)

worin $E_g$ die Gegenspannung der Belastung (Batterie, Motoren), $r$ den Ohmschen Widerstand und $X_k$ die Reaktanz der Gleichstromseite, bezogen auf die primäre Netzfrequenz, bedeuten. Also kann man die Stromoberwellen am besten induktiv begrenzen. Die Glättung ist um so wirksamer, je höher die Frequenz der Oberwelle ist. Der Oberwellenstrom erfährt dabei eine Phasenverschiebung, die ebenfalls mit der Frequenz zunimmt.

Soweit die vorhandene Induktivität von Netz und Verbrauchern nicht ausreicht, wird eine sogenannte Kathodendrossel eingebaut. Bei ihrer Berechnung hat man zu beachten, daß der Belastungsstrom eine Gleichstrom-Vormagnetisierung hervorruft. Man führt die Drossel stets mit einem einstellbaren Luftspalt aus. Eine solche Glättung ist aber lastabhängig, die Induktivität geht mit zunehmender Last zurück. Die Bauleistung der Glättungsdrossel ist angenähert

$$P_{dg} = (0{,}6 - 0{,}9)\, I_g^2\, X_k\,.$$

Man kann diese Wirkung noch durch Resonanzkreise verbessern, die hinter die Kathodendrossel geschaltet werden und auf die Frequenz der zu beseitigenden Oberwellen abgestimmt sind. Zusammen mit der Kathodendrossel kann das Ganze als Spannungsteiler für die Oberwelle aufgefaßt werden (Abb. 86). Der Restbetrag der Oberwellenspannung hinter dem Resonanzkreis ist etwa

$$U'_{gn} = \frac{r''}{n\,X_k}\, U_{gn} \quad \text{(bei Leerlauf)}, \tag{205}$$

worin $r''$ den Verlustwiderstand der Resonanzkreisdrossel bedeutet. Eine solche Glättungseinrichtung ist weit weniger vom Belastungsstrom abhängig als eine Kathodendrossel allein und wird daher für besonders hohe Anforderungen (Sendeanlagen, Tonfilmateliers) angewendet.

Wie oben bereits kurz erläutert, ist eine induktive Glättung bei einer Einwegschaltung ungünstig. Die Brenndauer des Ventils wird in die negative Halbwelle der Anodenspannung verlängert, dadurch sinkt aber der Mittelwert der Gleichspannung. Statt der Drossel in der Kathodenleitung kann man parallel zu den Gleichstromklemmen einen Kondensator legen. Er wird während der Brenndauer des Stromventils aufgeladen, während der anschließenden Sperrzeit gibt er seine Speicherenergie wieder ab. Bei unendlich großer Kapazität würde die Gleichspannung völlig geglättet sein. Nachteile dieser Schaltung sind der hohe Ladestromstoß und die kurze Brenndauer des Ventils. Infolgedessen lückt der Strom des Ventils auch bei zwei- und mehrphasiger Schaltung, es findet zwischen den Anoden keine Kommutierung statt. Man muß zur Dämpfung des Stromstoßes einen Widerstand oder eine Drossel vorschalten. Die Belastungskennlinie verläuft wesentlich steiler als beim Betrieb mit einer Kathodendrossel. Solche Glättungs- oder Pufferkondensatoren werden daher vorzugsweise bei Hochspannungsgleichrichtern verwendet, wo die Belastung nur in engen Grenzen veränderlich ist.

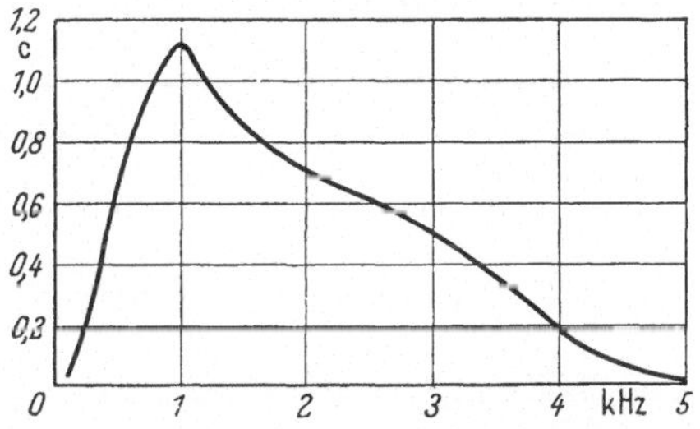

Abb. 87. Bewertungskurve der Störspannungen (nach VDE 0227 bzw. CCITT)

Die Oberwellen von Strom und Spannung der Gleichstromseite können in Fernsprech- und Rundfunkanlagen Störgeräusche erzeugen. Die Geräuschspannungen werden induktiv oder galvanisch übertragen, soweit Schwachstromleitungen unsymmetrisch gegenüber der Starkstromanlage ausgeführt sind. Im ersten Fall sind es die Stromoberwellen, die proportional ihrer Frequenz übertragen werden, im zweiten Fall die Spannungsoberwellen, deren Kopplungsmaß unabhängig von der Frequenz ist. Jede Geräuschspannung erzeugt im Fernhörer oder Lautsprecher einen Ton, dessen physiologische Wirkung auf das menschliche Ohr von der Frequenz abhängt. Für Fernsprechanlagen benutzt man hierzu die international vereinbarte Bewertungskurve nach Abb. 87, worin der Störwert $c$ für 800 Hz gleich 1 gesetzt ist. Die Störspannung einer verzerrten Gleichspannung, bezogen auf ihren Mittelwert, ist danach

$$u_{stu} = \frac{1}{U_g} \sqrt{\sum U_{gn}^2 c^2}\,. \tag{206}$$

Diese Größe wird auch als Fernsprechformfaktor bezeichnet. Hierzu kommt noch ein lastabhängiger Teil durch die Stromoberwellen, deren Störspannung sich wie folgt errechnet:

$$u_{sti} = \frac{1}{I_g} \sqrt{\Sigma \left(\frac{n f}{800} I_{g_n} c\right)^2}. \tag{207}$$

Messungen an ausgeführten Anlagen ergeben meist höhere Werte. Die Angaben der Literatur zeigen dementsprechend oft große Unterschiede. Unsymmetrie und Oberwellen im Drehstromnetz führen zu einer höheren Störspannung als theoretisch abgeleitet. Die nachstehende Zahlentafel 11 von Störspannungen für 2—12 Pulse (im Leerlauf und belastet) soll daher nur zur allgemeinen Orientierung dienen. Bei Gittersteuerung nimmt die Störspannung mit zunehmender Sperrung rasch zu bis auf das 10fache und mehr bei $\cos \alpha = 0$.

Zahlentafel 11. *Störspannung bei 100% Aussteuerung und Leerlauf sowie Belastung [63]*

| $p$ | 2 | 3 | 6 | 12 | |
|---|---|---|---|---|---|
| theoret. | 2,5 | 2,05 | 1,5 | 0,65 | Leerlauf |
| gemessen | | 7—8 | 2,5—3 | 1,2—1,5 | belastet |

Für Rundfunkanlagen stellt man höhere Anforderungen an die Störfreiheit der Starkstromanlagen. Meist richtet man sich bei Untersuchungen einfach nach dem Störeindruck an bestimmten Geräten als Vergleichsmaß für Zustand und Änderung des Störvorgangs.

Die Spannungsoberwellen der Gleichstromseite können auch den Betrieb von Kollektormaschinen stören. In gewissen Fällen ist an Gleichstrommotoren und Einankerumformern verstärktes Bürstenfeuer beobachtet worden. Weiter können zusätzliche Verluste in der Ankerwicklung auftreten. Damit hat man aber nicht im normalen Gleichrichterbetrieb, sondern erst bei durch Gittersteuerung stark herabgeregelter Gleichspannung zu rechnen. Der Hersteller der Motoren und Umformer wird eine bestimmte, noch zulässige Welligkeit des Gleichstroms angeben. Wenn der Betrieb eine größere Welligkeit erwarten läßt, müssen zusätzlich Glättungseinrichtungen eingebaut werden.

Während bisher mit Störungen durch niederfrequente Oberwellen gerechnet wurde, sollen noch kurz die hochfrequenten Störungen erwähnt werden. Der intermittierende Betrieb der einzelnen Anoden kann zu Schaltschwingungen (Zünd- und Löschschwingungen) hochfrequenter Natur (ca. 1—100 kHz) führen, deren Frequenz durch Kapazität und Induktivität der angestoßenen Stromkreise gegeben ist. Die Störung wird vom Gleichrichtergefäß selbst und auch von den galvanisch angeschlossenen Teilen der Wechselstrom- und Gleichstromseite ausgestrahlt. Dadurch werden die Stromrichterventile in Sperrichtung erhöht beansprucht; es treten Rundfunkstörungen auf. Zur Beseitigung werden zwischen entsprechende Punkte der Schaltung und Erde Kondensatoren eingebaut.

### c) Primärseite

Der Primärstrom hat eine von Pulszahl und Schaltung abhängige Kurvenform, die von der Sinuskurve um so mehr abweicht, je geringer die Pulszahl ist. Bei der Erläuterung der Transformatorschaltungen ist

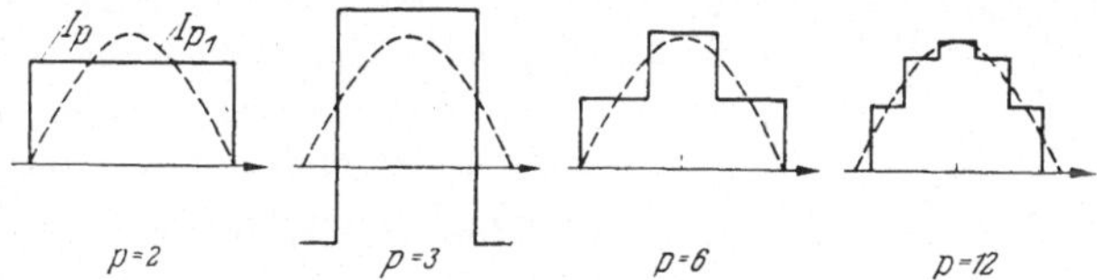


Abb. 88. Verlauf des Primärstroms $I_p$ bei verschiedenen Pulszahlen $p = 2, 3, 6$ und $12$ (gleiche Grundwelle $I_{p1}$), $X = \infty$, $u = 0$

dies bereits gezeigt worden. Abb. 88 bringt eine Gegenüberstellung der theoretischen Stromkurven für $p = 2, 3, 6$ und $12$. Nach dem allgemeinen Oberwellengesetz (s. S. 96/97) ist die Auswahl der Oberwellen, jedoch nicht durch die Schaltung, sondern allein durch die Pulszahl bestimmt. Es treten nur Oberwellen folgender Ordnungszahl paarweise auf:

$$n = k\,p \pm 1$$

mit dem Effektivwert

$$I_{pn} = \frac{1}{n} I_{p1}\,, \tag{208}$$

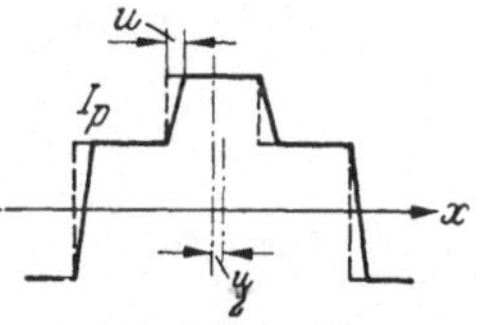

wo $k = 1, 2, 3 \ldots, p \geqq 2$ und $I_{p1}$ die Grundwelle des Primärstroms bedeuten. Dabei ist vorausgesetzt $X_k = \infty$, $u = 0$, $\cos\alpha = 1$ (s. Zahlentafel 9, S. 97). Die Einwegschaltung ($p = 1$) hat jedoch Oberwellen mit $n = 2, 4, 6, 8, \cdots$, der Effektivwert ist dabei

Abb. 89. Wirkung der Überlappung $u$ auf Kurvenform und Phasenlage des Primärstroms $I_p$

$$I_{pn} = \frac{4}{\pi\,(n^2 - 1)} I_{p1}\,. \tag{209}$$

Abb. 89 zeigt den Primärstrom eines sechspulsigen Gleichrichters. Durch die Überlappung werden die Flanken der sonst rechteckigen Kurve abgeschrägt. Die Mitte der Kurve wird um etwa $u/2$ verzögert. Die Grundwelle verschiebt sich angenähert um denselben Winkel. Ihre Höhe bleibt jedoch praktisch unverändert. Die Oberwellen werden vermindert, und zwar um so mehr, je höher ihre Ordnungszahl liegt. Dies ist in Abb. 90 für veränderliche Überlappung $u$ dargestellt.

Bei völlig geglättetem Gleichstrom ist die Gittersteuerung zunächst ohne Einfluß auf die primären Oberwellenströme. Es ist aber zu bedenken, daß die Überlappung mit abnehmender Aussteuerung zurückgeht. Infolgedessen nehmen dadurch die primären Oberwellen wieder etwas zu. Für ein Beispiel (sechspulsige Schaltung, $u = 25°$ bei 100% Aussteuerung) ist dies in Abb. 91 gezeigt.

Bei rein Ohmscher Belastung ($X_k = 0$) sind die Oberwellen des Primärstroms im allgemeinen kleiner, mit Ausnahme der Oberwelle niedrigster Ordnungszahl. Z. B. hat man bei dreiphasiger Schaltung $I_{p2} = 58{,}5$, $I_{p4} = 12{,}1$, $I_{p5} = 14{,}6$, $I_{p7} = 7{,}6\%$, bei sechsphasiger Schaltung $I_{p5} = 22{,}6$, $I_{p7} = 11{,}3$, $I_{p11} = 9{,}1$, $I_{p13} = 6{,}5\%$, bezogen auf die Grundwelle. Wie man sieht, sind im Gegensatz zum Betrieb mit $X_k = \infty$ die Oberwellen gleicher Ordnungszahl bei verschiedener Pulszahl nicht gleich. So sind die Oberwellen der sechsphasigen Schaltung rd. 50% größer als diejenigen der dreiphasigen Schaltung [*51*]. Die Oberwellen des einphasigen Gleichrichters bei Ohmscher Last sind auf Zahlentafel 9 (s. S. 97) aufgeführt. Der zweiphasige Gleichrichter in Mittelpunkt- und Brückenschaltung bildet eine Ausnahme; denn er hat bei rein Ohmscher Belastung primär reinen Sinusstrom (Abb. 50 u. 53, dabei sind Brennspannung und Überlappung vernachlässigt, die Aussteuerung ist 100%).

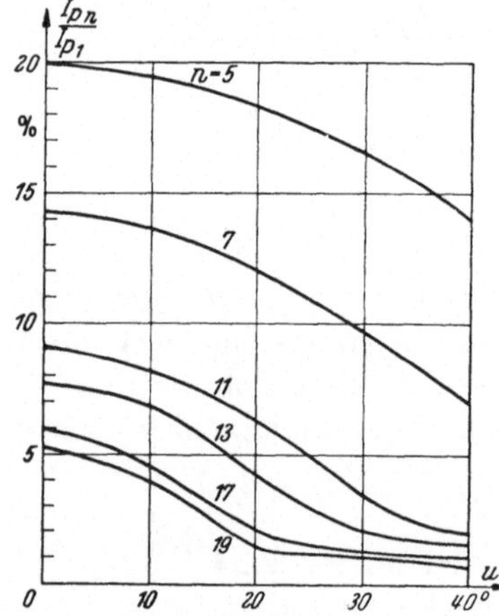


Abb. 90. Oberwellen des Primärstroms $I_{pn}$, bezogen auf die Grundwelle $I_{p1}$, als Funktion der Überlappung $u$ (nach [2], Abb. 129).

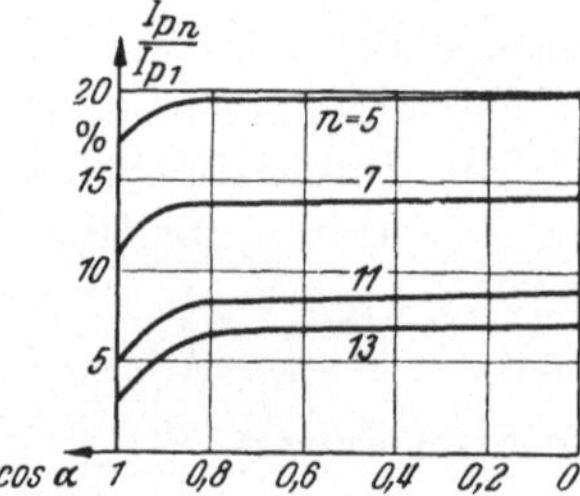


Abb. 91. Oberwellen des Primärstroms $I_{pn}$, bezogen auf die Grundwelle $I_{p1}$, als Funktion der Aussteuerung cos α (angenommen $u = 25°$ bei cos α = 1)

Zur Kennzeichnung der primären Stromkurve pflegt man folgende Größen anzugeben:

$$\text{Grundwellengehalt} = \frac{\text{Effektivwert der Grundwelle}}{\text{Gesamter Effektivwert}}$$

$$= \frac{I_{p1}}{I_p} = v\,, \tag{210}$$

auch als Verzerrungsfaktor bezeichnet.

Für $p = 3, 6, 12 \cdots$ ist

$$v = \frac{p}{\pi} \sin \frac{\pi}{p} .$$

$$\text{Oberwellengehalt} = \frac{\text{Effektivwert aller Oberwellen}}{\text{Gesamter Effektivwert}}$$

$$= \frac{\sqrt{I_p^2 - I_{p1}^2}}{I_p} = v_{0w} \qquad (211)^1$$

Bildet man das Verhältnis $v_{0w}/v$, so erhält man den Oberwellengehalt, bezogen auf die Grundwelle. Weiter ist: $v^2 + v_{0w}{}^2 = 1$. Der Wert dieser Kenngrößen für die Pulszahl $p = 1, 2, 3, 6, 12, 18$ und $\infty$ ist in Zahlentafel 12 zusammengestellt, und zwar für die Einwegschaltung bei rein Ohmscher Belastung, sonst bei völlig geglättetem Gleichstrom.

Zahlentafel 12. *Grundwellengehalt $v$ und Oberwellengehalt $v_{0w}$ des Primärstroms für $u = 0$; bei $p = 1$, $X_k = 0$ und $p \geqq 2$, $X_k = \infty$*

| $p$ | 1 | 2[2] | 3 | 6[2] | 12 | 18 | $\infty$ |
|---|---|---|---|---|---|---|---|
| $v$ | 0,92 | 0,9 | 0,828 | 0,955 | 0,988 | 0,998 | 1,00 |
| $v_{0w}$ | 0,39 | 0,435 | 0,563 | 0,29 | 0,156 | 0,059 | 0 |
| $v_{0w}/v$ | 0,43 | 0,48 | 0,68 | 0,30 | 0,16 | 0,059 | 0 |

Wie der Vergleich mit Zahlentafel 9 erkennen läßt, entsteht wie auf der Gleichstromseite auch primär die Verbesserung der Kurvenform nicht dadurch, daß bei höherer Pulszahl die Oberwellen kleiner werden. Es fallen vielmehr nach dem Oberwellengesetz bei höherer Pulszahl bestimmte Gruppen von Oberwellen ganz heraus. Der Grundwellengehalt erreicht übrigens eher einen Wert nahe 1, als der Oberwellengehalt auf vernachlässigbare Werte herabsinkt. Es ist dies der Grund, warum man in bestimmten Fällen von Anlagen sehr großer Leistung Systeme besonders hoher Pulszahl eingerichtet hat.

Zu einer bestimmten Pulszahl gehört, wie gezeigt, eine feste Auswahl von Oberwellen nach Frequenz und Amplitude. Nach den Diagrammen, die zur Berechnung der Transformatorschaltung gegeben wurden, können aber verschiedene Schaltungen gleicher Phasenzahl (ab $p = 3$) voneinander abweichende Primärstromkurven haben. Der Formunterschied ist dann nur durch verschiedene Phasenlage der einzelnen Oberwellen bedingt. Es lassen sich nun stets zwei Transformatorschaltungen finden, bei denen bestimmte Oberwellen gleicher Frequenz gegeneinander um 180° Phasen verschoben sind. Beim Parallelbetrieb von zwei solchen Transformatoren heben sich dann diese Oberwellen gegenseitig auf. Durch diese Oberwellen-Kompensation gelangt man zu einem entsprechend höherpulsigen Gleichrichtersystem [*51*].

[1] auch als Klirrfaktor bezeichnet. [2] auch für Brückenschaltung.

Die verschiedenen gebräuchlichen Transformatorschaltungen sind entsprechend diesen Eigenschaften ihrer Oberwellen in Zahlentafel 13 in Gruppen geordnet. Innerhalb der dort vorgenommenen Unterteilung

Zahlentafel 13. *Oberwellenausgleich der Transformatorschaltungen*

| Pulszahl der Gruppe | Schaltung Gruppe 1 | Schaltung Gruppe 2 | Stromkurve Abb. | Phasenverschiebung der sich aufhebenden Oberwellen im Primärstrom | Pulszahl zusammen |
|---|---|---|---|---|---|
| $p = 3$ | Yy 0<br>Dz 0 | Yy 6<br>Dz 6 | 55 c<br>57 d | $\pi$<br>für $n$ = gerade | $p' = 6$ |
| | Dy 5<br>Yz 5 | Dy 11<br>Yz 11 | 56 d<br>57 c | $\pi$<br>für $n$ = gerade | $p' = 6$ |
| $p = 6$ | 4a (F 3)<br>5a (F 2) | 4b (G 3)<br>5b (G 2) | 60, d, e<br>61, d, e | $\pi$<br>für $n = k\,p \pm 1$<br>$k = 1, 3, 5 \ldots$ | $p' = 12$ |

ergibt jeweils ein Gleichrichter in Schaltung nach Gruppe 1 mit einem solchen nach Gruppe 2 zusammen die nächst höhere Pulszahl. Also arbeiten z. B. ein Gleichrichter in Yy 0 oder Dz 0 mit einem in Yy 6 oder Dz 6, d. h. zwei dreipulsige Gleichrichter zusammen sechspulsig, da die gegenseitige Verschiebung ihrer Oberwellen mit gleicher, gerader Ordnungszahl $n$ im Zeitmaßstab der Grundwelle $\pi/n$, aber im Maßstab der Oberwelle selbst $\pi$ beträgt. Alle Oberwellen ungerader Ordnungszahl sind dagegen miteinander in Phase, heben sich daher im Gegensatz zu den vorgenannten nicht auf. Ebenso ergeben zwei sechspulsige Gleichrichter zusammen zwölfpulsigen Betrieb, vergleiche hierzu Abb. 92 für Schaltung F 2 und G 2 (5a — M 6/30 und 5b — M 6/0). Zwei zwölfpulsige Gleichrichter können zusammen 24-pulsig arbeiten, s. Abb. 93[1].

Es heben sich also gegenseitig auf

bei dreipulsigen Gruppen die Oberwellen mit $n = 2, 4, 8, 10, 14, 16, \cdots$

bei sechspulsigen Gruppen die Oberwellen mit $n = 5, 7, 17, 19, \cdots$

bei zwölfpulsigen Gruppen die Oberwellen mit $n = 11, 13, \cdots$

Dementsprechend verschwinden auch in der Gleichspannung bestimmte Oberwellen. Man kann dies am besten am Oberwellenschema auf Zahlentafel 9 (s. S. 97) erkennen. Zwei dreipulsige Gleichrichter zugeordneter Schaltgruppen (Zahlentafel 13) lassen alle Gleichspannungsoberwellen mit ungerader, durch 3 teilbarer Ordnungszahl $(3, 9, 15, 21, \cdots)$ herausfallen. Man vergleiche hierzu auch die Gl. (197), wonach z. B. der Gleichspannungsoberwelle mit $n = 3$ auf der Primärseite das Oberwellenpaar mit $n = 2$ und 4 zugeordnet ist.

[1] Vorausgesetzt ist dabei, daß beide Gleichrichter gleichen Belastungsstrom haben und mit gleichem Steuerwinkel $\alpha$ arbeiten.

Weiter läßt sich allgemein feststellen, daß bei einer Verschiebung der Grundwelle um $\Delta\alpha$ gegenüber der Netzspannung sich die Oberwelle mit der Ordnungszahl $kp \mp 1$ um $k\,p\,\Delta\alpha$ verschiebt, im Winkelmaß der Oberwelle gemessen. Wenn man also bei zwei Gleichrichtertransformatoren gegenseitig eine Phasenschwenkung von $\Delta\alpha = \frac{\pi}{6} = 30°$ durchführt, so fallen alle Oberwellen mit der Ordnungszahl $6\,k \pm 1$ heraus. Zwei sechsphasige Transformatoren ergeben also zusammen zwölfpulsigen Betrieb. Ähnlich ergeben zwei zwölfphasige Transformatoren mit einer

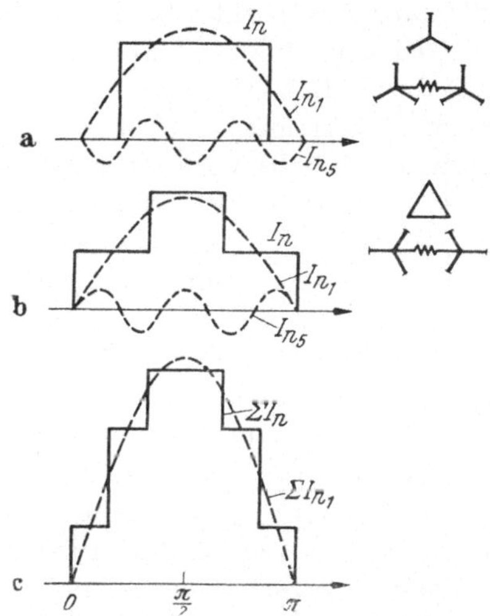


Abb. 92 a–c. Parallelbetrieb von 2 sechspulsigen Gleichrichtern verschiedener Schaltgruppe.
a) Primärstrom des Gleichrichters in Schaltung F 2 (Abb. 61); b) Primärstrom des Gleichrichters in Schaltung G 2; c) Gesamt-Primärstrom zwölfpulsiger Welligkeit

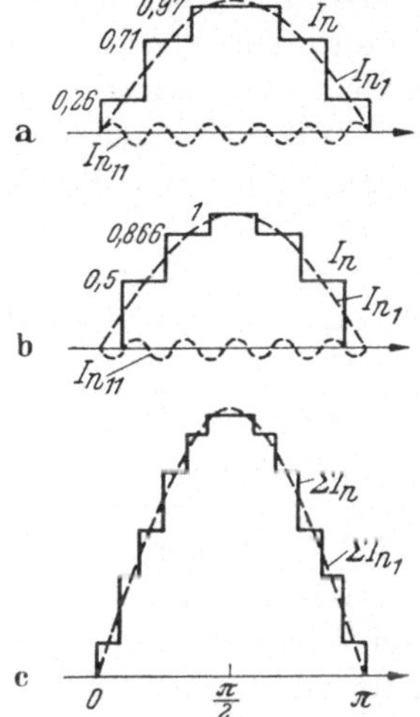


Abb. 93 a–c. Parallelbetrieb von 2 zwölfpulsigen Gleichrichtern verschiedener Schaltgruppe.
a), b) Primärstrom der einzelnen Gleichrichter; c) Gesamt-Primärstrom mit 24-pulsiger Welligkeit

Phasenschwenkung von $\frac{\pi}{12} = 15°$ zusammen 24-pulsigen Betrieb, indem alle Oberwellen mit der Ordnungszahl $12\,k \mp 1$ herausfallen. Allgemein muß der Schwenkwinkel für zwei Gruppen mit je $p$ Phasen sein:

$$\Delta\alpha = \frac{\pi}{p}\,.$$

Gleichzeitig erhält man auch auf der Gleichstromseite einen Oberwellenausgleich, in dem sich die Kurvenzüge der Gleichspannung gegeneinander verschieben. Auf diese Weise ist man also in der Lage mit ziemlich einfachen Einzeltransformatoren einen Betrieb entsprechend höherer Pulszahl aufzubauen (vgl. S. 81) [*54*].

Bei unendlich großer Pulszahl würde der Primärstrom ganz frei von Oberwellen sein. Da aber eine große Pulszahl nur mit besonderen Mitteln erhalten wird, beschränkt man sich in der Praxis auf das Nötige. Nur bei kleinen Leistungen arbeitet man einphasig oder zweiphasig. Für mittlere Anlagen etwa bis 50—100 kW genügt dreipulsiger Betrieb. Darüber pflegt man die Gleichrichter sechspulsig zu bauen. Großgleichrichteranlagen für Elektrolysen sind 12-, 24-, selbst 60-pulsig gebaut worden.

Auf der Drehstromseite ist die Störwirkung der Oberwellen vor allem abhängig von der relativen Anschlußleistung der Gleichrichteranlage, d. h. von dem Verhältnis der Gleichrichterleistung zur Netzleistung an der Anschlußstelle. Im Primärnetz verteilen sich die Oberwellen entsprechend den Reaktanzen. Der Stromrichter wirkt als Oberwellen-Generator. Die Rückwirkungen der Gleichrichteranlage auf das speisende Netz werden zunächst veranlaßt durch die Oberwellen der Stromkurve. Dadurch entstehen zusätzliche Übertragungsverluste auf den Leitungen und in den Transformatoren, zusätzliche Verluste in Ständer und Dämpferwicklung der Kraftwerksgeneratoren und dadurch eine Verzerrung ihrer Klemmenspannung. Weiter hat man mit Oberwellen in der Spannungskurve besonders dann zu rechnen, wenn die Resonanzlage des Netzes oder eines Netzteiles mit einer Oberwellenfrequenz zusammenfällt. Als weitere Folge entstehen zusätzliche Erdschlußströme höherer Frequenz, so daß die Erdschlußspule nur unvollkommen kompensieren kann. Kondensatoren zur Blindstromkompensation nehmen zusätzliche Ströme auf, die verhältnismäßig hoch sind, da der kapazitive Widerstand umgekehrt proportional der Frequenz ist. Schließlich können an Einankerumformern Kommutierungschwierigkeiten auftreten. Asynchronmotoren sind dagegen für Spannungsverzerrungen nur wenig empfindlich, da ihre Reaktanz mit der Frequenz steigt.

Erschwert werden die Verhältnisse aber, wenn in Strom und Spannung Oberwellen gleicher Frequenz auftreten. Dann sind es nicht mehr reine Blindströme, die Oberwellen beteiligen sich vielmehr auch an der Leistungsumsetzung. Wenn die Netzspannung eine Oberwelle $u_n\%$ in Phase mit der Stromoberwelle des Gleichrichters gleicher Ordnungszahl hat, so erhöht sich die Gleichspannung um $u_n\,1/n\,\%$. Bei einer gegenseitigen Phasenverschiebung $\cos\varphi_n$ ist die Änderung der Gleichspannung nur $u_n\,1/n\,\cos\varphi_n\%$. Wenn der Phasenwinkel $\varphi_n = \pi$ beträgt, ergibt sich eine Erniedrigung der Gleichspannung. Während sich nun z. B. solche Oberwellen der Netzspannung der Ordnungszahl 5 und 7 bei Sechsphasen-Schaltungen einfach zu den natürlichen Oberwellen addieren, treten sie bei zwölfpulsigen Gleichrichtern wesensfremd auf. Dadurch entstehen Zündpunktsverschiebungen, so daß die beiden sechspulsigen-Systeme unsymmetrisch werden. Die Gleichspannung des einen Systems wird höher, die des anderen niedriger. Es ergibt sich also eine ungleiche Lastaufnahme. Dadurch kann der mit dem zwölfpulsigen Betrieb beabsichtigte Zweck in erheblichem Maß gestört werden [*54*].

Auf der Drehstromseite kann man schließlich durch Einbau von Siebkreisen (Spannungsresonanz) das Netz von den Oberwellen des Stromrichters entlasten (Abb. 94) [57]. Ein solcher Resonanzkreis wird meist auf die Resonanznähe von zwei benachbarten Oberwellen der Ordnungszahl $kp \mp 1$ abgestimmt. Dafür lautet die Bedingung:

$$kp\,\omega\,L = \frac{1}{kp\,\omega\,C}\,. \tag{212}$$

Dabei ist die Wahl von Induktivität und Kapazität noch offen. Bei großer Induktivität genügt eine kleine Kapazität, d. h. eine kleine Kondensatorleistung. Da der aufzunehmende Oberwellenstrom durch die Belastung der Stromrichteranlage bestimmt wird, entstehen aber hohe Resonanzüberspannungen mit Oberwellenfrequenz. Umgekehrt benötigt man bei kleiner Drossel eine große Kondensatorleistung, doch ist dann die Oberwellenbeanspruchung der Kondensatoren geringer. Diese Bemessung des Resonanzkreises wird dadurch wirtschaftlich tragbar, daß der Kreis bei Grundwellenfrequenz kapazitiv wirkt. Also kann er gleichzeitig zur Blindstromlieferung im Netz dienen. Es ergibt sich dabei eine verhältnismäßig große Kondensatorleistung der Grundfrequenz. Die Drosseln sind ohne Eisen auszuführen, damit ihre Reaktanz unveränderlich ist.

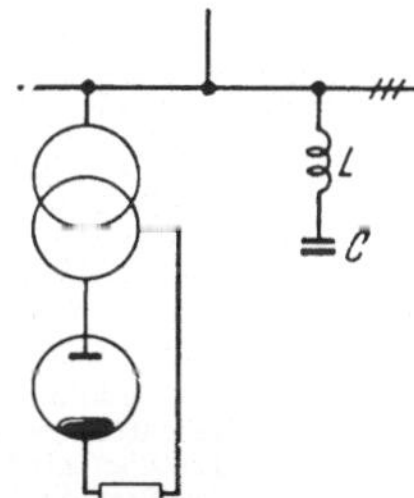

Abb. 94. Glättungskreis $LC$ für den Primärstrom einer Gleichrichteranlage

Der Siebkreis stellt für die Oberwellen einen Kurzschluß dar. Es sollen nur die Oberwellenströme der Stromrichteranlage aufgenommen werden. Wenn aber auch die Netzspannung Oberwellen gleicher Frequenz enthält, so würden diese ebenfalls den Siebkreis belasten. In solchen schwierigen Fällen müssen die Netzoberwellen abgeriegelt werden, indem man in die Netzzuleitung Schutzdrosseln oder am besten einen Sperrkreis (Stromresonanzkreis) einbaut.

## 9. Blindleistung und Leistungsfaktor

Dem Gleichrichter wird vom Primärnetz eine Scheinleistung zugeführt:

$$P_{sch} = m\,U_p\,I_p\,,$$

worin $m$ die primäre Phasenzahl bedeutet. Es läßt sich nun folgende Zerlegung vornehmen:

$$P_{sch} = \sqrt{P_w^2 + P_b^2 + P_v^2} = \sqrt{P_{sch_1}^2 + P_v^2} \tag{213}$$

Darin sind:

$$\left.\begin{aligned} P_{sch\,1} &= \text{Scheinleistung} = m\,U_p\,I_{p1}\,, \\ P_w &= \text{Wirkleistung} = m\,U_p\,I_{p1}\cos\varphi_1\,, \\ P_b &= \text{Blindleistung} = m\,U_p\,I_{p1}\sin\varphi_1\,, \end{aligned}\right\}\ \text{für die Grundwelle,}$$

$$P_v = \text{Verzerrungsleistung (Oberwellenleistung)} = m\,U_p\sqrt{\Sigma\,I_{pn}^2}\,.$$

$\cos\varphi_1$ ist die Phasenverschiebung der Grundwelle $I_{p1}$ zur sinusförmigen Netzspannung $U_p$.

Die Blindleistung des Gleichrichters ist stets induktiv. In der allgemeinen Wechselstromtechnik ist Blindleistung an das Vorhandensein von induktiven und kapazitiven Widerständen gebunden. Bei Stromrichtern dagegen entsteht auch durch die Gittersteuerung eine Blindleistung. Nach ihrer Entstehung hat man folgende Beiträge zur Gesamt-Blindleistung zu unterscheiden:

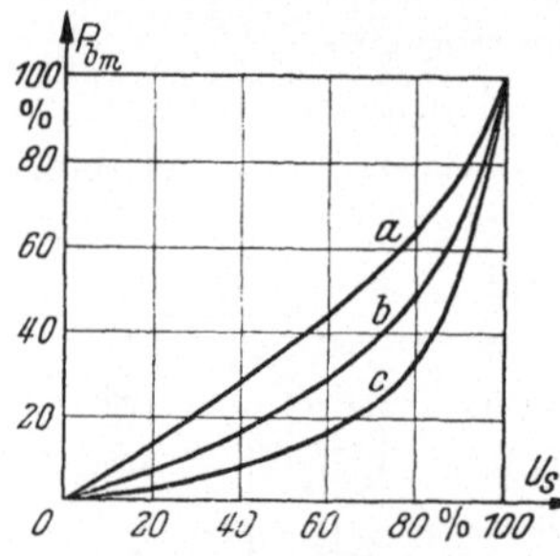


Abb. 95. Magnetisierungs-Blindleistung $P_{bm}$ eines Gleichrichter-Transformators mit Primärstufen als Funktion der Sekundärspannung $U_s$. *a* Normalinduktion 10000 Gauß; *b* 12000 Gauß; *c* 14000 Gauß bei $U_s = 100\%$

a) *Magnetisierungsblindleistung* $P_{bm}$ des Transformators. Sie ist von der Belastung praktisch unabhängig. Wenn aber die Gleichspannung durch Anzapfungen auf der Primärseite des Transformators eingestellt wird, so geht die Magnetisierungsblindleistung mit fallender Gleichspannung rasch zurück, und zwar um so mehr, je größer die Sättigung bei voller Gleichspannung ist. Man bekommt eine Stufenkurve, die sich zu einem stetigen Verlauf ausgleicht, wenn primärseitig mit einem Drehtransformator gesteuert wird (Abb. 95). Durchschnittswerte des Magnetisierungsblindstroms s. S. 45, vgl. auch Abb. 73 und 74 b.

b) *Kommutierungsblindleistung* $P_{bk}$. Die Überlappung der Anodenströme führt zu einer Phasenverschiebung des Sekundär- und damit auch des Primärstroms gegenüber der Spannung. Bei geradlinigem An- und Abstieg der Ströme wäre die Phasenverschiebung gleich dem halben Überlappungswinkel $u/2$ (vgl. Abb. 89).

Es entsteht die Blindleistung:

$$P_{bk} = F(u)_b\,U_{g0}\,I_g\,.$$

Darin ist die Überlappungsfunktion [2]:

$$F(u)_b = \frac{1}{4}\,\frac{2\,u - \sin 2\,u}{1 - \cos u}\,, \tag{214}$$

für $u \leqq 45^\circ$ genügt oft die Annäherung:

$$F(u)_b \approx \frac{2}{3}\,u - \frac{1}{13}\,u^3\,.$$

c) *Steuerblindleistung* $P_{bst}$. Eine weitere Phasenverschiebung des Laststroms ergibt sich durch die Gittersteuerung. Wie oben erläutert, beruht die Gittersteuerung auf einer Zündpunktverschiebung der Anodenströme. Mit den Anodenströmen verschiebt sich auch der Primärstrom um denselben Winkel, so daß die Phasenverschiebung (Nacheilung) der Aussteuerung entspricht, nämlich:

$$\cos\varphi_1 = \cos\alpha = \frac{U_{g\alpha}}{U_{g0}} \quad \text{für} \quad X_k = \infty,\ u = 0\,. \tag{215}$$

Dadurch ergibt sich eine Steuerblindleistung

$$P_{bkst} = U_{g\alpha}\, I_g \tan\alpha = U_{g0}\, I_g \sin\alpha\,.$$

Zur Berechnung ist es wegen des Zusammenhanges von Überlappung und Steuerwinkel zweckmäßig, Kommutierungs- und Steuerblindleistung zusammenzufassen zu:

$$P_{bkst} = P_{bk} + P_{bst} = F(u,\alpha)_b\, U_{g0}\, I_g\,.$$

Darin hat man als erweiterte Überlappungsfunktion ([*2*, *55*]):

$$F(u,\alpha)_b = \frac{1}{4}\,\frac{2\,u + \sin 2\,\alpha - \sin 2\,(\alpha + u)}{\cos\alpha - \cos(\alpha + u)}\,, \tag{216}$$

für etwa $u \leqq 20°$ ist angenähert:

$$F(u,\alpha)_b \approx \left(\sin\alpha + \frac{2}{3}\,u\cos\alpha\right).$$

Den Verlauf der Überlappungsfunktion zeigt Abb. 96 für feste Werte des Zündverzögerungswinkels $\alpha = 0$—$90°$. Als Grenzwert erreicht danach die Blindleistung bei $\alpha = 90°$ und $u = 0$ die Gleichstrom-Bruttoleistung. Bei voller Aussteuerung beträgt die Kommutierungsblindleistung noch 20—30% der Gleichstrom-Bruttoleistung, ist also bei Volllast wesentlich größer als die Magnetisierungs-

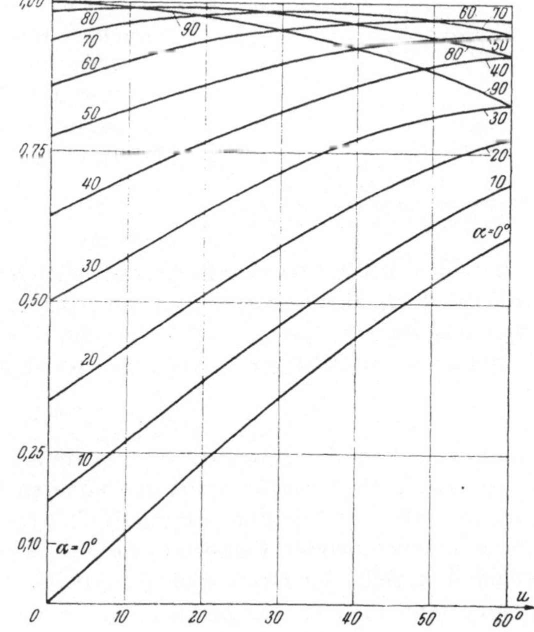


Abb. 96.
Überlappungsfunktion $F(u, \alpha)_b$ zur Berechnung der Kommutierungs- und Steuer-Blindleistung (nach [55], Abb. 19)

blindleistung. Man erkennt aber hier einen der wesentlichen Nachteile der Gittersteuerung, daß sie nämlich zu einer erheblichen Vergrößerung der Blindstromaufnahme und entsprechenden Verschlechterung des Leistungsfaktors führt.

Die drei Komponenten der Scheinleistung $P_{sch}$ [Gl. (213)] können in einem Raumdiagramm geometrisch zusammengesetzt werden (Abb. 97, a). Die Verzerrungsleistung ist praktisch nur Blindleistung, darf aber zu der Grundwellen-Blindleistung nicht einfach algebraisch addiert werden. Man kann jedoch durch Umklappen der Verzerrungsleistung in die Ebene der Grundwellenleistung eine übersichtlichere, zweidimensionale Darstellung gewinnen (Abb. 97, b).

Es bedeuten darin:

$$\cos \varphi_1 = \frac{P_w}{\sqrt{P_w^2 + P_b^2}} = \text{Leistungsfaktor der Grundwelle}, \qquad (217)$$

auch als Verschiebungsfaktor bezeichnet, entsprechend dem Phasenwinkel $\varphi_1$ der Grundwelle. Weiter läßt sich ablesen

$$\cos \varphi_0 = \lambda = \frac{P_w}{P_{sch}} = \text{totaler Leistungsfaktor}, \qquad (218)$$

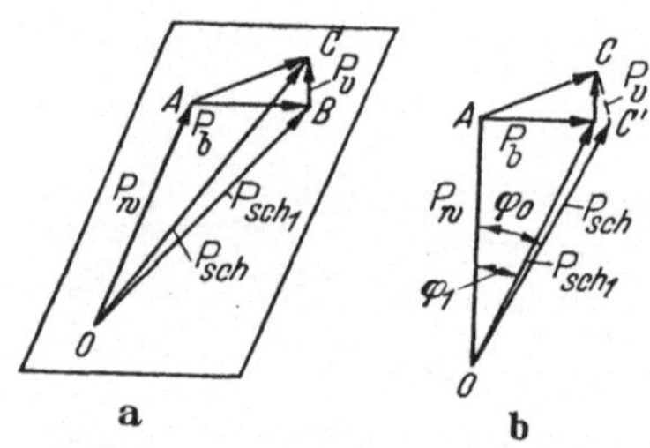


Abb. 97 a u. b. Komponenten der Leistung eines Gleichrichters.
a) Raumdiagramm; b) ebenes Ersatzdiagramm Gl. (213), Bezeichnungen siehe Text

wobei aber der Phasenwinkel $\varphi_0$ nur eine scheinbare Größe ist. Denn ihm entspricht tatsächlich kein wirklicher Winkel, da Ströme verschiedener Frequenz zusammengefaßt sind. Es ist daher richtiger, den totalen Leistungsfaktor mit $\lambda$, und nicht durch eine Kosinusfunktion zu bezeichnen. Das Verhältnis

$$\frac{P_{sch\,1}}{P_{sch}} = \frac{\sqrt{P_w^2 + P_b^2}}{P_{sch}} = \frac{I_{p\,1}}{I_p} = v \qquad (219)$$

ist der oben bereits bestimmte Grundwellengehalt [s. S. 104, Gl. (210)], Zahlentafel 12] oder Verzerrungsfaktor. Bei Vernachlässigung der Überlappung ist diese Größe nur von der Pulszahl des Gleichrichters abhängig.

Unter diesen Faktoren besteht die Beziehung

$$\lambda = \cos \varphi_0 = v \cos \varphi_1 \,. \qquad (220)$$

Voraussetzung ist dabei, daß die Netzspannung sinusförmig bleibt. Sonst bilden die Oberwellenströme mit den höheren Harmonischen der Spannung ebenfalls Wirkleistung. Durch die Überlappung der Anodenströme geht mit zunehmender Belastung die Verzerrungsleistung zurück. Im Grenzfall erreicht der Grundwellengehalt den Wert 1. Bei hoher Überlastung kann man also angenähert den totalen Leistungsfaktor gleich dem Leistungsfaktor der Grundwelle ansetzen. Für den ungesteuerten Gleichrichter gilt, ohne Magnetisierungsblindleistung:

$$\cos\varphi_1 = \frac{1+\cos u}{2} = 1 - e_s = \frac{U_g}{U_{g0}} \quad \text{(vgl. Abb. 118).} \qquad (221)$$

Bei geradlinigem Stromanstieg wäre noch einfacher

$$\cos\varphi_1 \cong \cos\frac{u}{2}\,.$$

Die Phasenverschiebung der Grundwelle wird also unmittelbar durch den induktiven Spannungsabfall bestimmt.

Mit steigender Belastung nimmt die Überlappung zu, also geht auch der Verschiebungsfaktor zurück. Bei kleiner Teillast überwiegt der Einfluß der Magnetisierungsblindleistung. Der Verschiebungsfaktor steigt daher vom Leerlauf aus zunächst rasch an, um später wieder langsam abzunehmen (Abb. 98). Die Blindleistung nimmt aber stetig zu.

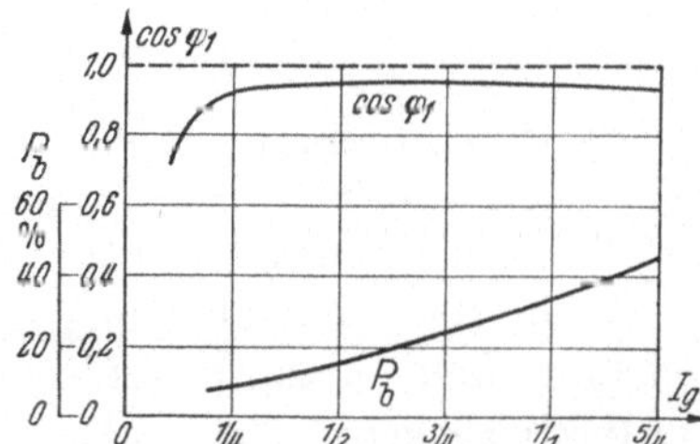


Abb. 98. Leistungsfaktor der Grundwelle (Verschiebungsfaktor) $\cos\varphi_1$ und zugehörige Blindleistung $P_b$ als Funktion der Belastung (volle Aussteuerung)

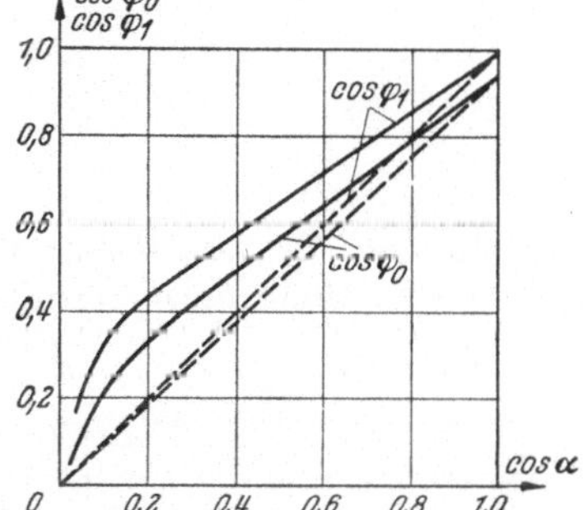


Abb. 99. Leistungsfaktor der Grundwelle $\cos\varphi_1$ und totaler Leistungsfaktor $\cos\varphi_0$ als Funktion der Aussteuerung $\cos\alpha$; — bei $X_k = 0$, — — — bei $X_k = \infty$ (nach [9] Abb. 251)

Untersucht man aber einen Gleichrichter mit Gittersteuerung, so tritt die Steuerblindleistung in den Vordergrund. Unter Vernachlässigung von Magnetisierungs- und Kommutierungsblindleistung und bei völlig geglättetem Gleichstrom ($X_k = \infty$) verlaufen Verschiebungsfaktor und totaler Leistungsfaktor in Abhängigkeit von der Aussteuerung geradlinig (Abb. 99). Wenn aber die Gleichstromseite rein Ohmsch belastet ist, so liegen die Werte für verringerte Aussteuerung etwas höher, die Kurven zeigen einen gekrümmten Verlauf. In der Praxis rechnet man meist genau genug mit einem proportionalen Rückgang des Leistungsfaktors mit fallender Gleichspannung. Dafür gilt:

$$\cos\varphi_1 = (1 - e_s)\cdot\cos\alpha\,. \qquad (221a)$$

Die Blindleistung, die infolge der Gittersteuerung bei der eingestellten Gleichspannung auftritt, richtet sich natürlich auch nach der Belastung. Unter Beibehaltung der vorstehenden Vernachlässigungen läßt sich dies an einem einfachen Diagramm zeigen (Abb. 100). Zunächst findet man im linken Quadranten zu einer gegebenen Aussteuerung $\cos\alpha$ die Wirk-

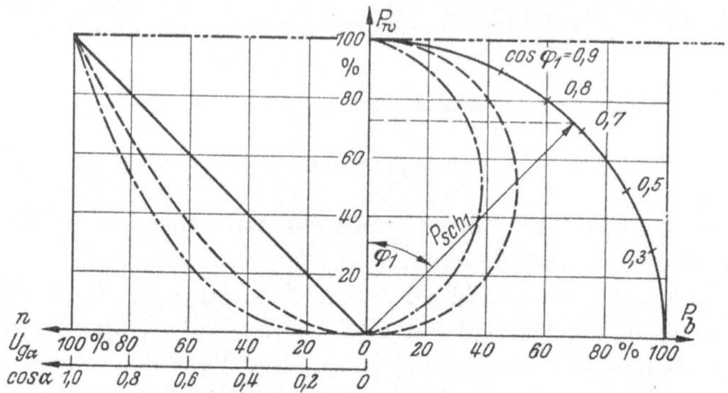

Abb. 100. Leistungsdiagramm eines gittergesteuerten Gleichrichters.
— · · — · · — Wirkleistung konstant,
———— Gleichstrom konstant,
— — — — Gleichstrom proportional $U_g$,
— · — · — Gleichstrom proportional $U_g^2$,
vorausgesetzt: $P_{bm} = 0$, $u = 0$, $X_k = \infty$,
bei Gleichstrommotor mit Ankersteuerung $n \sim U_{g\alpha}$

leistung $P_w$. Die zugehörige Blindleistung $P_b$ wird daran anschließend im rechten Quadranten ermittelt. Wenn der Gleichstrom im ganzen Regelbereich unverändert bleibt, so ist auch die Scheinleistung $P_{sch1}$ konstant und verläuft auf einem Viertelkreisbogen. Fällt aber der Gleichstrom mit der herabgeregelten Spannung und wird zusammen mit dieser Null, so bewegt sich die Scheinleistung auf einem Kurvenzug über der Vollastwirkleistung als Grundlinie. Wenn der Gleichstrom dabei stets proportional der Spannung ist, so erhält man einen Halbkreis. Geht der Strom sogar quadratisch zurück, so verläuft die Kurve flacher. Bei konstanter Wirkleistung würde aber die Scheinleistung rasch zu sehr hohen Werten ansteigen. Was über den Verlauf der Scheinleistung gesagt ist, gilt bei fester Primärspannung natürlich auch für den Primärstrom.

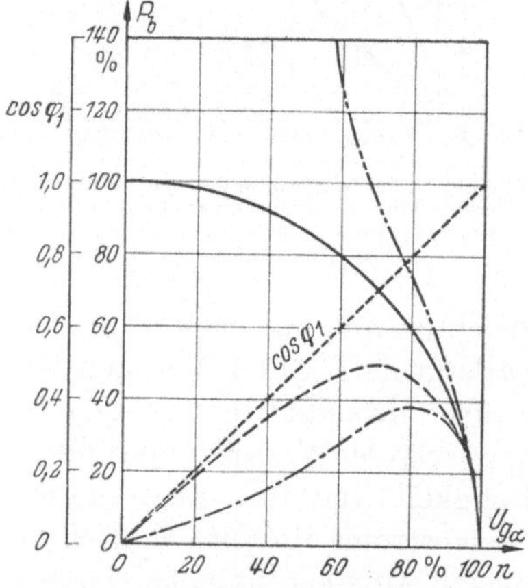

Abb. 101. Verlauf der Blindleistung bei Gittersteuerung.
— · · — · · — Wirkleistung konstant,
———— Gleichstrom konstant,
— — — — Gleichstrom proportional $U_g$,
— · — · — Gleichstrom proportional $U_g^2$,
- - - - - - - Leistungsfaktor der Grundwelle,
vorausgesetzt: $P_{bm} = 0$, $u = 0$, $X_k = \infty$

Überträgt man das Ergebnis in ein Blindleistungs-Spannungs-Diagramm, so erhält man Abb. 101. Man erkennt daraus, daß bei Gittersteuerung der Verschiebungsfaktor zwar stets proportional zurückgeht, dabei aber die Blindleistung einen ganz verschiedenen Verlauf nehmen kann, je nach dem Verhalten der angeschlossenen Belastung. Mit fallender Aussteuerung nimmt nur dann die Blindleistung ständig bis zur Spannung Null zu, wenn der Belastungsstrom mindestens konstant bleibt. Bei voller Sperrung und konstantem Strom erreicht die Blindleistung den Wert der Nennwirklast. Wenn aber die Belastung mit der Aussteuerung fällt, so durchläuft die Blindleistung ein Maximum, das je nach dem Grad der Stromabhängigkeit bei 70—82% der vollen Gleichspannung liegt und etwa 50—38% der Nennwirklast beträgt. Dabei ist die Wirklast rd. 50—54% ihres Wertes bei voller Aussteuerung. Wird die Gleichspannung noch weiter herab geregelt, so geht die Blindleistung rasch zurück.

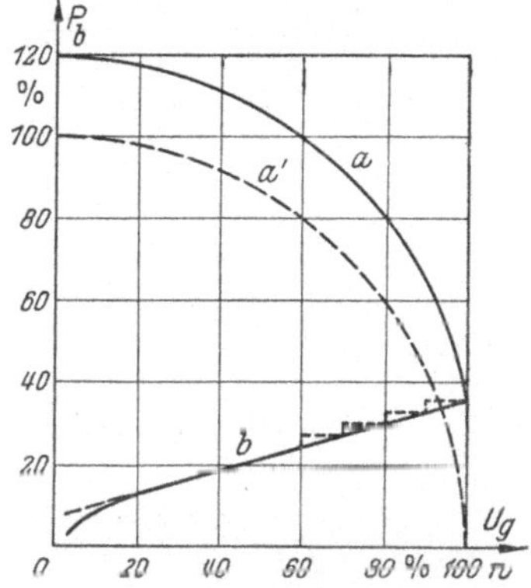

Abb. 102. Verlauf der Blindleistung bei Spannungssteuerung.

*a* mit Gittersteuerung (*a'* ohne $P_{b\,m}$ und $P_{b\,k}$), *b* mit Stufeneinstellung, bei konstantem Gleichstrom (feinstufig, im oberen Bereich Stufen angedeutet)

Wenn man die vorausgesetzten Vernachlässigungen nun aufhebt, so erfahren diese theoretischen Kurven eine gewisse Verschiebung, ihr grundsätzlicher Charakter bleibt aber erhalten. Für ein praktisches Beispiel wurde dies bei konstantem Belastungsstrom durchgerechnet. Das Ergebnis zeigt Abb. 102. Zum Vergleich ist auch der Verlauf der Blindleistung bei Stufenverstellung am Transformator eingezeichnet. Erst bei kleiner Aussteuerung zeigt sich ein erheblicher Unterschied zwischen primären (—) und sekundären (— — —) Stufen[1]. Wie man sieht, wird aber der übermäßige Anstieg der Blindleistung vermieden. Sie geht vielmehr mit fallender Spannung noch zurück. Der Verschiebungsfaktor behält in einem weiten Bereich der Gleichspannung beinahe seinen Wert, den er bei voller Spannung hat (s. auch Abb. 179, S. 217).

Man hat folgende Möglichkeiten, den Leistungsfaktor einer Gleichrichteranlage zu verbessern:

a) *Wahl einer günstigen Transformatorschaltung* mit geringem induktiven Spannungsabfall [s. Gl. (17 und 221a), Zahlentafel 6, s. S. 41]. Dadurch wird der Überlappungswinkel und mit ihm die Kommutierungsblindleistung vermindert. Nimmt man außerdem eine höhere Pulszahl, so ergibt sich ein geringerer Oberwellengehalt des Primärstroms, wodurch der totale Leistungsfaktor verbessert wird.

---

[1] Die angedeuteten Stufen verlaufen so flach nur bei stark fallendem Strom.

b) *Einschränkung des Stellbereichs der Gittersteuerung.* Der gesamte Stellbereich, den der Betrieb verlangt, wird durch Anzapfungen am Transformator unterteilt. Im Dauerbetrieb wird die Gittersteuerung nur zwischen diesen Anzapfungen benutzt (vgl. Abb. 179). Kurzzeitig kann aber die Gittersteuerung für eine weitergehende Spannungssenkung verwendet werden, z. B. zum Anfahren der Gleichspannung von Null an.

c) *Zusatzanoden.* Man kann sekundäre Anzapfungen des Transformators an zusätzliche Anoden des Gleichrichters anschließen. Es stehen dann also im Entladungsgefäß Anoden verschiedener Spannungsstufen zur Verfügung. Damit wäre aber nur die Umschaltung der sekundären Transformatorstufen in das Stromrichtgefäß verlegt. Das Ergebnis wäre ein Verlauf von Blindleistung und Leistungsfaktor nach Kurve *b* in Abb. 179. Für eine wesentliche Verbesserung gegenüber der reinen Gittersteuerung würde man eine erhebliche Zahl von Zusatzanoden benötigen. Daher läßt man die Zusatzanoden sich bereits im oberen Stellbereich an der Stromführung beteiligen. Zur Erläuterung möge Abb. 103 dienen. Vorausgesetzt wird dabei eine zweiphasige Mittelpunktschaltung mit einer Zusatzanode je Phase. Nach dem Zeitdiagramm *a* und Brenndauerschema *b* brennt bei verminderter Gleichspannung zunächst die Zusatzanode 1′ (bzw. 2′) mit der Spannung $U_s'$, bis bei dem Steuerwinkel $\alpha$ die Hauptanode 1 (bzw. 2) mit der Spannung $U_s$ freigegeben wird und den Strom übernimmt. Das Anzapfverhältnis der Zusatzanode wird mit

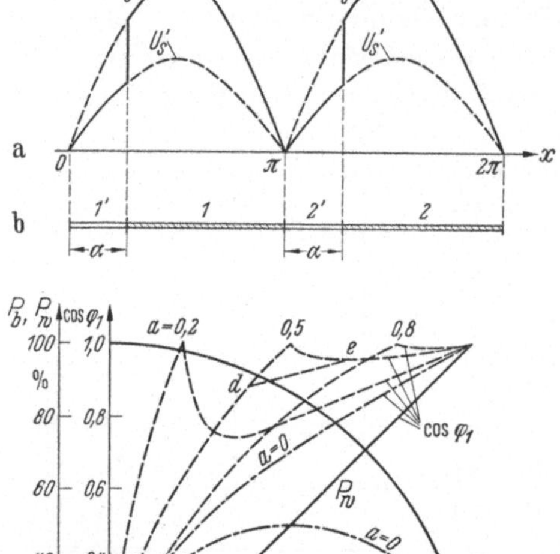


Abb. 103 a—c. Wirkungsweise der Gittersteuerung mit Zusatzanoden (zweiphasige Mittelpunktschaltung).
a) Bildung der Gleichspannung (Leerlauf). $U_s$ Sekundärspannung der Hauptanoden 1, 2, $U_s'$ Sekundärspannung der Anzapfanoden 1′ 2′; b) Brenndauerschema, $\alpha$ Steuerwinkel; c) Blindleistung $P_b$ und Leistungsfaktor cos $\varphi_1$ bei konstantem Gleichstrom. $X_k = \infty$, $u = 0$, $P_{bm} = 0$.
——— normale Gittersteuerung ohne Zusatzanoden,
—·—· Gittersteuerung mit Nullanode, $a = 0$,
— — — Gittersteuerung mit Anzapf- und Nullanoden, Anzapfverhältnis $a = 0{,}2$, $0{,}5$, $0{,}8$,
········ $d$—$e$ mit verringertem Zündabstand der Anodensätze.
$P_w$ Wirkleistung.
[2], S. 267, Abb. 259; [33], S. 291, Abb. 4

$$a = \frac{U_s'}{U_s}$$

bezeichnet. Es ist maßgebend für den Verlauf von Blindleistung und Leistungsfaktor. Für $a = 0$ hat man die Zusatzanode im Sternpunkt (Nullanode). Im Gleichrichterbetrieb ist diese Nullanode ungesteuert, im Wechselrichterbetrieb muß sie aber durch Gittersteuerung geführt werden.

Das Ergebnis für verschiedene Werte von $a$ ist in Abb. 103, c, in Kurven gegenüber gestellt. Wenn man nur eine ungesteuerte Nullanode verwendet, wird zwar die Blindleistung stark beschränkt und ist beim Anfahren ($U_{g\alpha} = 0$) sogar gleich null. Doch ist der Leistungsfaktor noch ziemlich niedrig. Fügt man aber Anzapfanoden für z.B. 50% Sekundärspannung ($a = 0{,}5$) hinzu, so wird die Kurve des Leistungsfaktors beträchtlich angehoben. Bei halber Nennspannung wäre der Leistungsfaktor wieder = 1,0 wie bei voller Spannung. Es würde sich aber hier eine Stufe der Steuerkennlinie ergeben. Man vermeidet sie, indem man den Zündabstand zwischen Haupt- und Zusatzanode kleiner als 180° ausführt. Allerdings wird dadurch im Bereich der Überschneidung der Steuerung beider Anoden der Leistungsfaktor wieder etwas schlechter, die Blindleistung etwas erhöht (Zwischenkurve *d*—*e*). Nachteilig ist vor allem, daß das Gefäß mit einer größeren Zahl von Anoden versehen werden muß. Das Verfahren läßt sich daher nur bei einer geringen sekundären Phasenzahl anwenden. Am geeignetsten ist es für einphasig gespeiste Gleichrichter (Schaltbild einer Stromrichterlokomotive, Abb. 172, S. 208).

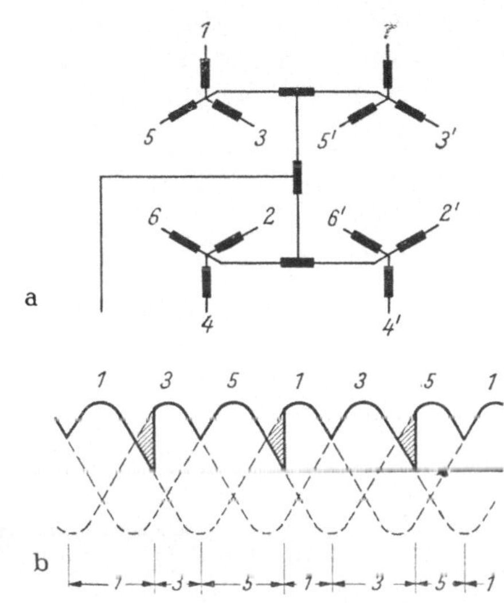


Abb. 104 a u. b. Unsymmetrische Gittersteuerung. a) Transformator-Schaltbild: sekundär 4 Sternwicklungen, 3 Saugdrosseln; b) Brenndauer-Schema für den Stern 1 3 5

d) *Unsymmetrische Gittersteuerung* (Phasenfolgesteuerung). Hierzu wird ein doppeltes 6-Phasensystem benötigt (Abb. 104). In jedem der 4 dreiphasigen Sterne wird die Zündverzögerung nur abwechselnd an jeder zweiten Phase ausgeführt, während die anderen Phasen (Anoden) ungesteuert bleiben. Im benachbarten Stern sind diese Phasen vertauscht, d.h. ihre Steuerung ist um 120° verschoben. Es ergibt sich das Steuerschema:

$$\begin{array}{cccccccc}
1 & & \underline{3} & & 5 & & \underline{1} & & 3 & & \underline{5} & \\
\underline{1'} & & 3' & & \underline{5'} & & 1' & & \underline{3'} & & 5' & \\
& 2 & & \underline{4} & & 6 & & \underline{2} & & 4 & & \underline{6} \\
& \underline{2'} & & 4' & & \underline{6'} & & 2' & & \underline{4'} & & 6',
\end{array}$$

worin die unterstrichenen Anoden verspätet gezündet werden, also verkürzt brennen. Dafür werden die anderen Anoden normal gezündet und brennen verlängert (Abb. 104b). Es brennen z.B. gleichzeitig Anode 3 verkürzt und Anode 3′ verlängert. Daraus ergibt sich im Mittel eine geringere Phasenverschiebung des Belastungsstromes auf der Primärseite als bei normaler Gittersteuerung. Man benötigt aber einen erheblichen zusätzlichen Aufwand, nämlich geteilte Transformatorwicklung, doppelte Anodenzahl, Drosseln und ein besonderes Gittersteuersystem mit 25 Hz.

e) Bei der *Zu- und Gegenschaltung* (auch Gefäßfolgeschaltung genannt) werden 2 Stromrichter in Reihe geschaltet. Die Steuerkennlinien sind gegeneinander verschoben, so daß für Gleichrichterbetrieb Stromrichter $A$

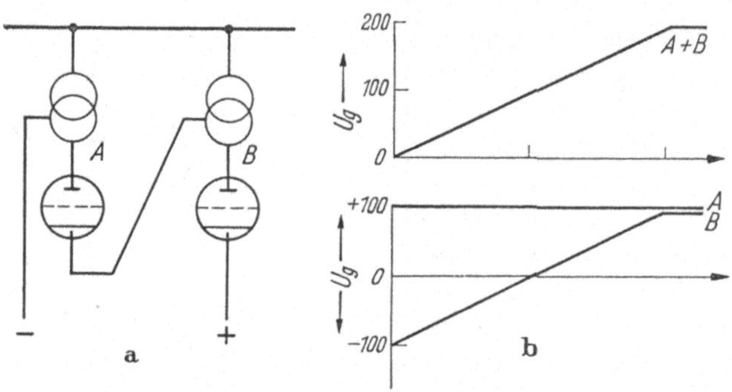


Abb. 105a u. b. Gefäßfolgeschaltung.
a) Schaltbild; b) Steuerkennlinie von 0 bis 200% $U_g$ [96]

voll geöffnet bleibt und Stromrichter $B$ von —100% auf +100% $U_g$ durchgesteuert wird. Die Gesamtspannung ist dann maximal gleich der doppelten Gleichspannung eines einzelnen Stromrichters. Die Arbeitsweise wird durch Abb. 105 erläutert [*96*].

Diese verschiedenen Verfahren zur Herabsetzung der Blindleistung werden am besten anhand des Leistungsdiagramms verglichen. Abb. 106 zeigt hierfür eine Gegenüberstellung der theoretischen Kurven, d.h. ohne Magnetisierungs-Blindleistung und Überlappung, in der rechten Hälfte für Gleichrichterbetrieb, in der linken für Wechselrichterbetrieb. Wie man sieht, kann die Blindstromaufnahme erheblich herabgesetzt werden, für Nullspannung (Anfahrstellung) auf theoretisch 50% für die unsymmetrische Gittersteuerung, auf theoretisch Null für die anderen gezeigten Verfahren. Der Höchstwert überschreitet nicht 50—57%. Im praktischen Betrieb wird infolge der Überlappung von allen Verfahren etwa 50% Blindleistung bei Nullspannung benötigt. Der Höchstwert wird auf etwa 62% begrenzt [*96*].

f) *Kondensatoren auf der Primärseite* (vgl. Abb. 180, S. 217) zur Kompensation der Blindleistung. Da die Blindleistung des Gleichrichters von Belastung und Aussteuerung abhängt, ist zum Einhalten eines bestimmten Leistungsfaktors ein Nachregeln der Kondensatorleistung erforderlich. Im allgemeinen begnügt man sich mit einer festen Kondensatorenleistung, wenn man nicht die Kondensatorenbatterie unterteilen und gruppenweise schalten will. Die Kondensatorenbatterie kann durch Drosseln zu Oberwellensaugkreisen erweitert werden (siehe auch S. 109).

Welches Verfahren zur Verbesserung des Leistungsfaktors anzuwenden ist, muß nach Lage des Einzelfalles entschieden werden. Sondersteuerverfahren werden für schwere Umkehrantriebe verwendet. Häufig wird man die Gittersteuerung nur begrenzt anwenden und eine Stufenverstellung hinzufügen. Bei Regulierantrieben kann man außerdem noch

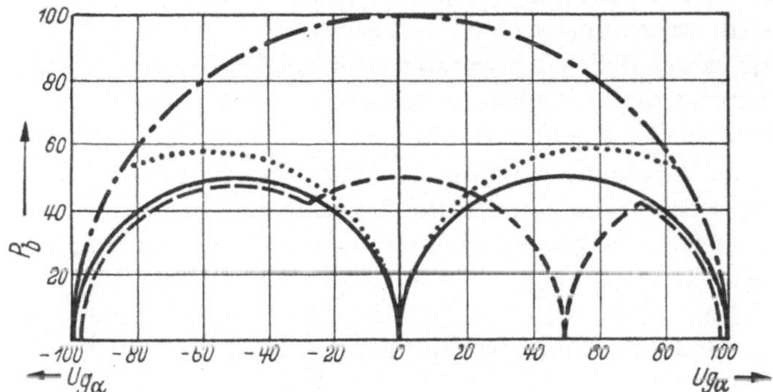


Abb. 106. Verlauf der Blindleistung $P_b$ bei verschiedenen Steuerverfahren
—·—·— symmetrische Gittersteuerung; ——— Gefäßfolgesteuerung;
— — — unsymmetrische Gittersteuerung; ..... Betrieb mit Nullanode [96]

die Feldverstellung am Motor heranziehen. Außer den Betriebseigenschaften der angeschlossenen Verbraucher wie Belastungsverlauf, Stellbereich und Betriebsweise sind auch die Anschlußbedingungen der Primärseite zu beachten, nämlich die Belastbarkeit mit Blindstrom, der Spannungsabfall und die Form des Stromtarifs.

## 10. Verluste und Wirkungsgrad

Zur Vorausberechnung des Wirkungsgrades sind zunächst die einzelnen Verluste zu ermitteln.

**a) Innere Verluste des Stromrichtventils $V_i$.** Bei Entladungsgefäßen haben wir den Lichtbogenverlust

$$V_i = E_b I_g , \tag{222}$$

wofür $E_b$ der Lichtbogenkennlinie der verwendeten Bauform zu entnehmen ist. Bei gegebener Pulszahl ist noch zu beachten, daß die Brennspannung auch von Anodenbeteiligung und Verlauf der Anodenstromkurve abhängt. Nur für angenäherte Rechnungen kann man die

Brennspannung als konstant annehmen, sonst ist stets die Änderung von $E_b$ mit der Belastung zu berücksichtigen (vgl. Abb. 37).

Bei Halbleiterventilen ist die Durchlaß-Spannung einzusetzen. Der innere Verlust ist also (vgl. Abb. 39 und S. 95):

$$V_i = z_r E_d I_g . \tag{223}$$

Der Rückstrom wird stets vernachlässigt. Bei Brückenschaltungen treten die inneren Verluste doppelt auf.

**b) Verluste im Gleichrichtertransformator.** α) *Eisenverluste* $V_{fe}$. Sie sind im Betrieb am normalen Drehstromnetz praktisch konstant. Wenn aber die Gleichspannung auf der Primärseite des Gleichrichters eingestellt wird, sei es durch einen vorgeschalteten Stufen- oder Drehtransformator, sei es durch Anzapfungen an der Primärwicklung des Gleichrichtertransformators selbst, so ändern sich die Eisenverluste. Sie fallen mit abnehmender Gleichspannung, da diese Steuerung auf einer Herabsetzung der Windungsspannung und damit der Eiseninduktion im Transformator beruht. Zur Ermittlung benötigt man also folgende Angaben: reine Eisenverluste (ohne Wicklungsverluste durch den Magnetisierungsstrom) bei Nennspannung, zugehörige Induktion und Verlustkurve der verwendeten Blechsorte. Wenn aber Joch- und Kerninduktion verschieden sind, hat man die Verluste für Joch und Kern getrennt zu berechnen.

β) *Wicklungsverluste* $V_r$ ($V_p$ primär, $V_s$ sekundär). Es wird vorausgesetzt $X_k = \infty$, $u = 0$. Es bedeuten:

$r_p$ = Ohmscher Widerstand einer Primärphase

$r_s$ = Ohmscher Widerstand einer Sekundärphase

$r_{si}$, $r_{sa}$ = desgl. für den inneren bzw. äußeren sekundären Wicklungszweig der Gabelschaltung.

Es wird der Wert der Widerstände für 50 Hz Wechselstrom eingesetzt. Zusätzliche Verluste durch die Oberwellen werden also vernachlässigt. Damit sind die Wicklungsverluste:

$$V_r = V_p + V_s = m\, I_p^2 r_p + p\, I_s^2 r_s . \tag{224}$$

Mit den Beziehungen für Primär- und Sekundärstrom im Abschnitt „Transformatorberechnung" ergibt sich nun für die einzelnen Transformatorschaltungen folgendes:

Einwegschaltung, jedoch mit rein Ohmscher Belastung (Abb. 15,48):

$$\left.\begin{aligned} V_r &= \left(\frac{\pi^2}{4} - 1\right)\frac{1}{z^2}\, I_g^2 r_p + \frac{\pi^2}{4}\, I_g^2 r_s \\ &= 1{,}47\,\frac{1}{z^2}\, I_g^2 r_p + 2{,}47\, I_g^2 r_s . \end{aligned}\right\} \tag{225}$$

Zweiphasige Mittelpunktsschaltung (Abb. 50)

$$V_r = \frac{1}{z^2} I_g^2 r_p + I_g^2 r_s . \tag{226}$$

Zweiphasige Brückenschaltung (Abb. 53), wobei der Widerstand $r_p$ für die ganze Primärwicklung, der Widerstand $r_s$ für die halbe Sekundärwicklung gilt:

$$V_r = \frac{1}{z^2} 4 I_g^2 r_p + 2 I_g^2 r_s , \tag{227}$$

Dreiphasige Schaltungen (Abb. 55, 56, 57):

$$V_r = \frac{2}{3} \frac{1}{z^2} I_g^2 r_p + I_g^2 r_s , \tag{228}$$

Dreiphasige Brückenschaltung (Abb. 20, 58)

$$V_r = 2 \frac{1}{z^2} I_g^2 r_p + 2 I_g^2 r_s , \tag{229}$$

Sechsphasige Schaltungen:

Durchmesserschaltung (Abb. 59) $V_r = \frac{1}{z^2} I_g^2 r_p + I_g^2 r_s ,$ (230)

Gabelschaltung (Abb. 60) $V_r = \frac{2}{3} \frac{1}{z^2} I_g^2 r_p + I_g^2 (r_{sa} + r_{si}) ,$ (231)

Saugdrosselschaltung (Abb. 61) $V_r = \frac{1}{2} \frac{1}{z^2} I_g^2 r_p + \frac{1}{2} I_g^2 r_s ,$ (232)

mit dreiphasiger Saugdrossel (Abb. 66):

$$V_r = \frac{1}{3} \frac{1}{z^2} I_g^2 r_p + \frac{1}{3} I_g^2 r_s . \tag{233}$$

Wenn die Gleichspannung durch Anzapfungen am Transformator verstellt wird, so ändern sich die Wicklungsverluste von Stufe zu Stufe. Bei sekundärer Stufensteuerung geht sekundär der Wicklungswiderstand proportional mit der Sekundärspannung zurück. Es vergrößert sich also das Übersetzungsverhältnis, so daß dementsprechend mit der Gleichspannung auch der Primärstrom zurückgeht. Die allgemeine Gleichung für die Wicklungsverluste (224) lautet dann

$$V_r = m \frac{1}{z^2} I_p^2 r_p \left(\frac{U_{s2}}{U_{s1}}\right)^2 + p I_s^2 r_s \frac{U_{s2}}{U_{s1}} , \tag{234}$$

worin $U_{s2}$ die gegenüber dem Höchstwert $U_{s1}$ herabgesetzte Sekundärspannung bedeutet. Bei dieser Steuerung nehmen also die Wicklungsverluste auf beiden Seiten mit der Spannung ab. Bei primärer Stufensteuerung aber wird zur Herabsetzung der Sekundärspannung die primäre Windungszahl vergrößert. Während die sekundären Wicklungsverluste unabhängig von der Spannungsstufe konstant bleiben, gehen die primären Verluste proportional der Spannung zurück. Die Gleichung der Wicklungsverluste hat dann folgende Form:

$$V_r = m \frac{1}{z^2} I_g^2 r_p \frac{U_{s2}}{U_{s1}} + p I_s^2 r_s . \tag{235}$$

Man erhält also bei sekundärer Steuerung geringere Wicklungsverluste als bei Steuerung auf der Primärseite. Es bleiben aber die Eisenverluste unverändert, während sie bei primärer Reglung mit fallender Sekundärspannung stark zurückgehen. Das Ergebnis für die Gesamtverluste hängt von dem Verhältnis von Eisen- und Wicklungsverlusten ab. In Abb. 107 ist angenommen, daß diese Verluste im Verhältnis 1:3 stehen (bei höchster Spannung) und der Belastungsstrom konstant ist. Dann ist die sekundäre Stufensteuerung günstiger als die primäre Steuerung, was etwa von $V_r/V_{fe} = 2$ an eintritt; für $V_r/V_{fe} \leqq 2$ hat dagegen die primäre Steuerung geringere Gesamtverluste.

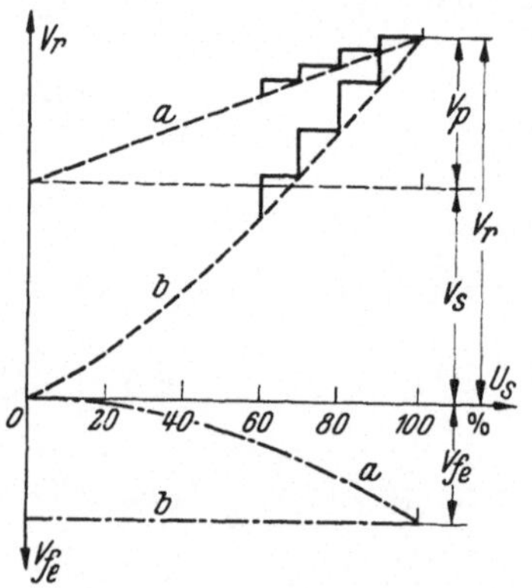


Abb. 107. Verlauf der Wicklungsverluste $V_r$ ($V_p$ primär, $V_s$ sekundär) und der Eisenverluste $V_{fe}$ bei Stufensteuerung (Gleichstrom konstant).
*a* primäre Stufensteuerung; *b* sekundäre Stufensteuerung, zwischen den Stufen Gittersteuerung (einige Stufen nur bei $V_r$ angedeutet, Kurven gelten für feinstufige Steuerung)

Saugtransformatoren (Saugdrosseln) haben Eisenverluste entsprechend der an ihnen entstehenden Zusatzspannung. Es ist aber zu beachten, daß die Frequenz über der Netzfrequenz liegt, je nach der Transformatorschaltung; am gebräuchlichsten ist die Doppelsternschaltung (Abb. 61), wobei die Saugdrosselspannung 150 Hz hat. Für die Wicklungsverluste gilt:

$$V_r' = g \left(\frac{I_g}{g}\right)^2 r_d . \tag{236}$$

**c) Drosselspulen** (Verluste $V_d$: Primärdrosseln, Anodendrosseln, Kathodendrossel) haben überwiegend Wicklungsverluste. Die Eisenverluste sind vor allem bei der Kathodendrossel zu vernachlässigen.

**d) Hilfsbetriebe** (Verluste $V_h$: wie Lüfter, Kühlwasserpumpen, Vakuumpumpen, Erregung, Gittersteuerung usw.) Verbrauch je nach Größe und Bauart. Im allgemeinen ist der Verbrauch dieser Hilfsbetriebe von der Belastung unabhängig. Wenn aber die Kühlung nach dem Laststrom gesteuert wird, so ist dementsprechend der Verbrauch der Kühleinrichtung veränderlich.

Als Anhalt mögen folgende Werte dienen:

| | |
|---|---|
| Erregung | 0,2—0,7 kW |
| Gittersteuerung | 0,2—0,6 kW |
| Luftkühlung: | |
| Glasgleichrichter | 0,1—1,5 kW |
| pumpenl. Gleichrichter | 0,3—2 kW |
| Vorvakuumpumpe | 0,3—0,4 kW |
| Hochvakuumpumpe | 0,3—1 kW. |

e) **Die Gesamtverluste** sind also:

$$\Sigma V = V_i + V_{fe} + V_r + V_r' + V_d + V_h \,. \tag{237}$$

Darin sind $V_{fe} + V_h = v_0$ unabhängig von der Belastung konstant (falls nicht primäre Spannungssteuerung oder eine Reglung der Kühlung angewendet wird). Ein zweiter Teil der Verluste, die Lichtbogenverluste oder der innere Verlust bei Trockenventilen, kann angenähert als dem Gleichstrom proportional gelten $V_i = v_1 I_g$. Die Wicklungsverluste schließlich sind proportional dem Quadrat des Gleichstroms. Man kann somit schreiben:

$$\Sigma V = v_0 + v_1 I_g + v_2 I_g^2 \,. \tag{238}$$

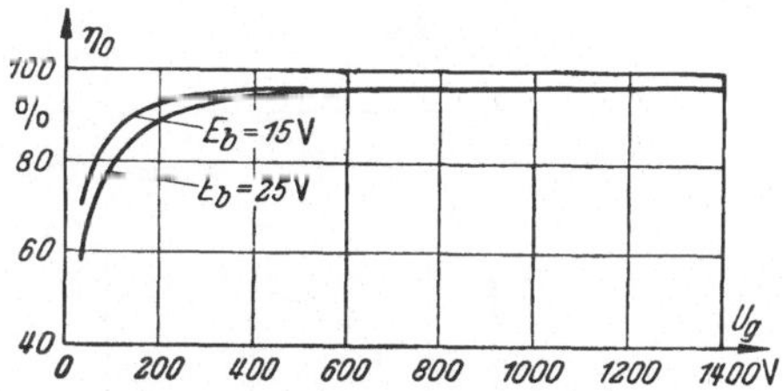


Abb. 108. Gefäßwirkungsgrad $\eta_0$ als Funktion der Gleichspannung $U_g$ für eine Brennspannung $E_b = 15$ und 25 V

f) **Wirkungsgrad.** Betrachtet man zunächst das Entladungsgefäß allein, so erhält man als Gefäßwirkungsgrad unter Vernachlässigung der Hilfsbetriebe

$$\eta_0 = \frac{U_g I_g}{U_g I_g + V_i} = \frac{U_g I_g}{U_g I_g + E_b I_g} = \frac{U_g}{U_g + E_b} \,. \tag{239a}$$

Für die Brennspannung wird nun ein fester Wert eingesetzt, mit $E_b = 15$ und 25 V ergeben sich dann für den Gefäßwirkungsgrad Kurven nach Abb. 108. Wie man sieht, ist der Wirkungsgrad um so besser, je höher die Gleichspannung gewählt wird (z.B. bei 220 V 89,8%; 440 V 94,6%; 800 V 97%; 1200 V 98% für $E_b = 25$ V). Deshalb hat bei Hochspannungsgleichrichtern die Brennspannung nicht mehr solche Bedeutung für den Wirkungsgrad wie bei niedrigerer Spannung. Für Halbleiterventile gilt an sich dieselbe Beziehung. Je Platte ist aber nur eine begrenzte Spannung zulässig. Wenn man die Gleichspannung darüber hinaus erhöht, so sind weitere Platten in Reihe zu schalten. Dadurch erhält man eine stufenweise Vergrößerung des inneren Spannungsabfalls. Der Wirkungsgrad verläuft nach einer sägezahnartigen Kurve.

Die Abweichungen vom möglichen Höchstwert werden jedoch mit zunehmender Spannung immer kleiner (s. Abb. 109).

Für die vollständige Gleichrichtergruppe ist unter Berücksichtigung aller Verluste [nach Gl. (237)] der Wirkungsgrad als das Verhältnis der abgegebenen zur aufgenommenen Wirkleistung wie folgt zu ermitteln:

$$\eta = \frac{P_{w2}}{P_{w1}} = \frac{P_{w1} - \Sigma V}{P_{w1}} = 1 - \frac{\Sigma V}{P_{w1}}. \tag{239b}$$

Darin ist $P_{w2}$ die abgegebene Wirkleistung = Gleichstromleistung $P_g$, $P_{w1}$ die aufgenommene Wirkleistung der Primärseite, die Gesamtverluste $\Sigma V$ also die Differenz beider Leistungen. Es ergeben sich für

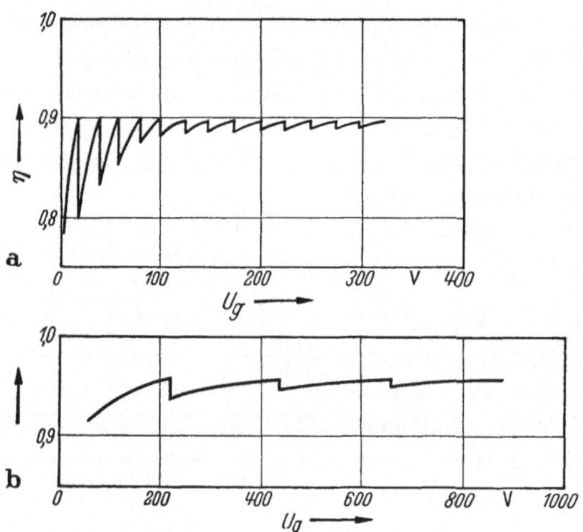


Abb. 109. Wirkungsgrad von Halbleiter-Gleichrichtern als Funktion der Gleichspannung $U_g$. a) Selen-Gleichrichter; b) Silizium-Gleichrichter (ungefähre Werte)

Quecksilberdampf-Gleichrichter etwa folgende Werte für Vollast: bei 220 V 87%, 440 V 92,5%, 800 V 94,5%, 1200 V 96%.

Man pflegt den Gesamtwirkungsgrad für veränderliche Belastung aufzuzeichnen. Um darin den Einfluß der verschiedenen Einzelverluste besser zu erkennen, sei angenommen, daß entsprechend Gl. (238) nur Verluste *einer* Art vorhanden sind. Rechnet man lediglich mit konstanten Verlusten $v_0$, so sinkt der Wirkungsgrad mit abnehmender Belastung rasch ab (Kurve *a* in Abb. 110). Wenn aber die gesamten Verluste stets proportional dem Gleichstrom sind, so ist der Wirkungsgrad konstant für alle Belastungen (Kurve *b*). Steigen die Verluste noch rascher mit der Belastung, und zwar quadratisch, so liegen die Teillastwirkungsgrade sogar höher als bei Vollast; bei Leerlauf wäre der Wirkungsgrad theoretisch 100% (Kurve $c$). Beim Gleichrichter ist der Anteil der konstanten Verluste $v_0$ ziemlich gering, es überwiegen die lastabhängigen Verluste $v_1 I_g + v_2 I_g^2$. Wenn der Gleichrichter mit höherer Gleichspannung arbeitet, so bestimmen vor allem die Wicklungsverluste den Verlauf der Wirkungsgradkurve. Im Gegensatz zu rotierenden Umformern ist daher bei Gleichrichtern auch der Teillastwirkungsgrad verhältnismäßig hoch (Kurve $d$). Als Beispiel für praktisch erreichbare Werte sind in Abb. 111 die Wirkungsgradkurven für 230, 500 und 850 V bei Verwendung von Stahlgefäßen aufgetragen.

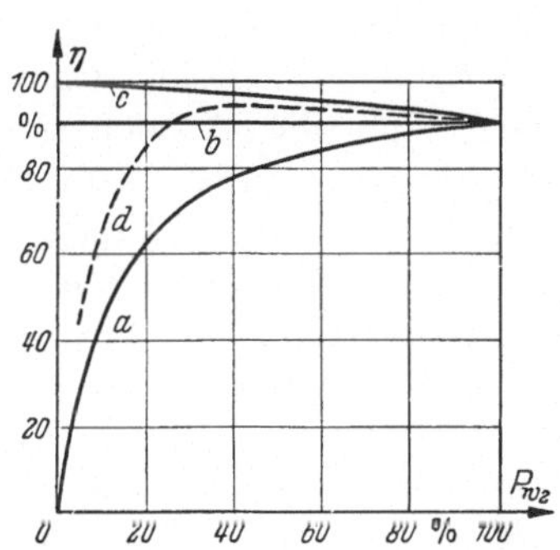


Abb. 110. Charakteristische Wirkungsgradkurven.

$a$ nur konstante Verluste $v_0$; $b$ nur Verluste proportional dem Laststrom $v_1$, $c$ nur Verluste proportional dem Quadrat des Laststroms $v_2$; $d$ tatsächliche Kurve für Gleichrichter

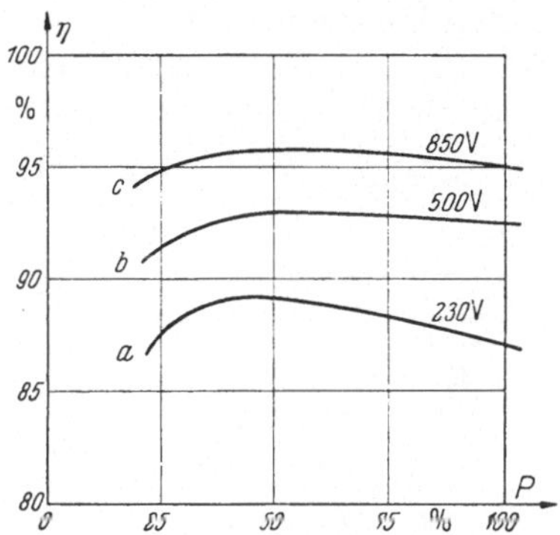


Abb. 111. Wirkungsgradkurven von Quecksilberdampf-Gleichrichteranlagen.

$a$ 1000 kW, 230 V; $b$ 3000 kW, 500 V; $c$ 3000 kW, 850 V, $P$ abgegebene Leistung

Die bisherigen Betrachtungen setzten eine feste Gleichspannung voraus, wie dies im allgemeinen angenähert üblich ist. In gewissen Fällen gehört aber zu einer Laständerung auch eine weitgehende Veränderung der Gleichspannung. Wenn zu einer Teilbelastung eine verringerte Gleichspannung eingestellt wird, so gewinnt der lastunabhängige Teil der Verluste wieder mehr Einfluß. Der Wirkungsgrad geht dann bei Teillast stärker zurück (s. auch S. 218, Abb. 181).

Abschließend sei noch erwähnt, daß sich die abgegebene Leistung allgemein aus reiner Gleichstromleistung $V_g I_g$ und Oberwellenleistung $\Sigma U_{gn} I_{gn} \cos \varphi_n$ zusammensetzt. Man rechnet für die Gleichstromverbraucher meist nur mit der mittleren Gleichstromleistung, wie es für völlig geglätteten Gleichstrom auch streng richtig ist. Für Nebenschlußmotoren und Elektrolyse-Anlagen sowie Sammlerbatterien ist auch bei welligem Gleichstrom nur der Mittelwert nutzbar. Dagegen liefern die Gleichstromoberwellen in Reihenschlußmotoren, Heizgeräten und Glühlampen noch einen gewissen Beitrag zur verwerteten Wirkleistung.

# C. Wechselrichter und Umrichter

## 1. Wechselrichter

Ein Wechselrichter soll Gleichstrom in Wechselstrom oder Drehstrom umformen. Seine Energierichtung ist also derjenigen des Gleichrichters entgegengesetzt. Um bei Gleichstrom die Energierichtung umzukehren, kann man entweder die Spannung oder den Strom umkehren. Die sonst übliche Umkehr der Stromrichtung ist aber bei einem Stromrichter wegen seiner Richtwirkung nicht möglich. Man muß also die Spannung umkehren. Betrachtet man daraufhin die Arbeitsweise eines Gleichrichters im Zeitdiagramm (z.B. Abb. 17), so sieht man, daß Wechselrichterbetrieb [*2, 3, 8*] dadurch entsteht, daß die Anodenströme während der negativen Halbwellen der Anodenspannung fließen. Während der positiven Halbwellen sind die Anoden durch Gittersteuerung gesperrt zu halten (Abb. 112). Der Stromwechsel von einer Anode zur nächsten geschieht dadurch, daß die neue Anode vom Gitter her freigegeben wird. Dies ist aber nur solange möglich, wie die neue Anode ein im positiven Sinn höheres Potential hat, als die vorhergehende. Die Kommutierung muß vor dem Schnittpunkt der negativen Anodenspannungen einsetzen und beendet sein.

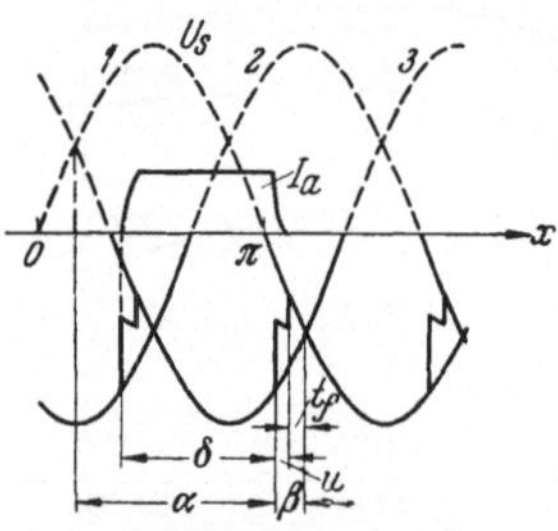

Abb. 112. Wirkungsweise des Wechselrichters. $\beta$ Zündverfrühung, $u$ Überlappung, $t_f$ Freiwerdezeit, $I_a$ Anodenstrom, Brenndauer $\delta'' = \delta + u$, $\alpha + \beta = \pi$

Für Wechselrichterbetrieb ist also Gittersteuerung notwendig. Man pflegt den Steuerwinkel vom Schnittpunkt der negativen Halbwellen aus rückwärts zu rechnen als Zündverfrühung $\beta$. Vom Schnittpunkt der positiven Halbwellen ausgerechnet hätte man die Zündverzögerung $\alpha$; dabei ist $\beta = \pi - \alpha$. Es muß nun folgende Bedingung eingehalten werden:

$$\beta_{min} > u + \gamma \,. \tag{240}$$

Darin ist $u$ die Überlappung der Anodenströme und $\gamma$ der Löschwinkel entsprechend der Freiwerdezeit $t_f$ der Entladungsstrecke (siehe S. 9). $\beta_{min}$ ist der Mindestwert der Zündverfrühung (s. Abb. 112).

Die zu löschende Anode muß ihre volle Sperrfähigkeit bereits vor dem Schnittpunkt der Anodenspannungen wieder erlangt haben. Man bezeichnet den Winkel $\beta_{min}$ auch als Trittgrenze des Wechselrichters. Aus Sicherheitsgründen wird man im Betrieb die Zündverfrühung noch größer halten und gewissermaßen noch einen zusätzlichen Achtungsabstand vor dem Schnittpunkt der Anodenspannungen einführen. Durch die Überlappung ist die Trittgrenze lastabhängig. Bei kleiner Last kann man mit der Aussteuerung höher gehen, $\beta$ also kleiner halten als bei höherer Last. Umgekehrt muß man bei der Einstellung der Zündverfrühung etwaige Überlastungen bereits berücksichtigen.

Zu einem bestimmten Winkel der Zündverfrühung gehört also ein maximal zulässiger Strom, der ohne Gefährdung der Betriebssicherheit nicht überschritten werden darf. Die Sperrspannungskurve verläuft vorwiegend im positiven Gebiet und ist spiegelbildlich zur entsprechenden Kurve im Gleichrichterbetrieb. Man hat also einfach das in Abb. 78, c gezeichnete Diagramm auf den Kopf zu stellen, um daraus schon die Kurve für den Wechselrichterbetrieb bei entsprechendem Steuerwinkel $\alpha = \pi - \beta$ zu erhalten. Nur kurze Zeit nach dem Verlöschen der Anode ist die Sperrspannung negativ. In dieser Zeit muß die Entjonisierung erfolgt sein. Für ein bestimmtes Stromrichtgefäß, eine gegebene Transformatorschaltung und entsprechende Kurzschlußspannung kann nach der Erfahrung eine Kurve für die Freiwerdezeit als Funktion des Belastungsstroms festgelegt werden. Im allgemeinen liegt die Freiwerdezeit zwischen 0,2 und 1,4 ms, d.h. zwischen 4 und 25° elektr. bei 50 Hz.

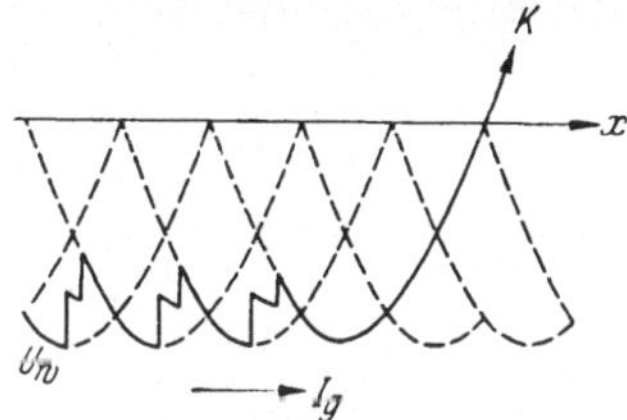

Abb. 113. Erläuterung des Kippens beim Wechselrichter (K), → Richtung zunehmenden Gleichstroms $I_g$

Die Gleichspannung des Wechselrichters, die für die Eingangsseite als Gegen-EMK aufzufassen ist, ergibt sich nach Gl. (4) (s. Abb. 117) aus:

$$U_w = k_0\, U_s \cos\beta = U_{w0} \cos\beta \quad \text{mit} \quad \beta \geqq \beta\,\text{min}\,. \tag{241}$$

Es ist also nicht möglich, den Wechselrichter voll auszusteuern. Überschreitet man z.B. durch Überlastung die Trittgrenze des Wechselrichters, so würde die gerade brennende Anode den Strom nicht ordnungsgemäß an die Nachbaranode abgeben. Wie in Abb. 113 schematisch dargestellt, würde der Anodenstrom auch noch weiterfließen, wenn die zugehörige Spannung positiv geworden ist. Dabei hat sich die Spannung des Wechselrichters umgekehrt und ist dadurch mit der Netzspannung gleichsinnig in Reihe geschaltet, so daß der Anodenstrom kurzschlußartig ansteigt. Dieser Vorgang wird auch als Kippen bezeichnet. Der Wechselrichterbetrieb kann sich aber wieder fangen, wenn sofort die übernächste Anode verfrüht gezündet wird. Als Schutz wird aber besser ein fester Sicherheits-Gitterimpuls an der Aussteuerungsgrenze (Kippwächter) eingesetzt (siehe S. 175).

Man erhält für die zulässige Höchstbelastung die Gleichung:

$$U_{w\,max} = U_{w0} \cos\beta + E_s\,, \tag{242}$$

worin $E_s$ als induktiver Gleichspannungsabfall sich ergibt aus

$$E_s = \frac{1}{2}\, U_{w0}\, [\cos(\beta - u)_{min} - \cos\beta]\,.$$

Ohmscher Spannungsabfall und Brennspannung sind dabei vernachlässigt.

Die Spannungsabfälle werden in gleicher Weise berechnet wie beim Gleichrichter, ihr Vorzeichen ist jedoch umgekehrt. Die Spannung des speisenden Gleichstromnetzes hat als treibende Spannung diesen Spannungsabfällen und der inneren Gegen-EMK das Gleichgewicht zu halten. Bei einer bestimmten Aussteuerung muß also die Netzgleichspannung um so höher werden, je größer der Belastungsstrom wird. Umgekehrt muß bei fester Netzspannung die Zündverfrühung vergrößert werden, wenn der Wechselrichter höheren Strom aufnehmen soll. Die Berechnung des Transformators erfolgt im übrigen in derselben Weise wie für einen Gleichrichter.

Die Phasenverschiebung des Stroms auf der Drehstromseite für Gleichrichter- und Wechselrichterbetrieb ist aus dem Vektordiagramm

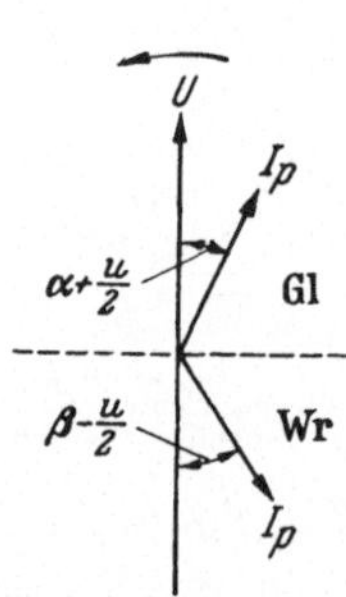


Abb. 114. Vektordiagramm für Gleichrichterbetrieb Gl und Wechselrichterbetrieb Wr. $U$ Netzspannung, $I_p$ Primärstrom [3]

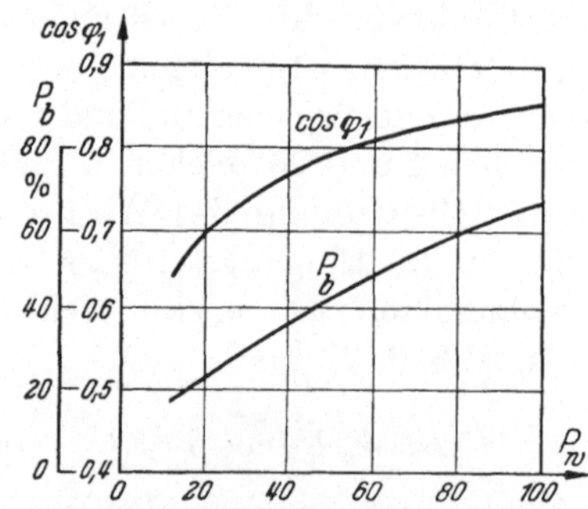


Abb. 115. Verlauf von Leistungsfaktor der Grundwelle $\cos\varphi_1$ und Blindleistung $P_b$ (in % der Nennwirkleistung) als Funktion der Wirklast $P_w$ im Wechselrichterbetrieb

Abb. 114 zu ersehen. Es ist geradliniger Anstieg des Anodenstroms während der Kommutierung angenommen. Beim Gleichrichter hat dann die Grundwelle des Primärstroms einen Verschiebungswinkel

$$\varphi_1 \approx \alpha + \frac{u}{2}\,.$$

Der Primärstrom des Wechselrichters ist negativ eingetragen, sein Verschiebungswinkel ist

$$\varphi_1 \approx \beta - \frac{u}{2}\,.$$

In beiden Fällen wird vom Drehstromnetz Blindleistung bezogen. Während aber die Phasenverschiebung beim Gleichrichter mit der Belastung zunimmt, ergibt sich beim Wechselrichter mit steigender Last eine geringere Phasenverschiebung, so daß also der Verschiebungsfaktor besser wird (Abb. 115). Da aber sich der Stromanstieg in der Bildung der

Blindleistung stärker auswirkt als die Verringerung des Phasenwinkels, so nimmt die Blindleistung auch beim Wechselrichter mit zunehmender Belastung zu.

Wenn man die Zeitdiagramme der Ströme und Spannungen für Gleichrichter- und Wechselrichterbetrieb einander gegenüberstellt, so erkennt man einen spiegelbildlichen Verlauf der entsprechenden Kurven (Abb. 116a und b; Symmetriesatz von GERECKE, gültig bei $X_k = 0$ und $X_k = \infty$, [2], S. 272). Die Oberwellen auf der Gleichstrom- und der Drehstromseite sind also für beide Stromrichterarten grundsätzlich gleich groß.

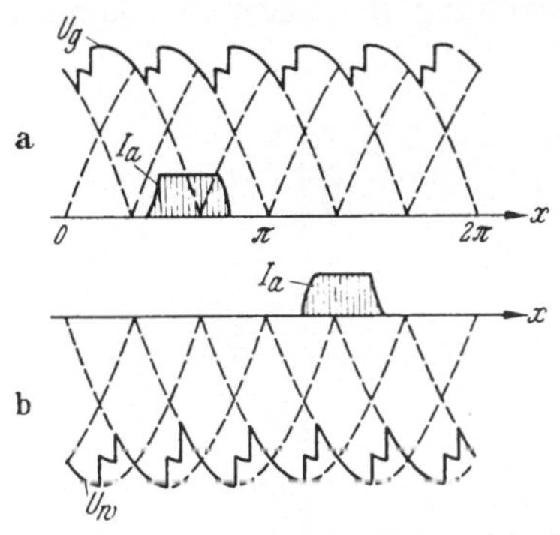


Abb. 116a u. b. Vergleich des Kurvenverlaufs von Gleichspannung und Anodenstrom. a) Gleichrichter; b) Wechselrichter

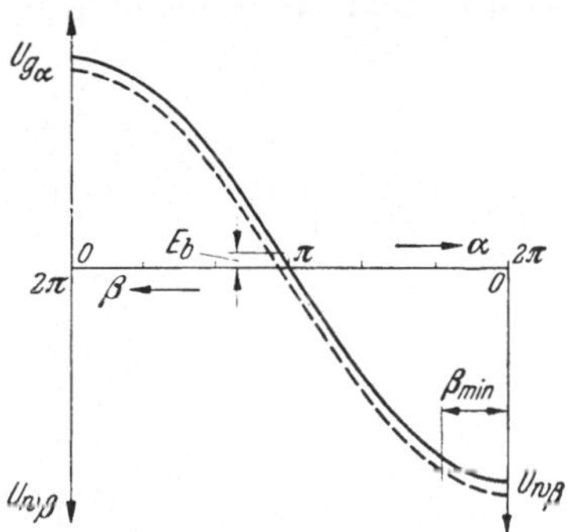


Abb. 117. Regulierkennlinie für den Übergang von Gleichrichter- in Wechselrichter-Betrieb ($U_{g\alpha}$ nach $U_{w\beta}$). ——— Leerlaufspannung, — — — — dgl. abzüglich Brennspannung $E_b$ [3]

Durch die Gittersteuerung ist ein stetiger Übergang vom Gleichrichter- zum Wechselrichterbetrieb möglich. Hierfür wird nach Abb. 28 die Grenzkurve der Regulierkennlinien ($X_k = \infty$) zugrunde gelegt. Man erhält das Diagramm Abb. 117. Gegenüber der damit gegebenen Leerlaufspannung liegt die meßbare Gleichspannung um die Brennspannung $E_b$ tiefer.

Bei Speisung eines Gleichstromnetzes sind also für den Übergang vom Gleichrichter- zum Wechselrichterbetrieb die Gleichstromanschlüsse zu vertauschen, da sich die Gleichspannung umkehrt. Außerdem ist die Gittersteuerung von der Zündverzögerung $\alpha$ auf die Zündverfrühung $\beta$, also um den Winkel $\pi - \alpha - \beta$ zu verstellen.

Zur weiteren Erläuterung möge das Belastungsdiagramm nach Abb. 118 dienen. Die obere Hälfte gilt für den Gleichrichterbetrieb, die untere für den Wechselrichterbetrieb. Die ideelle Leerlaufgleichspannungen für beide Betriebsarten $U_{g0}$ und $U_{w0}$ sind einander gleichgesetzt. Im Gleichrichterbetrieb ist ein Steuerwinkel $\alpha$ eingestellt, wodurch sich die Leerlaufspannung auf

$$U_{g\alpha} = U_{g0} \cos \alpha$$

verringert. Davon ist zunächst der induktive Spannungsabfall $E_s$ abzuziehen. Daraus ergibt sich angenähert die Phasenverschiebung der Grundwelle $\varphi_1$, entsprechend der Gleichung

$$U_{g0} \cos \varphi_1 = U_{g0} \cos \alpha - E_s .$$

Daraus:

$$\cos \varphi_1 = \cos \alpha - e_s . \tag{243}$$

Durch den Ohmschen Spannungsabfall $E_r$ und die Brennspannung $E_b$ liegt die abgegebene Gleichspannung noch entsprechend tiefer. Im Wechselrichterbetrieb ist eine Zündverfrühung $\beta$ eingestellt, dadurch

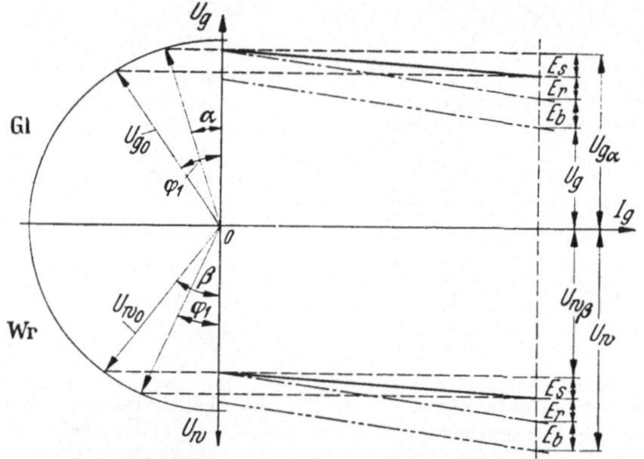


Abb. 118. Belastungskennlinien für Gleichrichter- und Wechselrichter-Betrieb mit den zugehörigen Steuer- und Verschiebungswinkeln ([8])

*Gl* Gleichrichter-Betrieb $U_{g_0} \cos \varphi_1 = U_{g_0} \cos \alpha - E_s$

*Wr* Wechselrichter-Betrieb $U_{w_0} \cos \varphi_1 = U_{w_0} \cos \beta + E_s$

$E_s$ induktiver Gleichspannungsabfall (Gl. 17), $E_b$ Brennspannung,
$E_r$ Ohmscher Gleichspannungsabfall (Gl. 13), $I_g$ Gleichstrom

ergibt sich eine Gleichspannung $U_{w\beta}$. Addiert man hierzu den induktiven Spannungsabfall $E_s$, so erhält man nach der im Diagramm gezeigten Konstruktion den Phasenwinkel $\varphi_1$. Dafür gilt:

$$\cos \varphi_1 = \cos \beta + e_s . \tag{244}$$

Die Spannung auf der Gleichstromseite ist noch um den Betrag des Ohmschen und der Brennpannung höher. Man übersieht hier sofort, daß im Gleichrichterbetrieb die Spannung mit der Belastung fällt, ebenso auch der Verschiebungsfaktor; bei Wechselrichterbetrieb nehmen dagegen Gleichspannung und Verschiebungsfaktor zu.

Für die Gittersteuerung muß ein Stoßsteuerverfahren verwendet werden, Sinusformsteuerung ist nicht brauchbar. Noch vor Beendung der Kommutierung an einer abzulösenden Anode muß die zugehörige Gitterspannung wieder negativ werden, um für die nachfolgende Sperrzeit die

Sperrung der Entladungsstrecke zu sichern. Durch ein negatives Potential des Gitters wird außerdem die Entjonisierung erleichtert.

Bisher wurde stillschweigend vorausgesetzt, daß die Spannung auf der Wechselstromseite vom Drehstromnetz bestimmt wird. Von dort wird also die Frequenz vorgeschrieben. Man nennt dies den netzerregten Betrieb. Von der Gleichstromseite wird dabei nur die Wirkleistung einschließlich der Verluste geliefert. Dagegen kommt die gesamte Blindleistung des Wechselrichterbetriebes und der Verbraucher vom Drehstromnetz. Wenn aber das Drehstromnetz diese Aufgabe nicht übernehmen kann, so muß dafür eine leerlaufende Synchronmaschine, die sogenannte Taktgebermaschine, eintreten. Ihr Wirkverbrauch wird vom Wechselrichter gedeckt. Die Taktgebermaschine sorgt für sinusförmige Netzspannung und liefert die Umschaltstöße für die Kommutierung. Weiter hat sie außer der Verzerrungsleistung der Oberwellen die gesamte Blindleistung des Wechselrichters (für Magnetisierung, Überlappung und Steuerung) und der Wechselstrom-Verbraucher aufzubringen.

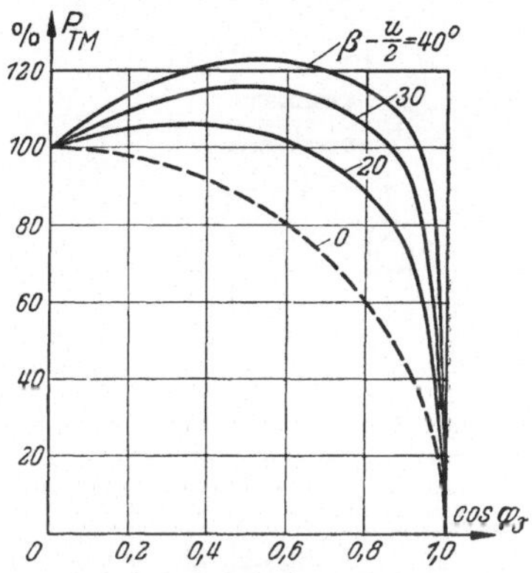


Abb. 119. Leistung der Taktgebermaschine $P_{TM}$, bezogen auf die Netzscheinleistung, als Funktion des Leistungsfaktors der Netzbelastung $\cos\varphi_3$, bei verschiedenen Werten von $\beta - \frac{u}{2}$ (ohne Verzerrungsleistung). $P_{bm} = 0$ (vgl. [3]).

Nehmen wir für das Drehstromnetz eine Scheinleistung $P_{s3}$ mit dem Verschiebungsfaktor $\cos\varphi_3$ an, so hat die Taktgebermaschine eine Scheinleistung der Grundwelle als reine Blindleistung in folgender Höhe

$$P_{TM} = P_{s3}\left(\sin\varphi_3 + \cos\varphi_3 \tan\left(\beta - \frac{u}{2}\right)\right). \tag{245}$$

Für verschiedene Werte von $\left(\beta - \frac{u}{2}\right)$ erhält man bei veränderlichem Netzleistungsfaktor die Kurven in Abb. 119. Schon bei noch verhältnismäßig hohem $\cos\varphi_3$ hat die Leistung der Taktgebermaschine bereits etwa die Größe der Netzscheinleistung. Zur Berücksichtigung der Verzerrungsleistung kann man annehmen, daß die Gesamtbeanspruchung der Taktgebermaschine durch die geometrische Summe von Grundwellen und Oberwellenblindleistung gegeben sei. Dann wäre die Taktgebermaschine zu bemessen für

$$P'_{TM} = P_{s3}\sqrt{\left[\sin\varphi_3 + \cos\varphi_3 \tan\left(\beta - \frac{u}{2}\right)\right]^2 + \left(\frac{v_{0w}}{v}\right)^2},$$

worin $v_{0w}/v$ den Oberwellengehalt des Wechselrichterstromes, bezogen auf die Grundwelle bedeutet (vgl. S. 105). Nimmt man für die Netzbelastung einen Verschiebungsfaktor $\varphi_3 = 0{,}8$ an, so würde sich die Typenleistung der Taktgebermaschine durch die Oberwellen bei $p = 3$ vergrößern um rd. 25%, bei $p = 6$ um rd. 5% $\left(\text{dabei ist } \beta - \frac{u}{2} = 20° \text{ angenommen}\right)$.

Die Taktgebermaschine kann mit weniger vollkommener Wirkungsweise ersetzt werden durch ruhende Einrichtungen, und zwar durch Kondensatoren und Schwingungskreise. Solche selbsterregte oder selbstgeführte Wechselrichter werden in zwei Bauarten ausgeführt. Der *Parallelwechselrichter* entspricht dem normalen Gleichrichter mit Wechsel-

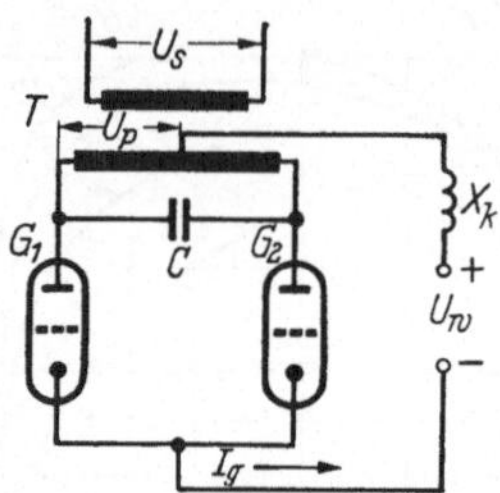


Abb. 120. Selbstgeführter Parallelwechselrichter. $C$ Kommutierungskondensator, $G_1$ $G_2$ Stromrichtgefäße, $I_g$ Gleichstrom, $T$ Transformator, Wechselspannung $U_p$ primär, $U_s$ seundär, $U_w$ Wechselrichter-Gleichspannung, $X_k$ Kathodendrossel ([2], Abb. 271)

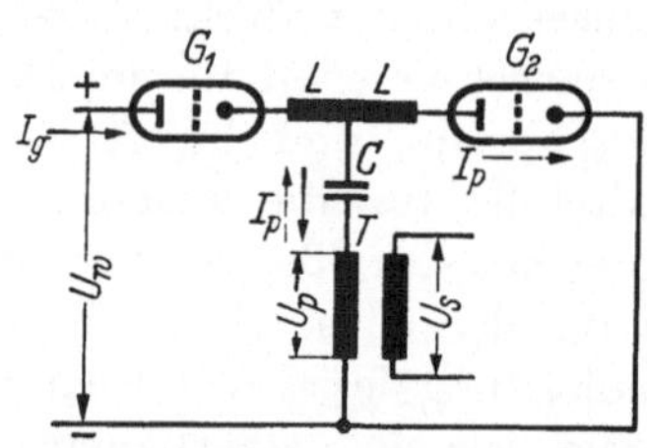


Abb. 121. Selbstgeführter Reihenwechselrichter. $C$ Speicherkondensator, $G_1$ $G_2$ Stromrichtgefäße, $I_g$ Gleichstrom, $I_p$ Wechselstrom, $L$ Drossel, $T$ Transformator, Wechselspannung $U_p$ primär, $U_s$ sekundär, $U_w$ Wechselrichter-Gleichspannung ([2], Abb. 267)

richtersteuerung. Parallel zur Wechselstrombelastung wird ein Kommutierungskondensator geschaltet. Die Gittersteuerung erhält als Taktgeber z.B. einen Schwingungskreis. Für den Betrieb ist es besonders nachteilig, daß bei veränderlicher, induktiv-Ohmscher Belastung der Kondensator geregelt werden muß (Abb. 120).

Beim *Reihenwechselrichter* (Abb. 121) liegt der Kondensator in Reihe mit der Wechselstrombelastung. Der Kondensator dient zur Energiespeicherung, weshalb diese Bauart auch als Speicherwechselrichter bezeichnet wird. Die einanodigen Entladungsgefäße arbeiten abwechselnd. In der ersten Halbwelle der Wechselspannung wird der Kondensator von der Gleichstromseite aus über Gefäß $G_1$ aufgeladen, in der zweiten Halbwelle über das andere Gefäß $G_2$ entladen. Dadurch entsteht in der Transformatorwicklung Wechselstrom. Zwischen die beiden Gefäße ist eine Drossel mit Mittenanzapfung geschaltet. Während der Kommutierung wirkt sie als Transformator, sonst als Drossel. Die Frequenz wird von der Gittersteuerung bestimmt. Solche selbstgeführten Wechselrichter sind bisher nur vereinzelt gebaut worden und nur für kleine Leistungen zur Anwendung gekommen. Auf weitere Einzelheiten der Wirkungsweise und Berechnung soll daher hier nicht eingegangen werden.

## 2. Umkehrstromrichter

Für den Energieaustausch zwischen einem Drehstrom- und einem Gleichstromnetz in beiden Richtungen werden ein Gleichrichter und ein Wechselrichter parallel geschaltet. Am Pluspol der Gleichstromseite liegen die Kathode des Gleichrichters und der Transformatorsternpunkt des Wechselrichters, am Minuspol der Sternpunkt des Gleichrichters und die Kathode des Wechselrichters (vgl. Abb. 175, a, S. 213, wo an Stelle des Motorankers $M$ das Gleichstromnetz zu denken ist). Man bezeichnet diese Kreuzschaltung auch als Zweigefäßschaltung im Gegensatz zu der Bauweise mit einem einzigen Stromrichtergefäß, das bei einem Wechsel der Energierichtung mit einem Schnellschaltgerät umgeschaltet wird (sog. Eingefäßschaltung).

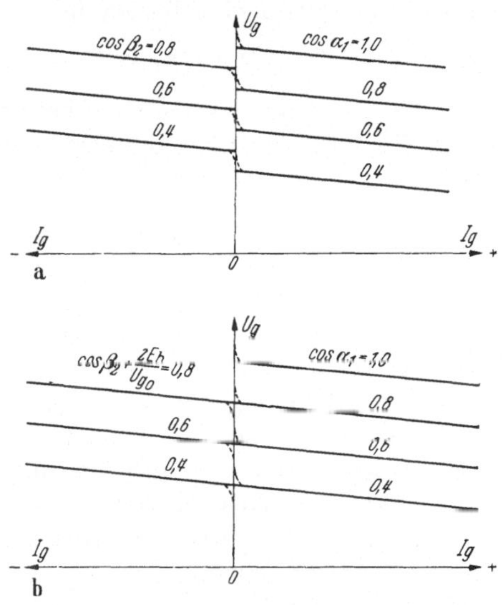


Abb. 122 a u. b. Belastungskennlinien eines Umkehrstromrichters.
a) mit unabhängiger Einstellung der Gittersteuerung; b) mit Abgleich der Gittersteuerung auf gleiche Leerlaufspannung [3] (Abb. 21 u. 22).
rechts: Gleichrichter (Zündverzögerung $\alpha_1$), links: Wechselrichter (Zündverfrühung $\beta_2$)

Es liegen immer beide Gefäße an Spannung; das eine arbeitet, das andere steht in Bereitschaft, sei es als Gleichrichter oder als Wechselrichter. Die beiden Drehregler sind gegeneinander um theoretisch 180° versetzt. Dabei sind die Mittelwerte der Gleichspannung beider Gefäße im Leerlauf gleich, jedoch nicht die Augenblickswerte. Infolgedessen fließt zwischen ihnen ein lückender Ausgleichsstrom (Kreisstrom). Der Gleichrichter arbeitet über den Wechselrichter auf das Drehstromnetz zurück. Dafür entnimmt der Wechselrichter zusätzlich Blindleistung aus dem Drehstromnetz. Man ist bestrebt, den Ausgleichsstrom möglichst klein zu halten. Zu diesem Zweck kann man eine Verstellung der Gittersteuerung vornehmen, sie ist aber mit der Höhe der Aussteuerung der Stromrichter veränderlich. Daher ist es einfacher, den Ausgleichsstrom durch Drosseln in den Kathodenzuleitungen zu begrenzen. Diesen Strom kann man ganz unterdrücken, wenn das außer Betrieb befindliche Gefäß gesperrt bleibt, solange das andere Gefäß die Belastung führt. Eine Transistorsteuerung gestattet hierfür einen praktisch trägheitslosen Gefäßwechsel mit einer Pause von nur ca. 10 ms (kreisstromfreie Kreuzschaltung).

Die Belastungskennlinien für einen Umkehrstromrichter sind in Abb. 122, a, dargestellt, und zwar rechts für den Gleichrichter, links für den Wechselrichter. Durch die Brennspannung ergibt sich bei fester Einstellung der Gittersteuerung (Zündverzögerung des Gleichrichters $\alpha_1$, Zündverfrühung des Wechselrichters $\beta_2$) zwischen diesen beiden Arbeitsbereichen eine Spannungsstufe. Um einen stetigen Übergang zu erreichen, muß die Einstellung der Steuerungen beider Stromrichter so aufeinander abgestimmt werden, daß die Gleichspannungen beider Stromrichter beim Nulldurchgang des Gleichstroms ($I_g = 0$) gleich sind. Dafür gilt die allgemeine Beziehung

$$U_{g0} \cos \alpha_1 - E_b = U_{w0} \cos \beta_2 + E_b \,. \tag{246}$$

Wenn die Leerlaufgleichspannung bei voller Aussteuerung beider Stromrichter $U_{g0}$, $U_{w0}$ und ihre Brennspannung $E_b$ gleich sind, läßt sich die Gleichung vereinfachen zu folgender Form:

$$\cos \beta_2 = \cos \alpha_1 - \frac{2\,E_b}{U_{g0}} \,.$$

Man erhält nun das Diagramm in Abb. 122, b, worin die Kennlinien stufenlos ineinander übergehen. Die Gleichung läßt erkennen, daß für diesen Abgleich eine feste Verstellung der beiden Steuerungen gegeneinander nicht genügt, wenn die Spannung geregelt werden soll. Der Winkelunterschied der Steuerungen $\pi - \alpha_1 - \beta_2$ ist von der Aussteuerung abhängig, und zwar geht er mit zunehmendem Steuerwinkel $\alpha_1$, d. h. abnehmender Aussteuerung des Gleichrichters rasch zurück. Es ist also nicht möglich, einfach den Gittersteuerungen eine feste Verstellung gegeneinander zu geben.

## 3. Umrichter

### a) Allgemeines

Ein Umrichter vermittelt die Energieübertragung zwischen Wechsel- oder Drehstromnetzen verschiedener Frequenz und Phasenzahl. Wenn dabei selbständige Netze mit unabhängiger Frequenzführung verbunden werden, darf die Kupplung nicht starr sein. Der Umrichter muß sich vielmehr mit Frequenz und Phasenlage elastisch anpassen können, er arbeitet dann asynchron. Die Frequenzübersetzung $f_1/f_2$ ist in gewissen Grenzen einstellbar. Hat dagegen das gespeiste Netz keine selbständige Stromquelle, so kann das Frequenzverhältnis starr eingehalten werden, man hat eine sogenannte synchrone Kupplung. In diesem Fall wird Energie nur in einer Richtung geliefert. Bei elastischer Netzkupplung kann aber auch ein Wechsel der Energierichtung ausgeführt werden.

Bei Umformung von Drehstrom in Einphasenwechselstrom ist der unterschiedliche Verlauf der Leistung in beiden Netzen zu beachten. Im

Drehstromnetz ist die Summe der Augenblickleistungen der drei Phasen konstant. Dagegen schwankt im Einphasennetz die Leistung mit doppelter Frequenz. Ohne besondere Maßnahmen müssen sich also bei einer solchen Netzkupplung die Leistungspulsationen des Einphasennetzes auf die Drehstromseite übertragen. Bei Maschinenumformern erfolgt ein selbsttätiger Ausgleich durch die umlaufenden Massen. Stromrichter haben eine solche natürliche Speicherung nicht, so daß besondere Hilfsmittel angewandt werden müssen.

Einphasige Blindleistung bedeutet ein Pendeln von Energie mit doppelter Frequenz (s. Abb. 127). Die Energieübertragung wechselt also ständig ihre Richtung. Wenn ein Umrichter Blindleistung übertragen soll, muß er also für einen solchen ständigen Wechsel der Energierichtung eingerichtet sein.

Wie beim Wechselrichter hat man auch hier zu unterscheiden zwischen fremdgeführtem und selbstgeführtem Betrieb, je nach dem, ob die Sekundärseite eine selbständige Spannungsquelle hat oder nicht.

Die Umrichterschaltungen [*3*, *32*, *53*] werden eingeteilt in

1. *Mittelbare Umrichter* mit Gleichstromzwischenkreis (auch Universalumrichter genannt), der Zwischenkreis kann auch nur in versteckter Form vorhanden sein.

2. *Unmittelbare Umrichter*, wobei der Stromrichter als Schaltgerät direkt aus der Primärspannung Abschnitte zur Bildung der Sekundärspannung herausschneidet.

## b) Mittelbare Umrichter

Die primäre Stromart wird über einen Gleichrichter zunächst in Gleichstrom und dieser dann über einen Wechselrichter in die sekundäre Stromart umgeformt. Durch den Gleichstromzwischenkreis sind Primär- und Sekundärseite nur elastisch verbunden. Das Übersetzungsverhältnis der Frequenz ist nicht starr. Ebenso ist die Kurvenform von Strom und Spannung auf beiden Seiten voneinander unabhängig.

Abb. 123 zeigt ein einfaches Ausführungsbeispiel für die Umformung von Drehstrom in Einphasen-Wechselstrom, wie sie zur Speisung von einphasigen Bahnanlagen mit $16^2/_3$ Hz aus dem allgemeinen 50 Hz-Netz benötigt wird. Auf der Eingangseite ist ein dreiphasiger Gleichrichter (Schaltung Dy5 nach Abb. 56) verwendet. Es wird angenommen, daß der Gleichstrom im Zwischenkreis durch eine unendlich große Drossel völlig geglättet ist. Dann liefert der einphasige Wechselrichter einen rechteckförmigen Wechselstrom. Seine Verzerrung gegenüber einer Sinuskurve kann durch eine Taktgebermaschine auf der Ausgangsseite ausgeglichen werden. Diese Maschine übernimmt dabei die Oberwellen, entsprechend der Differenzfläche der Stromkurven (im Zeitdiagramm c schraffiert). Dann erhält das Einphasennetz sinusförmigen Wechselstrom.

Gleichrichter und Wechselrichter können bei völlig geglättetem Gleichstrom in der üblichen Weise getrennt berechnet werden. Die Gleichspannung im Zwischenkreis wird man am besten möglichst hoch ansetzen. Man kommt dann mit Stromrichtgefäßen kleinerer Stromstärke aus und erhält einen besseren Wirkungsgrad.

Der Umrichter belastet das Drehstromnetz symmetrisch wie ein normaler Gleichrichter. Durch eine höhere sekundäre Phasenzahl auf der Anodenseite (Pulszahl) läßt sich eine brauchbare primäre Stromkurve

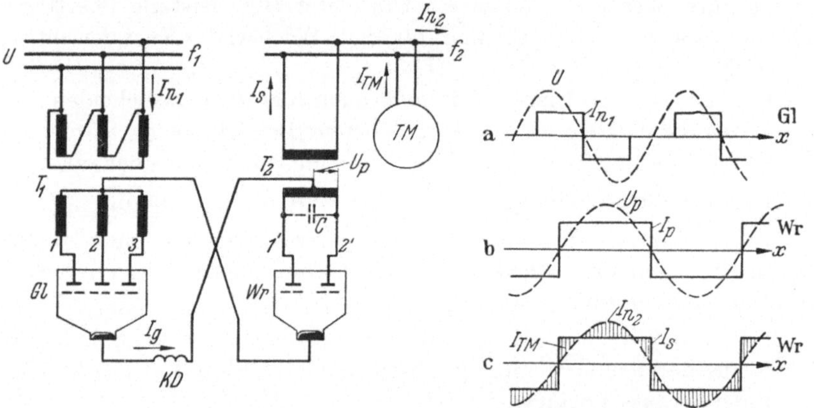


Abb. 123. Mittelbarer Umrichter mit Gleichstrom-Zwischenkreis.

*Gl* Gleichrichter, *KD* Kathodendrossel, *TM* Taktgebermaschine, $T_1$ Gleichrichter-Transformator, $T_2$ Wechselrichter-Transformator, *Wr* Wechselrichter, Frequenz $f_1$ primär, $f_2$ sekundär.

*Zeitdiagramme*: a) Gleichrichter, Spannung und Strom der Primärseite; b) Wechselrichter, Spannung und Strom primär; c) Wechselrichter, Sekundärstrom $I_s$, Netzstrom $I_{n2}$, Strom der Taktgebermaschine $I_{TM}$ (schraffierte Fläche) [3]

erreichen. An Blindleistung wird nur der Bedarf des Gleichrichters selbst bezogen. Daher muß die Blindleistung des Wechselrichters und des Einphasennetzes auf der Sekundärseite aufgebracht werden. Dem Wechselrichter wird vom Gleichrichter nur die Wirkleistung zugeführt. Im netzgeführten Betrieb wird also das Kraftwerk des Sekundärnetzes mit der gesamten Blindleistung der Wechselrichterseite belastet. Bei Selbstführung übernimmt diese Aufgabe eine Taktgebermaschine. Ihre Leistung ist wie im Abschnitt über Wechselrichter (s. S. 131, Abb. 119) erläutert zu berechnen. Bei Speisung eines Einphasennetzes ist die Verzerrungsleistung natürlich besonders hoch. Rechnet man mit einem Leistungsfaktor von 0,75 für die Belastung im Einphasennetz, so ist die Grundwellenbelastung der Taktgebermaschine etwa 95%, bezogen auf die Scheinleistung des Einphasennetzes. Wenn man noch die Verzerrungsleistung berücksichtigt, so ist die gesamte Blindleistung der Maschine rd. 106%.

Die Glättungsdrossel im Zwischenkreis übernimmt die Summe der Oberwellenspannungen beider Stromrichter. Der Augenblickswert der Spannung an dieser Drossel ist:

$$u_{kd} = (u_g - U_g)_{Gl} + (u_g - U_g)_{Wr}\,.$$

Darin bedeuten $u_g$ den Augenblickswert, $U_g$ den Mittelwert der Gleichspannung, Index *Gl* die Gleichrichterseite, Index *Wr* die Wechselrichterseite. Bei Speisung eines Einphasennetzes soll die Drossel auch seine Leistungsschwankungen ausgleichen. In Wirklichkeit hat der Gleichstrom eine gewisse Welligkeit, die sich auf die Drehstromseite überträgt und dort den Leistungsfaktor herabsetzt. Die Primärströme sind dadurch nicht ganz symmetrisch.

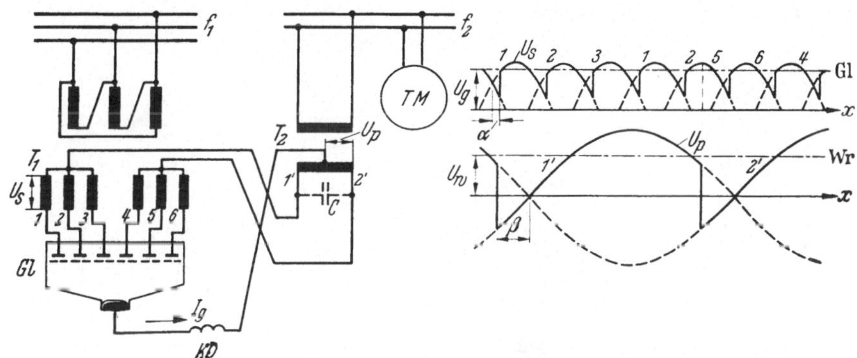


Abb. 124. Mittelbarer Umrichter mit unterdrücktem Zwischenkreis für Frequenzerniedrigung. Zeitdiagramme: *Gl* Gleichrichter-Spannung, *Wr* Wechselrichter-Spannung. Bezeichnungen siehe Abb. 123 [3]

Wenn nur in *einer* Richtung Energie geliefert wird, so genügt es, den Wechselrichter mit einer Gittersteuerung zu versehen. Sonst müssen beide Stromrichter gesteuert werden, und zwar der Gleichrichter mit der primären Frequenz $f_1$, der Wechselrichter mit der sekundären Frequenz $f_2$. Bei einem Wechsel der Energierichtung bleibt die Richtung des Gleichstroms unverändert, es kehrt sich nur die Spannung im Zwischenkreis um.

Der verhältnismäßig große Aufwand für den mittelbaren Umrichter kann dadurch verringert werden, daß man die Schaltung mit sog. verstecktem oder unterdrücktem Zwischenkreis ausführt. Zu diesem Zweck werden die Gefäße zu einem einzigen vereinigt, eine der stromrichterseitigen Transformatorwicklungen wird unterteilt. Am besten wählt man dafür den Transformator mit der höheren Frequenz. Man spart mit dieser Ausführung an Material und erreicht durch den Fortfall *einer* Brennspannung einen besseren Wirkungsgrad.

Wenn der Umrichter eine Erniedrigung der Frequenz, z. B. von 50 auf $16^2/_3$ Hz, vornehmen soll, so wird nach Abb. 124 die Sekundärwicklung des Gleichrichtertransformators unterteilt. Jede Teilwicklung wird an eine Gruppe von Anoden in einem gemeinsamen Stromrichtgefäß angeschlossen, in dem dargestellten Beispiel an je 3 Anoden 1, 2, 3 und 4, 5, 6. Die Sternpunkte der Teilwicklungen sind mit den zwei Phasenklemmen 1′, 2′ des Wechselrichtertransformators verbunden, sein Mittelpunkt mit der Kathode des Stromrichtgefäßes über eine Glättungsdrossel. In dieser Kathodenleitung fließt wie bei ausgeprägtem Zwischenkreis Gleichstrom. Für jede Halbwelle der Einphasenspannung ist eine Anodengruppe im Betrieb. Die Brenndauer jeder Anode ist wie im reinen Gleichrichterbetrieb $\delta = \frac{2\pi}{p_1}$, bezogen auf die primäre Frequenz, wenn $p_1$ die Phasenzahl einer sekundären Teilwicklung des Gleichrichtertransformators ist. Die beiden Anodengruppen wechseln miteinander ab im Takt der Frequenz der Sekundärseite des Umrichters. Das Stromrichtgefäß

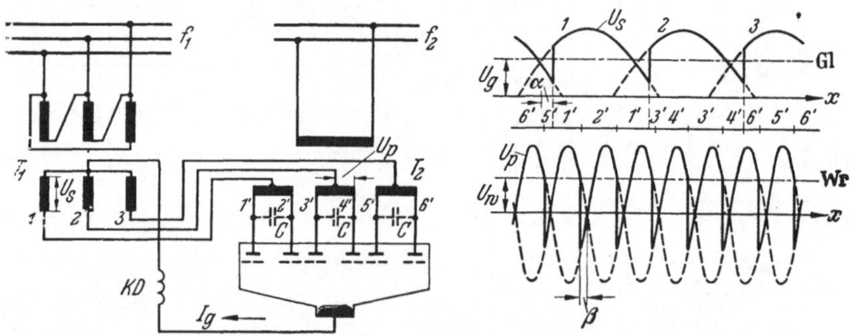


Abb. 125. Mittelbarer Umrichter mit unterdrücktem Zwischenkreis für Frequenzerhöhung. Zeitdiagramme mit Brenndauerschema: *Gl* Gleichrichter-Spannung, *Wr* Wechselrichter-Spannung. Bezeichnungen siehe Abb. 123 [3]

muß also $2\,p_1$ Anoden erhalten. Der Wechsel von Anoden und Phasen ist am besten im Zeitdiagramm der gleichgerichteten Spannung zu erkennen. Abb. 124 zeigt im oberen Diagramm (*Gl*) den Verlauf der Gleichrichterspannung mit dem Mittelwert $U_g$ bei einem Zündverzögerungswinkel $\alpha$. Diese Spannung ist gleich der Wechselrichter-Gleichspannung $U_w$, für die eine Zündverfrühung $\beta$ eingestellt ist (unteres Diagramm *Wr*).

Für eine Frequenzerhöhung, z. B. von 50 Hz auf 1000 Hz, wird nach Abb. 125 die Eingangswicklung des Wechselrichtertransformators in drei zweiphasige Teilwicklungen zerlegt. Der Mittelpunkt jeder Teilwicklung ist mit einer Phase des Gleichrichtertransformators verbunden. Die Enden der Teilwicklungen sind an die 6 Anoden des Stromrichtgefäßes angeschlossen. Dadurch ergeben sich drei Gruppen zu je zwei Anoden. Diese Anodengruppen lösen einander ab im Takt der primären Frequenz, also führt jede sekundäre Phase des Gleichrichtertransformators während $2\,\pi/p_1$, bezogen auf $f_1$, Strom. Jede Anode brennt aber nur während

$\delta = \frac{2\pi}{p_2}$, bezogen auf $f_2$, wo $p_2$ die Phasenzahl der Wechselrichterseite bedeutet. Auch hier werden $2\,p_1$ Anoden benötigt. Das Brenndauerschema ergibt sich wieder aus dem Zeitdiagramm der gleichgerichteten Spannungen mit dem Mittelwert $U_g = U_w$.

Bei diesen Schaltungen mit verstecktem Zwischenkreis werden die Gitter mit der sekundären und mit der primären Frequenz gesteuert. Durch die Unterteilung der anodenseitigen Wicklung eines der beiden Transformatoren wird seine mittlere Typenleistung vergrößert. Bei der Schaltung nach Abb. 124 hat die Sekundärwicklung des Gleichrichtertransformators die $\sqrt{2}$-fache Leistung gegenüber der normalen Ausführung. Die Eingangswicklung des Wechselrichtertransformators in Abb. 125 hat die $\sqrt{3}$-fache Leistung. Für die gewählten Schaltungsbeispiele ist der Aufwand an Transformatorleistung in der nebenstehenden Übersicht (Zahlentafel 14) zusammengestellt. Zur Beurteilung des tatsächlichen Gesamtaufwands einer Schaltung ist noch die Frequenzübersetzung zu berücksichtigen. Außerdem erfährt der Wechselrichtertransformator eine weitere Vergrößerung durch die erforderliche Zündverfrühung $\cos\beta$.

Zahlentafel 14. *Typenvergrößerung der Umrichtertransformatoren bei Unterdrückung des Gleichstrom-Zwischenkreises*

| Schaltung Abb. | 123 | 124 | 125 |
|---|---|---|---|
| Gleichrichtertransformator | 1,35 | $\frac{\sqrt{2}\cdot 1{,}48 + 1{,}21}{2} = 1{,}65$ | 1,35 |
| Wechselrichtertransformator | 1,34 | 1,34 | $\frac{\sqrt{3}\cdot 1{,}57 + 1{,}11}{2} = 1{,}92$ |

Schaltet man einen Gleichrichter und einen Wechselrichter auf ihrer Wechselstromseite zusammen, so kommt man zum mittelbaren Umrichter für Gleichstrom, dem Gleichumrichter. Er dient zu Energieumformung von Gleichstrom der einen Spannung über Mehrphasenstrom als Zwischenglied in Gleichstrom anderer Spannung. Der Zwischenkreis beider Stromrichter führt hier also mehrphasigen Wechselstrom. Zur Vereinfachung (Abb. 126) werden die Transformatoren der beiden Stromrichter zusammengefaßt. Zwischen den beiden Stromrichtern wird also unmittelbar transformiert. Zur Führung des Mehrphasensystems ist wie bei selbstgeführten Wechselrichtern und Umrichtern eine besondere Einrichtung notwendig. In der dargestellten Schaltung ist zu diesem Zweck eine Taktgebermaschine an eine Tertiärwicklung des Transformators angeschlossen. Das Übersetzungsverhältnis der Gleichspannungen ist zunächst durch die Übersetzung des Transformators gegeben.

Mit der Gittersteuerung kann aber die Übersetzung noch stetig verstellt werden. Bei Energieumkehr müssen die Gleichspannungen umgepolt werden. Man kann den Gleichumrichter auch auffassen als einen mehrphasigen Transformator, dessen Spannungen beiderseits gleichgerichtet werden.

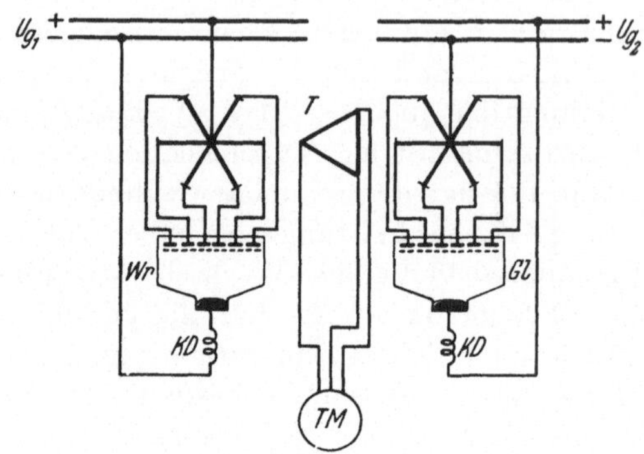


Abb. 126. Gleichstrom-Transformator.
*Gl* Gleichrichter, *KD* Kathodendrosseln, *T* Dreiwicklungstransformator, *TM* Taktgebermaschine, *Wr* Wechselrichter, $U_{g_1}$ Gleichspannung Eingang, $U_{g_2}$ dgl. Ausgang

## c) Unmittelbare Umrichter

Zur unmittelbaren Umrichtung wird die gewünschte Sekundärspannung aus den einzelnen Anodenspannungen direkt zusammengesetzt. Es sollen hier nur die Schaltungen zur Umformung von Drehstrom in Einphasenstrom behandelt werden, da sie allein bereits mehrfach zur Anwendung gekommen sind. Die Grundschaltung besteht aus zwei gesteuerten Stromrichtern, von denen jeder als Gleichrichter bei rein Ohmscher Last eine Halbwelle der Einphasenspannung zu liefern hat. Bei gemischter Belastung tritt, wie bereits erwähnt, eine Leistungspendelung auf. Die Stromrichtgefäße müssen daher entsprechend der Phasenverschiebung abwechselnd auch als Wechselrichter arbeiten.

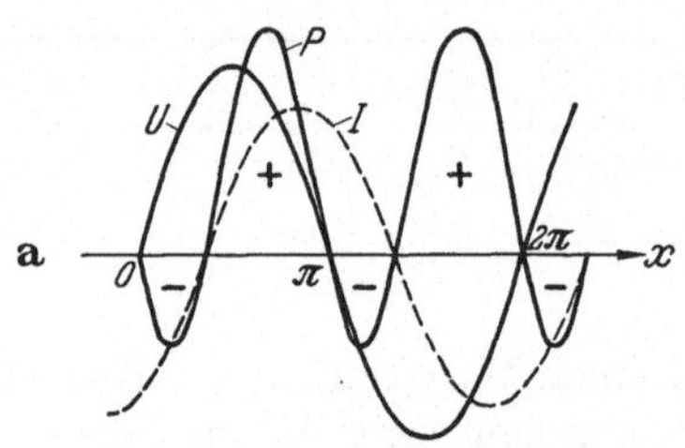


Abb. 127a u. b. Arbeitsschema für Übertragung von Wirk- und Blindleistung.
a) Zeitdiagramm von Spannung *U*, Strom *I* und Leistung *P*; b) Betriebsschema der Gefäße I und II eines Umrichters. *Gl* Gleichrichter-Betrieb, *Wr* Wechselrichter-Betrieb

Dies ist in dem Arbeitsschema Abb. 127 dargestellt. Während der ersten Halbwelle der Einphasenspannung *U* arbeitet zunächst Gefäß *II* als Wechselrichter (negative Leistung), dann Gefäß *I* als Gleichrichter (positive Leistung). In der zweiten Halbwelle geht Gefäß *I* zunächst in

Wechselrichterbetrieb über (negative Leistung), dann folgt wieder Gefäß *II* als Gleichrichter (positive Leistung). Die Häufigkeit des Gefäßwechsels entspricht der Frequenz der Einphasenseite.

Die beiden Stromrichtgefäße kann man wie beim Umkehrstromrichter in Kreuzschaltung arbeiten lassen (Abb. 128). Der gemeinsame Transformator erhält dafür zwei Sekundärwicklungen. Ihre Sternpunkte und die Kathoden sind über Kreuz verbunden. Wenn man mit einer einzigen Sekundärwicklung auskommen will, so ist auf der Einphasenseite ein besonderer Hintertransformator einzubauen, dessen Mittelpunkt mit dem Sternpunkt des Stromrichter-Haupttransformators verbunden wird (Abb. 129). Will man die Stromrichtgefäße vereinigen, so müssen getrennte Transformatorwicklungen beibehalten werden. Dabei sind die Anoden

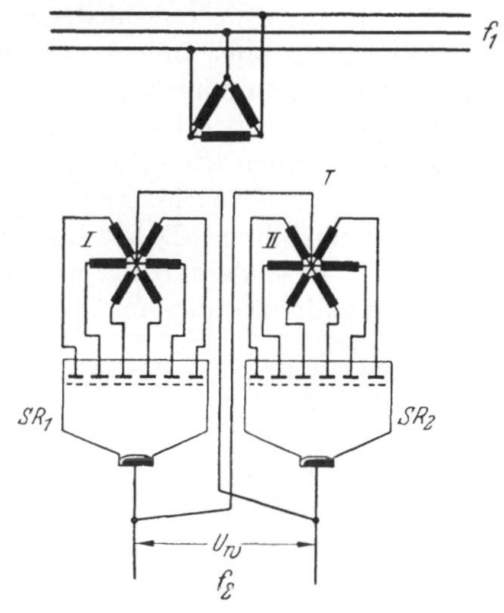


Abb. 128. Unmittelbarer Umrichter mit 2 Gefäßen $SR_1$, $SR_2$ in Kreuzschaltung. Frequenz $f_1$ primär, $f_2$ sekundär [2]

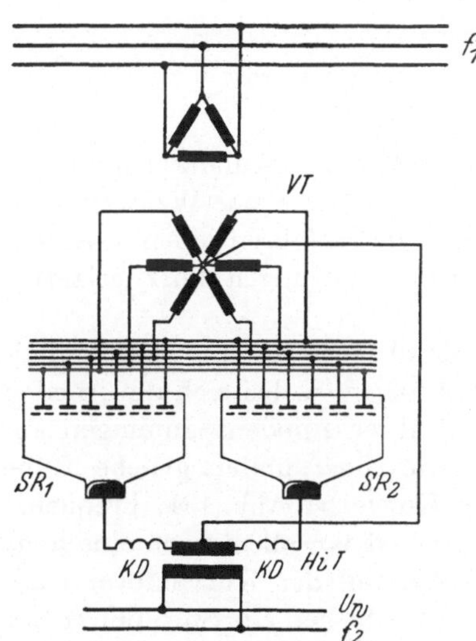


Abb. 129. Unmittelbarer Umrichter mit 2 Gefäßen $SR_1$ $SR_2$ und gemeinsamer Sekundärwicklung des Vordertransformators *VT*. *HiT* Hintertransformator, *KD* Kathodendrossel, Frequenz $f_1$ primär, $f_2$ sekundär [2]

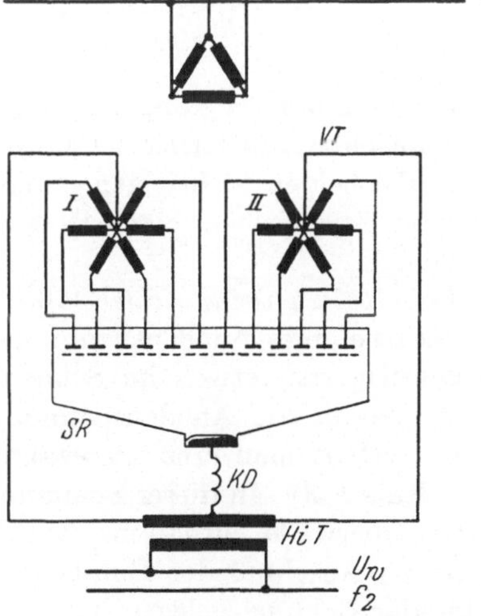


Abb. 130. Unmittelbarer Umrichter mit einem einzigen Gefäß. Bezeichnungen wie Abb. 129 [2]. Vordertransformator *VT* mit 2 Sekundärwicklungen I und II

beider Teilsysteme in ein gemeinsames Stromrichtgefäß eingebaut (Abb. 130). Schließlich kann man noch zusammengesetzte Systeme ausführen, indem z. B. auf der Eingangsseite über getrennte Transformatoren Spannungen verschiedener Frequenz addiert werden (Schwebungsumrichter) oder indem aus Spannungen gleicher Frequenz erzeugte Anodenspannungen in bestimmter Weise zusammengesetzt werden (Zweispannungsumrichter). Auf Einzelheiten kann hier jedoch nicht eingegangen werden [*2*].

Unmittelbare Umrichter können Energierücklieferung ohne Polaritätswechsel ausführen. Daher sind sie auch imstande, Blindleistung zu übertragen. Besondere Hilfseinrichtungen auf der Ausgangsseite, um Grundwellenblindleistung und Verzerrungsleistung aufzubringen, sind nicht erforderlich.

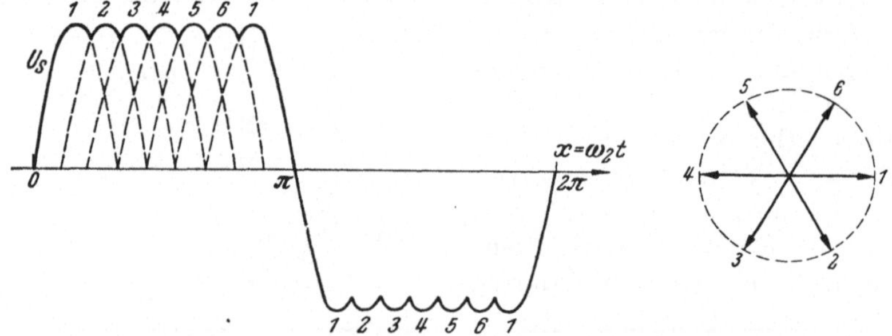


Abb. 131. Sekundärspannung des Trapezkurven-Umrichters. Zeitdiagramm und Vektordiagramm [*32*]

Die Bildung der Einphasenspannung aus den Sekundärspannungen des Umrichtertransformators kann man auf verschiedene Weise vornehmen. Die beiden wichtigsten grundsätzlichen Verfahren sollen in Anlehnung an die soeben beschriebenen Grundschaltungen kurz erläutert werden.

Der *Hüllkurvenumrichter* läßt die Einphasenspannung der Umhüllungskurve eines Anodenspannungszuges folgen, wobei sich die Anoden gegenseitig theoretisch im Schnittpunkt ihrer Anodenspannungen ablösen. Wenn die Anodenspannungen, wie sonst üblich gleiche Höhe haben, erhält man eine trapezähnliche Kurve (s. Abb. 131, Frequenzverhältnis 1:3). In dieser Spannungskurve ist vor allem noch eine hohe dritte Oberwelle enthalten. Zur Verbesserung der Kurvenform kann man den Anschluß der Einphasenseite, der bisher am Sternpunkt der Sekundärwicklung gelegen hat, in eine der Phasenwicklungen verlegen (Abb. 132), oder man gibt den einzelnen Sekundärphasen abgestufte Windungszahlen (Abb. 133). In beiden Fällen ergibt sich eine wesentlich bessere Annäherung an die gewünschte Sinuskurve. Schließlich kann man die in der Trapezkurve störende dritte Oberwelle auch kompensieren durch Einführen einer Zusatzspannung auf der Einphasenseite. Da für das angenommene Frequenzverhältnis diese Oberwelle die Frequenz der Primärseite hat, kann man die erforderliche Zusatzspannung einfach transformatorisch der Primärseite entnehmen.

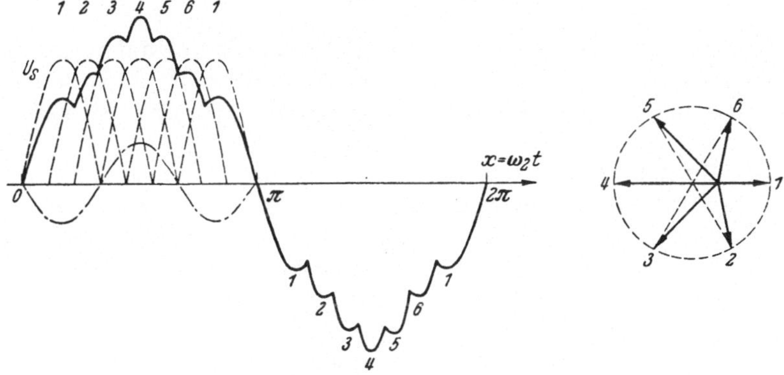


Abb. 132. Hüllkurvenumrichter mit verbesserter Kurvenform durch Verschieben des Transformator Sternpunktes, Sekundärspannung [32]

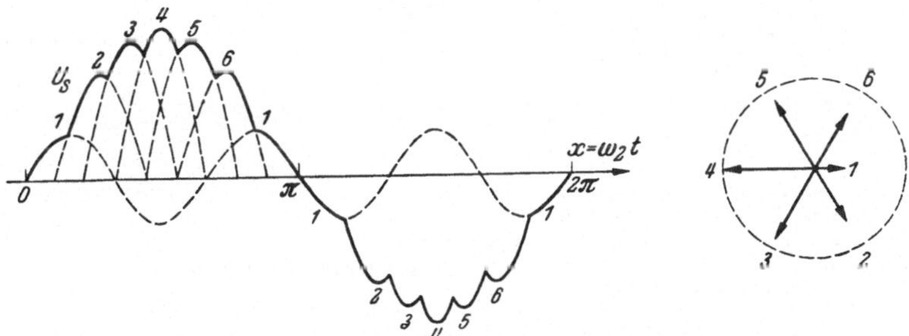


Abb. 133. Hüllkurvenumrichter mit verbesserter Kurvenform durch abgestufte Transformatorwicklung, Sekundärspannung [3, 32]

Wie die Bildung der Einphasenspannung zeigt, ist das Frequenzverhältnis des Umrichters starr gegeben. Es ist aber möglich, elastisch zu arbeiten, wenn am Sternpunkt des Transformators ein einphasiger Drehtransformator eingebaut wird. Diese Maschine liefert mit ihrer Zusatzspannung zunächst eine verbesserte Kurvenform, deren Gestalt aber von der Phasenlage der Zusatzspannung nur wenig abhängig ist. Bei Änderung des Frequenzverhältnisses wird der Drehtransformator mit Schlupffrequenz verstellt.

Die sekundäre Blindleistung überträgt sich im umgekehrten Verhältnis der Frequenzen. Also ist

$$\frac{P_{b1}}{P_{b2}} = \frac{f_2}{f_1} . \tag{247}$$

Bei einer Umformung von 50 auf $16^2/_3$ Hz hat also das Drehstromnetz nur $^1/_3$ der Blindleistung der Einphasenseite aufzubringen. Die Wirkleistung überträgt sich, selbstverständlich unter Zufügung der Verluste, unverändert. Der Verschiebungsfaktor auf der Primärseite ist also besser als sekundär:

$$\cos\varphi_p > \cos\varphi_s\,.$$

Der Verlauf von Verschiebungsfaktor und Blindleistung auf der Primärseite entsprechend Gl. (247) ist in Abb. 134 dargestellt. Dazu kommen natürlich noch Magnetisierungs-, Kommutierungs- und Steuerblindleistung.

Der Umrichter schneidet aus der Kurve des Einphasenstroms Abschnitte für die drei Primärphasen heraus. Es ist naheliegend, daß dabei die drei Primärströme nicht gleiche Kurvenform erhalten. Da ein Energiespeicher nicht vorhanden ist, überträgt sich die Pulsation der einphasigen Leistung auf die Primärseite. Man darf sich dabei nicht durch die Anzeige von etwa gleichen Effektivwerten der Primärströme täuschen lassen. Man kann daher für den Drehstrom nur einen mittleren Verzerrungsfaktor angeben. Die Verzerrung ist größer als bei einem Umrichter mit Gleichstromzwischenkreis. Der Netzstrom enthält eine Unterwelle von $1/3\,f_1$ d. h. $16^2/_3$ Hz und Oberwellen mit Frequenzen vom ungeradzahligen Vielfachen von $1/3\,f_1$. Auch die Sekundärströme des Transformators sind nicht gleich. Sie ändern Kurvenform und Effektivwert je nach dem Verschiebungsfaktor der Einphasenseite. Daher ist auch die Typenleistung des Transformators von dieser Größe abhängig.

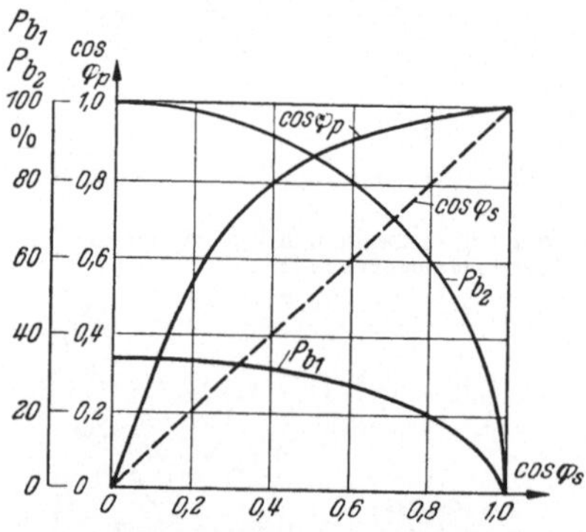


Abb. 134. Blindleistung und Leistungsfaktor der Grundwelle für den Hüllkurvenumrichter. Blindleistung, bezogen auf die Nennwirkleistung, $P_{b_2}$ sekundär, $P_{b_1}$ primär, Leistungsfaktor $\cos\varphi_s$ sekundär, $\cos\varphi_p$ primär

Elektronische Steuergeräte ermöglichen eine Verbesserung des Trapezkurvenumrichters für elastischen Betrieb. Dabei wird der Nulldurchgang der Umrichterspannung kontinuierlich gesteuert. Man erreicht damit primär einen besseren Leistungsfaktor als bei den nachfolgend beschriebenen elastischen Steuerumrichtern [*102*].

Einen elastischen Betrieb gestattet grundsätzlich der Umrichter mit abgestufter Steuerung, kurz als *Steuerumrichter* bezeichnet. Hierbei werden die Anodenspannungen, die zu jeder Halbwelle beitragen, mit abgestuftem Verzögerungswinkel gesteuert. So wird aus den Spannungskurven eine Reihe von Abschnitten herausgeschnitten, die eine sägezahnartige

Spannungskurve ergeben. Der mittlere Verlauf soll sich möglichst gut der gewünschten Sinuskurve anpassen. Das Verfahren kann auch abgeleitet werden aus dem Betrieb eines gesteuerten Gleichrichters, wenn der Steuerwinkel stetig nach einem bestimmten Gesetz verändert wird. Zusammen mit dem zweiten Gefäß für die umgekehrte Stromrichtung ergibt sich dann die Kurve der abgegebenen Wechselspannung (Abb.135). Die Primärfrequenz muß immer größer als die Sekundärfrequenz sein. Die Gitter erhalten wieder Steuerspannungen beider Frequenzen.

Mit Rücksicht auf die Kommutierung sind die Abschnitte der Anodenspannungskurve für die positive Halbwelle auf dem fallenden Teil zu wählen, für die negative Halbwelle dagegen auf dem steigenden.

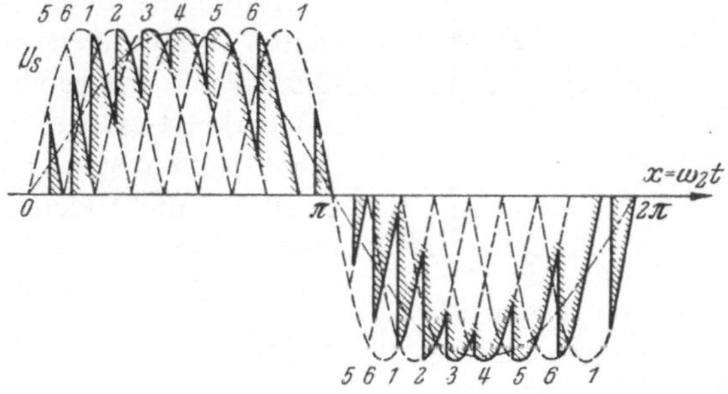


Abb. 135. Sekundärspannung des Steuerumrichters ([2], Abb. 294)

Damit wird jede Anodenspannung in der positiven Halbwelle verspätet, in der negativen Halbwelle verfrüht gezündet. Es entsteht in allen Teilen des Kurvenzuges der Wechselspannung induktive Blindlast, auch bei rein Ohmscher Belastung der Einphasenseite. Auf der Primärseite ergibt sich dadurch bei unendlich großer Phasenzahl des Vordertransformators eine Steuerblindleistung nach folgender Näherungsgleichung

$$P'_{b2} \approx \frac{2}{\pi} P_{w2},$$

wo $P_{w2}$ die sekundäre Wirkleistung bedeutet. Die sekundäre Blindleistung $P_{b2}$ überträgt sich im Gegensatz zum Hüllkurvenumrichter in voller Höhe. Also hat man auf der Primärseite insgesamt eine Blindleistung

$$P_{b1} = P_{b2} + P'_{b2} = P_{b2} + \frac{2}{\pi} P_{w2}. \tag{248}$$

Daraus ergibt sich für den Phasenwinkel der Grundwelle primär:

$$\tan\varphi_p = \frac{P_{b1}}{P_{w1}} = \frac{\frac{2}{\pi} P_{w2} + P_{b2}}{P_{w1}},$$

worin $P_{w1}$ die primäre Wirkleistung bedeutet.

Sekundär ist $\tan \varphi_s = \frac{P_{b2}}{P_{w2}}$. Setzt man angenähert $P_{w1} \approx P_{w2}$, so ist:

$$\tan \varphi_p = \frac{2}{\pi} + \tan \varphi_s , \qquad (248a)$$

also $\cos \varphi_p < \cos \varphi_s$. Diese Beziehung zwischen den Verschiebungsfaktoren primär und sekundär ist in Abb. 136 dargestellt, sie gilt ohne Steuerblindleistung (für Einstellung der Spannung durch Gittersteuerung), Kommutierungs- und Magnetisierungsblindleistung.

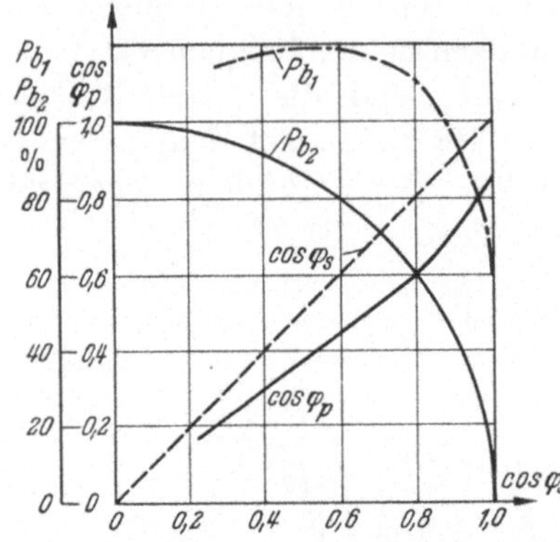

Abb. 136. Blindleistung und Leistungsfaktor der Grundwelle für den Steuerumrichter (Bezeichnungen wie zu Abb. 134)

Ähnlich wie beim Umkehrstromrichter bildet sich auch hier ein lückender Ausgleichsstrom zwischen den Gefäßen. Die Kurven der Primärströme sind stark verzerrt und nicht gleich. Bei elastischem Betrieb werden allerdings im Mittel alle Phasen gleich belastet.

## 4. Blindleistungs-Stromrichter

Gleichrichter, Wechselrichter und Umrichter arbeiten stets mit nacheilendem Primärstrom, nehmen also induktive Blindleistung auf. Nur im Idealfall ohne wechselstromseitige Reaktanzen und ohne Magnetisierungsblindleistung würde ein ungesteuerter Gleichrichter einen Verschiebungsfaktor $\cos \varphi_1 = 1$ aufweisen. Wenn statt dessen ein Stromrichter im kapazitiven Bereich arbeiten soll, so muß der Primärstrom gegenüber der Netzspannung vorauseilen. Für den Gleichrichterbetrieb bedeutet das ein Einsetzen des Anodenstroms schon vor dem Schnittpunkt der Anodenspannungen. Man kann aber auch die Brenndauer der Anode gegenüber ihrer normalen Betriebszeit künstlich verkürzen. Dann bleibt der Anodenstrom symmetrisch zur Mitte der Anodenspannung. Beide Verfahren lassen sich miteinander vereinigen. Es ist dafür die sog. Zwangskommutierung erforderlich.

Man erhält dann einen Blindleistungs-Stromrichter, dessen Arbeitsweise in dem nebenstehenden Diagramm (Abb. 137) dem normalen Betrieb eines Gleichrichters und Wechselrichters gegenübergestellt ist. Der Gleichrichter hat dann statt einer Zündverzögerung $+\alpha$ eine Zündverfrühung $-\alpha$. Vom Schnittpunkt der Anodenspannungen aus gerechnet, ist der Steuerwinkel bei einer Zündverfrühung negativ. Der Übergang des Stroms zwischen den Anoden muß dann bereits erfolgen, wenn die Spannung der nächsten Anode noch niedriger ist als diejenige der vorhergehenden. Während bei der natürlichen Kommutierung mit Zündverzögerung zwischen den sich ablösenden Anoden eine Spannungsdifferenz auftritt, die derart gerichtet ist, daß sie die Kommutierung unterstützt, ist bei der Zwangskommutierung mit Zündverfrühung diese Spannungsdifferenz entgegengesetzt gerichtet. Diese Kommutierungsspannung entspricht der Sprungspannung, ihr Wert ist:

$$U_k = U_{spr} = -2\sqrt{2}\, U_s \sin\frac{\pi}{p} \sin\alpha \tag{249}$$

[s. Gl. (185) S. 89]. Die entsprechende Gegenspannung ist also in den Stromkreis einzufügen, um eine verfrühte Kommutierung zu erzwingen [*4*].

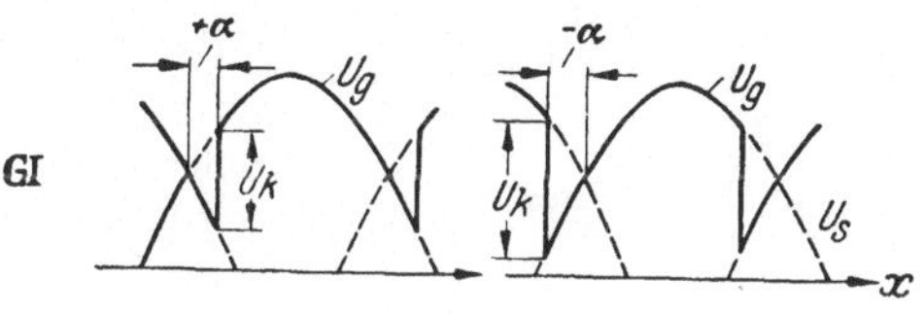


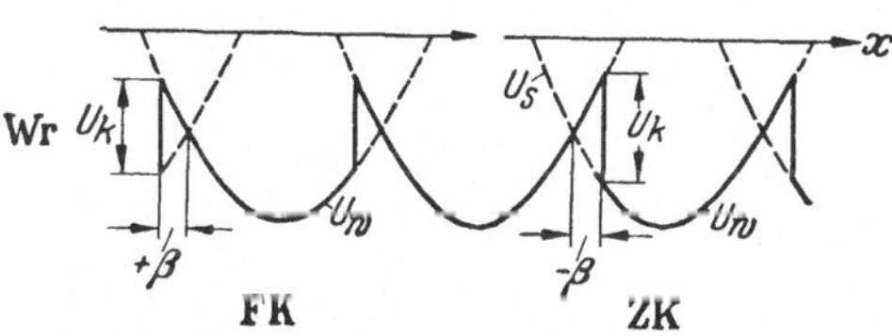


Abb. 137. Gegenüberstellung der Zeitdiagramme von Stromrichtern mit nacheilendem und voreilendem Wechselstrom. Obere Reihe *Gl* Gleichrichterbetrieb, untere Reihe *Wr* Wechselrichterbetrieb. Links *FK* freie Kommutierung, rechts *ZK* Zwangskommutierung. $U_k$ Kommutierungsspannung ([*4*], Abb. 1 u. 2)

Ein normaler Wechselrichter mit freier Kommutierung arbeitet mit einer Zündverfrühung der Anoden gegenüber dem Schnittpunkt der Anodenspannungen. Hier ist für kapazitiven Betrieb eine Zündverzögerung ($-\beta$) notwendig (Abb. 137 unten). Die Anoden sollen sich erst nach dem Schnittpunkt der Anodenspannungen ablösen, wenn die neue Anode bereits ein im positiven Sinn niedrigeres Potential hat als die vorausgehende. Auch hier ist für eine solche Zwangskommutierung die Einfügung einer besonderen Kommutierungsspannung notwendig.

Dies kann in verschiedener Weise geschehen, auf der Anodenseite oder auf der Gleichstromseite des Stromrichters, parallel oder in Reihe mit dem Laststrom oder auch parallel zu den einzelnen Entladungsstrecken. Dafür sind Hilfsmaschinen, Hilfsstromrichter, Schwingungskreise oder als einfachstes Element Kondensatoren vorgeschlagen worden. Es sei hier an die Kommutierungseinrichtung für selbstgeführte Wechselrichter erinnert.

Ein Schaltungsbeispiel zeigt Abb. 138. Zwischen Sternpunkt und Kathode eines dreiphasigen Stromrichters ist die Kommutierungseinrichtung geschaltet, bestehend aus Kondensator, Hilfsventil und Umladedrossel. Die Leistung des Kondensators ist nur gering im Vergleich zur Blindleistung des Stromrichters. Kondensator und Drossel sind auf eine derartige Eigenfrequenz abzustimmen, daß der Kondensator gerade während der Brenndauer einer Entladungsstrecke umgeladen wird. Die Kapazität des Kondensators ist außerdem abhängig vom Betriebsstrom, von der Höhe der notwendigen Kommutierungsspannung und von der Freiwerdezeit des Stromrichters selbst. Bei kleiner Belastung muß die Kapazität verändert werden. Das Hilfsventil wird mit der $p$-fachen Netzfrequenz gesteuert. Um Gleichspannung und Phasenwinkel getrennt einstellen zu können, gibt man der Gittersteuerung des Stromrichters und der Steuerung des Hilfsventils besondere Stellgeräte. Im Grenzfall wird die Gleichspannung auf Null herunter gesteuert, der Stromrichter arbeitet ohne Wirkleistung nur als Phasenschieber.

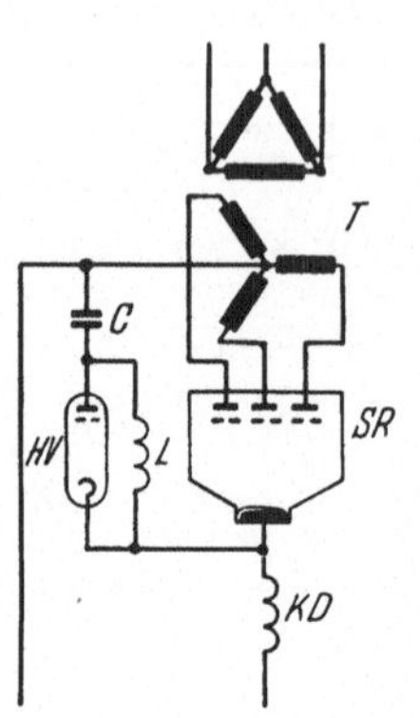


Abb. 138. Grundsätzliche Schaltung eines Blindleistungsstromrichters. *C* Kommutierungskondensator, *HV* Hilfsventil, *KD* Kathodendrossel, *L* Umladedrossel, *SR* Stromrichter, *T* Transformator. ([*4*], Abb. 6a)

Man kann auch zwei Stromrichtergruppen derart betreiben, daß die eine mit Zwangskommutierung den Blindstrombedarf der anderen mit freier Kommutierung gerade ausgleicht. Beide Stromrichter zusammen belasten das Primärnetz nur mit Wirkleistung.

# D. Prüfen und Messen

Konstruktion und Herstellungsverfahren der Stromrichtventile können im Rahmen dieser Einführung in die Stromrichtertechnik nicht ausführlich behandelt werden. Es sollen daher nur die Prüfverfahren und Meßmethoden erläutert werden, die an den fertigen Stromrichtern im Herstellerwerk und am Aufstellungsort zur Anwendung kommen. Es ist jedoch verständlich, daß zumal bei schweren Störungen Verfahren benutzt werden, die bereits bei der Herstellung üblich sind. Daher mag auch der Gang der Fertigung von Quecksilberdampfgleichrichtern mit Stahlgefäß kurz gestreift werden.

## 1. Kontrollen am Stromrichtventil

Eine der wichtigsten Kontrollen am Entladungsgefäß ist die Feststellung, ob der Behälter vakuumdicht ist. Stahlgefäße haben lange Schweißnähte und je nach Konstruktion eine Anzahl von Durchführungen für die verschiedenen Elektroden.

Zur Prüfung von Poren wird das Gefäß mit einem Gas von geringem Überdruck gefüllt. Außen werden Leckstellen mittels eines Indikators gesucht. Man nimmt z. B. zur Füllung Stickstoff und prüft außen mit Seifenwasser, oder besser man füllt mit einem chemisch aktiven Gas, auf das ein außen angelegter Leck-Sucher bei Poren anspricht. Fehlerstellen der Schweißnähte werden sorgfältig nachgearbeitet. Auch isolierte Durchführungen werden nach einem besonderen Verfahren auf Dichtheit untersucht.

Alle Werkstoffe werden sorgfältig ausgewählt und vorgeprüft. Das Quecksilber wird in mehrfachem Arbeitsgang gereinigt. Durch Glühen im Ofen müssen sämtliche Einbauteile vorentgast werden. Bei Zusammenbau ist auf größte Sauberkeit zu achten.

Das fertig montierte Gefäß wird bis auf einen kleinen Restgasdruck ausgepumpt. Dann folgt ein Ausheizen des ganzen Gefäßes im Ofen. Zum endgültigen Entgasen wird weiter bei laufenden Vakuumpumpen mit elektrischem Strom formiert. Dabei wird im Kurzschluß bei kleiner Anodenspannung der Gleichstrom allmählich bis auf Nennstrom gesteigert. Kurzzeitig wird auch Überstrom eingestellt, und zwar etwa 10—20% über der im späteren Betrieb zu erwartenden Überlastung. Die Entgasung wird mit dem Vakuummeter kontrolliert, gleichzeitig wird die abgepumpte Gasmenge laufend gemessen. Am Ende der Formierung darf der Vakuumverlust nur noch ganz gering sein. Dann wird der Pumpstutzen zugeschweißt.

Bei Gleichrichtern mit Vakuumhaltung wird das betriebsmäßig erforderliche Vakuum laufend durch Pumpen aufrecht erhalten. Für solche Gefäße nennen die VDE-Vorschriften für genügende Dichtheit einen zulässigen Anstieg von 10—20 mT in 10 Stunden, gemessen bei stillgesetzten Vakuumpumpen. Zuweilen wird statt dessen auch die Standzeit angegeben, in der der Druck um 1 mT ansteigt.

Zur Messung des Vakuums im Herstellerwerk bedient man sich oft gern des Kompressionsvakuummeters nach MacLeod. Dabei wird eine Gasprobe in ein Meßrohr geleitet und hier zusammengedrückt, so daß eine ablesbare Differenz der Quecksilbersäulen entsteht. Für den praktischen Betrieb ist ein solches Gerät in der Bedienung unbequem. Außerdem gestattet es keine fortlaufende Ablesung und keine Fernmessung. Daher verwendet man jetzt meist als direkt anzeigendes Gerät ein Hitzdrahtvakuummeter. In dem einen Zweig einer Wheatstoneschen Wiederstandsbrücke liegt eine Vakuummeßlampe, deren Glühfaden in dem zu untersuchenden Vakuum brennt, in dem anderen Zweig eine hochevakuierte Vergleichslampe. Der Widerstand der Meßlampe ist von seiner Temperatur abhängig. Mit zunehmendem Gasdruck im Stromrichtgefäß steigt die Wärmeabfuhr am Glühfaden dieser Lampe, also sinkt seine Temperatur und damit der Ohmsche Widerstand. Der Strom im Brückeninstrument ist dann ein Maß für das Vakuum. Die Brücke wird mit konstanter Gleichspannung gespeist. Die Eichung erfolgt einfach durch Vergleich mit einem MacLeod-Gerät.

Pumpenlose Stromrichter werden nach Erreichen einwandfreien Vakuums im Herstellerwerk an der Pumpleitung abgeschmolzen (verschweißt) und abgetrennt. Wenn man nun später, etwa nach einer längeren Standzeit das Vakuum prüfen will, so kann dies nur noch indirekt geschehen. Bei Stahlgefäßen mißt man hierzu die Durchschlagspannung (Zündung einer Glimmentladung) zwischen Anode und Kathode, dabei muß die Anode positiv sein. Die Durchschlagspannung liegt um so niedriger, je höher der Restgasdruck im Gefäß ist, ihr absoluter Wert ist im übrigen vor allem von dem Abstand der Elektroden und sonstigen konstruktiven Einzelheiten abhängig. Die Prüfkurve kann daher nur vom Herstellerwerk angegeben werden. Statt dessen kann man auch den Einsatz von Zündung und Erregung an der fertigen Anlage beobachten. Wenn beim Einschalten die Zündung sofort einsetzt und der Erregerlichtbogen stabil brennt, kann das Gefäß als vakuumdicht gelten. Hierbei werden Erregerstrom und Gitterzündspannung überprüft. Bei Glasgefäßen ist die Entladung selbst sichtbar und gestattet danach eine Beurteilung des Vakuums.

Im praktischen Betrieb sind weitere Kontrollmessungen unerläßlich. Hier sei nur eine kurze Übersicht in Stichworten gegeben:

Erregerstrom bei Dauererregung,
Heizstrom für Glühkathode oder Hochvakuumpumpe,
Gefäßtemperatur (am Boden gegenüber der Anode oder als Temperatur des Kühlmittels im Ablauf),
Gitterspannung nach Größe und Phasenlage mit Voltmeter und Kathodenstrahl-Oszillograph,
Anodenströme.

Bei Halbleiter-Gleichrichtern wird bei Inbetriebsetzung und bei Revision gemessen:

Werte der Durchlaß- und Sperr-Kennlinie, mindestens für Nennstrom. Dazu kommt eine Impulsprüfung mit Überstrom.

## 2. Isolationsprüfung

Für die Isolationsprüfung an Entladungsgefäßen sind bestimmte Prüfspannungen vorgeschrieben, und zwar:

Hauptanoden gegen Gefäß, Kathode oder Erde
Kathode oder Gefäß gegen Erde
isolierte Kathode gegen Gefäß,
Hilfsanoden oder Steuergitter gegen Gefäß,
und zwischen den Gleichstromklemmen.

Die Prüfspannungen werden (nach VDE 0555/9.62) auf die jeweils im Betrieb anstehende Spannung $U$ bezogen, z. B. für Anode—Kathode auf die maximale Sperrspannung, für Kathode—Erde auf die Gleichspannung. Allgemein ist die effektive Prüfspannung

$$U_{pr\,eff} = k_1\,U + k_2\,,$$

wobei $k_1$ und $k_2$ je nach Prüfstrecke festgelegt sind. Für Hilfsanoden und Steuergitter gegen Gefäß gilt 1500 V, für die isolierte Kathode gegen Gefäß 500 V.

Dabei sind die Prüfungen von Teilen des Stromrichters gegen Gefäß oder von Gefäß gegen Erde natürlich nur bei Stahlgefäßen vorzunehmen. Als Prüfspannung ist sinusförmige Wechselspannung von Betriebsfrequenz oder von 50 Hz zu verwenden. Im übrigen soll die Prüfung genau so wie bei Transformatoren ausgeführt werden. Also darf höchstens 50% der Prüfspannung mittels Schalters sofort angelegt werden. Die weitere Steigerung hat in mindestens 10 s stetig oder in Stufen von 5% zu erfolgen. Der Endwert ist während 1 Min. einzuhalten. Die Prüfung ist bei Stahlgefäßen im Herstellerwerk am nichtevakuierten oder am betriebsfertigem Gefäß auszuführen. Am Aufstellungsort kann der Isolationswiderstand im entgasten Zustand mit einem Kurbelinduktor geprüft werden. Da bei schlechtem Vakuum Glimmentladungen entstehen können, die einen Isolationsfehler vortäuschen, darf die Meßspannung nicht zu hoch gewählt werden. Die Werte der Isolationswiderstände hat der Hersteller anzugeben.

Mit Rucksicht auf die erhöhte Beanspruchung im Stromrichterbetrieb pflegt man den Transformator auf der Anodenseite mit höherer Spannung als sonst bei normalen Netztransformatoren zu prüfen. Die VDE-Vorschriften verlangen die gleiche Prüfspannung wie für die Anoden der Stromrichter. Dies gilt auch für Drosselspulen und Stromteiler.

## 3. Belastungs- und Erwärmungsprobe

Weiter hat man die Gleichrichteranlage noch unter Last zu prüfen. Dabei werden die bei dem Abnehmer auftretenden Betriebsbedingungen zugrunde gelegt. Diese betreffen vor allem Betriebsdauer, Belastungsverlauf, Raumtemperatur, Kühlmittelverhältnisse und Aufstellungshöhe über NN. Bei der Betriebsweise kann man verschiedene Arten unterscheiden, etwa wie für rotierende elektrische Maschinen und Transformatoren. Dauerbetrieb mit unveränderlicher Vollast kommt nur in bestimmten Sonderfällen praktisch vor, z. B. bei Motoren für kontinuierliche Arbeitsverfahren mit gleichmäßiger Belastung oder bei Elektrolysen. Meist ist die Belastung veränderlich. Man unterscheidet außerdem den leichten und schweren Industriebetrieb je nach Höhe, Dauer und Häufigkeit der Überlastungen. Rasch wechselnde Last verlangt auch der Bahnbetrieb, wobei unter schweren Transportbedingungen die Überlastungen besonders hoch liegen können. Hierfür sind nach VDE [21] für

Quecksilberdampfgleichrichter verschiedene Belastungsklassen aufgestellt. Gegenüber Dauerbetrieb mit Nennlast ist für die schweren Belastungsklassen die Bauleistung von Stromrichtergefäßen und Transformatoren zu vergrößern, die Grenzerwärmung der Wicklungen für Nennlast herabzusetzen.

Teilaussteuerung oder Wechselrichterbetrieb bringen ebenfalls erhöhte Beanspruchungen. Für Betrieb mit schwankender Last ist ein Belastungsdiagramm zu vereinbaren. Hierbei soll im Mittel über das Belastungsspiel die zulässige Temperatur der Transformatorwicklungen nicht überschritten werden.

Für volle Aussteuerung ist nach den VDE-Bestimmungen für Quecksilberdampfgleichrichter eine Belastungskennlinie (Abb. 139) festgelegt.

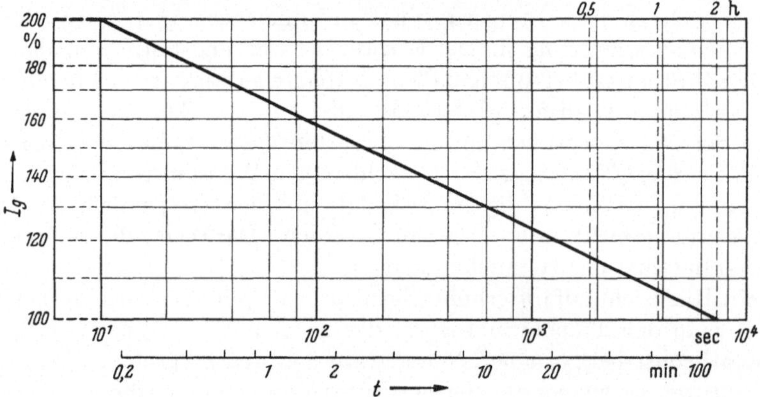


Abb. 139. Belastungskennlinie von Quecksilberdampf-Gleichrichtern bei voller Aussteuerung $I_g$ Nennstrom (nach VDE 0555/9. 62, § 33, Bild 7)

Die Überlastungen beziehen sich auf den Gefäßnennstrom. Für die Bemessung entspricht diese Kennlinie der Belastungsklasse für leichten Industriebetrieb. Glühkathodengleichrichter gelten als empfindlicher. Im praktischen Betrieb soll der Strom niemals die Eigenemission der Kathode überschreiten. Doch werden selten auftretende Kurzschlüsse für die Dauer einer positiven Spannungshalbwelle noch ohne Beschädigung vertragen.

Im übrigen ist für einen bestimmten Gefäßtyp die Belastbarkeit aus der Rückzündungsfestigkeit (siehe Seite 93) abzuleiten. Im Prüfbetrieb wird zeitlich gerafft, indem in einer besonderen Prüfschaltung das Gefäß einer erhöhten Beanspruchung unterworfen wird (z. B. durch Kondensatorentladung und durch eine negative Saugspannung an den Anoden). Die Extrapolation von dieser Prüfung auf normale Beanspruchung ergibt eine gute Annäherung.

Für die Erwärmung von Transformator, Drosseln und sonstigem Zubehör gelten die allgemeinen VDE-Vorschriften. Dagegen sind die

Höchsttemperaturen des eigentlichen Stromrichtventils vom Hersteller selbst festzulegen, da hier Bauart und Arbeitsweise entscheidend sind.

Die Kühlmittelverhältnisse werden zwischen Hersteller und Abnehmer besonders vereinbart. Für unmittelbare Luftkühlung gilt als höchste Kühlmitteltemperatur 35° C, jedoch in tropischem und subtropischem Klima 40° C und höher. Bei Wasserkühlung ist normal 25° C einzusetzen. Bei Aufstellungsorten, die höher als 1000 m über NN gelegen sind, sind ebenfalls besondere Vereinbarungen notwendig, da dort mit einer Verringerung der Isolationsfestigkeit und der Wärmeabgabe zu rechnen ist.

Im Herstellerwerk ergibt eine Erwärmungs- und Belastungsprobe auf Widerstand hohe Stromkosten. Daher wird die Rückarbeitsschaltung (Kreisschaltung) vorgezogen. Am bequemsten nimmt man dazu eine zweite Stromrichtergruppe, die als Wechselrichter die vom zu prüfenden Gleichrichter gelieferte Energie ins Drehstromnetz zurück gibt. Wenn man einanodige Gefäße verwendet, ist ein besonderer zweiter Transformator für den Wechselrichter entbehrlich (Abb. 140).

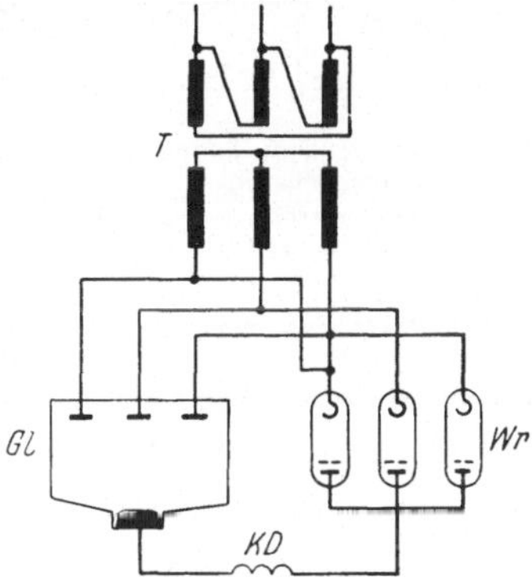


Abb. 140. Rückarbeitsschaltung zur Prüfung von Gleichrichtern.
*Gl* Prüfling (Gleichrichter), *KD* Kathodendrossel, *T* Transformator, *Wr* Wechselrichter (3 einanodige Gefäße) [76]

Unter Beachtung besonderer Bedingungen kann auch mit einer Kunstschaltung geprüft werden, wobei Strom und Spannung von getrennten Stromquellen kommen.

## 4. Messung elektrischer Größen in Stromrichteranlagen

Bei *elektrischen Messungen* an Stromrichteranlagen ist zu beachten, daß Ströme und Spannungen durch Oberwellen verzerrt sind. Es soll daher anschließend noch eine Übersicht über die wichtigsten Meßverfahren gegeben werden, wie sie im Prüffeld und auf der fertigen Anlage zu verwenden sind.

### a) Gleichstromseite

Mittelwerte von Strom und Spannung werden mit Drehspulinstrumenten gemessen, Effektivwerte mit Dreheisen-, Hitzdraht- und elektrodynamischen Geräten und mit Thermoumformer. Bei hohen Strömen bringt die Messung mit Nebenwiderständen verschiedene Nachteile, wie hohe Verluste, schwieriges Abgleichen, unbequemer Einbau in den Leitungszug usw. Bei welligem Gleichstrom können außerdem zusätzliche Fehler entstehen durch die unterschiedliche Induktivität von

Nebenschluß und Meßgerät. Daher verwendet man hier gern den Gleichstromwandler [129]. Der zu messende Gleichstrom wird dabei zur Vormagnetisierung von zwei Eisendrosseln mit Wechselstromerregung benutzt (Abb. 141). Der Wickelsinn ist derart, daß in jeder Drossel eine Halbwelle des Wechselstroms dem Gleichstrom verhältnisgleich ist. Die Meßgenauigkeit ist von den üblichen Schwankungen der Wechselspannung praktisch unabhängig. Oberwellen des primären Gleichstromes werden formgetreu auf die Sekundärseite übertragen. Der sekundäre Meßstrom ist nahezu rechteckförmig und würde nur für Strommessung geeignet sein. Für eine Leistungsmessung wird er daher gleichgerichtet. Das Meßverfahren läßt sich in ähnlicher Weise auch auf hohe Gleichspannungen anwenden. Bei einem anderen Verfahren dient der zu messende Gleichstrom zur Erregung eines kleinen Gleichstromankers, der von einem Hilfsmotor angetrieben wird. Der Strom dieses Ankers wird noch über eine Sekundärwicklung geführt und ist ein proportionales Maß für den primären Gleichstrom. Die Drehzahl des Ankers ist in weiten Grenzen ohne Einfluß auf die Meßgenauigkeit.

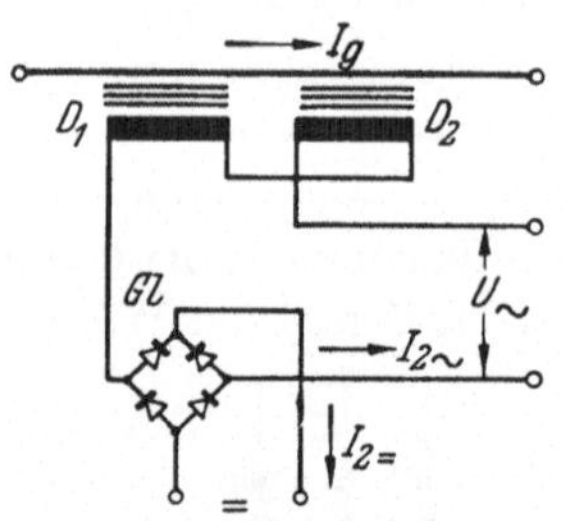


Abb. 141. Gleichstromwandler (Prinzipschaltbild).
$D_1$, $D_2$ vormagnetisierte Drosseln, $Gl$ Gleichrichter, $I_g$ Gleichstrom (Primärseite), $I_{2\sim}$, $I_{2=}$ = Meßstrom (Sekundärseite), $U_\sim$ erregende Wechselspannung

Zur Messung der Welligkeit von Strom und Spannung ist eine Trennung der Oberwellen vom Mittelwert erforderlich. Ein einfaches, jedoch nur wenig genaues Verfahren bekommt man durch gleichzeitige Messung mit einem Drehspul- und einem Dreheisengerät (Abb. 142, b, c). Das erstere mißt den Mittelwert $U_g$ oder $I_g$, das letztere den Effektivwert $U_{ge}$, $I_{ge}$. Wie in Abb. 142, a, rechte Kurve, dargestellt, kann man die Oberwellen durch eine einzige Sinuskurve mit der Frequenz $p\,f$ um die mittlere Gleichspannung als Nullinie ersetzt denken. Dann ergibt sich die Welligkeit aus der Gleichung:

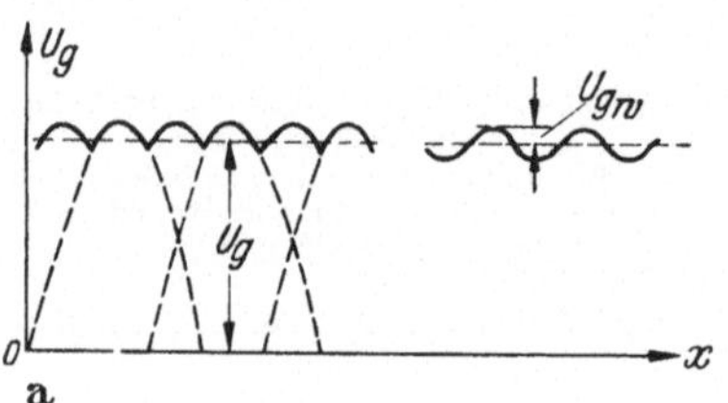


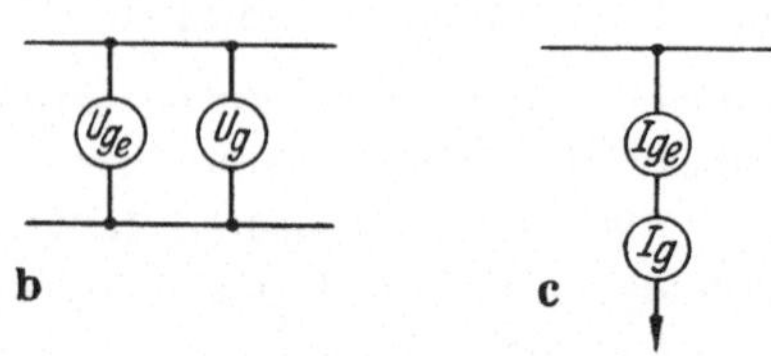


Abb. 142. Messung der Welligkeit auf der Gleichstromseite.
a) Zeitdiagramm der Gleichspannung, $U_g$ Mittelwert, Ersatzkurve mit Oberwelle $U_{gw}$; b) Messung der Oberwellenspannung; c) Messung des Oberwellenstroms

$$w_g = \frac{1}{\sqrt{2}} \frac{U_{gw}}{U_g} = \sqrt{\left(\frac{U_{ge}}{U_g}\right)^2 - 1}\,. \tag{250}$$

Setzt man aber für die Oberwellen Sinushalbwellen über dem konstanten Teil der Gleichspannung (Abb. 142, a, linke Kurve), so erhält man:

$$w_g = \frac{1}{2}\sqrt{\frac{\left(\frac{U_{ge}}{U_g}\right)^2 - 1}{1 - \frac{8}{\pi^2}}}\,. \tag{251}$$

Ein Dreheisengerät mit vorgeschaltetem Kondensator zeigt den Wechselstromanteil der Gleichspannung an. Ein Induktionsgerät zeigt den Wechselstromanteil unmittelbar an. Eisengeschlossene Drehfeldinstrumente haben aber einen Fehler durch die Gleichstromvormagnetisierung. Ebenso ist die Auswertung von Oszillogrammen der Gesamtkurve von Strom oder Spannung nur wenig genau.

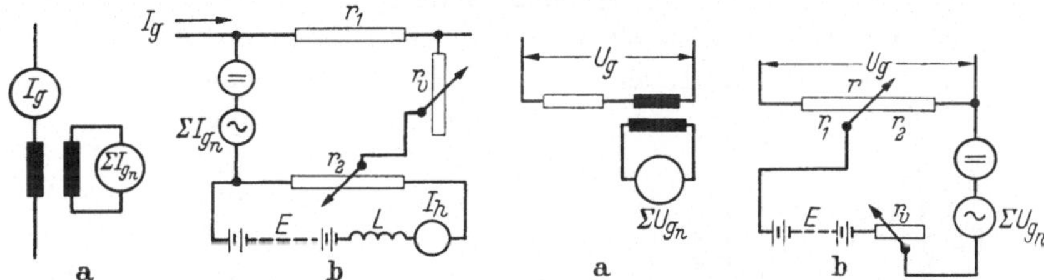


Abb. 143a u. b. Messung der Welligkeit des Gleichstroms, unmittelbare Methode.
a) Stromwandler; b) Kompensationsverfahren, $r_1$ Meßwiderstand, $r_2$ Abgleichwiderstand, $r_v$ Vorwiderstand, $L$ Drossel, $E$ Gegenspannung

Abb. 144a u. b. Messung der Welligkeit der Gleichspannung, unmittelbare Methode.
a) Spannungswandler mit Vorwiderstand; b) Kompensationsverfahren, $r$ Spannungsteiler, $r_v$ Vorwiderstand, $E$ Gegenspannung

Besser wird daher die Trennung des Wechselstromanteils induktiv über Wandler [*122, 123*] ausgeführt. Dies Verfahren zeigt Abb. 143, a, für die Messung des Oberwellenstroms $\sum I_{gn}$, Abb. 144, a, für die Messung der Oberwellenspannung $\sum U_{gn}$. Das Gleichstromglied verursacht jedoch einen erheblichen Übersetzungsfehler. Es sind verschiedene Sonderschaltungen angegeben worden, um diesen Fehler zu beseitigen. Am genauesten sind statt dessen die Kompensationsverfahren. Zur Messung der Stromoberwelle wird das Gleichstromglied durch eine einstellbare Hilfsgleichspannung an einem Meßwiderstand kompensiert, so daß ein Drehspulgerät im Meßkreis auf Null steht (Abb. 143, b). Vom Batterie-Stromzweig wird das Wechselstromglied durch eine Drossel ferngehalten. Es ist dann direkt meßbar, am besten mit einem Thermoinstrument; denn Dreheisen- und Gleichrichtergeräte haben einen zu hohen inneren Widerstand. Die entsprechende Schaltung zur Untersuchung der Gleichspannung ist in Abb. 144, b, dargestellt. Hier wird der Abgriff eines Spannungsteilers verschoben, bis das Drehspulgerät Null zeigt. Am Wechselstromgerät ist dann die Oberwellenspannung direkt abzulesen.

Die Störspannung wird mit einem Geräuschspannungszeiger (Psophometer) gemessen, dessen Frequenzgang der Bewertungskurve der Oberwellen (s. Abb. 87) entspricht. Im Betrieb begnügt man sich oft einfach mit der Beobachtung des Störeindrucks an bestimmten Verbrauchern.

Die Gleichstromleistung wird meist mittelbar aus den Ablesungen von Strom und Spannung ermittelt. Wenn man dafür Drehspulgeräte verwendet, so erhält man die mittlere Gleichstromleistung. Ein Elektrodynamometer liefert dagegen die effektive Gesamtleistung einschließlich Oberwellen. Elektrolytische Zähler geben den Gleichstrommittelwert in Ah an, elektrodynamische Zähler den effektiven Gesamtwert einschließlich der Oberwellenarbeit in kWh.

### b) Anodenseite

Um im Betrieb festzustellen, ob alle Anoden gleichmäßig Last aufnehmen, ist es notwendig, den Strom in den Anodenleitungen zu messen. Eine direkte Messung ist nur bei mäßigen Strömen möglich und erfordert außerdem die unbequeme Auftrennung der Anodenleitungen. Oft ist auch das Anodenpotential unangenehm hoch. Für Vergleichsmessungen benutzt man daher gern einen Anlegestromwandler. Der Anodenstrom $I_a$ ist aber ein intermittierender Gleichstrom. Dabei ist der Effektivwert weit höher als der Mittelwert, nämlich um den Faktor $\sqrt{p}$, während für sinusförmigen Strom dieser Faktor nur 1,11 beträgt (siehe Seite 48, Formel 39). Die Messung mit einem einfachen Wandler ist daher sehr fehlerhaft (Abb 145, a). Zur Kompensation des störenden Gleichstromglieds $I_{am}$ (Abb 145, d) kann man dem Wandler eine Zusatzwicklung geben, über die der Gleichstrom des Stromrichters im entgegengesetzten Sinn geführt wird (Abb 145, b). Statt dessen werden nach der Schaltung in Abb 145, c, zwei um 180° versetzte Anodenströme durch einen gemeinsamen Lochstromwandler geführt, und zwar in entgegengesetzter Richtung. Dies setzt voraus, daß die Anodenströme paarweise gleich sind. Im Zeitdiagramm Abb 145, d, sind zwei solche Anodenströme einge-

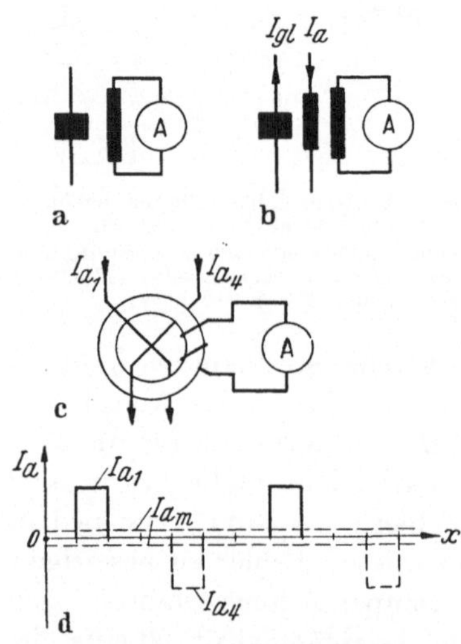


Abb. 145a—d. Messung des Anodenstromes $I_a$. a) einfacher Stromwandler; b) Stromwandler mit Kompensationswicklung ($I_{gl}$ Gleichstrom); c) Stromwandler mit 2 Primärwicklungen (Lochstromwandler); d) Kurvenverlauf des Anodenstroms (Anode 1 und 4), bei sechspulsiger Schaltung, $I_{am}$ Mittelwert

zeichnet, ihre Gleichstromglieder heben sich gegenseitig auf. Am genauesten ist die Messung mit einem Gleichstromwandler nach dem Prinzip der vormagnetisierten Drosseln (s. Abb. 141). Für den vorliegenden Zweck genügt aber eine einzige Drossel, da nur mit einer Halbwelle des Wechselstroms gemessen wird. Ein solches Gerät läßt als Universalwandler für Wechselströme mit Gleichstromglied für jede Anode einzeln Mittelwert und Effektivwert ablesen.

## c) Primärseite

Auf der Primärseite eines Gleichrichters mißt man den gesamten Effektivwert von Strom und Spannung mit elektrodynamischen, Hitzdraht- oder Dreheisengeräten. Bei den letztgenannten hat die Kurvenform, besonders am Ende der Skala und bei Nickel-Eisen-Kernen infolge der Sättigung einen Einfluß auf die Genauigkeit. Bei spitzer Kurvenform können erhebliche Fehler auftreten. Auch Gleichrichterinstrumente mit nichtquadratischer Kennlinie haben Kurvenformfehler. Zeigerfrequenzmesser sind ebenfalls stark von der Kurvenform abhängig.

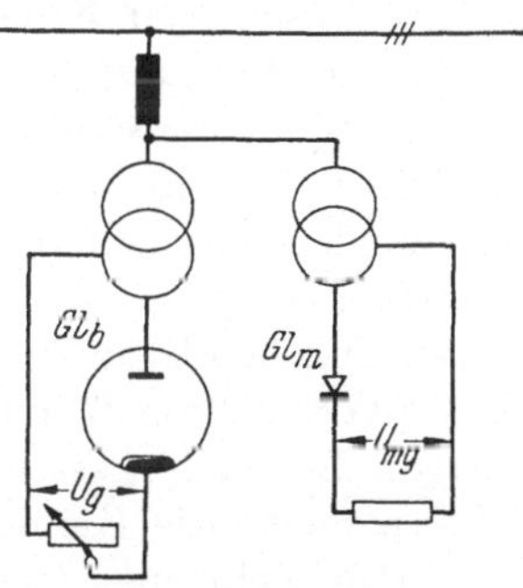

Abb. 146. Messung des induktiven Gleichspannungsabfalls (nach KERN-BERGER). $Gl_b$ Betriebsgleichrichter mit Spannung $U_g$, $Gl_m$ Meßgleichrichter mit Spannung $U_{mg}$ [*128*]

Hier mag auch ein Verfahren zur Messung des induktiven Gleichspannungsabfalls erwähnt werden. Der Einfluß der Netzreaktanz auf die Belastungskennlinie eines Gleichrichters kann ziemlich erheblich werden. Bei der Planung einer Anlage sind aber oft für die Vorausberechnung nur ungenaue Unterlagen zu beschaffen. Daher bietet eine Nachmessung in der fertigen Anlage besonderes Interesse. Der Effektivwert der primären Wechselspannung wird, wie oben bereits erläutert (S. 42, Abb. 42), durch den induktiven Spannungsabfall des Gleichrichterstromes kaum verändert. Es wurde von KERN-BERGER [*128*] deshalb nach Abb. 146 eine besondere Schaltung vorgeschlagen. Auf der Primärseite wird ein Meßgleichrichter angeschlossen, der die gleiche Primärstromkurve hat, wie der zu untersuchende Betriebsgleichrichter. Der Meßgleichrichter wird fest belastet, der Betriebsgleichrichter zunächst mit etwa 10% Nennstrom, dann mit mindestens Nennstrom. Aus der Änderung der Gleichspannung des Meßgleichrichters läßt sich der primäre Spannungsabfall für die vorgenommene Belastungsänderung am Betriebsgleichrichter, und damit der relative Streuspannungsabfall für die Gleichstromseite ableiten. Der Ohmsche Spannungsabfall wird darin einbegriffen.

Es ergibt sich folgende einfache angenäherte Beziehung für den induktiven Spannungsabfall:

$$E_s = U_{g0} \frac{U_{mg0} - U_{mg1}}{U_{mg0}}, \tag{252}$$

darin bedeuten: $U_{mg0}$ Gleichspannung des Meßgleichrichters bei Leerlauf des Betriebsgleichrichters,

$U_{mg1}$ Gleichspannung des Meßgleichrichters bei Nennlast des Betriebsgleichrichters,

$U_{g0}$ Leerlauf-Gleichspannung des Betriebsgleichrichters,

vorausgesetzt wird, daß zunächst bei Leerlauf, dann bei Nennlast des Betriebsgleichrichters gemessen wird.

Die Messung der Kurzschlußspannung wird weiter unten zusammen mit der Bestimmung der Kurzschlußverluste behandelt (s. S. 162). Die gesamte Spannungsänderung eines Gleichrichters wird nach VDE gewährleistet für eine Laständerung um 100%, ausgehend von der konventionellen Leerlaufspannung (Gl. 25a). Die Toleranz dabei beträgt $\pm$ 15% [*21*].

Bei eingehenderen Untersuchungen benötigt man Aufschluß über den Kurvenverlauf von Strom und Spannung an verschiedenen Stellen der Anlage. Bei gittergesteuerten Gleichrichtern und vor allem bei Umrichtern reicht die Kenntnis von Effektivwert, Welligkeit, Formfaktor usw. nicht mehr aus. Dann muß man sich mit Hilfe des Oszillographen unmittelbaren Einblick in die Arbeitsweise des Stromrichters verschaffen. Hierfür benutzt man entweder den Schleifenoszillographen (mit 1 bis 6 Schleifen, auch Leistungsschleifen, hohe Eigenfrequenz erforderlich mind. 2 kHz) oder den Kathodenstrahl-Oszillographen (mit 1, 2 und mehr Elektronenstrahlen, Meßfrequenz nur durch die Verstärkung begrenzt auf 25 bis 100 kHz). Wegen der steilen Wellenfront der Kurven von Strom und Spannung muß im Schleifen-Oszillograph die Dämpfung richtig eingestellt werden. Meßleitungen müssen sorgfältig abgeschirmt werden, um hochfrequente Beeinflussung durch Kommutierungsvorgänge zu vermeiden. Zu erwähnen ist noch das Kurzkontaktverfahren, bekannt in der Ausführung mit der JOUBERTschen Scheibe, wobei zu stets gleichen Phasenpunkten Zeitwerte einer Spannungs- oder Stromkurve zu einem Meßgerät geführt werden.

Aus diesen oszillographischen Aufnahmen können indirekt durch numerische oder graphische Analyse auch die einzelnen Oberwellen von Strom und Spannung ermittelt werden. Das Verfahren ist jedoch umständlich und wenig genau. Auf der Drehstromseite ist es daher einfacher, mit einem Oberwellenmeßgerät nach der Resonanzmethode zu messen. Die gesuchte Oberwelle der Wechselspannung wird hier mit Hilfe eines Resonanzkreises ausgesiebt (Abb. 147, a). Es werden aber besondere Maßnahmen notwendig, um den Einfluß der Grundwelle und anderer Oberwellen klein zu halten. Bei dem Oberwellenmeßgerät nach HUETER [*121*] wird statt einer rechnerischen Korrektur der Grundwelleneinfluß einfach dadurch beseitigt, daß das Grundwellendrehmoment im Anzeigegerät durch ein entsprechendes Gegendrehmoment der Rückstellfeder aufgehoben wird. Zunächst wird durch Anlegen der zu messenden Spannung an *GrW* die Grundwelle gemessen (Abb. 147, b, Innenschaltbild). Dann wird die Meßspannung an *OW* gelegt, mit dem Umschalter *B* in Stellung *K* wird die Nullkorrektur für die Grundwelle ausgeführt. Schließlich werden die Verstellknöpfe *A* und *B* auf die gesuchte

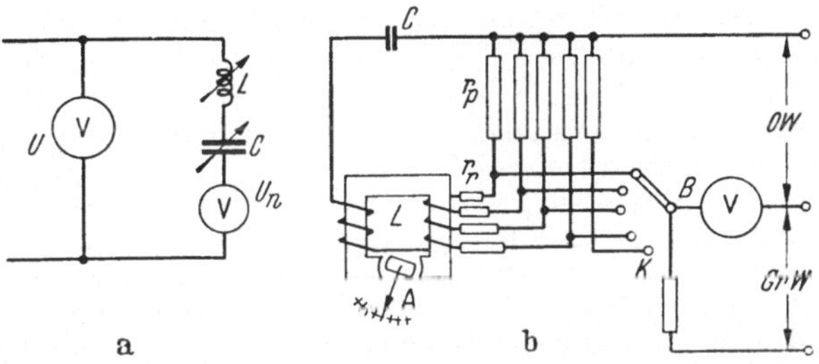


Abb. 147a u. b. Messung der Oberwellen der Wechselspannung, Resonanzmethode (nach HUETER). a) grundsätzliche Schaltung, $U$ Gesamtspannung, $U_n$ $n$-te Oberwelle; b) Ausführungsschaltbild, $C$ Kondensator, $L$ Drossel mit Einstellung $A$, $B$ Einsteller für Widerstände $r_p$ und $r_r$ zu den Drosselanzapfungen, *GrW* Anschluß zur Grundwellenmessung, *OW* Anschluß zur Oberwellenmessung [*121*]

Oberwelle eingestellt, die Meßspannung bleibt an *OW*, und die Oberwellenspannung wird am Instrument unmittelbar in Volt abgelesen. Wenn sich eine der Oberwellen als größer als 50% ergibt, wird eine rechnerische Korrektur notwendig. Die Resonanzmethode läßt sich auch auf die Messung von Stromoberwellen anwenden. Dann ist aber zu dem Meßgerät ein abgestimmter Nebenschlußkreis parallel zu schalten.

Wirk- und Blindleistung werden mit den üblichen Leistungsmessern ermittelt. Bei Drehstromanschluß kann man, außer bei unmittelbaren Umrichtern für Einphasenstrom, mit symmetrischer Belastung rechnen. Die gesamte Scheinleistung einschließlich Oberwellen ist nur aus den Einzelmessungen von Strom und Spannung zu errechnen. Die Magnetisierungsblindleistung ergibt sich aus dem Leerlaufversuch. Kommutierungs- und Steuerblindleistung sowie Verzerrungsblindleistung können nur mittelbar abgeleitet werden.

Der Leistungsfaktor der Grundwelle (Verschiebungsfaktor) wird meist mit dem üblichen Phasenmesser festgestellt. Der Ausschlag ist dem Phasenwinkel verhältnisgleich. Genauer ist die indirekte Messung aus Wirk- und Blindleistung. Verzerrungsfaktor und totaler Leistungsfaktor können nur mittelbar aus Wirkleistung, Blindleistung, Strom und Spannung ermittelt werden.

Entsprechend der Aufteilung der Leistung wird auch die elektrische Arbeit zerlegt in Wirkarbeit, Blindarbeit und Verzerrungsarbeit. Gemessen werden können mit den üblichen Geräten wieder nur die Grundwellenanteile. Bei sinusförmiger Spannung wird mit Induktionszählern nur die Grundwellenarbeit mit einem geringen Minusfehler gemessen. Bei nicht sinusförmiger Spannung ergibt sich die gesamte Wirkleistung, aber mit einem Fehler von bis zu 1%. Nach der von BEETZ [*125*] gegebenen Übersicht entstehen durch die Oberwellen folgende zusätzliche Meßfehler:

a) Die Oberwellen führen zu einer Vergrößerung von Spannungs- und Stromfluß und damit zu einer zusätzlichen Dämpfung. Der Zähler wird also zu langsam laufen.

b) Wenn in Strom und Spannung gleichzeitig Oberwellen derselben Ordnungszahl enthalten sind, so bilden sie miteinander ein Drehmoment. Dies entspricht aber nicht der Oberwellenleistung, weil der Zähler frequenzabhängig arbeitet. Der Zähler zeigt also einen kleinen Minusfehler.

c) Selbst wenn die Spannung genau sinusförmig ist, so wird doch infolge der Eisensättigung der Spannungsfluß in geringem Maß Oberwellen enthalten. Diese bilden mit den Oberwellen im Strom ein von der gegenseitigen Phasenlage abhängiges Drehmoment. Der Zähler gibt also eine Oberwellenarbeit an, die gar nicht vorhanden ist. Dieses Fehlerdrehmoment kann positiv sein und die negativen Fehler von a) und b) überwiegen, es kann aber auch negativ sein.

d) Wenn die angelegte Spannung verzerrt ist, so werden die Oberwellen im Spannungsfluß verstärkt erscheinen, weil die Impedanz der Spannungsspule mit der Frequenz steigt. Es entsteht ein positiver Meßfehler in der Messung der Oberwellenarbeit. Blindstromzähler werden durch Oberwellen stärker beeinflußt als Wirkstromzähler.

Elektrodynamische Zähler erfassen die Oberwellenarbeit richtiger und kommen daher bei stark verzerrter Kurvenform vor allem in Frage. Sonst finden diese Geräte nur wenig Verwendung, da sie nach Preis, Abmessungen und Gewicht gegenüber den Induktionszählern in Nachteil sind.

Unter Umständen kann es nötig werden, den Anlauf etwas schwerer einzustellen, weil infolge der durch die Oberwellen erhöhten Spannung eine Verstärkung der Hilfskraft und damit Leerlauf des Zählers eintreten kann.

## 5. Wirkungsgradbestimmung

Auf die Messung von Leistung oder Arbeit auf der Primär- und Sekundärseite des Stromrichters stützt sich das direkte Verfahren zur Berechnung des Wirkungsgrades, das wegen seiner Einfachheit gern angewandt wird. Für höhere Ansprüche, vor allem für Gewährleistungen, ist das indirekte Verfahren mit Bestimmung der Einzelverluste vorzuziehen. An Quecksilberdampf-Gleichrichtern sind zu messen:

**a) Lichtbogenverluste** [*131*, *134*]. Das Entladungsgefäß muß gründlich ausgeheizt und betriebswarm sein. Zur Messung benutzt man folgende Verfahren:

*1. Leistungsmessung* (wattmetrisches Verfahren). Dabei wird die mittlere Leistung im Lichtbogen einer Entladungsstrecke mit einem Wattmeter, der Mittelwert des Anodenstroms mit einem Drehspulgerät gemessen. Die Stromspule des Wattmeters (Abb. 148) wird bei hohen Strömen über einen Stromwandler (s. Abb. 145, c) gespeist. Ein einanodiger Glühkathodengleichrichter ist so vor die Spannungsspule geschaltet, daß von ihr die hohe negative Sperrspannung fern gehalten wird. Die Brennspannung ist dann der Quotient von Wattmeter- und Amperemeterablesung.

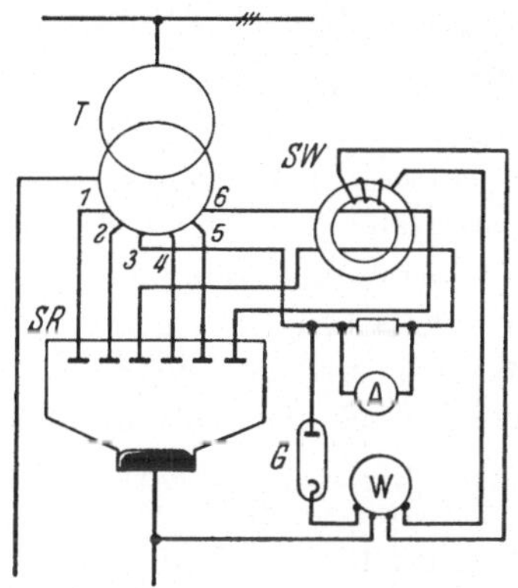


Abb. 148. Wattmetrische Bestimmung der Lichtbogenverluste.

*G* Entladungsgefäß zum Schutz der Spannungsspule des Wattmeters *W*, *SR* Stromrichter, *SW* Stromwandler, *T* Transformator ([2] Abb. 16)

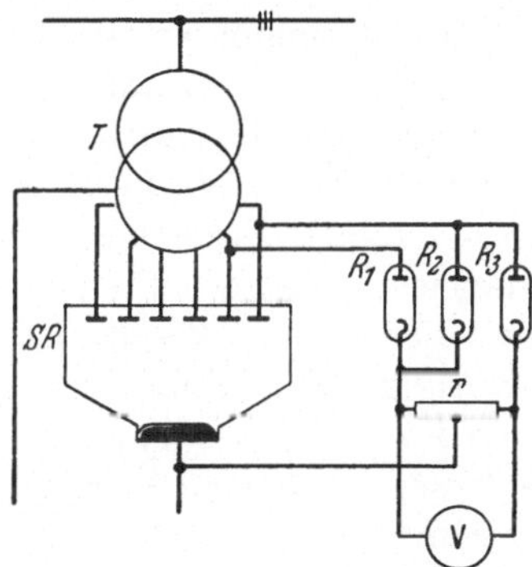


Abb. 149. Unmittelbare Messung der Brennspannung.

$R_1$ $R_2$, $R_3$ Glühkathodenröhren, *r* Widerstand, *SR* Stromrichter, *T* Transformator, *V* Drehspulspannungsmesser ([2] Abb. 17)

*2. Unmittelbare Spannungsmessung.* Hierfür werden drei Glühkathodengleichrichter in der in Abb. 149 gezeigten Weise an zwei Anoden angeschlossen. Der Drehspulspannungsmesser liegt dahinter an einem Widerstand, dessen Mitte an die Kathode des Gleichrichters geführt ist. Wenn $E_{br}$ die Brennspannung einer Glühkathodenröhre ist, so bekommt man aus dem Spannungsmesserausschlag $E_b'$ die Brennspannung des Gefäßes

$$E_b = p\,E_b' + E_{br}\,. \tag{253}$$

(einanodiger Betrieb.)

*3. Oszillographische Aufnahme* der Kurve der Brennspannung. Hier muß natürlich die Oszillographenschleife gegen die Sperrspannung der Anode geschützt werden. Die Brennspannung ist dann der Mittelwert der aufgezeichneten Kurve.

*4. Kompensationsmethode.* Die Spannung Anode—Kathode wird über einen synchron arbeitenden Kontakt einem Vektormesser zugeführt. Der Kontakt ist so eingestellt, daß die Schließzeit gerade mit der Brenndauer übereinstimmt. Mit einer veränderlichen Gegenspannung wird nun die Brennspannung kompensiert, so daß ein Drehspulgerät den Wert Null zeigt. Die eingestellte Gegenspannung ist dann der Mittelwert der Brennspannung.

*5. Messung der mit dem Kühlwasser abgeführten Verluste.* Man stellt die Zufluß- und Abflußtemperatur $\vartheta_3$, $\vartheta_4$ und die Menge des Kühlwassers $Q_1$ l/Std. fest. Er wird angenommen, daß der Stromrichter durch Strahlung etwa 10% der im Wasser abgeführten Verluste abgibt. Dann ist der Lichtbogenverlust

$$V_i = 1{,}1\, Q_1 (\vartheta_4 - \vartheta_3) \frac{1}{860} \text{ in kW}\,. \tag{254}$$

**b) Transformatorverluste** [*21, 126*]. Wie bei normalen Netztransformatoren werden die Leerlauf- und Wicklungsverluste durch Leerlauf- und Kurzschlußversuch ermittelt. Von der gemessenen Leerlaufwirkleistung sind die Ohmschen Verluste des Leerlaufstroms abzuziehen, man erhält dann die reinen Eisenverluste des Transformators. Beim Kurzschlußversuch ist aber zu beachten, daß die Strombelastung der einzelnen Wicklungen nicht immer dieselbe ist wie im Gleichrichterbetrieb. Es wird mit sinusförmiger Spannung gemessen, wobei die Sekundärseite unmittelbar an den Klemmen des Transformators, also ohne die Stromventile kurzgeschlossen wird. Die Primärspannung ist nun so einzuregeln, daß der aufgenommene Strom denselben Effektivwert hat wie im Gleichrichterbetrieb bei Nennlast. Die dafür nötige Primärspannung ist die Kurzschlußspannung des Transformators. Zur Beurteilung der so gemessenen Verluste ist zu überprüfen, welchen Wert man im Kurzschlußversuch im Vergleich mit dem normalen Gleichrichterbetrieb zu erwarten hat (vgl. S. 40). Es ergeben sich je nach Phasenzahl und Schaltung in gewissen Fällen Abweichungen. Daher müssen die Meßwerte noch durch Zuschläge ergänzt werden. Weiter ist es zweckmäßig, bei sechsphasigen Schaltungen den Kurzschluß nur dreiphasig auszuführen, da dann die Auswertung der Messung einfacher ist.

Die sich so ergebenden Verfahren zur Kurzschlußmessung sind in Zahlentafel 15 für die wichtigsten Transformatorschaltungen zusammengestellt. Wie daraus hervorgeht, werden nur die zwei- und dreiphasigen Transformatoren sekundär allpolig kurzgeschlossen. Für die Brückenschaltungen stellt sich dann bei primärem Nennstrom der richtige Sekundärstrom ein, es sind Zuschläge nicht notwendig. Dagegen ergeben sich für die Mittelpunktschaltungen zu niedrige Sekundärverluste, bei $p = 2$ um —50%, bei $p = 3$ um —33%. Er müssen also sekundär Zuschläge gemacht werden.

An sechsphasigen Transformatoren werden (VDE 0555/1936) zwei Messungen ausgeführt; zunächst wird eine Gruppe von drei um je 120° versetzten Sekundärphasen kurzgeschlossen, danach die Gruppe der anderen drei Phasen. Aus den Meßergebnissen wird zur Bestimmung von Kurzschlußspannung und Verlusten der Mittelwert genommen. Die Gabelschaltung hat dabei sekundär in den inneren Wicklungszweigen um 19% zu niedrige, in den äußeren um 15% zu hohe Ströme. Bei der Durchmesser- und bei den Saugdrosselschaltungen ist der Sekundärstrom 42% über dem Wert bei Gleichrichterbetrieb. Dadurch sind bei diesen Schaltungen Zuschläge nicht notwendig, doch muß zu diesem Zweck die Durchmesserschaltung primär einen erhöhten Strom von 123% aufnehmen. Der Rechnungszuschlag für die Gabelschaltung beträgt wie für die dreiphasigen Mittelpunktschaltungen ein Drittel der normalen Sekundärverluste.

Die Rechnungszuschläge erfordern die Kenntnis der Wicklungswiderstände. Man kann dies nach anderen Meßverfahren (entsprechend der Neufassung von VDE 0555/9.62) für einige Schaltungen vermeiden, wenn man die Zahl der Messungen erhöht (siehe Zahlentafel 15, unten, die zwei letzten Reihen). Bei der zweiphasigen Mittelpunktschaltung wird sekundär nur einphasig gegen den Mittelpunkt kurzgeschlossen, es werden zwei Messungen ausgeführt. Bei der Gabelschaltung sind drei Messungen notwendig, nämlich (Bezeichnungen nach Abb. 60):

Messung 1; $\overline{12}$ $\overline{34}$ $\overline{56}$ kurzgeschlossen, gemessen $V_a$

Messung 2; $\overline{23}$ $\overline{45}$ $\overline{61}$ kurzgeschlossen, gemessen $V_b$

Messung 3; $\overline{135}$ oder $\overline{246}$ kurzgeschlossen, gemessen $V_c$

Dann ist der tatsächliche Wicklungsverlust im Gleichrichterbetrieb:

$$V = \frac{V_a}{6} + \frac{V_b}{3} + \frac{V_c}{2}.$$

Der Kurzschlußversuch soll im betriebswarmen Zustand ausgeführt werden. Wenn das nicht möglich ist, sind die Wicklungsverluste auf 75° C umzurechnen. Man hat zu diesem Zweck die gemessenen Verluste rechnerisch in Verluste im Gleichstromwiderstand und in Wirbelstromverluste zu trennen. Hierfür wird der Gleichstromwiderstand mit einer Batteriespannung gemessen. Es werden dann nur die Verluste im Gleichstromwiderstand von der Temperatur des Kurzschlußversuchs auf 75° umgerechnet, dagegen werden die Wirbelstromverluste unverändert wieder zugeschlagen. Es gelten folgende Beziehungen zwischen Temperatur und Widerstand für Kupferwicklungen:

$$\left.\begin{aligned} \Delta\vartheta &= \frac{r_2 - r_1}{r_1}(235 + \vartheta_1), \\ r_2 &= r_1\left(1 + \frac{\Delta\vartheta}{235 + \vartheta_1}\right). \end{aligned}\right\} \qquad (255)$$

Zahlentafel 15. *Messung der Kurzschlußverluste bei Gleichrichtertransformatoren*

| Pulszahl $p$ | Schaltung | Schaltbild Abb. Nr. | Kurzschluß | Zahl der Messungen | Primärstrom % | Rechnungszuschlag |
|---|---|---|---|---|---|---|
| 2 | Mittelpunkt zweiphasig | 50 | 2-phas. | 1 | 100 | $\frac{1}{2} Ig^2 r_s$ |
| | Brücke ,, | 53 | 2-phas. | 1 | 100 | — |
| 3 | Mittelpunkt dreiphasig | 55, 56, 57 | 3-phas. | 1 | 100 | $\frac{1}{3} Ig^2 r_s$ |
| 6 | Brücke ,, | 58 | 3-phas. | 1 | 100 | — |
| | Dreieck-6-Phasen, | 59 | 3-phas. | 2 | 123 | — |
| | Gabelschaltung | 60 | 3-phas. | 2 | 100 | $\frac{1}{3} Ig^2 (r_{sa} + r_{si})$ |
| | 2×3 Phasen } mit Saugdrossel | 61 | 3-phas. | 2 | 100 | — |
| | 3×2 Phasen } mit Saugdrossel | 66 | 3-phas. Mittelpunkte verbunden | 2 | 106 | — |
| 12 | 2×2×3 Phasen mit Saugdrossel | 69 | 2×3-phas. | 2 | 103,5 | — |
| 2 | Mittelpunkt zweiphasig | 50 | 1-phas. | 2 | 100 | — |
| 6 | Gabelschaltung | 60 | 3×2-phas. | 2 | 100 | besondere Formel, Seite 163. |
| | | | 3-phas. | 1 | 100 | |

Bei 2 Messungen Kurzschlußwerte aus dem Mittelwert der Messungen, außer bei Gabelschaltung mit 3 Messungen (besondere Formel).
Die letzten zwei Reihen entsprechen VDE 0555/9.62 [*21, 136*]

Darin bedeuten

$r_1, \vartheta_1$ = Widerstand und Temperatur der kalten Wicklung,
$r_2, \vartheta_2$ = Widerstand und Temperatur der warmen Wicklung,
$\Delta\vartheta$ = Erwärmung.

Bei Aluminium-Wicklungen ist an Stelle von 235 die Konstante 245 einzusetzen. Sofern die Kühlmitteltemperatur $\vartheta_k$ von der Temperatur der kalten Wicklung $\vartheta_1$ abweicht, ist als Korrektur von der Erwärmung $\Delta\vartheta$ noch die Differenz $\vartheta_k - \vartheta_1$ abzuziehen. Zusatzverluste durch Oberwellen sind dadurch etwa berücksichtigt, daß mit unkorrigiertem Nennstrom (ohne Überlappung) gemessen wird (S. 47, Gl. 35 u. 36).

**c) Zubehör.** Die Messung des Verbrauchs von Vakuumpumpen, Vakuummeßeinrichtung, Zünd- und Erregereinrichtung, Gittersteuerung, Kühlanlage usw. bietet keine besonderen Schwierigkeiten. Für die Verluste in den Wicklungen von Saugdrossel und Kathodendrossel werden die Gleichstromwiderstände eingesetzt.

Die Gewährleistung des Wirkungsgrades bezieht sich auf die vollständige Stromrichteranlage. Im allgemeinen werden darin die Verluste in den Glättungseinrichtungen, in der Kühlanlage und Heizung sowie in den Verbindungsleitungen nicht einbegriffen. Die Toleranz nach VDE beträgt 0,1 $(100-\eta)$. Für den Verschiebungsfaktor werden größere Abweichungen zugelassen, nämlich 0,2 $(1-\cos\varphi)$. Vorausgesetzt werden sinusförmige, symmetrische Spannungen auf der Primärseite [*21*].

Das bei Drehstromtransformatoren übliche Verfahren, den Wirkungsgrad aus *Leerlauf- und Kurzschlußversuch* zu bestimmen, läßt sich auf die ganze Stromrichteranlage nicht ohne weiteres übertragen. Denn die Verluste sind hier abhängig von Brenndauer und Kurvenform des Anodenstroms. Schließt man einen Gleichrichter kurz, so wächst die Brenndauer der Anode weit über das normale Maß hinaus. Die Kurvenform des Anodenstroms ändert sich entsprechend. Der relative Effektivwert, bezogen auf den Gleichstrom, geht zurück. Bei kleinen, sehr weichen Gleichrichtern kann diese Veränderung gegebenenfalls nur einen kleinen Einfluß haben. Sonst aber würde der Kurzschlußversuch zu starken Meßfehlern führen. Es müssen dabei die Normalwerte von Gefäßtemperatur und von Scheitelwert, Dauer und Stromdichte des Anodenstroms erhalten bleiben. Es wurde daher vorgeschlagen, durch Gittersteuerung den Anodenstrom auch im Kurzschlußfall in die normale Form zu zwingen [*127*]. Die Messung erfolgt dann beim Nennwert von Primärstrom und Gleichstrom und bei dem zugehörigen Effektivwert des Anodenstroms. Die Kurvenform des Anodenstroms wird also angenähert der normalen angeglichen. Da die Welligkeit nicht dem Normalbetrieb entspricht, kann die Genauigkeit des Verfahrens nur begrenzt sein. Außerdem wird wegen der notwendigen Umrechnung der Transformatorverluste auf 75° C eine Trennung der Verluste von Gleichrichter und Transformator doch notwendig.

# E. Schalt- und Schutzeinrichtungen

Störungen im ordnungsgemäßen Arbeiten des Stromrichters führen zu hohen Überbeanspruchungen nicht nur der Stromrichtventile und zugehörigen Transformatoren, sondern auch von Primär- und Sekundärnetz und in gewissen Fällen selbst bei den angeschlossenen Verbrauchern. Es handelt sich um Überströme und Überspannungen, die aber auch in Vorgängen außerhalb der Stromrichteranlage ihre Ursache haben können. Die erforderlichen Schutzeinrichtungen werden zweckmäßig in zwei Gruppen, Überstromschutz und Überspannungsschutz, geordnet. Hierzu kommen noch, zumal bei Stromrichtern großer Leistung, die Schutz- und Überwachungsgeräte für die Stromrichtventile selbst, die unter den Begriff Gefäßschutz zusammengefaßt werden können.

## 1. Überstromschutz

Unter Überstrom sollen Überlastungen jeder Art im Strom verstanden werden. Es sind bei Quecksilberdampfgefäßen folgende **Störungsfälle** zu unterscheiden:

**a**) Hohe *Überlastungen* auf der Gleichstromseite können zu einer weitgehenden Änderung der Arbeitsweise des Stromrichters führen. Bei steigender Belastung nimmt zunächst die Überlappung der Anodenströme zu, entsprechend auch die Brenndauer. Wenn schließlich die mittlere Anodenspannung $\frac{u_{s1} + u_{s2}}{2}$ (s. S. 39) während der Kommutierung so stark abfällt, daß die Spannung der nächsten Anode $u_{s3}$ bereits größer wird (Punkt *d* in Abb. 41), so zündet auch die dritte Anode. Es fließen also jetzt während der Kommutierung drei Anodenströme gleichzeitig, nach der Kommutierung brennen stets zwei Anoden. Diese Erscheinung beginnt bei einem Überlappungswinkel $u_{max}$, der sich aus folgender Beziehung ergibt:

$$\tan u_{max} = \frac{\cos\frac{\pi}{p} - \cos\frac{3\pi}{p}}{\sin\frac{3\pi}{p}} \text{ für } p \geqq 3\,. \tag{256}$$

Bis dahin haben wir noch die normale einfache Kommutierung. Von $u_{max}$ an arbeitet der Stromrichter mit zweifacher Anodenbeteiligung wie eine Saugdrosselschaltung. Wenn die Belastung noch höher ansteigt, so nimmt auch die Anodenbeteiligung weiter zu. Allgemein brennen während der Überlappungszeit $g + 1$ Anoden, außerhalb davon $g$ Anoden. Bei $g = p - 1$ brennen während der Kommutierung bereits sämtliche Anoden. Es läßt sich so der ganze Verlauf der Belastungskennlinie bis zum *Kurzschluß* ermitteln, es ist bei unverketteten Reaktanzen ein gebrochener Linienzug, dessen Neigung mit zunehmender Anodenbeteiligung abnimmt. Die Brenndauer jeder Anode wird theoretisch 360°. Der Kurzschlußstrom ist dann

$$I_{gk} = \frac{\sqrt{2}\, U_s}{X_a'}\, p\,. \tag{256a}$$

Wegen der Verkettung der Reaktanzen bleibt jedoch die Brenndauer kürzer, der Kurzschlußstrom erreicht nur etwa den Wert

$$I_{gk} \cong (0{,}9 \cdots 1{,}5)\, I_g \frac{100}{e_k}\,.$$

Der Stromanstieg ist jedoch sehr steil, man muß mit 100—1000 A/ms rechnen.

**b)** *Rückzündung* nennt man das Versagen der Richtwirkung in der Entladungsstrecke, also den Verlust der Sperrfähigkeit. Dann wird eine Anode zur Kathode (Abb. 150, Anode 2). Der Stromdurchgang erfolgt in falscher Richtung. Bei einem mehranodigen Stromrichter arbeiten die übrigen Anoden auf die kranke Anode zurück. Der Transformator ist dadurch kurz geschlossen. Wenn auf der Gleichstromseite eines Gleichrichters noch andere Stromquellen vorhanden sind (Generatoren, Sammlerbatterien, Umformer oder andere Gleichrichter), so wird von ihnen Rückstrom geliefert. Für sie entsteht eine kurzschlußartige Überlastung, die nur durch die Widerstände der Verbindungsleitungen begrenzt wird. Der Strom auf der Gleichstromseite der rückzündenden Gleichrichters kehrt sich um. Eine solche Rückzündung tritt vorzugsweise kurz nach Beendigung der Kommutierung ein, wenn vor der abgelösten Anode die Entjonisierung noch nicht abgeschlossen ist, oder erst später im Augenblick der höchsten negativen Sperrspannung. Außer inneren Fehlern (z.B. Quecksilberkondensat an der Anode, Materialfehler der Anoden, Restgase, zu hoher Dampfdruck) können auch äußere Überspannungen, Überlastungen oder eine Unterkühlung Veranlassung sein. Zur Vermeidung von Rückzündungen ist vor allem auf eine richtige Führung des Quecksilberdampfstromes, eine saubere Fertigung und richtige Betriebstemperatur zu achten. Bei Halbleitergleichrichtern entspricht der Rückzündung ein Durchschlag in Sperrrichtung.

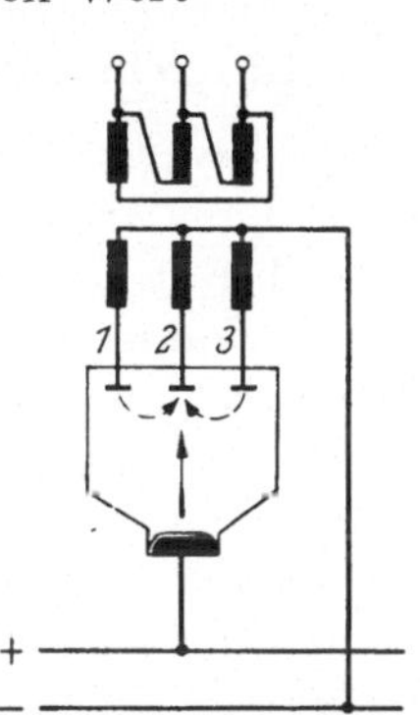

Abb. 150. Rückzündung bei einem dreipulsigen Gleichrichter. — — → Strom der Anoden *1*, *3* zur kranken Anode *2*, ——→ Rückstrom aus dem Gleichstromnetz

c) *Sekundärzündung.* Bei Ansatz des Lichtbogens an einem inneren Konstruktionsteil als Zwischenanode. Dies kann auftreten, wenn die Brennspannung durch Überlastung oder unzweckmäßige Betriebsweise auf über 40 V ansteigt.

d) *Durchzündung* kann bei gittergesteuerten Gleichrichtern auftreten, wenn die Sperrwirkung des negativen Gitters versagt. Dann übernimmt die Anode schon vor dem eingestellten Zündzeitpunkt den Strom. Wenn also eine verminderte Gleichspannung eingestellt ist, so springt die Spannung plötzlich auf den Höchstwert für volle Aussteuerung. Es entsteht eine stoßartige Überlastung. Ein Wechselrichter dagegen kehrt bei einer Durchzündung seine Spannung um, er wird zum Gleichrichter, die Gleichstromseite ist kurzgeschlossen. Diese Störung kann durch Fehler an den Gittereinbauten und in der Steuerschaltung veranlaßt werden.

e) *Kippen* im Wechselrichterbetrieb besteht in einem Versagen der Löschwirkung an der gerade brennenden Anode. Diese Erscheinung ist bereits oben näher erläutert worden (s. Abb. 113). Außer durch innere Störungen kann das Kippen verursacht werden durch hohe Überlastungen oder Kurzschluß, durch einen Spannungsanstieg auf der Gleichstromseite oder einen Spannungsrückgang auf der Drehstromseite, wobei schon der Ausfall oder scharfe Spannungsrückgang einer einzelnen Drehstromphase genügt. Ähnliche Kipperscheinungen können auch bei Umrichtern auftreten.

f) *Zündaussetzer* (Zündversager). Wenn die Zündung einzelner Anoden versagt, z. B. durch Ausfall der Steuerimpulse oder vorübergehenden Erregerabriß, so fallen sie für die Spannungsbildung und Stromführung aus. Im Gleichrichterbetrieb bedeutet dies einen erheblichen Rückgang der Gleichspannung, im Wechselrichterbetrieb führt es zum Kippen.

Um innere Beschädigungen des Stromrichters zu verhindern, muß bei solchen Störungen mit Hilfe von Schutzgeräten möglichst unverzögert eingegriffen werden. Die Ansprechwerte der Überstromschutzeinrichtungen sind nach der Überlastungskurve der vorliegenden Stromrichterbauart zu wählen (vgl. Abb. 139). Weiter ist natürlich der Verlauf der betriebsmäßigen Belastung zu berücksichtigen. Je nach Art der Verbraucher werden bestimmte Überlastungen mit den zugehörigen Auslösezeiten festgelegt, oder man gibt dem Schutzgerät eine passende Überstromzeitkennlinie. Bei einer Rückzündung soll jedoch der Fehler möglichst schon im Entstehen erfaßt werden. Der Rückstromschutz wird daher recht niedrig, auf einen geringen Teil des Vorwärtsnennstroms eingestellt.

Bei Anlagen mit selbsttätiger Regelung kann man den Regler zur Begrenzung der Lasterhöhung heranziehen (Abb. 151). Wenn im normalen Lastbereich die Gleichspannung selbsttätig konstant gehalten wird

(Kurve $b$—$b$), so wird von einer gewissen Belastung an (meist Nennbelastung) der Regler ausgeschaltet, so daß über dieser Lastgrenze die Spannung nach der ungeregelten Belastungskennlinie (Kurve $a$—$a$) abfällt. In vielen Fällen wird dies nicht genügen; dann gibt man dem Regler eine Gegenkompoundierung mit einem Grenzwert, derart, daß von der Grenzlast an der Regler die Spannung verstärkt absinken läßt (Kurve $b$—$c$).

Zur Begrenzung der Überlastung führt man auch, besonders bei Anlagen großer Leistung, den Transformator mit vergrößerter Kurzschlußspannung aus oder man schaltet zusätzlich Drosseln auf der Drehstromseite davor. Man vermeidet damit gleichzeitig ein zu häufiges Abschalten des Stromrichters.

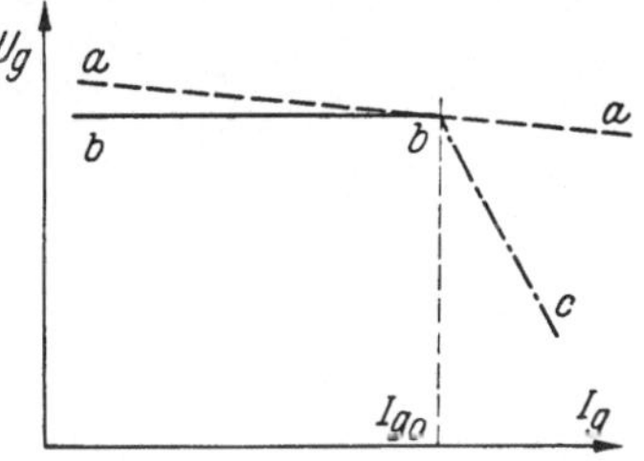


Abb. 151. Belastungskennlinien eines Gleichrichters mit selbsttätiger Reglung. $a$—$a$ natürliche Kennlinie, $b$—$b$ Spannung konstant gehalten, $b$—$c$ Strombegrenzung, $I_{g_0}$ Nenngleichstrom

Die eigentlichen Überlastschutzgeräte dienen aber zum Abschalten im Störungsfall. Dabei soll die kranke Stelle der Anlage von dem einspeisenden Netz abgetrennt werden. Wenn von zwei Seiten Energie geliefert werden kann, so ist eine doppelseitige Abtrennung notwendig. Arbeiten also zwei Gleichrichter auf der Drehstrom- und Gleichstromseite parallel, so ist der kranke Gleichrichter im Störungsfall auf beiden Seiten abzuschalten. Unter selektiver Abschaltung allgemein versteht man, daß nur die unmittelbar gestörten Geräte oder Netzteile abgetrennt werden und vorgeschaltete Schutzeinrichtungen betriebsfähige Netzteile nicht ebenfalls stromlos machen. Es werden folgende Überlastschutzgerate bei Stromrichtern verwendet:

*Drehstromseite*: Leistungsschalter mit Überstromauslösung oder bei kleinen Gleichrichtern Sicherungen:

*Anodenseite*: Anodensicherungen, Gittersperrgerät, selten Anodenschnellschalter;

*Gleichstromseite*: Kathodensicherung, Überstromschalter (normal oder als Schnellschalter, mit Vorwärts-, Überstrom oder Rückstrom-Auslösung).

Es soll nun auf diejenigen dieser Geräte näher eingegangen werden, die vor allem von den üblichen Schalt- und Schutzgeräten abweichende Besonderheiten aufweisen, nämlich Schnellschalter und Gittersperrgerät. Beide sollen möglichst unverzögert ansprechen, um dadurch die Folge von Störungen einzuschränken. Daraus ergeben sich für den **Schnellschalter** folgende Bedingungen:

Rasches Ansprechen, geringer Ausschaltverzug, d.h. Zeit vom Erreichen des Auslösestroms bis zum Öffnen der Hauptkontakte, geringe Umkehrzeit, d.h. Zeit vom Überschreiten des Auslösewertes bis zum Höchstwert des Stromes.

Die Wirkungsweise solcher Schalter erläutert Abb. 152. Die Auslösung ist auf den Strom $I_{ga}$ eingestellt. Daran anschließend hat ein Schnellschalter gegenüber einem normalen Überstromschalter einen Ausschaltverzug $t_v$ von etwa nur 1/10 und weniger. Der Schnellschalter öffnet dabei seine Kontakte schon im ersten Teil des Anstiegs des Überstroms. Die rasche Bewegung des Schalthebels und eine kräftige Lichtbogenblasung fangen den weiteren Stromanstieg ab und lassen den Strom bald wieder zurückgehen. Infolgedessen wird der Höchstwert des Kurzschlußstroms $I_{gk}$ gar nicht erreicht. Die dynamischen und thermischen Beanspruchungen durch die Überlastung werden erheblich herabgesetzt. Die Lichtbogenzeit $t_l$, d.h. die Zeit vom Öffnen der Hauptkontakte bis zum Verlöschen des Lichtbogens, bis also an den Kontakten die volle Spannung wiederkehrt, ist kürzer als bei normalen Überstromschaltern. Abschaltüberspannungen bleiben aber in zulässigen Grenzen. Denn die Höhe der Überspannungen ist vom Ausschaltverzug des Schalters unabhängig, sie wird vielmehr bestimmt durch die Induktivität des Stromkreises und die Blasung des Lichtbogens. Es sind bei normalen Überstromschaltern mit harter Lichtbogenlöschung sogar schon höhere Überspannungen beobachtet worden als bei Schnellschaltern. Daher wird nur in besonderen Fällen der Schnellschalter beim Abschalten zunächst mit einem Schutzwiderstand überbrückt, um die Überspannungen herabzusetzen.

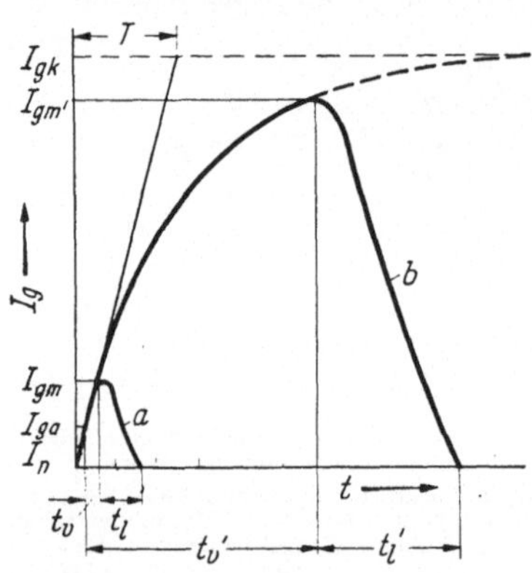


Abb. 152. Abschaltvorgang. Vergleich von Schnellschalter und Überstromschalter.
*a* Schnellschalter, $t_v$ Ausschaltverzug, $t_l$ Lichtbogenzeit, $I_{gm}$ Maximalstrom; *b* Überstromschalter, $t_v'$ Ausschaltverzug, $t_l'$ Lichtbogenzeit, $I'_{gm}$ Maximalstrom; $I_n$ Nennstrom; $I_{ga}$ Auslösestrom; $I_{gk}$ Kurzschlußstrom (Endwert); $T$ Zeitkonstante des Kurzschlußkreises [*135*]

Man unterscheidet nach ihrer Wirkungsweise vor allem folgende Bauarten von Schnellschaltern:

α) *Schnellschalter mit elektromagnetischer Kupplung* [*135*]. 1. Mit fremderregtem Haltemagnet und Zuganker. Ein mit fester Gleichspannung erregter Magnet hält seinen Anker mit dem Schalthebel gegen die Rückzugkraft starker Ausschaltfedern. Der Gleichrichterstrom fließt über eine Auslösewicklung. Bei Überstrom wird durch sie der Haltefluß im Anker derart geschwächt, daß die Federn den Anker abreißen. Durch den Haltemagnet ist der Schalter von der Stromrichtung abhängig (polarisiert). Bei Rückstrompolung schaltet er nur als Rückstromschalter ab, bei Vorwärtsüberstrom braucht man ein besonderes Überstromrelais. Wenn man zur Auslösewicklung eine hohe Induktivität parallel schaltet (z.B. die Blasspule des Schalters mit Eisenkern), so wird die Auslösung auch von der Anstiegsgeschwindigkeit des Stroms abhängig, bei raschem Stromanstieg erfolgt Frühauslösung. Der Ausschaltverzug beträgt etwa 1,5—2 ms bei Kurzschlußabschaltung, die Lichtbogenzeit bei selbstinduktionsarmen Stromkreis je nach der Höhe der Gleichspannung 10—20 ms. Damit ist die gesamte Abschaltzeit rd. 12—24 ms. Übliche Baugröße 5000—12000 A.

2. Mit selbsterregtem Haltemagnet und Schlaganker [*124*, *135*]. Bei dieser Bauart wird der Haltemagnet vom Hauptstrom selbst erregt und wirkt entgegen dem Auslösemagneten auf denselben Anker. Wenn der Auslösestrom erreicht ist, überwiegt die Kraft des Auslösemagneten. Der Anker wird abgerissen und schlägt auf den Kontakthebel. Dieser Schalter ist natürlich zunächst unabhängig von der Stromrichtung. Zur Polarisierung wird im Auslösemagnet eine fremderregte Hilfsspule eingebaut. Man hat dann bei Rückstrom eine verfrühte Auslösung, bei Vorwärtsstrom aber eine Auslöseverzögerung, beides um so stärker, je größer die Anstiegsgeschwindigkeit des Stromes ist. Bei Parallelbetrieb mehrerer Gleichrichter arbeitet der Schnellschalter also selektiv. Der Ausschaltverzug beträgt nur etwa 2—4 ms je nach der Baugröße. Mit elektrodynamischer Schnellauslösung wird 0,3—0,6 ms erreicht. Übliche Baugröße 300—6000 A.

*β) Schnellschalter mit mechanischer Kupplung.* Der Schalthebel ist dabei mechanisch gekuppelt. Der Auslösemagnet besorgt die Lösung der Kupplung, worauf die Öffnung der Kontakte durch Federkraft ausgeführt wird. Meist erfolgt der Auslösebefehl über Gleichstrom-Wandler und Relais. Der Schalter arbeitet unabhängig von der Stromrichtung, er kann aber durch ein Rückstromrelais polarisiert werden. Auch liefert der Laststrom selbst die Lichtbogen-Blasung. Bei kleiner Last kann Fremdblasung mit Ventilator notwendig werden. Mit einer solchen Konstruktion werden ebenfalls kurze Verzugszeiten von etwa 2—3 ms erreicht [*130*, *132*].

*γ) Schnellschalter mit Sprengauslösung.* Der Hauptkontakt ist auf einer Drehstabfeder mit geringem Trägheitsmoment aufgebaut und in der Einschaltstellung verklinkt. Bei Überstrom löst die Auslösungseinrichtung durch eine Sprengladung diese Verklinkung. Die Zeitverzögerung vom Auslöseimpuls bis zur Begrenzung des Überstromes wird mit etwa 1,2 ms angegeben. Das Prinzip wird auch auf Sicherungen angewendet, indem die Sprengladung den Stromkreis direkt auftrennt. Solche Sprengunterbrecher ($I_s$-Begrenzer) haben noch eine parallele

Schmelzsicherung, um die Spannung nicht zu hoch ansteigen zu lassen. Durch den geringen Ausschaltverzug wird der Stromanstieg bei Kurzschluß auf einen niedrigen Wert begrenzt [*136*, *138*].

Ein weiteres Mittel zum Schutz bei den oben beschriebenen Störungen bietet die **Gittersperrung** [*133*]. Wenn man im Betrieb das Gitter plötzlich gegenüber der Kathode negativ macht, so bleibt die gerade brennende Anode davon unbeeinflußt. Die folgende Anode kann aber nicht mehr zünden, der Stromrichter ist also gesperrt. Daraus erkennt man, daß die Sperrung der Wechselstromseite nicht ganz unverzögert einsetzt. Die gerade brennende Anode führt vielmehr noch so lange den Strom, bis ihre Spannung negativ wird. Daraus ergibt sich die Löschzeit der Gittersperrung. Man muß natürlich annehmen, daß beim Einsetzen des negativen Gitterpotentials gerade eine Anode mit ihrem Strom beginnt. Für einen dreipulsigen Gleichrichter ist dies in Abb. 153, a (Schaltung $Dy5$, $Yz5$), im Zeitdiagramm dargestellt. Bei mehrfacher Anodenbeteiligung müssen alle parallelarbeitenden Anoden gelöscht werden. Daraus ergibt sich eine Verlängerung der Löschzeit. Abb. 153, b, zeigt hierzu den Vergleich der Löschzeit für einen sechspulsigen Gleichrichter bei einfacher Anodenbeteiligung (Gabelschaltung $F3$) und bei Saugdrosselschaltung ($F2$). Bei normaler Frequenz (50 Hz) beträgt also für Schaltung $F3$ die Löschzeit theoretisch 6,6 ms, bei Schaltung $F2$ 10 ms. Durch die Induktivität des Stromkreises ergeben sich praktisch etwas größere Werte, jedoch noch innerhalb einer Periode von 20 ms. Bei $16^2/_3$ Hz ist die Löschzeit theoretisch dreimal so lang. Eine solche Gittersperrung kann übrigens einen Gleichstrom nicht unterbrechen. Daher wird mit ihrer Hilfe ein Stromrichter nicht stromlos, wenn der Lichtbogen von der Gleichstromseite her gespeist wird. Dies gilt vor allem für den bei einer Rückzündung auftretenden Rückstrom aus anderen Gleichstromquellen, der Stromrichter muß also dann auf der Gleichstromseite abgeschaltet werden.

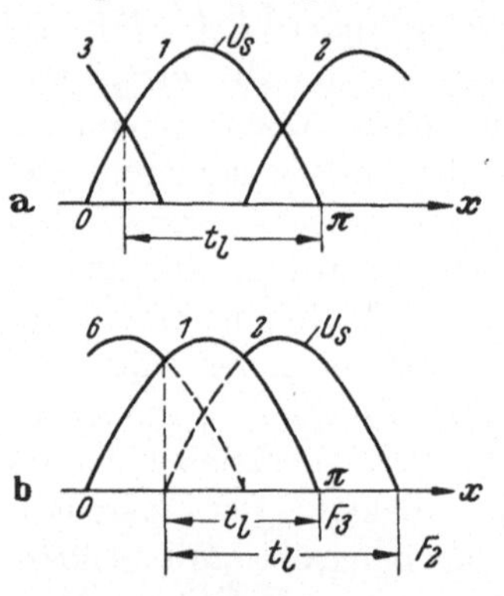


Abb. 153 a u. b. Löschzeit $t_l$ bei Gittersperrung.
a) dreipulsiger Gleichrichter, Schaltung $Dy\,5$, $Yz\,5$; b) sechspulsiger Gleichrichter, Schaltung $F\,3$, $F\,2$

Die Gittersperrung kann auf verschiedene Weise ausgeführt werden. Dies ist vor allem abhängig von der Schaltung und Arbeitsweise der Gittersteuerung selbst. Es seien hier folgende Möglichkeiten aufgezählt (s. S. 30):

Anlegen einer negativen Vorspannung an das Gitter; Umpolen der positiven Spannungsimpulse am Gitter; Verschieben der Gitterwechselspannung: Abschalten oder Kurzschließen der positiven Steuerspannungen, so daß am Gitter nur eine negative Vorspannung bleibt.

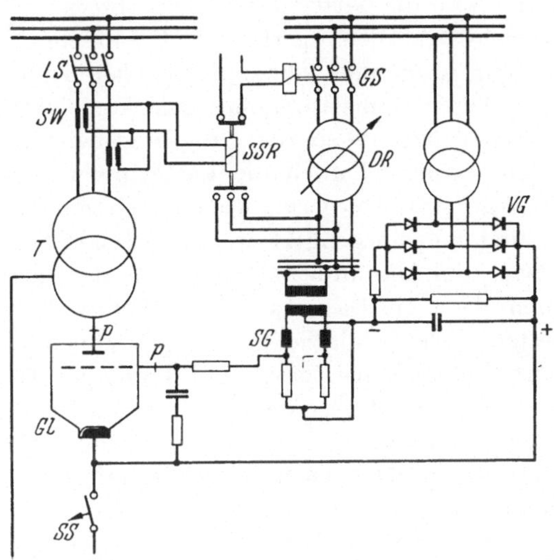


Abb. 154. Schaltung zur Gittersperrung mit Überstromauslösung

*DR* Drehregler, *Gl* Gleichrichter, *GS* Gitterschütz, *LS* Leistungsschalter, *SG* Stoßsteuergerät, *SS* Schnellschalter, *SSR* Schnellschaltrelais, *SW* Stromwandler, *VG* Vorspanngerät

Nähere Einzelheiten eines Schaltungsbeispiels zeigt Abb. 154. Dabei ist eine magnetische Stoßsteuerung zugrunde gelegt. Bei Überstrom spricht ein Schnellschaltrelais an und schließt die positiven Steuerimpulse kurz. Gleichzeitig wird durch ein Gitterschütz vor dem Drehregler die Gittersteuerung ganz abgeschaltet. An den Gittern bleibt also nur die negative Vorspannung bestehen.

Eine andere Schaltung ist schematisch in Abb. 155 dargestellt. Dabei wird die Umkehr des Gefäßpotentials bei einer Rückzündung zur Auslösung benutzt. Im normalen Betrieb hat das Stahlgefäß eines Gleichrichters etwa +10 V gegenüber der Kathode. Wenn eine Rückzündung auftritt, so wird das Gefäßpotential vorübergehend negativ. Man führt das Gefäßpotential umge-

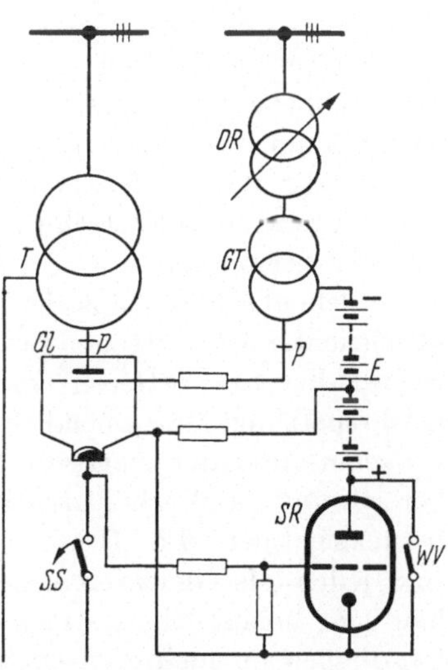


Abb. 155. Schaltung zur Gittersperrung, ausgelöst durch die Umkehr des Gefäßpotentials bei einer Rückzündung.

*DR* Drehregler, *E* Vorspannung, *Gl* Gleichrichter, *GT* Gittertransformator, *SR* Steuerröhre, *SS* Schnellschalter, *T* Transformator, *WV* Wiedereinschaltvorrichtung

kehrt an das Gitter einer Steuerröhre. Bei einer Rückzündung wird dieses Gitter positiv, die Steuerröhre zündet und legt eine hohe negative Sperrspannung an die Gitter des Gleichrichters.

Das Ansprechen des Gittersperrgeräts bei einem Kurzschluß oder einer Rückzündung kann man abhängig machen vom Überstrom der Drehstrom- oder Gleichstromseite, vom Rückstrom der Gleichstromseite oder von einer Lastungleichheit der Saugdrosselwicklungen. Im Falle einer Rückzündung wird nämlich die Lastsymmetrie der Saugdrossel gestört. Die Auslösezeit soll so gering wie möglich sein, damit die Vorteile der Gittersperrung voll ausgenutzt werden. Daher wurden besondere Schnellschaltrelais zum Anschluß an Drehstrom- oder Gleichstromwandler oder als Schienenrelais (Auslösezeit wenige ms) entwickelt, die die Gittersperrung einleiten. Elektronische Gitterrelais geben den Sperrimpuls über Steuerröhren oder Transistoren, und damit praktisch unverzögert auf die Gitter der Gleichrichter (Auslösezeit wenige $\mu$s).

Für den Überstromschutz stehen also verschiedene Geräte und Schaltungen zur Verfügung. Die **Auswahl der Schutzgeräte** hat sich dem Einzelfall anzupassen, soweit es sich nicht um kleine Anlagen mit einfachen Bedingungen handelt. Außer von der technischen Aufgabe des Stromrichters und den Eigenschaften der Verbraucher ist die Auswahl der Geräte von der beabsichtigten Betriebsweise und von der Wertung möglicher Störungsfälle seitens des planenden und des betriebsführenden Ingenieurs abhängig. Vor allem sind Größe der Anlage und ihre Bedeutung für den Betrieb sowie die Art der Bedienung zu berücksichtigen. Bei hochbelasteten Anlagen, deren Ausfall erhebliche Schäden nach sich ziehen kann, wird man natürlich an Schutzgeräten nicht sparen dürfen.

Hierfür ist besonders kennzeichnend die Frage, ob man auf der Gleichstromseite als Überlastschutz einfache Überstromschalter oder Schnellschalter verwenden soll. In kleinen Anlagen kommt man gewiß ohne teure Schnellschalter aus. Dies gilt für Halbleitergleichrichter und Glasgleichrichter mit einfachen Betriebsbedingungen. Für pumpenlose Gleichrichter bis zu mittleren Leistungen genügen Anodensicherungen und Gittersperrung. Maßgebend sind dafür die Beanspruchungen auf der Verbraucher- und der Netzseite. Man hat also Belastungsverlauf, Steuerbereich und das Verhältnis von Stromrichterleistung zu Netzleistung zu berücksichtigen. Bei Betrieb auf Gegenspannung und im Parallellauf sind jedenfalls Gleichstrom-Selbstschalter erforderlich. In Anlagen mit häufigen hohen Überlastungen bevorzugt man Schnellschalter, die bei Parallelbetrieb mehrerer Einheiten polarisiert werden müssen. Ebenso verfährt man bei schwierigen Betriebsbedingungen, wie großem Gittersteuerbereich, Wechselrichter- und Umrichterbetrieb.

Bei Glasgleichrichtern und pumpenlosen Stahlgefäßen übernehmen den Schutz bei einer Rückzündung Sicherungen auf der Anodenseite. Da meist nur einzelne der Sicherungen durchbrennen, empfiehlt sich in unbedienten Anlagen eine selbsttätige Überwachung. Die Spannungssymmetrie hinter den Sicherungen wird mit Meßwiderständen überwacht. Brennt eine Sicherung durch, so ergibt sich eine Störung des Spannungssterns. Das zugehörige Relais spricht an und gibt ein Signal. Bei Kurzschluß soll die Gittersperrung ausgelöst werden.

Im Gegensatz zum Gleichrichterbetrieb muß man bei einem Wechselrichter, um die Belastung zu begrenzen, die Aussteuerung und damit die Wechselrichterspannung erhöhen. Dies ist nur in geringem Maß möglich, da die Kippgrenze bald erreicht ist. Im Normalbetrieb wird man nämlich den Wechselrichter aus wirtschaftlichen Gründen nicht mit unnötig großer Sperrung arbeiten lassen. Die Überlastbarkeit eines Wechselrichters ist also bei gegebener Baugröße kleiner als die eines Gleichrichters. Deshalb pflegt man ein Stromrichtgefäß als Wechselrichter nicht so hoch auszunutzen wie als Gleichrichter. Als Schutz gegen zu hohe Aussteuerung dient der Kippwächter-Impuls, der eine Zündung vor der Kippgrenze sicher stellt. Wegen der Gefahr des Kippens ist bei Störungen ein rascher Eingriff notwendig. Gittersperrung ist aber nicht anwendbar, da dies einen Ausfall der Gegenspannung und damit wieder Eintritt des Kippens bedeutet. Man muß also die treibende Spannung wegnehmen, d.h. auf der Gleichstromseite mit einem Schnellschalter abschalten. Dieser wird unpolarisiert ausgeführt, da Rückstrom bei einem Wechselrichter nicht auftritt. Der Schnellschalter ist vielmehr für Vorwärtsüberstrom dicht über der Lastspitze einzustellen.

Für *Halbleiterventile* gelten verhältnismäßig enge Grenzen der Beanspruchung mit Spannung und Strom sowie für die Betriebstemperatur. Zumal die Siliziumelemente der Hochleistungsgleichrichter sind empfindlich gegen Überbeanspruchungen. Daher sind bei der Planung solcher Anlagen die zulässigen Grenzen sorgfältig zu beachten. Gegen Überstrom und Überspannung sind besondere Schutzeinrichtungen erforderlich.

Bei Halbleitergleichrichtern kann man innere und äußere Störungen unterscheiden. Zu den *inneren Störungen* gehören Fehler und Durchschlag einzelner Elemente und damit innere Kurzschlüsse und Rückströme. Kommutierungsschwingungen können Überspannungen erzeugen. Als Schutz dient zunächst eine flinke Sicherung (Abschaltzeit wenige ms) je Element, Überstromwandler zum Auslösen eines Kurzschließers auf der Wechselstromseite, Überwachung der Symmetrie von Spannung und Belastungsstrom mit Symmetrierungs-Stromwandler, wovon aber zunächst nur eine Meldung ausgelöst wird, und schließlich RC-Ketten parallel zu allen Elementen. Als *äußere Störungen* sind vor allem Überstrom und Kurzschluß zu nennen. Auch mit Rückstrom ist gegebenenfalls zu rechnen. Hierfür sind Schutzrelais einzusetzen, angeschlossen an Überstrom- und Rückstromwandler. Sie wirken auf einen schnellwirkenden Kurzschließer auf der Wechselstromseite (Abschaltzeit ca. 2 ms). Gleichzeitig wird der Primärschalter ausgelöst. Gelegentlich wird als Schutz auch ein Gleichstrom-Schnellschalter eingebaut.

Diese Schutzeinrichtungen sind in Abb. 156 im Prinzipschaltbild gezeigt. Es ist jeweils nur ein Ausschnitt aus einem Gleichrichtersystem dargestellt, und zwar links die Wirkungsweise des Kurzschließers, rechts die Schaltung der Schutzeinrichtung gegen innere Unsymmetrien.

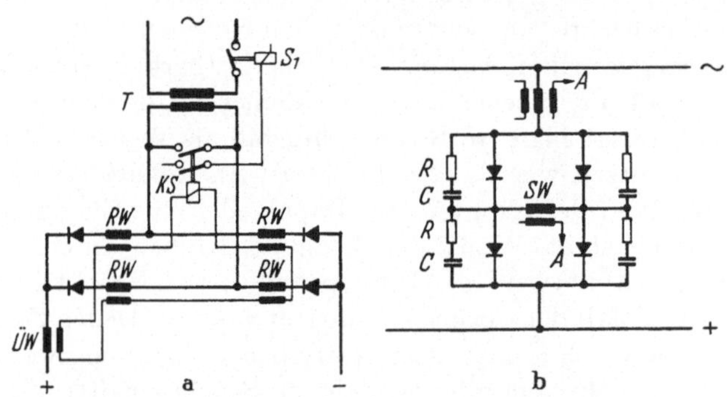


Abb. 156 a u. b. Schutzeinrichtungen für *Si*-Gleichrichter.

a) Schutz mit Kurzschließer; b) Überwachung der inneren Lastverteilung

*A* zur Auslösung; *KS* Kurzschließer; *RC* *RC*-Glied als Überspannungsschutz; *RW* Rückstromwandler; *SW* Symmetrierungs-Wandler; $S_1$ Primär-Schaltschütz; *T* Transformator; *ÜW* Überstromwandler;

## 2. Überspannungsschutz

**Überspannungen durch Abschaltvorgänge.** Der Wechsel des Lichtbogens zwischen den Anoden ergibt eine regelmäßige Folge von Ein- und Ausschaltvorgängen. Dabei kann der neue Anodenstrom schwingend einsetzen. Im allgemeinen führt die Kommutierung nicht zu gefährlichen Überbeanspruchungen der Isolation. Durch unregelmäßiges Arbeiten und Abreißen des Lichtbogens können aber erhebliche Überspannungen auftreten. Vorbedingung ist eine Ionenverarmung im Entladungsweg bei zu kaltem Gefäß oder bei hohen Überlastungen. In modernen Anlagen ist daher mit solchen Störungen nur bei Rückzündung und Kurzschluß zu rechnen. Der Lichtbogen reißt außerordentlich rasch ab. Durch den Umsatz von magnetischer in elektrostatische Energie entstehen an den Wicklungen des Transformators und anderer Induktivitäten steile Überspannungen.

Zunächst wird man die Entstehung der Überspannung bekämpfen. Dazu gehört vor allem eine richtige Führung der Gefäßkühlung. Gewisse Mindesttemperaturen sollen nicht unterschritten werden. Bei Inbetriebsetzung oder schwacher Belastung kann es notwendig sein, die Gefäße oder den Aufstellungsraum künstlich zu heizen. Weiter wird man bei Rückzündungen und Kurzschluß durch Gittersperrung unverzögert abschalten. Den Betrieb bei schwacher Belastung stabilisiert man durch einen Erregerlichtbogen.

Die Sekundärwicklungen der Transformatoren werden verstärkt isoliert, oft über die vorgeschriebene Prüfspannung hinaus. Außerdem können Überspannungsschutzgeräte eingebaut werden. Induktivitäten im Zug der Leitungen, auf der Anodenseite Stromteiler und Anodendrosseln, auf der Gleichstromseite Glättungsdrosseln, werden meist durch Parallelwiderstände geschützt. Als Schutz für die Transformatorwicklungen werden Dämpfungsglieder (*RC*) oder Überspannungsableiter eingebaut. Ein solches Gerät enthält eine Funkenstrecke mit kleinem Entladeverzug (in Luft oder in einer Edelgasröhre) und einen Belastungswiderstand hoher Wärmekapazität, dessen Ohmwert mit steigender Spannung fällt. Vielfach werden statt dessen auch Kondensatoren mit Vorwiderständen verwendet.

Die Bemessung solcher Überspannungsableiter wird durch folgende Größen bestimmt:

1. Die *höchste zulässige Spannung* entsprechend der Prüfspannung der zu schützenden Anlagenteile. Dadurch werden die Ansprechspannung der Funkenstrecke und die Restspannung des Widerstandes bestimmt.

2. Der *Höchstwert des Anodenstroms* oder Gleichstroms, der abzuleiten ist.

3. Die *höchste Betriebsspannung*, also der Scheitelwert der Anodenspannung, bei dem der Ableiter noch sicher löschen muß, damit der Betriebsstrom nicht dauernd nachfolgt, wodurch der Ableiter zerstört werden würde.

4. Der *abzuleitende Energieinhalt* des Transformators.

Die Ableiter werden zwischen die Sekundärklemmen des Transformators und seinen Nullpunkt geschaltet. In Abb. 157, a, ist dies an einem sechsphasigen Transformator in Gabelschaltung gezeigt. Auch die Saugdrossel wird durch Ableiter geschützt (Abb. 157, b). Ein dreiphasiges Beispiel zeigt Abb. 25. Wenn mehrere Anoden an eine gemeinsame Phase angeschlossen sind, so erhält der Ableiter Stromteilerwiderstände.

Halbleiter-Gleichrichter großer Leistung erhalten einen besonderen Schutz gegen Überspannung aus Kommutierungsschwingungen. Parallel zu den in Reihe geschalteten Zellen werden *RC*-Ketten angeordnet (Abb. 156).

Wenn die Gleichstromseite stark induktiv ist, so können dort beim Abreißen des Lichtbogens oder bei plötzlichem Abschalten durch Ansprechen der Anodensicherungen, der Kathodensicherung oder eines Gleichstromschalters Überspannungen auftreten. Bei Speisung von Feldwicklungen von Gleichstrom- oder Drehstromsynchron-Maschinen wird man daher im ganzen Sekundärkreis des Gleichrichters solche Überstromschalteinrichtungen vermeiden. Selbst beim Öffnen der Drehstromseite können Überspannungen entstehen, da die Störung des AW-Gleichgewichts im Transformator wie das plötzliche Ausschalten einer Drossel

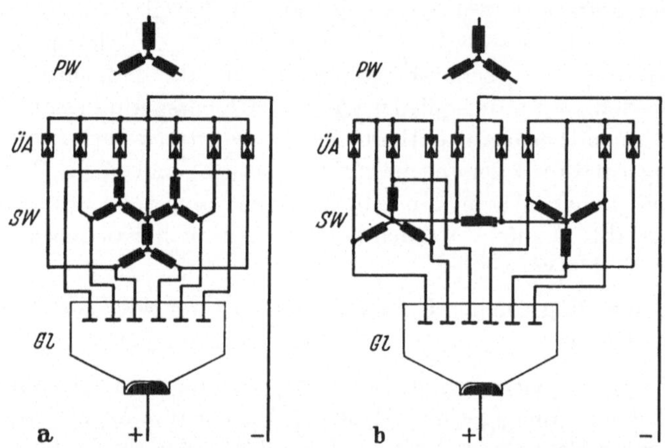


Abb. 157a u. b. Einbau von Überspannungsableitern *ÜA* am Gleichrichtertransformator. a) Gabelschaltung (F 3); b) Saugdrosselschaltung (F 2), *PW* Primärwicklung, *SW* Sekundärwicklung, *Gl* Gleichrichter (Abb. 60 u. 61)

wirkt. Dagegen ist Gittersperrung möglich, da dann nur das Wiederzünden der Anoden verhindert wird, aber die magnetische Energie des Verbrauchers sich über den Lichtbogen noch ausgleichen kann.

Zur Begrenzung der Überspannungen ist es üblich, parallel zur Feldwicklung einen Schutzwiderstand zu legen. Dadurch ergibt sich ein zusätzlicher Stromverbrauch, man wird daher den Widerstand möglichst groß ausführen. Seine obere Grenze ist gegeben durch die zulässige Überspannung an der Feldwicklung. Für eine Überschlagsrechnung nimmt man an, daß bei Unterbrechung des Erregerkreises der Feldstrom über diesen Widerstand zunächst in der bisherigen Größe weiter fließt. Dadurch entsteht an der Feldwicklung eine Überspannung, die gegeben ist durch das Produkt von Feldstrom und Schutzwiderstand. Wenn z.B. eine fünffache Überspannung zugelassen wird, so ist der Ohmwert des Schutzwiderstandes fünfmal so groß wie der Widerstand der Erregerwicklung zu wählen; im normalen Betrieb führt dann der Schutzwiderstand $^1/_5$ des Feldstromes. Diese Dauerbelastung kann man vermeiden, wenn ein Halbleiterventil, das den Schutzwiderstand für die normale Stromrichtung sperrt, vorgeschaltet wird. An Stelle eines solchen Schutzwiderstandes kann man auch einen Überspannungsableiter verwenden.

**Überspannungen durch Entlastung.** Bei Entlastung eines Gleichrichters im Betrieb ergibt sich wie bei anderen elektrischen Maschinen ein Spannungsanstieg, entsprechend dem lastabhängigen Spannungsabfall. Hierzu kommt bei gewissen Transformatorschaltungen eine weitere Spannungserhöhung. Es handelt sich dabei um solche Schaltungen, die bei Belastung mit mehrfacher Anodenbeteiligung arbeiten (s. S. 70). Diese Betriebsweise setzt aber eine bestimmte Mindestbelastung voraus, den sog. kritischen Belastungsstrom. Unterhalb dieser Lastgrenze beträgt der zusätzliche Spannungsanstieg z.B. bei der sechsphasigen Saugdrosselschaltung 15%, ein Betrag, der sich noch zu dem üblichen Spannungsanstieg durch Rückgang des gesamten Spannungsabfalls von 5—12% addiert. Der zusätzliche Spannungsanstieg wird noch größer, wenn der Gleichrichter mit verringerter Aussteuerung arbeitet (Abb 64, b). Der kritische Strom beträgt meist wenige Prozente des Nennstroms; für eine weitere Herabsetzung müßte die Saugdrossel außerordentlich vergrößert werden, was sie natürlich sehr verteuern würde. Die beschriebene Spannungserhöhung ist meist recht unerwünscht, zumal für spannungsempfindliche Verbraucher. Für normale Glühlampen ist sie nicht zulässig.

Es gibt verschiedene Möglichkeiten, die Entlastungsüberspannung zu beseitigen. Zunächst kann man durch einen Grundbelastungswiderstand dafür sorgen, daß der kritische Strom nicht unterschritten wird. Bei kleinen Anlagen bleibt die Grundbelastung fest angeschlossen, da hier der zusätzliche Stromverbrauch ohne Bedeutung ist. Sonst muß die Grundbelastung nach Bedarf eingeschaltet werden, bei zeitlich ungefähr regelmäßigem Lastverlauf durch eine Schaltuhr, sonst selbsttatig nach dem Verlauf des Gleichstroms. Eine solche strom- oder spannungsabhängige Schaltung muß möglichst verzögerungsfrei arbeiten, weshalb man an Stelle von Relais auch Steuerröhren benutzt hat. Der Spannungsanstieg kann nämlich außerordentlich rasch erfolgen, so daß oft normale Steuergeräte die Grundbelastung nicht rechtzeitig zuschalten. Einen anderen Weg bietet die Gittersteuerung, wenn mit ihr durch einen selbsttätigen Spannungsregler die Gleichspannung begrenzt wird. Es ist aber ein verhältnismäßig großer Steuerweg zu durchlaufen, da sich der Zündeinsatz der Anode unterhalb des kritischen Stroms um 30° verspätet. Der Weg wird noch größer, wenn der Gleichrichter mit verringerter Aussteuerung betrieben wird. Dieser große Stellweg muß später in entgegengesetztem Sinn zurückgelegt werden, wenn die Belastung des Gleichrichters wieder ansteigt. Es wird dann zunächst eine starke Spannungsabsenkung eintreten, bevor der Regler die Spannungsbegrenzung wieder aufgehoben hat. Ein Kohledruckregler oder ein Öldruckregler wird also oft die gestellte Aufgabe nicht einwandfrei erfüllen. In Lichtnetzen vor allem wird man einen elektronischen Regler verwenden müssen.

Es ist daher besser, der Saugdrossel die bei Entlastung fehlende Erregung von vornherein fremd zuzuführen. Die erforderliche Spannung von 150 Hz entnimmt man der offenen Dreieckwicklung eines Hilfstransformators (Frequenzwandler), der z. B. von einem der beiden sekundären Spannungssterne des Haupttransformators erregt wird (Abb. 158). Durch freien magnetischen Rückschluß und hohe Sättigung bildet sich eine dritte Oberwelle, die der Saugdrossel direkt zugeführt wird. Der zusätzliche Spannungsanstieg bei Entlastung wird dadurch auf etwa 2% herabgesetzt. Dieser Restwert entsteht dadurch, daß die vom Frequenzwandler gelieferte Spannung nicht genau den erforderlichen Verlauf hat. Bei Gittersteuerung ergeben sich noch größere Abweichungen durch die Oberwellen der Saugdrosselspannung, so daß der Frequenzwandler nur bei ungesteuerten Gleichrichtern den erwarteten Erfolg bringt.

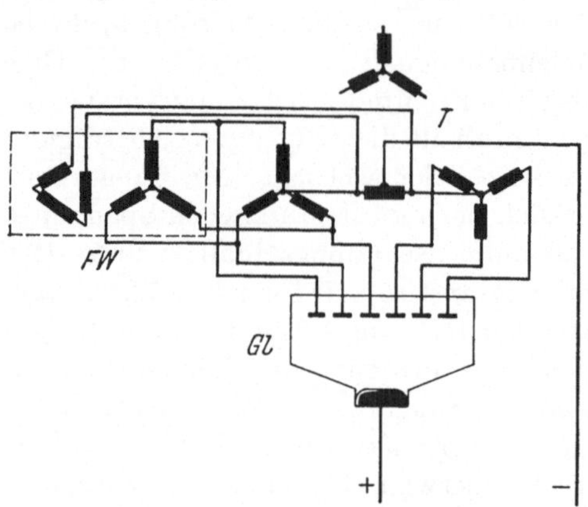


Abb. 158. Fremderregung der Saugdrossel.
*Gl* Gleichrichter, *FW* Frequenzwandler, *T* Transformator [38]

Die Spannungserhöhung kann auch von der Verbraucherseite ausgehen, und zwar von Motorantrieben im Bremsbetrieb. Ein Gleichrichter möge allein (ohne parallelgeschalteten Wechselrichter) außer verschiedenen Beleuchtungsstromkreisen einige Antriebe speisen. Wird hier zur Senkung der Drehzahl das Feld verstärkt, so steigt die Spannung rasch an, falls der Rückstrom nicht von anderen Verbrauchern aufgenommen werden kann. Dieser Vorgang ist bei Hafenkränen beobachtet worden, infolgedessen sind wiederholt Glühlampen durchgebrannt. Man hat daher über eine Schaltröhre selbsttätig einen Grundbelastungswiderstand einschalten lassen. Ähnliche Erscheinungen können sich bei Umkehrantrieben zeigen. Bei Motoren großer Leistung und hoher Nennspannung ist es der Motoranker, der nur eine begrenzte Spannungserhöhung zuläßt. Außer dem Spannungsanstieg durch Feldverstärkung im Bremsbetrieb oder bei Absenkung der Drehzahl ist auch eine Spannungserhöhung durch Entlastung zu berücksichtigen. Die Gleichrichter für solche Antriebe haben fast stets Gittersteuerung. Daher kann man auch mit ihrer Hilfe die notwendige Spannungsbegrenzung ausführen.

Auch Glättungseinrichtungen können Überspannungen veranlassen. Es werden oft hinter der Kathodendrossel parallel zum Gleichstromnetz Resonanzkreise eingebaut. Bei Entlastung können sich die Kondensatoren dieser Kreise bis auf den Scheitelwert der Anodenspannung aufladen. Die Überspannung wird besonders hoch, wenn der Gleichrichter nur mit verringerter Aussteuerung arbeitet. Wie zuvor bei der Saugdrosselschaltung beschrieben, kann man zur Abhilfe eine Grundbelastung einschalten oder eine selbsttätige Spannungsbegrenzung durch die Gittersteuerung vornehmen.

## 3. Gefäßschutz

Bei den Schutz- und Überwachungseinrichtungen für die Stromrichtgefäße selbst handelt es sich vor allem um eine Überwachung von *Temperatur*, *Vakuum* und *Erregung*.

Im praktischen Betrieb läßt sich eine Messung der *Temperaturen* innerhalb der Gefäße nicht durchführen. Bei Glasgleichrichtern kann man sich mit einer indirekten Überwachung begnügen, indem man für eine der Belastung und der Raumtemperatur angepaßte Luftkühlung sorgt. Schon kleine Geräte erhalten Fremdbelüftung mit einem Ventilator unterhalb der Kathode. Im Luftstrom liegt dort auch die Kathodensicherung; bei Aussetzen des Ventilators brennt sie durch, wenn der Gleichrichter belastet ist. Bei größeren Einheiten ist stattdessen eine Windklappe eingebaut, sie gibt bei Ausfall des Ventilators ein Signal oder löst den Leistungsschalter aus (Abb. 25). Schließlich kann man noch die Kühlung der Belastung anpassen. Hierfür werden vor den Antriebsmotor des Ventilators Drosseln geschaltet, deren Spannungsabfall vom Gleichstrom gesteuert wird, so daß bei höherer Belastung der Ventilator schneller läuft (Abb. 26). Bei zu niedriger Raumtemperatur wird das Gefäß mit Strahlungsheizkörpern geheizt. Glasgleichrichter werden meist in Gestelle mit Blechumkleidung eingebaut, wobei das Gestell die Luftführung übernimmt. Ob dabei der Glaskörper die nötige Kühlluftmenge erhält, wird meist angenähert festgestellt, indem man an verschiedenen Stellen des Strömungsquerschnitts die Windgeschwindigkeit mit einem Anemometer mißt.

Halbleitergleichrichter großer Leistung erhalten ebenfalls eine künstliche Luftkühlung mit Überwachungsgeräten. Auch bei Glühkathodengefäßen muß die Wärmeabfuhr sicher gestellt werden. Im Betrieb ist aber noch eine Überwachung der Kathodenheizung einzurichten.

Es hat sich gezeigt, daß man bei Stahlgefäßen die Temperatur der Gefäßwand als kennzeichnende Größe nehmen kann. Ein störungsfreier Betrieb hat zur Voraussetzung, daß diese Temperatur gewisse Grenzen einhält. Die obere Grenze ist gegeben durch die Höhe der Anodenspannung, weil die elektrische Durchschlagsspannung mit steigender Temperatur stark zurückgeht. Davon hängt aber die Zuverlässigkeit der Sperrung gegen Rückstrom ab. Die untere Temperaturgrenze wird durch die notwendige Überlastbarkeit bestimmt. Bei niedriger Temperatur neigt das Gefäß zu unregelmäßigem Arbeiten. Zu beachten ist auch, daß die Anoden nicht etwa gegenüber der Kathode unterkühlt werden.

Bei luftgekühlten Stahlgefäßen kann man wie bei Glasgleichrichtern eine Windklappe verwenden. Zur Steuerung des Ventilators wird die Temperatur des Gefäßbodens selbst herangezogen. Am Boden unterhalb der Anoden werden zwei Wärmekontakte eingebaut. Der eine Kontakt dient zum Ein- und Ausschalten des Lüfters, der andere spricht bei Übererwärmung über die einzuregelnde Temperaturgrenze an und löst ein Signal oder den Leistungsschalter selbst aus. Beim Ausschalten des Ventilators kann man gleichzeitig eine Beheizung der Anoden in Betrieb nehmen, wenn sonst mit ihrer Unterkühlung bei schwacher Belastung zu rechnen ist.

Bei wassergekühlten Stahlgefäßen sitzen die Temperaturkontakte im Kühlmantel und Innenkühler, messen also die Temperatur des Kühlwassers an diesen Stellen. Bei Anlagen mit angenähert konstanter Belastung kann man sich mit einer Signalgebung bei Auftreten einer Übertemperatur begnügen. Wenn aber die Belastung stark schwankt, hohe Überlastungen auftreten oder der Stromrichter mit hoher Belastung in Betrieb gehen muß, z. B. in Bahnunterwerken oder bei Walzenstraßen, verwendet man besser eine selbsttätige Reglung der Kühlung. Der Aufbau einer solchen Anlage kann in sehr verschiedener Weise erfolgen, je nach Kühlverfahren und Kühlmittel und nach der Anordnung der Kühlwege an den Gleichrichtergefäßen. Es soll daher hier nur ein Schaltungsbeispiel zur Erläuterung dienen. Die Kühlwege an den Gleichrichtern sind dabei unterteilt. Der Hauptkühlkreis (Abb. 159, rechts) versorgt den Kühlmantel und den Innenkühler, der Nebenkühlkreis umfaßt dagegen Kathode und Hochvakuumpumpe (Abb. 159, links). Der zweite Kühlkreis ist ohne Reglung dauernd in Betrieb. Hier sind auch etwas größere Temperaturschwankungen zulässig. Der Hauptkühlkreis wird aber selbsttätig geregelt. Die Arbeitsweise ist wie folgt gedacht. Bei Betriebsbeginn steht zunächst die Hauptpumpe *HP* noch still. Bei niedriger Temperatur werden die Anoden und das Kühlwasser angeheizt (*AH*, *WH*). Mit zunehmender Erwärmung (Temperaturkontakt *TK* betätigt ein Schütz *Sch*) wird diese Heizung abgeschaltet und die Hauptkühlung in Betrieb genommen. Ein Kühlwasserregler *KR* stellt die Wassermenge selbsttätig nach der Temperatur und damit nach der Belastung ein. Zur Überwachung können außerdem in die Kühlwasserwege Druck- oder Strömungsanzeiger *SA* eingebaut werden.

Weiter ist ein gutes *Vakuum* die wichtigste Voraussetzung für ungestörten Betrieb. Bei abgeschmolzenen Gefäßen aus Glas oder Stahl ohne Vakuumpumpen wird der Druck nicht überwacht. Dagegen ist dies bei Gleichrichtern mit Vakuumhaltung erforderlich. Man läßt meist nur die Hochvakuumpumpe dauernd arbeiten. Die Gasreste werden von ihr in einen Zwischenbehälter (bei manchen Konstruktionen in einem Fuß des Gefäßes) gedrückt. Wenn hier der Druck eine gewisse Höhe erreicht hat, so wird selbsttätig die Vakuumpumpe eingeschaltet, welche nun die Gase aus dem Zwischenbehälter ins Freie fördert. Wenn die Vorvakuumpumpe versagt, so wird ein Signal gegeben. Auch die Hochvakuumpumpe wird überwacht. Schließlich kann am Vakuummeßgerät

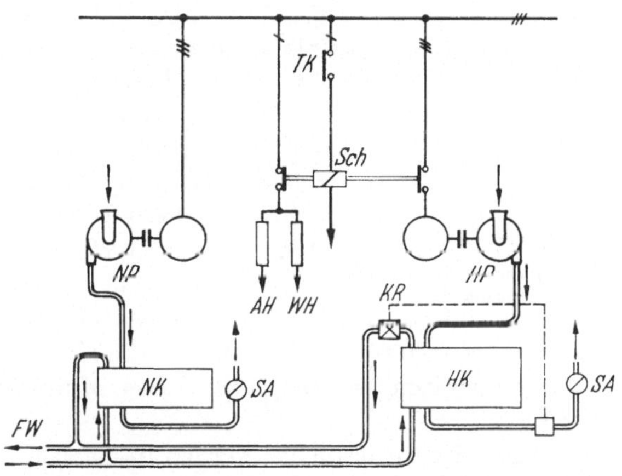


Abb. 159. Selbsttätige Reglung der Kühlung für wassergekühlte Großgleichrichter. *AH* Anodenheizung, *FW* Frischwasser, *HK* Hauptkühler, *HP* Hauptpumpe, *KR* Kühlwasserregler, *NK* Nebenkühler, *NP* Nebenpumpe, *SA* Strömungsanzeiger, *Sch* Schütz, *TK* Temperaturkontakt, *WH* Wasserheizung

ein Maximalkontakt angebracht werden, um ein Überschreiten des zulässigen Höchstdruckes anzuzeigen.

Bei Quecksilberdampfgleichrichtern wird die *Zündung* meist selbsttätig eingerichtet. Sie wird gleichzeitig mit der Anodenspannung eingeschaltet. Der von der Zündanode gebildete Lichtbogen geht dann auf die Erregeranoden über, die Zündanode wird wieder abgeschaltet. Die Erregeranoden läßt man meist ständig im Betrieb. Ein Erregerstrommesser oder eine Signallampe läßt erkennen, ob die Erregung eingesetzt hat und ordnungsgemäß arbeitet. Schaltungsbeispeile dafür sind oben bereits beschrieben worden (S. 23/24, Abb. 25 u. 26). Bei Glasgleichrichtern pflegt man mit Rücksicht auf die übliche Brennstundengarantie einen Zeitzähler (*BZ* in Abb. 25) einzubauen, der jederzeit die zurückgelegte Betriebszeit des Glaskörpers festzustellen gestattet.

# F. Planung von Stromrichteranlagen

**Wahl der Gleichspannung und der Anschlußspannung.** Bei der praktischen Anwendung von Stromrichtern werden die Belastungsdaten von der Verbraucherseite vorgeschrieben. Die zugehörige Spannung ist jedoch bei Motoren oft wählbar. Wie oben näher erläutert, arbeitet ein Entladungsgefäß um so wirtschaftlicher, je höher die Gleichspannung angesetzt ist. Bei Halbleitern ist durch die höchste zulässige Sperrspannung eine Grenze gegeben, die durch Reihenschaltung nach Bedarf stufenweise erhöht werden kann.

Daher wird man allgemein von kleinen Spannungen an zunächst Halbleiter-Gleichrichter wählen. Erst von mittleren Spannungen an werden Anlagen mit Entladungsgefäßen gegenüber Maschinenumformern wirtschaftlich.

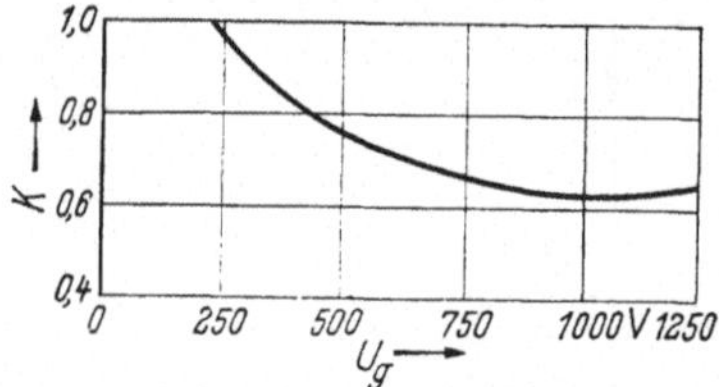

Abb. 160. Spezifische Anlagekosten $K$ einer Stromrichtergruppe von 1000 kW (einschl. Transformator und Schnellschalter) bei verschiedener Gleichspannung

Auch die Anlagekosten gehen mit der Gleichspannung zurück, da bei gegebener Leistung der Strom kleiner wird und deshalb an Baugröße gespart wird. Von einer gewissen Spannung an muß man aber die Strombelastung eines Entladungsgefäßes herabsetzen. Daher beginnen für solche Anlagen die Kosten mit höherer Spannung wieder zu steigen (s. Abb. 160). Das Minimum liegt bei etwa 800—1000 V.

Die Anforderungen der Verbraucher werden im nächsten Kapitel erläutert. Hier mag eine Übersicht der üblichen Betriebsspannung und Belastung genügen.

Zahlentafel 16. *Anwendungsgebiete für Gleichrichter übliche Nenndaten*

| Anwendung | Spannung V | Nennlast A |
|---|---|---|
| Gleichstromnetze | 230, 460, (500) | 500—2000 und mehr |
| Bahnen über Tage | 550—3000 | 500—2000 ,, ,, |
| unter Tage | 110—220 | 500—2000 ,, ,, |
| Antriebe | 230—1200 | 50—8000 |
| Galvanik | 4—20 | 100—30 000 |
| Elektrolyse | 200—800 | 2000—40 000 und mehr |
| Batterieladung | 12, 24, 60, 110, 220, 600 | bis 1000 |
| Sendeanlagen: | | |
| Anodenspannung | 500—30 000 | 5—100 |
| Röhrenheizung | 10—20 | 50—1000 |

Leistungsgleichrichter mit Halbleitern haben sich in großem Umfang eingeführt, selbst für hohe Spannungen und Ströme. Bei geregelten

Gleichstromantrieben mit häufigen, hohen Stoßbelastungen wird aber vorzugsweise der Quecksilberdampf-Gleichrichter verwendet, vor allem wegen der stufenlosen Regelung über Gittersteuerung und wegen der damit möglichen bequemen Umsteuerung für Reversierbetrieb. Glasgefäße werden nur noch selten verwendet. Das robustere Stahlgefäß wird allgemein bevorzugt. Hierfür stehen pumpenlose Mehranodengefäße und einanodige Ventile im Wettbewerb. Einanodengefäße gestatten beliebige Schaltungen, sie sind notwendig für die Brückenschaltungen und für die Gegenparallelschaltung der Umkehrantriebe.

Stromart und Spannung des Anschlusses sind wohl stets gegeben. Kleine Gleichrichter werden an das Niederspannungsnetz angeschlossen. Wenn das Spannungsverhältnis der Gleichrichtung [s. Gl. (3)] den passenden Wert liefert, kann der Anschluß auch ohne Transformator vorgenommen werden. Bei Drehstrom bekommt man aus 380 V verketteter Spannung etwa 220—230 V Gleichspannung (Mittelpunktschaltung, S. 61).[1] Es ist aber zu prüfen, ob der Nulleiter des Drehstromnetzes oder der Nullpunkt des Stationstransformators einseitig belastet werden darf. Meist ist der Nulleiter geerdet. Bei direktem Anschluß des Gleichrichters würde dann auch der Minuspol der Gleichstromseite geerdet sein. In Gleichstromnetzen mit geerdetem Nulleiter (Dreileiternetz) ist dies nicht zulässig. Auch in einfachen Zweileiteranlagen ist die Erdung des Minuspols oft nicht erwünscht, da jeder Erdschluß des anderen Pols bereits Kurzschluß bedeutet. Man wird in solchen Fällen zur Trennung der Netze dem Stromrichter einen Transformator vorschalten. Wenn keine Potentialschwierigkeiten bestehen, genügt für kleinere Leistungen zur Anpassung der Spannung oft ein Spartransformator. Sonst wird man den Stromrichtertransformator stets mit getrennten Wicklungen ausführen. Bei höherer sekundärer Phasenzahl ist dies im allgemeinen überhaupt notwendig. Große Stromrichteranlagen werden an Hochspannung angeschlossen, und zwar bis zu 30 kV und darüber.

**Aufteilung der Leistung.** Bei umlaufenden Maschinen und bei Transformatoren gilt das bekannte Wachstumsgesetz, wonach die spezifischen Anlagekosten, bezogen auf die Typenleistung, mit steigender Leistung zurückgehen, der Wirkungsgrad aber steigt. Für Stromrichteranlagen gilt es zunächst nur für die Transformatoren selbst. Bei den Quecksilberdampfgefäßen selbst verlangen größere Einheiten von einem gewissen Nennstrom an erhöhte Aufwendungen; die spezifischen Werte von Gewicht und Preis steigen, der Wirkungsgrad sinkt. Bestimmend sind hier die Lichtbogenverluste, wie an einem Beispiel für Großgleichrichter erläutert werden soll. Ein Stahlgefäß für 3000 A wird mit 12 Anoden, ein solches für 6000 A dagegen mit 18 Anoden ausgeführt. Diese

[1] Mit der Brückenschaltung ergibt sich etwa der doppelte Wert.

sind im Entladungsgefäß auf einem Teilkreis entsprechend größeren Durchmessers unterzubringen, dadurch ergibt sich ein längerer Lichtbogenweg zur Kathode, also eine größere Brennspannung (Abb. 161, Kurven *a*). Wenn man noch eine weitere Unterteilung unter Verwendung von pumpenlosen Stahlgefäßen vornimmt, so wird die Brennspannung noch niedriger (Abb. 161, Kurven *b*). Zu berücksichtigen ist auch der Platzbedarf für eine größere Zahl von Gefäßen. Der Einfluß der Lichtbogenverluste ist von der Benutzungsdauer und dem Belastungsverlauf abhängig. Die Entwicklung hat daher zu einer Aufteilung der Leistung geführt, und zwar zunächst auf Gefäße mit verringerter Anodenzahl, insbesondere als mehranodige pumpenlose Stahlgefäße, und weiterhin zu Gruppen von Einanodengefäßen.

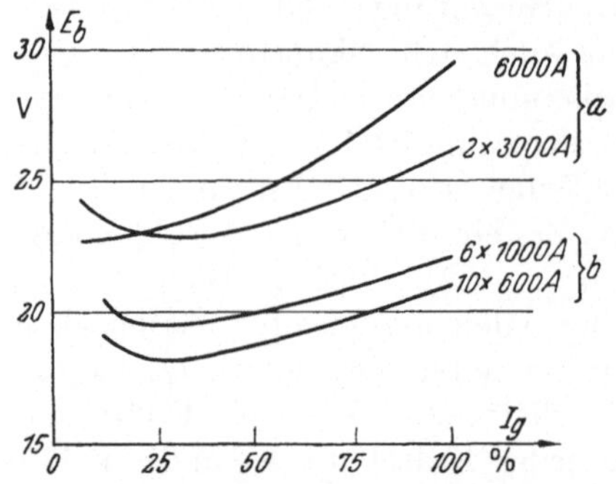


Abb. 161. Brennspannung $E_b$ einer Gleichrichtergruppe von 6000 A bei verschiedener Zahl der Gefäße.
*a* wassergekühlt 1 Gefäß 6000 A und 2 Gefäße je 3000 A; *b* luftgekühlt und pumpenlos 6 Gefäße je 1000 A und 10 Gefäße je 600 A [*38, 66*]

Im Anwendungsfalle kann man eine Wirtschaftlichkeitsberechnung anstellen. Für Projekte mit verschiedener Aufteilung der Leistung werden die gesamten Betriebskosten ermittelt, bestehend aus Kapitalkosten für die Anlage und Stromkosten für die Umformungsverluste. Dabei werden meist einige charakteristische Belastungsfälle zugrunde gelegt, um nicht die Verluste über den ganzen tatsächlichen Belastungsverlauf ermitteln zu müssen.

Es wäre aber nicht richtig, die Frage der Leistungsaufteilung allein nach Anlage- und Stromkosten zu beurteilen. Auch die Forderungen der Betriebsführung sind zu berücksichtigen. Bei Erwägung der Betriebssicherheit kommt man dann zu der Frage der Reservehaltung. Zumal bei Anlagen, die keine längere Unterbrechung zulassen und wo auf andere Energiequellen nicht zurückgegriffen werden kann, ist eine Reserve unbedingt notwendig. Der Umfang der Reserve wird einerseits durch die Störanfälligkeit der Anlage, andererseits dadurch bestimmt, welchen Wert der Betrieb der Reserve beimißt. Geht man nur von den Anschaffungskosten aus, so würde eine Anlage aus vielen kleinen Einheiten eine besonders billige Reserve gestatten. Man könnte sich auch damit begnügen, statt einer vollständigen Gleichrichtergruppe nur ein Gefäß in Reserve zu halten. Aber auch ohne eigentliche Ersatzeinheiten bietet eine unterteilte Anlage in sich schon eine höhere Sicherheit, da bei Störungen die gesunden Stromrichter den Betrieb wenigstens mit eingeschränkter Leistung fortsetzen können.

Es ist nun weiter die **Schaltung des Stromrichtertransformators** zu bestimmen. Die an ihn zu stellenden Forderungen sind, noch einmal kurz zusammengefaßt, folgende:

1. für die Drehstromseite: Primärstrom möglichst sinusförmig, Leistungsfaktor der Grundwelle möglichst hoch,

2. für die Gleichstromseite: Geringe Welligkeit der Gleichspannung, kleiner induktiver Gleichspannungsabfall durch die Transformatorinduktivität,

3. für das Stromrichtventil: Große Anodenbrenndauer, niedriger Höchstwert des Anodenstroms, kleine maximale Sperrspannung, kleine Sprungspannung,

4. für den Transformator selbst: gute Ausnutzung der Wicklung, also kleine Typenleistung, einfacher Wicklungsaufbau.

Bei kleinen Leistungen wird man wohl meist davon absehen, diese Forderungen zusammen zu erfüllen, vielmehr eine einfache Bauweise vorziehen. Für Kleinantriebe, Elektromagnete, Ladung kleiner Batterien usw. begnügt man sich daher gern mit Anschluß an Wechselspannung und zweiphasiger Schaltung. Darüber wird der Gleichrichter dreiphasig ausgeführt. Von etwa 100 kW bei 230 V an ist sechspulsiger Betrieb gebräuchlich. Auf noch größere Pulszahl geht man erst bei großen Leistungen, wenn Netzanschluß oder Verbraucher dazu zwingen. Höherpulsige Anlagen sind erheblich teurer und erfordern die Einhaltung scharfer Steuerbedingungen. Man führt dabei die einzelnen Transformatoren meist nur sechsphasig aus. Die höhere Pulszahl wird durch gegenseitigen Oberwellenausgleich von Gruppen mit verschiedenem Schaltungswinkel gebildet. Feste Richtlinien für die Wahl der Pulszahl lassen sich nicht allgemein aufstellen, jedes größere Projekt muß darauf gesondert geprüft werden. In Zweifelsfällen kann man die einzelnen Stromrichtergruppen zunächst sechspulsig einrichten und sich die Möglichkeit einer nachträglichen Umstellung auf 12 oder mehr Pulse offen halten. Mittelpunktschaltungen werden für Halbleitergleichrichter nur verwendet, wenn die Spannung unter dem Nennwert eines Ventils bleibt. Sonst werden Brückenschaltungen mit ihrer hohen Transformatorausnutzung bevorzugt.

An die Konstruktion von Stromrichter-Transformatoren werden besondere Anforderungen gestellt. Die erhöhte Bauleistung der Sekundärseite verlangt einen vergrößerten Wicklungsraum. Alle Phasenstränge sollen gleiche Streuspannung haben; besonders gilt dies für gleichphasige Wicklungen im Parallelbetrieb. Dies ist im Aufbau der Wicklung sorgfältig zu beachten. Bei Ausführung als Röhrenwicklung wird man daher zuweilen die Streuspannung mit Vordrosseln abgleichen müssen, soweit man nicht die Unsymmetrie der Streuung durch Lagenwechsel ausgleichen kann. Scheibenwicklungen erfordern keine zusätzlichen Maßnahmen. Anzapf- und Schaltspulen werden am besten als Röhrenwicklung ausgeführt. Geteilte Wicklungen für Parallelbetrieb können mit entkoppelten Kommutierungsreaktanzen betrieben werden, wenn man auf gemeinsamen Kern sekundär und primär getrennte Systeme aufbaut. Laststöße und Rückzündungen bringen besonders harte Beanspruchungen für die Transformatorwicklungen. Daher ist die Konstruktion für eine erhöhte Kurzschlußfestigkeit auszulegen. Für kleine Leistungen genügt Ausführung des Transformators mit Luftkühlung (Trockentransformator). Sonst nimmt man stets Transformatoren in Ölkesseln, worin oft das ganze System einer Gruppe einschließlich Saugdrossel und Stromteiler untergebracht wird.

**Die Verfahren zur Spannungssteuerung** sind zuvor in einem besonderen Abschnitt erläutert worden. Bei der Planung hat man zunächst zu klären, welche Steuer- und Regelbedingungen zu erfüllen sind. Dabei handelt es sich vor allem um folgende Daten:

Steuerbereich kurzzeitig und im Dauerbetrieb,

Lastverlauf während der Steuerung, Energieumkehr,

Steuerung mit oder ohne Betriebsunterbrechung, von Hand oder selbsttätig,

Genauigkeit und Geschwindigkeit der damit möglichen Regelung.

Gittersteuerung führt zu schlechtem Leistungsfaktor und erhöhtem Blindstrom.[1] Man wird sie daher bei großem Steuerbereich möglichst nur kurzzeitig anwenden. Im Dauerbetrieb ist aber eine Unterteilung des Steuerbereichs durch Stufen am Transformator zu empfehlen. Für eine selbsttätige Regelung eignet sich allerdings am besten die Gittersteuerung, zumal wenn große Genauigkeit und hohe Regelgeschwindigkeit verlangt werden. Wenn eine Anlage aus mehreren Stromrichtergruppen besteht, so erhält meist jede eine eigene Gittersteuerung mit Regler. Die gemeinsame Steuerung wird mit einem diesen Einzel-Gittersteuerungen vorgeschalteten Summenregler oder Leitsystem ausgeführt. Dann dienen die Einzelsteuerungen nur zur Beeinflussung der einzelnen Gruppe, vor allem um gleiche Belastung einzustellen, aber auch um die Gruppe zu belasten oder zu entlasten, wenn es zugeschaltet oder abgeschaltet werden soll.

Geregelte Antriebe müssen oft mit niedriger Spannung gefahren werden. Auch wird mit Gittersteuerung angefahren und umgesteuert. Hier gibt es eine Reihe von Maßnahmen, um die Blindleistung zu begrenzen und den Leistungsfaktor nicht zu stark absinken zu lassen (s. Kapitel B 9, S. 115).

---

[1] Dies gilt auch für Steuerung über Transduktoren (s. S. 87).

**Aufbau der Stromrichtergruppen.** (*Stromrichterschränke, offene Aufstellung*). Kleinere Stromrichtgeräte werden vom Herstellerwerk fast stets mit dem notwendigen Zubehör anschlußfertig zusammengebaut geliefert. Dabei sind alle Teile in einem schrankartigen Gerüst oder auf einem tragbaren Gestell untergebracht. Die Vorderfront wird meist schalttafelartig ausgeführt, wodurch ein zwangloser Einbau in größere Schalttafeln möglich ist. Trotz dieser Zusammenfassung müssen aber die wichtigsten Teile zur Revision und Überholung bequem zugänglich sein. Vor allem müssen die Stromventile leicht ein- und ausgebaut werden können. Meist wird deshalb der Schrank mit einer nach vorn zu öffnenden Tür versehen. Während auf der Vorderseite die Meßgeräte und die Bedienungsgriffe der Schalter angebracht sind, befinden sich auf der Rückseite die Wechselstrom- und Gleichstromanschlüsse und oft auch die Sicherungen. Schwerere Teile wie Transformator, Kathodendrossel, Stufenschalter werden auf den Boden des Gerüstes gestellt. Die Auswahl der Einbauteile richtet sich vor allem nach Leistung, Schaltung und Verwendungszweck der Anlage; es wird hier auf die oben besprochenen Schaltungsbeispiele (Abb. 25 und 26, S. 23) verwiesen. Gleichrichtergestelle kleiner Leistung enthalten alle Teile von den Wechsel- oder Drehstromnetzklemmen bis zum Gleichstromausgang, also auch Transformator und Steuereinrichtung. Aber bei größeren Leistungen muß der Transformator getrennt aufgestellt werden. Auch die Gittersteuerung verlangt oft ein besonderes Gerüst.

Solch fertige Stromrichtgeräte werden meist in einer Normalausführung serienmäßig hergestellt. Für die Aufstellung sind dann nur die Anschluß- und Betriebsbedingungen zu beachten. Vor allem ist dafür zu sorgen, daß die Wärmeabfuhr nicht behindert wird, aber auch andere schädigende Einflüsse, wie Spritzwasser, Frost usw. müssen ferngehalten werden, soweit die Ausführung der Stromventile und die Gestellkonstruktion dies nicht ausdrücklich berücksichtigen. Diese Schrankbauweise wird angewendet für Halbleiterventile, Glasgleichrichter, kleine Mehranodengefäße und Einanodengefäße.

Se-Gleichrichter werden zweckmäßig in sogenannte Säulen zusammengefaßt (Seite 20). Si- und Ge-Elemente werden dagegen einzeln eingebaut. Dabei werden sie in senkrechten oder waagrechten Reihen entsprechend den parallelen Zweigen der Schaltung angeordnet. Der Schrank nach Abb. 162 enthält in der Mitte die Drehstromleitungen vom Transformator, links und rechts einen Block für jede Stromrichtung und außen die Gleichstromsammelschienen. In jedem Block entsteht je nach Zahl der Ventile ein Durchgangsverlust von bis zu 10 kW. Mit Fremdkühlung müssen daher möglichst alle Elemente gleichmäßig belüftet werden. Zu jeder Halbleiterzelle gehören Sicherung und RC-Kette.

Bei größeren Anlagen werden die Bauelemente getrennt geliefert. So stellt man Großgleichrichter oder mehranodige pumpenlose Gefäße frei im Raum auf. Die Hilfsgeräte sind in der Bedienungstafel untergebracht. Bei einigen Herstellern dient dafür aber eine Hilfsgerätetafel unmittelbar am Entladungsgefäß oder in dessen Nähe. Dies ist besonders dann günstig, wenn die eigentlichen Hilfsgeräte wegen der hohen Betriebsspannung eine zusätzliche Isolierung benötigen.

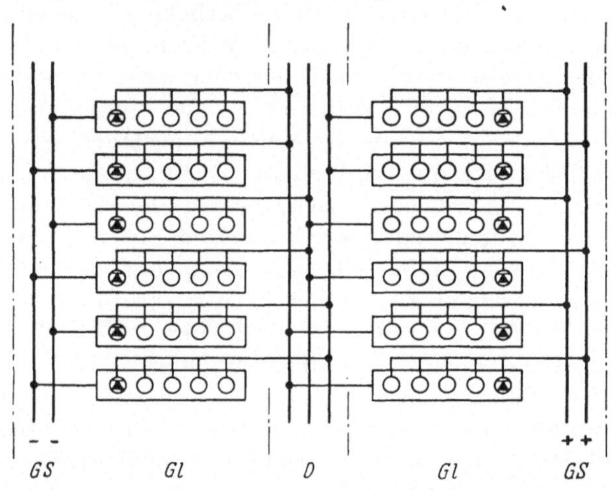


Abb. 162. Schematischer Aufbau eines *Si*-Gleichrichterschrankes in dreiphasiger Brückenschaltung. *D* Drehstromzuleitungen; *Gl* Gleichrichter-Blocks; *GS* Gleichstrom-Schienen [*42*]

Große einanodige Gefäße kommen ebenfalls frei zur Aufstellung, besonders in Gruppen von 6 Anoden für 3000 bis 5000 A. Dann wird aber eine ganze Gruppe von 6 Anoden mit Hilfsgeräten auf einem gemeinsamen Rahmen untergebracht. Kühlung und Vakuumhaltung sind ebenfalls zusammengefaßt. Bei kleineren Abmessungen kann man die Gefäße wieder in Schränken unterbringen, je nach Bauhöhe sogar übereinander. Bei dieser Bauweise wird auf leichte Auswechselbarkeit geachtet. Besonders bequem ist dies bei einigen Konstruktionen, wenn das Ventil auf einem fahrbaren Rahmen oder in einer Schublade, evtl. mit eigenem Lüfter, aufgebaut ist. Nach den in Abb. 163 gezeigten Konstruktionen sind 6 Einanodengefäße in 2 oder 3 Etagen in einem Schrank angeordnet. Jede Schublade enthält das Einanodengefäß, Zünd- und Erregereinrichtung, eine überwachte Anodensicherung, Ventilator, Gitteranpassung und Anschlußklemmen oder Steckkontakte.

Die **räumliche Anordnung** der Anlagenteile ist in verschiedener Weise ausführbar. Es lassen sich dafür einige Richtlinien aufstellen, die gegebenen Vorbedingungen und örtlichen Verhältnisse verlangen jedoch oft grundsätzliche Abweichungen. Allgemein kann es als Zeichen einer guten Raumanordnung gelten, wenn der Aufbau übersichtlich ist und eine systematische Ordnung zeigt. Bei sorgfältiger Raumausnutzung müssen alle Teile für Bedienung, Überwachung und Überholung gut zugänglich sein. Der Energiefluß soll von der Primärseite zur Gleich-

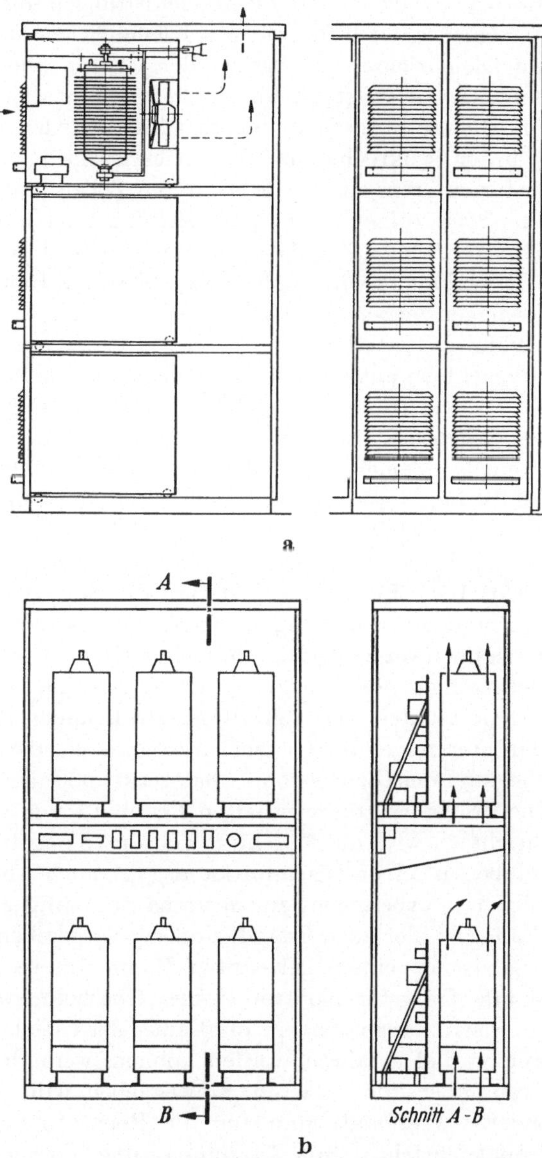


Abb. 163 a u. b. Einanodige Entladungsgefäße in Einschubbauweise, Nennstrom 100 A. a) 6 Gefäße in 3 Etagen, horizontal belüftet, b) 6 Gefäße in 2 Etagen, vertikal belüftet [43].

stromseite in möglichst geradem Zug ohne Umwege oder Schleifen verlaufen. Dabei sind alle Verbindungsleitungen, vor allem die Anodenleitungen zwischen Transformator und Stromrichtgefäßen kurz zu halten.

In der einstöckigen Bauweise findet der Gleichrichter seinen Platz vor der Transformatorzelle, so daß die Anodenleitungen unter Ausgleich des Höhenunterschiedes der beiderseitigen Klemmen von der Wand aus horizontal zum Gleichrichter geführt werden. Wenn aber der Transformator wesentlich tiefer steht, in der zweigeschossigen Bauweise manchmal unmittelbar unter dem Stromrichter, werden die Anodenleitungen von unten senkrecht zum Stromrichter hochgeführt. Hochspannungstransformatoren sind in getrennten Zellen unterzubringen, deren Türen ins Freie öffnen. Eine gute Belüftung ist unbedingt notwendig, wenn der natürliche Zug dazu nicht ausreicht, durch eingebaute Ventilatoren. Die Kühlung wird in der eingeschossigen Bauweise, zumal bei kleineren Anlagen, neben den Gleichrichtern aufgestellt. Besser ist es aber, den Raum zu unterkellern. Dann werden in dem Kellerraum unter den Stromrichtern außer der Kühlanlage auch Glättungsdrossseln Schnellschalter, Gleichstromsammelschienen und Hilfsbetriebe untergebracht. Im Gegensatz zu rotierenden Umformern brauchen die Stromrichter kein Fundament. Im Gleichrichterraum stehen die Überwachungs- und Bedienungstafeln, die auch die Gittersteuergeräte aufnehmen [*8*, *11*, *37*, *98*, *104*].

Ein Ausführungsbeispiel mit pumpenlosen Quecksilberdampf-Gleichrichtern zeigtAbb. 164. Es handelt sich um die Stromversorgung der Gleichstrom-Motoren einer kontinuierlichen Walzenstraße. Man kann diese Motoren gruppenweise über Sammelschienen oder einzeln speisen. Bei der Einzelspeisung gehören zu jeder Antriebsgruppe Transformator, Drossel und Gleichrichter. Die Transformatorkammer steht an der Außenseite, dahinter folgen der Gleichrichterraum und der Bedienungsraum. Im Keller sind das Gleichstrom-Schaltgerüst und das Bremsgerüst aufgestellt. Die Transformatoren erhalten Frischluft von unten. Auch bei den Gleichrichtern wird die Frischluft von unten zugeführt, die Abluft geht nach oben in einen Warmluftkanal (vgl. auch Abb. 167). Die Gleichstrom-Motoren arbeiten in einem verhältnismäßig großen Drehzahlbereich. Daher ist hier auch Fremdbelüftung vorgesehen. Die Hochspannungsanlage ist in einem getrennten Raum untergebracht. Allgemein sollen alle Teile für Kontrollen und Überholungsarbeiten bequem zugänglich sein. Insbesondere muß eines der Gleichrichtergefäße an den anderen vorbei gefahren werden können, wenn man es nicht mit einem Kran über die anderen hinwegheben will. Zweckmäßig ist ein besonderer Werkstattraum für die Reparaturen, vor allem, falls noch Großgleichrichter mit Vakuumhaltung verwendet werden. die man für Überholungsarbeiten auf der Anlage öffnen kann.

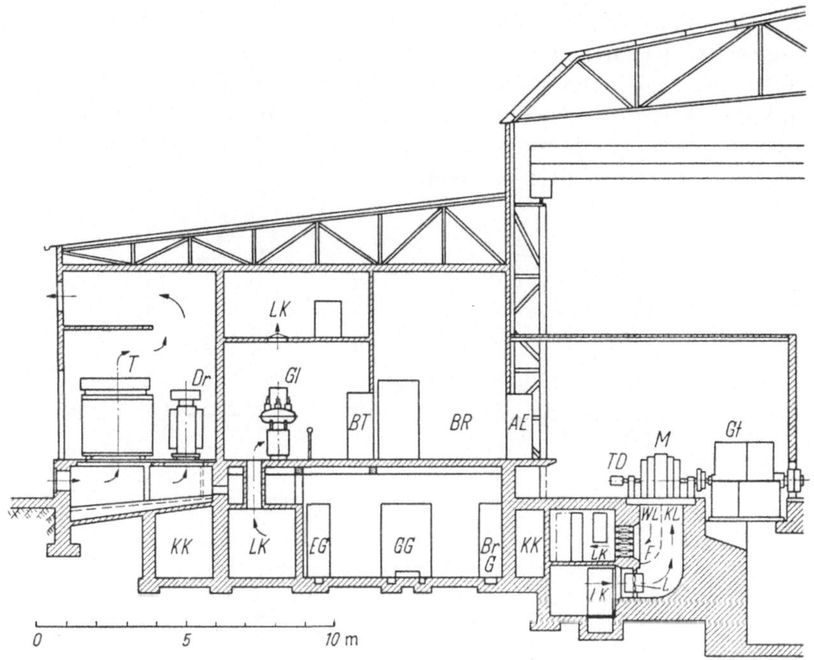


Abb. 164. Anordnung der Stromrichter für eine kontinuierliche Walzenstraße.
*AE* Anfahreinrichtung; *BR* Bedienungsraum; *BrG* Bremsgerüst; *BT* Bedienungstafel; *Dr* Glättungsdrossel; *EG* Erregergerüst; *F* Filter für Motorwarmluft *WL*; *GG* Gleichstromschaltgerüst; *Gl* Gleichrichter, luftgekühlt; *Gt* Getriebe; *KK* Kabelkanal; *KL* Kaltluft zum Motor; *L* Lüfter; *LK* Luftkanal; *M* Gleichstrom-Walzmotor; *T* Transformator; *TD* Tachometerdynamo; *WL* Warmluft vom Motor; → Weg der Kühlluft für Transformator, Motor und Gleichrichter

Ein anderes Beispiel zeigt Abb. 165, nämlich ein Unterwerk für eine Straßenbahn mit 4 Gleichrichtergruppen. Darin ist auch die Führung der Kühlluft für Gleichrichter und Transformatoren gut zu erkennen.

Bei großen Anlagen kann die Überwachung und Bedienung zentral in einer Schaltwarte zusammengefaßt werden. Im übrigen wird auf die Beschreibung solcher Anlagen in der Literatur, insbesondere in den Werbeschriften der Herstellerfirmen, verwiesen.

Wegen der schwierigen Beherrschung der Temperaturen hat sich selbst das luftgekühlte Stahlgefäß für Freiluftaufstellung nicht einführen können. Dagegen hat man Teile der Hochspannungsseite wie Haupt-, Regel- und Schwenktransformatoren schon wiederholt im Freien aufgestellt.

In vielen Fällen wird aber die Stromrichtergruppe in eine bestehende Anlage eingebaut, z. B. an Stelle von stillgesetzten Maschinenumformern. Dann ist der Aufstellungsplatz gegeben, in der räumlichen Anordnung ist man nicht mehr ganz frei. Gerade in solchen Fällen zeigt der Stromrichter seine Anpassungsfähigdeit, wodurch er selbst in beengten Räumlichkeiten Platz finden kann. Außerdem ist sein Raumbedarf sogar geringer als derjenige von rotierenden Maschinen gleicher Leistung, so daß in dem gegebenen Raum eine größere Leistung untergebracht werden kann. Aus diesen Gründen hat man auch für verhältnismäßig große Leistungen Stromrichtergruppen sogar auf Straßen- und Schienenfahrzeugen fahrbar einrichten können.

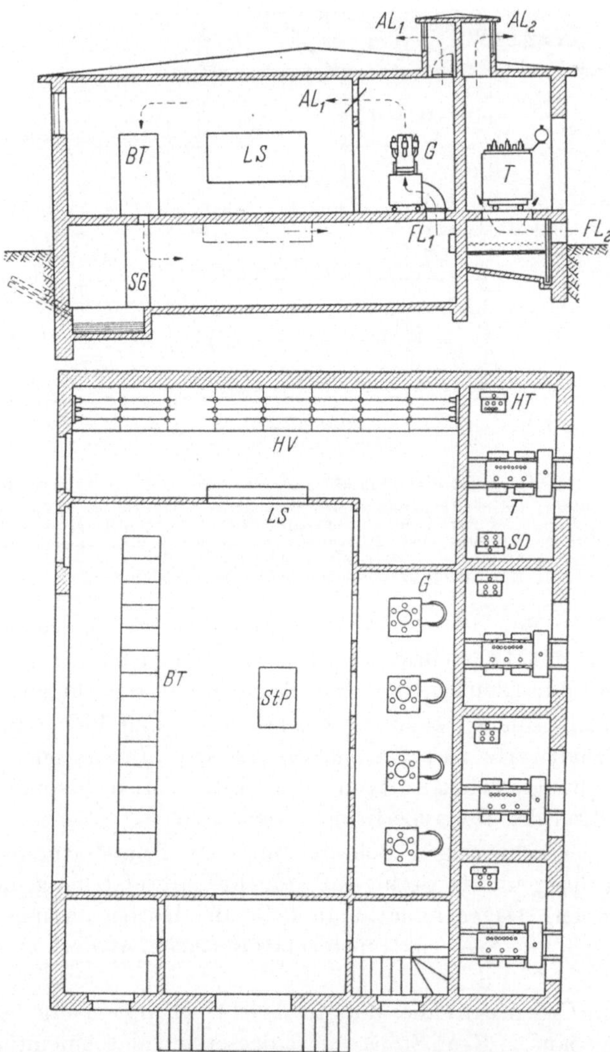


Abb. 165. Bahnunterwerk mit Stromrichtern.

*$AL_1$* Abluft Gleichrichter; *$AL_2$* Abluft Transformatoren; *BT* Bedienungstafel; *$FL_1$* Frischluft Gleichrichter; *$FL_2$* Frischluft Transformatoren; *G* Gleichrichtergefäße (pumpenlose Stahlgefäße); *HV* Hochspannungs-Schaltanlage; *LS* Leuchtschaltbild; *SD* Saugdrossel; *SG* Schaltgerüst; *StP* Steuerpult; *T* Transformatoren; *HT* Hilfstransformator [98]

Bei Stromrichtern für Netzversorgung und Bahnanlagen besonders ist es zweckmäßig, bei der Planung der räumlichen Anordnung spätere Erweiterungen zu berücksichtigen. Bei vorhandenen Gebäuden ist dies nicht immer durchführbar. Wenn es sich aber um eine neue Anlage handelt, sollte Platz für Erweiterung stets frei gehalten werden, sofern bei dem vorliegenden Verwendungszweck eine Erweiterung an dieser Stelle überhaupt in Frage kommt. Hier sollen sich zusätzliche Stromrichtergruppen zwanglos dem ersten Ausbau anfügen lassen.

Die **Anodenleitungen** führen einen intermittierenden Gleichstrom, den man sich in einen konstanten Anteil $I_g/p$ und einen überlagerten Wechselstrom mit dem Effektivwert $\frac{I_g}{p}\sqrt{p-1}$ zerlegt denken kann (vgl. Abb. 145, d). Man darf deshalb für die einzelnen Anodenleitungen keine stahlbewehrten Bleimantelkabel verwenden. Es würde eine erhebliche Erwärmung des Kabels auftreten, da durch die Wechselmagnetisierung in Mantel und Bewehrung zusätzliche Verluste entstehen. Nur wenn unter einer gemeinsamen Bewehrung alle Anodenströme eines Gleichrichters fließen, ist ein bewehrtes Kabel brauchbar, also ein dreiadriges Kabel für die drei Anoden eines dreipulsigen Gleichrichters. Bei sechspulsigen Gleichrichtern ergibt eine Zusammenfassung von drei um je 120° versetzten Anodenströmen noch keinen genügenden Ausgleich des Wechselstromgliedes. Eine Bewehrung mit Aluminiumband ist natürlich zulässig. Bei Bleimantelkabeln ist auch auf die Induktion im Mantel zu achten. Man darf Mantel und Bewehrung nur an einem Ende erden. An dem anderen isolierten Ende können bei großen Längen erhebliche Spannungen auftreten. Die Kabelmäntel müssen außerdem gegeneinander isoliert geführt werden.

Zum Anschluß von Großgleichrichtern und großen Einanodengefäß-Gruppen werden daher vorzugsweise blanke Schienen verwendet. Für Gefäße kleinerer Nennstromstärke, insbesondere pumpenlose Gleichrichter, bevorzugt man isolierte Leitungen (mehrdrähtig). Die hohe Prüfspannung für Gleichrichter und Transformatoren bedingt im übrigen stets eine verstärkte Isolation. Daher muß man für diese Leitungen Sonder-Gummi-Aderleitungen (NSGA) oder Kunststoffleitungen mit verstärkter Isolation (in Spezialausführung) für entsprechend hohe Nennspannung wählen.

**Isolation.** Ein Stahlgefäß ist im Betrieb nicht spannungslos. Bei ungeerdeter Kathode muß mit der vollen Gleichspannung als Berührungsspannung gerechnet werden. Selbst wenn die Kathode, also der Pluspol im Gleichrichterbetrieb geerdet ist, hat das Gefäß normal noch 10—15 V gegen Erde. Das Gefäß ist also isoliert aufzustellen (Porzellanstützer, Isolierrollen). Bei Eisengleichrichtern haben die Hilfsgeräte für Zündung, Erregung, Heizung, Temperaturüberwachung und

Vakuumhaltung etwa Gefäßpotential und werden bei höheren Betriebsspannungen nach außen durch Isoliertransformatoren getrennt (vgl. Abb. 26). Auch das Kühlwassersystem darf nicht direkt mit dem Gefäß verbunden sein. Es werden zur Isolation zwischen Gefäß und Rohrleitung Gummischläuche oder Porzellanrohrspiralen eingeschaltet. Die Länge der Isolierstrecke ist dabei so zu bemessen, daß auch bei Wasserdurchfluß der Ableitungsstrom nur geringfügig ist, also elektrolytische Anfressungen selbst nach langer Zeit in geringen Grenzen bleiben. Dabei wird bei ungeerdeter Kathode angenommen, daß die volle Gleichspannung an der Isolierstrecke liegt; als zulässiger Ableitungsstrom wird z. B. 10 mA eingesetzt. Der spezifische Widerstand des Kühlwassers liegt je nach seiner chemischen Zusammensetzung und Temperatur zwischen etwa 1000—2000 Ohm cm²/cm. Die erforderliche Länge ergibt sich aus:

$$l = \frac{U_g\, d^2}{I_F\, \varrho} \cdot \frac{\pi}{4} 10^{-4}\,, \tag{257}$$

worin $d$ = Durchmesser von Schlauch oder Isolierrohr mm

$I_F$ = zulässiger Fehlerstrom

$\varrho$ = spezifischer Widerstand = 1000 Ohm cm²/cm.

Für einen Schlauch von 42 mm ⌀ erhält man z. B. bei 800 V eine Länge von 15 m.

Bei nicht fest geerdeter Kathode ist der Fußboden mit einem isolierenden Belag zu versehen. Außerdem sind große Abstände zu den geerdeten Teilen des Gebäudes oder der Anlage notwendig, um eine gleichzeitige Berührung zu vermeiden. Üblich ist auch eine Schutzabsperrung vor den Gefäßen. Am besten stellt man aber freistehende Gleichrichter in einen abgeschlossenen Betriebsraum.

**Ausheizen.** Stahlgefäße mit Vakuumpumpen müssen nach der Montage am Aufstellungsort und nach einer Innenüberholung nochmals ausgeheizt werden. Zu diesem Zweck wird das Gefäß bei niedriger Anodenspannung mit allmählich steigendem Strom belastet. Gleichzeitig kontrolliert man die abgegebene Gasmenge und den Stand des Vakuummeters. Auf der Gleichstromseite verwendet man einen Wasserwiderstand oder einen behelfsmäßigen Eisenwiderstand (z. B. Rohrschleife mit Wasserkühlung). Wenn Gittersteuerung zur Verfügung steht, kann man auch im Kurzschluß ausheizen, wobei die Stromstärke mit der Gittersteuerung eingestellt wird. Man braucht eine niedrige Anodenspannung von etwa 50—60 V. Der Transformator erhält hierfür sekundär entsprechende Ausheizanzapfungen. Wenn vor dem Gleichrichtertransformator ein Regeltransformator eingebaut ist, so kann dieser zur Einstellung der Ausheizspannung benutzt werden, so daß auf der Sekundärseite des Gleichrichtertransformators selbst keine besonderen Anzapfungen nötig sind. Hierzu braucht man, wie Abb. 166 zeigt, nur Netzanschlüsse und Sternpunkt zu vertauschen. Bei Anlagen mit einer großen Zahl von Stromrichtergruppen kann man einen besonderen Ausheiztransformator aufstellen, der über ein durchgehendes Leitungssystem zum Ausheizen vor jede Gruppe geschaltet wird. Man kann dann aber die Gruppen nur nacheinander betriebsfertig entgasen. In ähnlicher Weise ist nach langen Betriebspausen zu verfahren. Hochbeanspruchte Großgleichrichter, bei denen die Belastung stoßweise einsetzt, können vor der Inbetriebsetzung mit Hilfe der Gittersteuerung im Kurzschluß mit einer gewissen Teillast vorgeheizt werden.

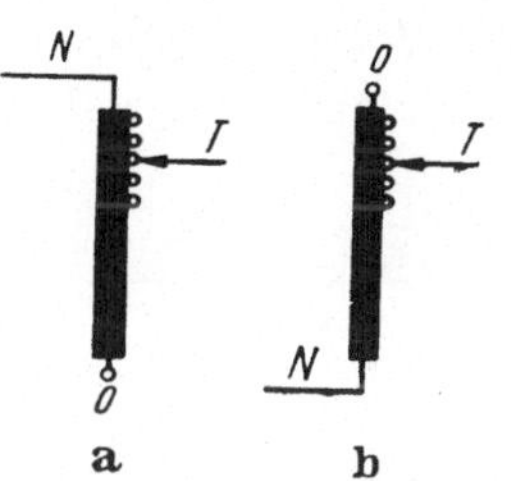


Abb. 166 a u. b. Verwendung eines Spartransformators mit Anzapfungen zum Einstellen der Ausheizspannung.
a) Normalbetrieb; b) Ausheizbetrieb, *N* Anschluß des Drehstromnetzes, *T* Anschluß des Gleichrichtertransformators, *O* Sternpunkt

**Kühlung.** Die Verlustwärme der Stromrichtventile muß in geeigneter Weise abgeführt werden. Bei Halbleitergleichrichtern, Glühkathodengleichrichtern und Quecksilberdampfgleichrichtern mit Luftkühlung ist die entsprechende Luftmenge zur Verfügung zu stellen, um im Betrieb bestimmte Temperaturgrenzen einzuhalten. Dabei muß die Luft bequem zu- und abströmen können, was besonders bei beengtem Einbau und großer Leistung einer sorgfältigen Prüfung bedarf. Im Winter kann es notwendig werden, den Frischluftzutritt von außerhalb des Gebäudes abzusperren und die Warmluft im Umlaufbetrieb zur Heizung des Aufstellungsraumes zu verwenden.

Für kleine Leistung genügt eine Eigenbelüftung im Gleichrichterschrank. Anlagen großer Leistung benötigen aber eine besondere Belüftung des Aufstellungsraumes. Am einfachsten ist die direkte Frischluftkühlung, nötigenfalls über Luftfilter. Im Winter kann eine Vorwärmung der Luft notwendig werden. Ein Ausführungsbeispiel für Umlaufkühlung zeigt Abb. 167. Hier sind 5 pumpenlose Gleichrichter in einer Reihe aufgestellt. Aus einem gemeinsamen Kanal erhalten sie von unten Frischluft. Die erwärmte Abluft geht über eine Zwischendecke zum Kühler. Dahinter drückt ein Lüfter die abgekühlte Luft in den gemeinsamen Frischluftkanal zurück, von wo sie auf die Gleichrichter verteilt wird. Der Kühlluftbedarf beträgt:

$$Q_L = \frac{V \cdot 860}{\vartheta_6 - \vartheta_5} \cdot \frac{1}{0{,}31} \, \mathrm{m^3/std} \,. \qquad (258)$$

Darin bedeutet:

$V$ = Verluste der Stromrichtventile

$\vartheta_5, \vartheta_6$ = Zu- und Ablauftemperatur der Kühlluft.

Für eine Erwärmung der Luft um 15° C benötigt man also 0,045 cbm/s je kW Verluste. Für einen durchschnittlichen Lichtbogenabfall von 20 V entspricht dies 0,09 cbm/s für 100 A Gleichstrom. Bei freier Umströmung ist die mehrfache Luftmenge erforderlich, etwa 1 cbm/s für 1000 A Gleichstrom.

Wassergekühlte Großgleichrichter haben meist zwei Kühlkreise (vgl. Abb. 159), die eigentliche Gefäßkühlung, wobei etwa

$$(E_b - 2{,}5) \cdot I_g \cdot 10^{-3}\,\text{kW}$$

abzuführen sind, und die Hilfskühlung, wozu die Kathode mit etwa $2{,}5 \cdot I_g \cdot 10^{-3}$ kW und die Hochvakuumpumpe mit etwa 1 kW gehören. Es kommen folgende Arten der Kühlung zur Anwendung:

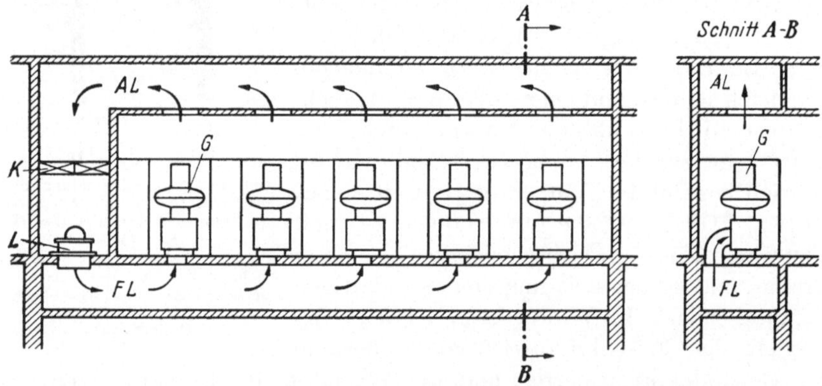


Abb. 167. Luftkühlung für Gleichrichter.
*AL* Abluft; *FL* Frischluft; *K* Kühler; *L* Lüfter; *G* Pumpenlose Stahlgefäße [98]

1. *Unmittelbare Frischwasserkühlung.* Die engen Kühlwege des Stromrichters sind nur schwer zu reinigen. Außerdem ist eine Reinigung stets mit einer Betriebsunterbrechung verbunden. Die unmittelbare Kühlung ist daher nur bei einwandfreiem Wasser zu empfehlen. Es ist zu prüfen, wie das Kühlwasser aus der allgemeinen Wasserversorgung oder aus einem Brunnen beschaffen ist.

2. *Mittelbare Umlaufkühlung.* Der Kühlwasserkreis wird mit gereinigtem Wasser gefüllt. Im Betrieb wird das erwärmte Wasser in einem Rückkühler mit Frischluft oder Rohwasser zurückgekühlt (vgl. Abb. 159). Das Rohrsystem des Rückkühlers kann leicht zum Reinigen herausgezogen werden. Die Menge des Umlaufwassers beträgt:

$$Q_1 = \frac{V \cdot 860}{\vartheta_4 - \vartheta_3} \cdot 10^{-3}\,\text{m}^3/\text{std.} \qquad (259)$$

Hierfür ist eine Frischwassermenge erforderlich:

$$Q_L = \frac{V \cdot 860}{\vartheta_6 - \vartheta_5} \cdot 10^{-3}\,\text{m}^3/\text{std.} \qquad (260)$$

Bei indirekter Luftkühlung wird die Luftmenge nach Gl. (258) berechnet.

Darin bedeuten $V$ die abzuführenden Verluste in kW, $\vartheta_4$, $\vartheta_3$ die Zu- und Ablauftemperatur des Umlaufwassers, $\vartheta_6$, $\vartheta_5$ die Ab- und Zulauftemperatur des Frischwassers. Die Zulauftemperatur von Frischwasser und Frischluft sind auf der Anlage gegeben. Die Temperaturen des Umlaufwassers werden vom Hersteller der Gleichrichter vorgeschrieben. Dabei nimmt man für die Gefäßkühlung etwas höhere Temperaturen, während Zu -und Ablauf der Hilfskühlung kälter gehalten werden. Auch hier ist die Frage der Reservehaltung zu erwägen. Oft kann man den Betrieb vorübergehend von mittelbarer auf unmittelbare Kühlung umstellen. Wo dies nicht möglich ist, ist in dem Kühlsystem für Rückkühler und Pumpen Reserve bereit zu halten. Im Fall von Mangel an brauchbarem Frischwasser kann man dies laufend aufbereiten, indem man es über einen Kühlturm schickt.

**Bewertung von Stromrichteranlagen.** Bei der Projektierung kann man eine Anlage nach technischen und wirtschaftlichen Eigenschaften bewerten. Damit soll der gewählte Entwurf mit anderen Möglichkeiten verglichen werden, insbesondere mit anderen Stromrichterarten und mit rotierenden Umformern. Im allgemeinen hat der Quecksilberdampf-Stromrichter folgende Vorteile aufzuweisen:

guter Wirkungsgrad, hohe Überlastbarkeit,
geringes Gewicht, keine Fundamente, gute Regelbarkeit,
einfache Wartung, keine rotierenden Teile,
geringe Reservehaltung.

Dagegen stehen als Nachteile der Blindstrombedarf, zumal bei Aussteuerung im weiten Bereich, wie es vor allem für motorische Antriebe notwendig ist, und bei Halbleitern die Empfindlichkeit gegen Überlast und Überspannung.

# G. Anwendungen der Stromrichter

## 1. Gleichrichter für Licht- und Kraftnetze

Die Stromversorgung von Gleichstromnetzen erfolgt heute meist nicht mehr mit Gleichstromgeneratoren, sondern durch Umformung aus dem allgemeinen Drehstromnetz. Die übliche Gleichspannung beträgt 230 oder 460 V, für Industrieanlagen auch 500 V. Notbeleuchtung arbeitet meist mit einer kleinen Spannung von nur 12 oder 24 V. Hierfür werden Batterien mit selbsttätigen Ladegleichrichtern verwendet (siehe auch S. 228).

Wegen seiner Anspruchslosigkeit kann der Gleichrichter an fast beliebigen Punkten des Netzes aufgestellt werden. Da er ohne Geräusch und Erschütterungen arbeitet, ist er selbst in bewohnten Gebäuden untergebracht worden. Man kann also den Drehstrom bis zu den Belastungsschwerpunkten des Netzes führen und erst dort in Gleichrichterunterwerken umformen. Hier genügt es, die Gleichspannung etwa konstant zu halten, wenn also die Regeleinrichtung den eigenen Spannungsabfall $\Delta E$ von etwa 5—12% ausgleicht. Wenn aber die Gleichrichter in einer ehemaligen Zentrale aufgestellt werden, muß das Gleichstromnetz über teilweise lange Speiseleitungen beliefert werden. Um dann die Spannung draußen an den Speisepunkten auch bei Belastung aufrecht zu erhalten, hat die Regeleinrichtung des Gleichrichters auch den Spannungsabfall der Speiseleitungen $\Delta E'$ auszugleichen. In der Gleichrichterstation muß also die Gleichspannung mit größerer Belastung steigen, und zwar je nach dem Widerstand der Speiseleitung bis zu 20% oder mehr. Damit ergibt sich ein Regelbereich von

$$\Delta E + \Delta E'.$$

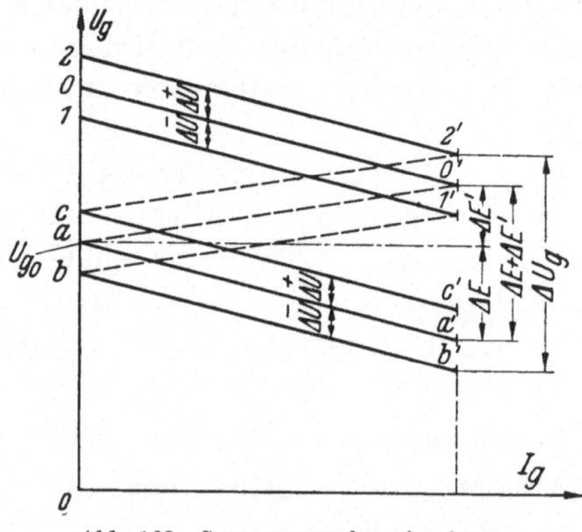


Abb. 168. Spannungsreglung in einem Gleichrichter-Unterwerk.

$\Delta E$ Spannungsabfall der Gleichrichter, $\Delta E'$ Spannungsabfall des Speiseleitung, $\pm \Delta U$ Spannungsschwankung des Drehstromnetzes, $\Delta U_g$ gesamter Steuerbereich. $a$—$a'$, $0$—$0'$ Kennlinien bei normaler Drehstromspannung, $b$—$b'$, $1$—$1'$ desgl. bei erniedrigter Drehstromspannung, $c$—$c'$, $2$—$2'$ desgl. bei erhöhter Drehstromspannung, $U_{g0}$ normale Leerlaufgleichspannung

In Abb. 168 ist $a - a'$ die Belastungskennlinie des ungesteuerten Gleichrichters. Zum Ausgleich des eigenen Spannungsabfalls und desjenigen der Speiseleitungen ist eine ansteigende Kennlinie $a$—0′ erforderlich. Um den zugehörigen Vollastpunkt 0′ zu erreichen, muß also die Gleichrichterkennlinie nach 0—0′ angehoben werden, d. h. die Leerlaufgleichspannung wird von $U_{g0}$ bei $a$ um $\Delta E + \Delta E'$ nach 0 erhöht. Wenn nun die Spannung des Drehstromnetzes Schwankungen $\pm \Delta U$ aufweist, so sind sie ebenfalls auszuregeln. Bei einem Spannungsrückgang $-\Delta U$ senkt sich der Kennlinienzug von $a\,a'/a\,0'/0 0'$ nach $b\,b'/b\,1'/1\,1'$, umgekehrt ergibt sich bei einer Spannungserhöhung $c\,c'/c\,2'/2\,2'$. Bei höchster Drehstromspannung soll noch die normale Leerlaufgleichspannung eingehalten werden (Spannung $c$ nach $a$ herabregeln). Umgekehrt soll bei niedrigster Drehstromspannung noch die höchste Vollastgleichspannung, somit der Wert $U_{g0} + \Delta E'$ erreicht werden (Spannung 1′ nach 0′ heraufregeln). Also vergrößert sich der Steuerbereich der Gleichspannung hierfür um das ganze Ausmaß der Drehstromschwankungen. Insgesamt ergibt sich:

$$\Delta U_g = \Delta E + \Delta E' + 2\,\Delta U\,. \tag{261}$$

Diese Spannungssteuerung kann durch Stufenschalter oder Gittersteuerung ausgeführt werden. Um den Leistungsfaktor bei dem großen Steuerbereich, der nach den vorangegangenen Überlegungen zuweilen 40% und mehr betragen kann, nicht zu sehr zu verschlechtern, empfiehlt es sich, den Steuerbereich durch Anzapfungen am Transformator zu unterteilen und mit der Gittersteuerung nur zwischen ihnen zu regeln. Allerdings ist dann der Einstellvorgang nicht mehr so einfach wie bei reiner Gitterreglung. Dies macht sich vor allem bei Verwendung eines selbsttätigen Reglers erschwerend bemerkbar. Übrigens ist bei Stufensteuerung darauf zu achten, daß der Spannungssprung für eine Stufe nicht zu hoch wird, da sich sonst an den Glühlampen lästiges Zucken des Lichts zeigt. Im allgemeinen ist eine Stufenspannung von etwa 1,5% zulässig.

Wenn man ein Gleichstromnetz mit ausgeprägter Lichtbelastung nach einer Betriebsunterbrechung wieder mit voller Spannung einschaltet, tritt ein erheblicher Überstromstoß auf. Dies erklärt sich aus der Kennlinie der Metalldrahtlampen. Im kalten Zustand ist der Widerstand einer Glühlampe nur etwa 5—10% des Widerstands im betriebswarmen Zustand. Unter Berücksichtigung des Spannungsabfalls erreicht der plötzliche Einschaltstromstoß etwa das 2,5—3fache des Nennstroms. Abgesehen von der hohen Beanspruchung des Gleichrichters können im Netz und im Unterwerk die Überstromschalter erneut auslösen. Oft ist es erst nach langen Schwierigkeiten gelungen, den Betrieb wieder aufzunehmen. Man hat daher besondere Netzanlaßvorrichtungen mit Widerstandsstufen eingebaut [*52*]. Statt dessen wird bei Gleichrichterunterwerken das Netz einfacher mit Hilfe der Gittersteuerung stoßfrei und betriebssicher von kleiner Spannung an hochgefahren. Da ein solches Anfahren nur kurze Zeit dauert, ist die Verschlechterung des Leistungsfaktors praktisch bedeutungslos.

Viele Gleichstromnetze werden mit Mittelleiter, also für $2 \times 115$ oder $2 \times 230$ V betrieben. Im Gegensatz zu Gleichstromgeneratoren kann aber im Gleichrichter selbst keine Spannungsteilung vorgenommen werden. Die Reihenschaltung von zwei Gleichrichtern halber Spannung ist teuer und ergibt ungleichmäßige Spannung der Netzhälften bei unsymmetrischer Belastung. Bei der Drehstrom-Brückenschaltung (Abb. 20) kann man am sekundären Sternpunkt einen Nulleiter anschließen. Um Spannungsverwerfungen im Netz (Spannungsanstieg in der schwächer belasteten, Spannungsabfall in der stärker belasteten Hälfte) zu vermeiden, ist ein Ausgleich notwendig. Man verwendet meist einen Ausgleichsmaschinensatz mit zwei Gleichstrommaschinen, die über Kreuz jeweils von der Spannung der anderen Netzhälfte erregt werden. Meist werden solche Ausgleichsätze mit Anlassern in Betrieb genommen. Bei starken Spannungsschwankungen, wie sie infolge von Drehstromkurzschlüssen auftreten können, sind die Ausgleichssätze manchmal gefährdet, und zwar wenn die Gleichspannung den Drehstromschwankungen folgt. Damit ist besonders dann zu rechnen, wenn auf der Gleichstromseite nicht Stromerzeuger in ausreichender Größe parallel arbeiten, so daß während der Drehstromstörung die Gleichspannung absinkt. Hierfür wurde eine Sonderschaltung mit Verbundwicklungen zum Grobschalten entwickelt (Abb. 169). Damit sind Spannungsstöße bis zu 100% ohne Gefährdung des Kollektors zulässig, der Anlasser kann fortfallen. Der Anlaufspitzenstrom erreicht das 3,5 bis 5fache des Mittelleiterstromes. Der Spannungsausgleich wird natürlich erst nach dem Hochlaufen wirksam. Der Mittelleiterstrom ist von der Lastverteilung im Netz abhängig, er kann meist mit 10—20% angesetzt werden.

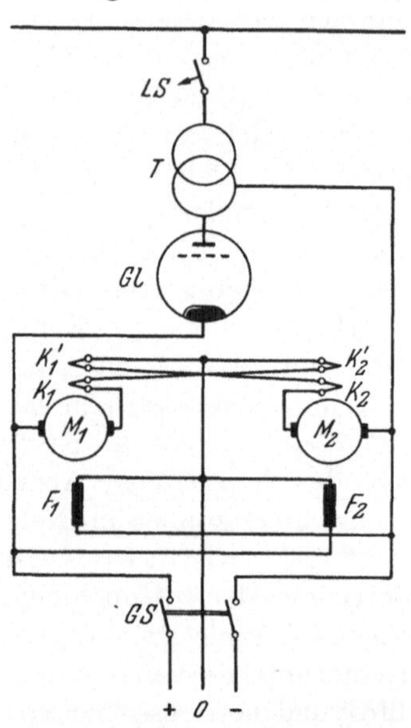


Abb. 169. Ausgleichssatz für Spannungsteilung mit Zusatzverbundwicklung. $F_1, F_2$ Nebenschlußwicklungen, über Kreuz erregt, *Gl* Gleichrichter, *GS* Gleichstromschalter, $K_1, K_2$ Verbundwicklungen, erregt vom Strom der eigenen Netzhälfte, $K_1', K_2'$ Verbundwicklungen, erregt vom Strom der fremden Netzhälfte, *LS* Leistungsschalter, $M_1, M_2$ Motoranker, *T* Transformator

In größeren Gleichstromnetzen werden zuweilen mehrere Unterwerke mit Ausgleichssätzen ausgerüstet. Sind die Widerstände zwischen diesen Stationen genügend groß, so bestehen auch bei Kompoundierung keine Bedenken gegen den Parallelbetrieb. Andernfalls sind die Belastungskennlinien der verschiedenen Spannungsteiler aufeinander abzugleichen.

Mehrere Gleichrichter haben im Parallelbetrieb eine gleichmäßige Lastverteilung, wenn ihre Belastungskennlinien ungefähr übereinstimmen, wenn also bei Nennlast die Spannungsabfälle gleich sind. Im Parallelbetrieb mit anderen Stromquellen verteilt sich die Belastung entsprechend der Neigung ihrer Kennlinien. Belastungsschwankungen werden vorwiegend von den Maschinen mit flacherer Kennlinie aufgenommen.

Bei Gleichrichtern übertragen sich Schwankungen der Drehstromspannung, falls nicht nachgeregelt wird, voll auf die Gleichstromseite. Dagegen haben Frequenzänderungen nur geringen Einfluß. Der induktive Spannungsabfall geht mit fallender Frequenz zwar etwas zurück, doch nimmt die Neigung der Belastungskennlinie nur wenig ab. Einankerumformer verhalten sich ähnlich. Motorgeneratoren aber zeigen eine umgekehrte Abhängigkeit, d. h. ihre Gleichspannung folgt den Frequenzschwankungen, aber nicht den Spannungsänderungen der

Drehstromseite. Infolgedessen wird bei Schwankungen des Drehstromnetzes die Belastungsverteilung gestört, wenn Umformer solch verschiedenen Verhaltens parallel arbeiten. Unabhängige Gleichstromquellen, wie Generatoren und Batterien, liefern demgegenüber eine praktisch starre Gleichspannung.

Zur Erläuterung möge Abb. 170 dienen. Darin ist links die Belastungskennlinie *a*—*a* eines Gleichrichterunterwerks *A* gezeigt, die bei einem Spannungsrückgang der Drehstromseite sich nach *b*—*b* verschiebt. Dagegen bleibt rechts die Kennlinie *c*—*c* der Umformerstation *B* unverändert. Der gemeinsame Belastungsstrom sei konstant. Dann führt die Senkung der Drehstromspannung zu einer Entlastung des Gleichrichterwerks von $I_{gA}$ auf $I'_{gA}$, die Umformerstation erhält einen

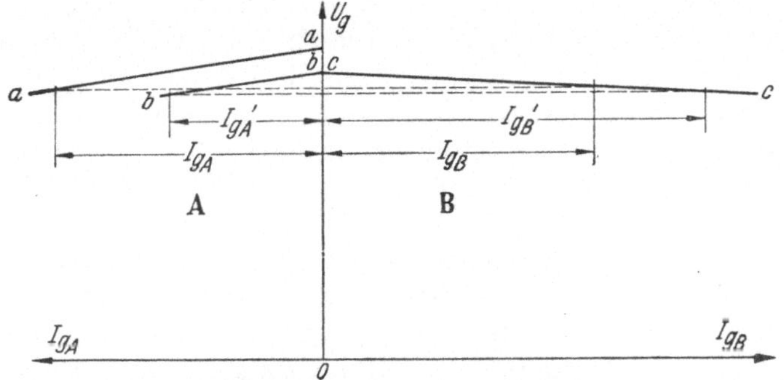


Abb. 170. Lastverteilung im Parallelbetrieb.
*A* Gleichrichterwerk, normale Belastungskennlinie *a*—*a*, bei Spannungsrückgang der Drehstromseite *b*—*b*; *B* Umformerwerk, Belastungskennlinie *c*—*c*, starr, Lastverteilung bei normaler Drehstromspannung $I_{gA}$, $I_{gB}$, Lastverteilung bei verringerter Drehstromspannung $I'_{gA}$, $I'_{gB}$

entsprechend höheren Strom ($I'_{gB}$ statt $I_{gB}$). Im Umformerwerk spricht der Überstromschutz an. Nun geht die gesamte Belastung auf das Gleichrichterwerk über, das seinerseits auch durch Überlastung herausfällt. Der Gleichstrombetrieb bricht also völlig zusammen. Es ist in solchen Fällen notwendig, durch entsprechende Entlastungsmaßnahmen einzugreifen. Im Umformerwerk muß die Belastung begrenzt werden durch Schwächung der Generatorerregung, im Gleichrichterwerk ist eine höhere Spannungsstufe einzustellen. Für den Parallelbetrieb von Gleichrichtern mit Gleichstromquellen andersartiger Kennlinie ist also eine Regeleinrichtung notwendig. Bei geringen Schwankungen der Drehstromspannung und ruhigem Verlauf der Gleichstromlast genügt eine einfache Handreglung. Das Beispiel in Abb. 170 zeigt weiter, daß ein Spannungsrückgang der Drehstromseite von *a* nach *b* im Parallelbetrieb nur ein wesentlich geringeres Absinken der Gleichspannung nach sich zieht.

Eine Stufenreglung ergibt eine unstetige Veränderung des Spannungsniveaus des Gleichrichters. Die Regulierlinie (in Abb. 168 z. B. *b*—1′) verläuft also dann stufenförmig. Die einzelnen Stufen sind jedoch nicht senkrecht, sondern etwas geneigt, da sich bei der höheren Spannung einer neuen Stufe ein größerer Laststrom einstellt. Im Parallelbetrieb führt ebenso wie eine Änderung der Drehstromspannung auch eine Verstellung des Stufenschalters zu einer veränderten Lastverteilung. Dabei ist die Lastverschiebung um so größer, je steiler die Kennlinie des Gleichrichters ist im Vergleich zu derjenigen der anderen Gleichstromquellen. In vielen Fällen ist die Leistung des Gleichrichterunterwerks klein gegenüber der Netzleistung, so daß die Belastungskennlinie des Netzes fast waagerecht verläuft. Dann wirkt die Reglung am Gleichrichter angenähert als reine Stromreglung. Die Netzspannung ändert sich nur wenig. Wenn z. B. der Spannungsabfall des Gleichrichters bis Vollast 16% beträgt, so würde eine Spannungsstufe von 4% bei Aufwärtsreglung je Stufe 25% mehr Laststrom ergeben. Dieser Belastungssprung ist bei der Auslegung des Gleichrichters zu berücksichtigen. Die Stufenspannung darf nicht zu groß gewählt werden. Es soll aber auch die Neigung der Gleichrichterkennlinie nicht zu flach sein. Wenn umgekehrt die Kennlinie der parallelen Gleichstromquellen viel steiler ist als die des Gleichrichters, so ergibt sich im Grenzfall eine reine Spannungsreglung ohne Laständerung am Gleichrichter.

Im Parallelbetrieb ist auch die Phasenlage der Oberwellen zu beachten. Stromrichter verschiedener Schaltgruppen (Pulszahl und Schaltungswinkel) arbeiten nur dann ohne gegenseitige Störung zusammen, wenn auf der Gleichstromseite genügend Induktivität vorhanden ist, um Ausgleichsströme zu begrenzen. Das gilt auch bei ungleicher Aussteuerung, oder falls Stromrichtergruppen primär an nichtsynchrone Netze angeschlossen sind.

Zu erwähnen sind hier auch Gleichrichteranlagen mit Halbleitergruppen, die auf Schiffsliegeplätzen zur Stromversorgung von Bordnetzen (mit z. B. 2 × 115 V) aufgestellt werden.

Durch ihr verzweigtes Versorgungsnetz können Gleichrichterunterwerke in gewissen Fällen Störungen auf Fernmelde- und Rundfunkgeräte verhältnismäßig weit verbreiten. Wie oben näher erläutert, ist mit starken Störspannungen besonders bei Anlagen mit verringerter Aussteuerung (Gleichrichter mit durch Gittersteuerung herabgeregelter Spannung oder Wechselrichter) zu rechnen. Es sind dann auf der Gleichstromseite des Gleichrichters Glättungseinrichtungen einzubauen. Auch kann man an den Fernsprech- und Rundfunkgeräten selbst Zusatzeinrichtungen zum Schutz gegen die Störspannungen anbringen.

## 2. Bahnanlagen

Die Gleichrichter für Bahnanlagen werden ortsfest aufgestellt in Belastungsschwerpunkten eines engmaschigen Bahnnetzes (Straßenbahn) oder längs der Streckenabschnitte bei längeren Bahnstrecken (Stadtschnellbahn, Fernbahnen). Der Abstand der Unterwerke ist je nach Verkehrsdichte 2—25 km. Zur Ergänzung kann man auch fahrbare Gleichrichterstationen einsetzen. Sie kommen zur Anwendung bei ungewöhnlichen Belastungen einzelner Strecken, bei größeren Betriebsstörungen oder bei Überholungen ortsfester Unterwerke. Solche fahrbaren Anlagen sind zunächst in großer Zahl mit Glasgleichrichtern und später mit pumpenlosen, luftgekühlten Stahlgefäßen gebaut worden. Auf die Besonderheiten fahrbarer Stationen söll in einem späteren Abschnitt noch eingegangen werden (siehe S. 239).

Die übliche Betriebsspannung ist

bei Straßenbahnen und Obusanlagen 550—750 V,
Stadt,- Schnell- und Vorortbahnen 600—800 V,
gelegentlich bis 1600 V,
Fernbahnen 1500, 3000 V, und höher,
Grubenbahnen unter Tage 110—220 V,
Industrie- und Grubenbahnen über Tage, Bergbahnen 600—1600 V.

Im Bahnnetz ist fast stets ein Pol geerdet an die Fahrschiene gelegt. Bisher wurde dafür meist der Minuspol benutzt. Dann hat aber das Gleichrichtergefäß volle Betriebsspannung, was bei den hohen Bahnspannungen Aufstellung und Bedienung erheblich erschwert. Deshalb hat man bei Einführung des Gleichrichterbetriebs in vielen Fällen eine Umpolung vorgenommen und den Pluspol (Gleichrichterkathode) an die Erde gelegt. Im übrigen ist der Bahnbetrieb gekennzeichnet durch starke Lastschwankungen je nach dem Zugbetrieb auf der Strecke.

Da die Triebfahrzeuge mit Reihenschlußmotoren ausgerüstet sind, ist der Betrieb wenig spannungsempfindlich. Wie die sonst üblichen Motorgeneratoren mit Nebenschlußerregung erhalten auch die Gleichrichter im allgemeinen keine Spannungsreglung. Wenn aber man bei langen Fahrstrecken doch eine Spannungsreglung zum Ausgleich des Spannungsabfalls auf der Speiseleitung anbringen will, so ist unbedingt eine Lastbegrenzung notwendig. Bei Überschreiten der Nennlast des Gleichrichters wird dabei der Spannungsregler still gesetzt, so daß von da an die Gleichspannung wieder nach der natürlichen Kennlinie fällt (vgl. Abb. 151). Ohne eine solche Lastbegrenzung würden die starken Laststöße und häufigen Kurzschlüsse des Bahnbetriebes durch den Spannungsregler noch verstärkt werden.

In Bahnanlagen werden nicht nur die Gleichrichter, sondern auch die Streckenabzweige mit Schnellschaltern ausgerüstet [*38*]. Abb. 171 zeigt das Prinzipschaltbild eines solchen Bahnunterwerks. Es sind drei Gleichrichter für z. B. je 1500 A 800 V aufgestellt. Jeder Gleichrichter wird auf der Drehstromseite durch einen Leistungsschalter *LS* mit Überstromzeitrelais, auf der Gleichstromseite durch einen Rückstromschnellschalter *RSS* geschützt. In den Streckenabzweigen hinter den Sammelschienen verwendet man jedoch unpolarisierte Schnellschalter *SS*. Bei Kurzschluß einer Gleichrichtergruppe durch eine Rückzündung erhält der kranke Gleichrichter Rückstrom von den übrigen Gruppen. Er wird durch seinen Schnellschalter selektiv abgeschaltet. Die anderen Gleichrichter führen den Betrieb weiter. Liegt aber der Kurzschluß auf der Strecke, so schaltet nur der Abzweigschnellschalter aus, da er erheblich schneller auslöst, als die Schnellschalter der Gleichrichter bei Vorwärtsstrom. An den Streckenabzweigen werden selbsttätige Prüf- und Wiedereinschaltvorrichtungen eingebaut. Vor dem Wiedereinlegen eines infolge Überlast gefallenen Streckenschalters wird der Abzweig auf Kurzschlußfreiheit geprüft. Zu diesem Zweck wird der Schalter mit einem Prüfwiderstand überbrückt und dessen Spannungsabfall oder Strom gemessen. Liegen diese Werte unter einer bestimmten Grenze, so wird die Strecke selbsttätig wieder eingeschaltet. Den Aufbau eines Bahnunterwerkes mit pumpenlosen Gleichrichtern zeigt Abb. 165. Oft begnügt man sich aber mit Anodensicherungen als Rückzündungsschutz. Schnellschalter werden nur in den Streckenabzweigen eingesetzt. Heute werden auch Halbleiter-Gleichrichter verwendet.

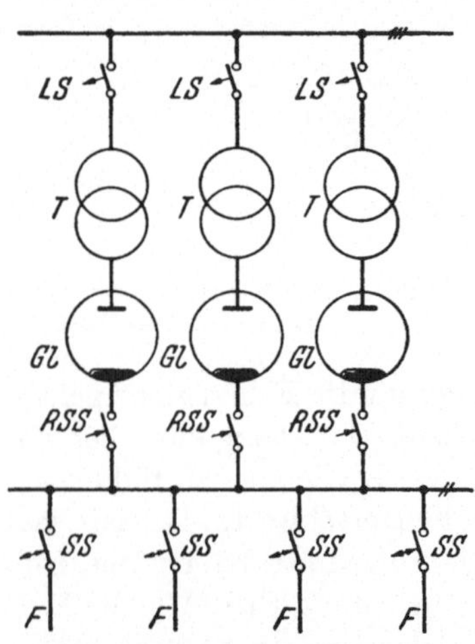


Abb. 171. Grundsätzliches Schaltbild eines Bahnunterwerks.

*F* Bahnspeiseleitungen (Strecken), *Gl* Gleichrichter, *LS* Leistungsschalter, *RSS* Rückstromschnellschalter, *SS* Schnellschalter (Streckenschalter), *T* Transformatoren

Weit verzweigte Netze und lange Ausläuferlinien machen oft die Anordnung von Unterwerken in großer Entfernung von einer zentralen Überwachungsstelle notwendig. Um die Bedienung zu vereinfachen, werden dann solche Unterwerke ferngesteuert oder vollselbsttätig eingerichtet. Der Gleichrichter eignet sich infolge seiner einfachen Betriebsweise besonders für eine Verwendung in solchen voll- oder halbautomatischen Werken.

Bei zu Tal fahrenden oder abzubremsenden Zügen kann mit den Triebwerksmotoren elektrisch gebremst werden. In der Nutzbremsschaltung wird dabei elektrische Energie in das Gleichstromnetz zurückgegeben. Wenn dort nicht gleichzeitig diese Energie von anderen Zügen aufgenommen werden kann, so muß sie über das Unterwerk in das Drehstromwerk zurück geliefert werden. Die Stromrichter müssen also als Wechselrichter arbeiten. Wenn dieser Betriebsfall nur gelegentlich auftritt, könnte man dafür dann die Gleichrichter umschalten. Während der Umschaltzeit wäre der Zug aber ohne Bremskraft. Besser wird man daher im Unterwerk einen der Stromrichter als Wechselrichter bereit halten. Wenn dann der Rückstrom einsetzt, können nötigenfalls anschließend die anderen Gleichrichter noch zur Verstärkung im Wechselrichterbetrieb herangezogen werden.

Zu erwähnen ist noch die Verwendung von stationären Umrichtern für Bahnunterwerke. Dabei wird aus dem allgemeinen Drehstromnetz mit 50 Hz Energie umgeformt in Fahrstrom von $16^2/_3$ Hz (s. Abschnitt Umrichter).

Gleichrichter können auch zur Beheizung der Fahrleitung benutzt werden. Rauhreifansatz wird damit vor Betriebsbeginn bei einer Stromdichte von rd. 4 A/mm$^2$ im Fahrdraht (*Cu*) in etwa einer halben Stunde beseitigt. Dazu ist meist eine herabgesetzte Spannung notwendig, was man durch entsprechende Umschaltungen am Gleichrichtertransformator (z. B. von primär Dreieck auf Stern) oder durch Gittersteuerung, falls vorhanden, erreichen kann [*38*].

In Betriebswerkstätten von Gleichstrom-Schnellbahnen verwendet man besondere Radsatz-Schleifeinrichtungen, wobei die Radkränze am Fahrzeug ohne Ausbau nachgeschliffen werden. Hierzu wird die Wagenachse vom Fahrmotor mit geringer Drehzahl angetrieben, bei Laufachsen muß ein Hilfsmotor der Werkstatt angesetzt werden. Die dafür benötigte niedrige Gleichspannung liefert ein Halbleitergleichrichter mit Stufensteuerung, und zwar für den Motoranker regelbar von z. B. 25 bis 100 V, für die Feldwicklung von 2,5—20 V [*38*].

Normale Glühlampen zeigen bei Speisung mit Bahnfrequenz $16^2/_3$ Hz starkes Flimmern. Zur Abhilfe kann man einen Gleichrichter vorschalten. Aber auch dann noch ist eine scharfe Glättung durch Drossel und Sperrkreis für $33^1/_3$ Hz notwendig. Die Anoden des zweipulsigen Gleichrichters müssen gleichmäßig arbeiten, da sonst wieder eine störende Oberwelle von $16^2/_3$ Hz entsteht. Die erforderliche Glättung bedingt bei der niedrigen Frequenz der Störspannung einen recht erheblichen Aufwand. Daher wird die Beleuchtung auf elektrischen Wechselstrom-Lokomotiven, Bahnpostwagen u. dgl. meist aus Sammlerbatterien (24 V) gespeist, die über Halbleitergleichrichter geladen werden.

Wenn Bahnstrecken mit Gleichrichtern gespeist werden, so fließen die Oberwellen des Fahrstroms in einer großen Schleife Fahrleitung — Triebfahrzeug — Schienen und Erde. In benachbarten Fernsprechleitungen werden daher vom Fahrdraht aus Längsspannungen induziert. Bei Unsymmetrien des Schwachstromsystems können in den Fernhörern starke Störgeräusche auftreten und die Sprechverständigung sehr erschweren. Freileitungen haben solche Unsymmetrien stets in gewissem Maße. Man pflegt daher Fernmeldeleitungen längs solcher Bahnstrecken zu verkabeln. Bei modernen Kabeln können dann Störungen nur auftreten, wenn die daran angeschlossenen Geräte unsymmetrisch gegen Erde ausgeführt sind.

Gleichrichter können auch auf den Triebfahrzeugen selbst verwendet werden. Als Beispiel sei die Ausrüstung einer Stromrichterlokomotive mit einem Großgleichrichter näher beschrieben [*61*]. Der Fahrdraht wird aus dem allgemeinen Landesnetz einphasig mit 50 Hz gespeist (Abb. 172). Als Antrieb dienen Gleichstrommotoren normaler Bauart. Weiter ist auf der Lokomotive eine vollständige Gleichrichtergruppe

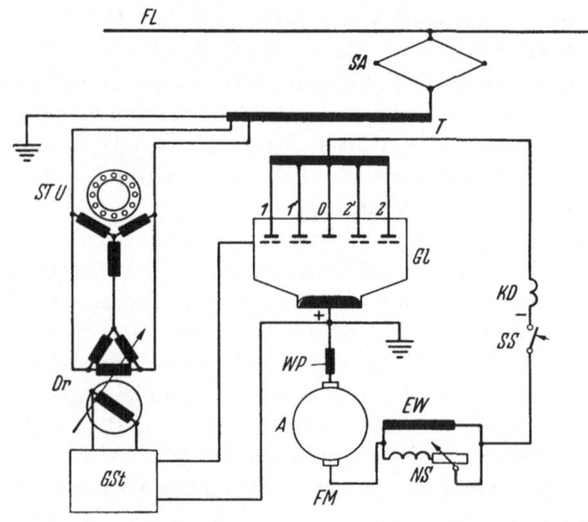


Abb. 172. Schaltung einer Stromrichterlokomotive mit Großgleichrichter
*A* Motoranker, *Dr* Drehregler, *EW* Erregerwicklung, *FL* Fahrleitung, *FM* Fahrmotor, *Gl* Gleichrichter, (1, 2 Hauptanoden, 1', 2' Anzapfanoden, 0 Nullanode), *GSt* Gittersteuerung, *KD* Kathodendrossel, *NS* Nebenschluß (induktiv), *SA* Stromabnehmer, *SS* Schnellschalter, *STU* Steuerumformer (einphasig/dreiphasig, Arno-Umformer), *T* Transformator, *WP* Wendepolwirkung [*61*]

untergebracht, bestehend aus Transformator, Stromrichtgefäß, Glättungsdrossel und Kühlanlage. Verwendet wird die zweiphasige Mittelpunktschaltung. Die Reglung der Geschwindigkeit erfolgt durch Stufen am Transformator und Gittersteuerung am Stromrichter. Die Gittersteuerung wird vom Gleichrichter-Haupttransformator gespeist. Zur Erzeugung eines Drehfeldes ist dem Drehtransformator (Drehregler) ein Arno-Umformer vorgeschaltet. Das Gefäß ist mit Anzapf- und Nullanoden versehen. Dadurch ist die Steuerblindleistung bei voller Gittersperrung null, weil der Gleichstrom vom Minuspol über den Sternpunkt unmittelbar zum Gefäß fließt, ohne das Netz induktiv zu belasten. Die Anzapfanoden bieten außerdem eine Unterteilung des Gittersteuerbereichs ähnlich wie eine Stufensteuerung. Zusammen sichern diese Zusatzanoden einen erheblich besseren Leistungsfaktor und niedrigere Blindleistung (s. S. 116, Abb. 103). Der Spannungsabfall auf der Fahrleitung, vor allem beim Anfahren, bleibt geringer als bei reiner Gittersteuerung.

Das Stromrichtgefäß ist gut gefedert eingebaut. Es ist auch zu berücksichtigen, daß bei der Fahrt auf einer Steilrampe sich der Quecksilberspiegel schräg einstellt. Das umlaufende Kühlwasser wird mit Frischluft gekühlt. Dabei wird die Kühlung selbsttätig geregelt, auch eine Anheizung des Kühlwassers ist vorgesehen.

Wie die Fahrmotoren so ist auch die Gleichrichtergruppe für hohe Überlastungen zu bemessen. Man rechnet etwa mit der 1 Std.-Leistung bei 60—70% der höchsten Fahrgeschwindigkeit, mit der Dauerleistung bei etwa 75—90% davon; der Mittelwert der Belastung liegt ungefähr bei ⅓ der Höchstleistung. Die Dauerleistung beträgt etwa 1600—3000 kW und mehr je Triebfahrzeug.

Normale Reihenschlußmotoren lassen eine Welligkeit des Ankerstroms von etwa 10% zu. Es wird daher eine Glättungsdrossel notwendig [s. auch Gl. (262), S. 211, für $p = 2$]. Weiter wird zur Verbesserung der Stromwendung parallel zum Feld ein Glättungswiderstand gelegt.

Im Betrieb der Stromrichterlokomotive ist das Auftreten von gelegentlichen Rückzündungen nicht ganz zu vermeiden, besonders bei hohen Überlastungen und ungewöhnlichen Temperaturverhältnissen. Eine Rückzündung bedeutet für die Motoren einen Kurzschuß auf der Seite der speisenden Stromquelle. Bei Reihenschlußmotoren ohne Parallelwiderstand zum Feld ist ein solcher Kurzschluß verhältnismäßig harmlos, weil der Kurzschlußstrom sehr rasch das Erregerfeld löscht. Durch einen Parallelwiderstand wird dieser Vorgang aber verzögert, die Remanenz hält sich länger. Es ist daher notwendig, dem Parallelwiderstand eine gewisse Induktivität zu geben (*NS* in Abb. 172).

Als Schutzeinrichtungen werden ein Rückstromschnellschalter und ein Gittersperrgerät verwendet. Wenn man mit Stromrücklieferung bremsen will, so ist der Stromrichter auf Wechselrichterbetrieb umzustellen. Jede Nutzbremsung versagt aber beim Ausbleiben der Netzspannung. Es muß daher eine zweite Sicherheitsbremse zur Verfügung stehen. Bei einer Widerstandsbremsung werden die Motoranker mit Widerständen belastet; die Feldwicklungen können über den Gleichrichter erregt werden, solange die Netzspannung vorhanden ist.

Heute hat man die Großgleichrichter durch Einanodengefäße (im Ausland auch durch Ignitrons) ersetzt. Im Braunkohlen-Tagebau z. B. wird mit einer Fahrdrahtspannung von 6 kV, 50 Hz gearbeitet. Eine Gruppe von $2 \times 3$ Einanodengefäßen in zweiphasiger Mittelpunktschaltung speisen 4 Fahrmotoren von zus. 1860 kW mit 960 V Gleichstrom. Die Motorspannung wird in Stufen am Transformator und mit Gittersteuerung eingestellt. Einfacher ist der Aufbau mit Halbleiter-Gleichrichtern. Anfahren und Einstellen der Geschwindigkeit erfolgt mit Anzapfungen am Transformator, die unter Last geschaltet werden (z. B. 45 Stufen für den ganzen Spannungsbereich, siehe Schaltbild Abb. 173). Die Gleichspannung beträgt 900 V und mehr. Hier wird die Motorbelüftung über die zugehörige Gruppe von Halbleitern geführt.

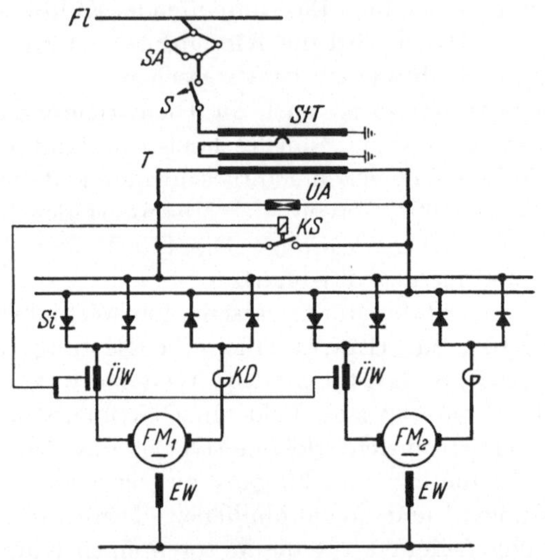


Abb. 173. Stromrichterlokomotive mit Halbleitergleichrichtern.
*EW* Erregerwicklung; *Fl* Fahrleitung; $FM_{1,2}$ Fahrmotoren; *KD* Kathodendrossel; *KS* Kurzschließer; *S* Hauptschalter; *SA* Stromabnehmer; *Si* Silizium-Dioden; *StT* Stufentransformator; *T* Haupttransformator; *ÜA* Überspannungsableiter; *ÜW* Überstromwandler [42]

## 3. Elektromotorische Antriebe

Zur Speisung von Gleichstromantrieben aus dem Drehstromnetz wird ebenfalls der Gleichrichter gern benutzt. Dabei dient er häufig nicht nur zur Umformung der Stromart, sondern übernimmt auch die Steuerung. Die Grundschaltung ist im Aufbau ziemlich einfach. Man hat den Hauptstromkreis mit dem Motoranker, die Gittersteuerung und die Erregung des Gleichrichters als hauptsächliche Stromkreise zu unterscheiden. Wenn man im Ankerkreis die Gleichspannung verstellen will, kommt dazu noch die Motorerregung, für die eine feste Gleichspannung benötigt wird.

Wenn ein unabhängiges Gleichstromnetz vorhanden ist, kann man die Erregerwicklung einfach dort anschließen [*37*]. Sonst muß eine passende Gleichspannung erst durch einen Hilfsgleichrichter aus dem Drehstromnetz beschafft werden. Da die Erregerleistung eines Gleichstrommotors nur 0,5—2% seiner Ankerleistung beträgt, genügt zur Speisung der Feldwicklung ein Halbleiter-Gleichrichter, eine Thyratrongruppe oder ein kleines, dreianodiges Stahlgefäß. Heute wird vorzugsweise ein steuerbares Gerät bevorzugt. Zur Feldwicklung des Motors wird ein Schutzwiderstand parallel geschaltet, um Überspannungen beim Aussetzen der Erregung zu vermeiden. Dieser Schutzwiderstand wird für etwa 20—25% des Erregerstroms ausgelegt. Damit wird die Überspannung etwa auf das fünf- bis vierfache des Nennwerts begrenzt.

Für die Wahl der Transformatorschaltung und der Pulszahl gelten die allgemeinen Überlegungen in Abschnitt „Planung von Stromrichteranlagen". Wegen der hohen Induktivität der Feldwicklung genügt für den Erregerkreis eine geringe Pulszahl (2 oder 3). Den Ankerkreis betreibt man schon bei Motoren mittlerer Leistung meist sechspulsig, eine höhere Pulszahl kommt nur in Sonderfällen zur Anwendung. Bei Gittersteuerung erhält der Motoranker eine wellige Gleichspannung.

Die zulässige Welligkeit des Ankerstroms hat der Hersteller des Motors anzugeben. Es kann eine Glättung notwendig werden. Eine Erhöhung der Pulszahl ist umständlich und teuer, bei einer fertigen Anlage im allgemeinen ohne erhebliche Umbauten nicht möglich. Daher wird meist eine Glättungsdrossel vor den Motoranker geschaltet. Die erforderliche Induktivität ergibt sich aus der Gleichung:

$$p\,(X_m + X_k) = \frac{w_g\,U_{g\alpha}}{w_{gi}\,I_g}\,. \qquad (262)$$

Darin bedeuten $w_g$ Welligkeit der Gleichspannung bei größter Sperrung, $w_{gi}$ zulässige Welligkeit des Gleichstroms, $X_m$ vorhandene Reaktanz des Ankerkreises (vor allem Motoranker), $X_k$ zusätzliche Reaktanz der Glättungsdrossel. Man kann meist für $w_{gi}$ mit etwa 7—10% (effektiv) rechnen. Zuweilen genügt die Induktivität des Motorankers allein.

Gittersteuerung und Kathodendrossel können auch auf die Belastungskennlinie des Gleichrichters und damit auf die Drehzahlkennlinie des Motors einen erheblichen Einfluß haben. Der Mittelwert des Gleichstroms richtet sich nach der Belastung, während die Oberwellen im wesentlichen durch die Induktivität des Ankerkreises festgelegt sind [s. Gl. (205)]. Wenn bei einer gegebenen Aussteuerung die Motorbelastung fällt, so wird die Welligkeit des Gleichstroms größer. Schließlich beginnt der Strom zu lücken. Man bekommt dann infolge der Entlastung einen starken Drehzahlanstieg. Beim idealen, verlustlosen Leerlauf würde die Drehzahl bis zu einem dem Scheitelwert der Anodenspannung entsprechenden Wert ansteigen. Bei vollgeöffneten Gittern beträgt diese Drehzahlüberhöhung im dreipulsigen Betrieb theoretisch 21%, sechspulsig noch 5%. Mit verminderter Aussteuerung nimmt dieser Drehzahlanstieg rasch zu, das Lücken tritt eher ein. Die Motoren nehmen bei starker Sperrung etwa Hauptschlußverhalten an. Bei großem Stellbereich der Gittersteuerung ist also eine verhältnismäßig starke Glättungsdrossel erforderlich, um diesen zusätzlichen Drehzahlanstieg genügend weit in das Gebiet kleiner Last herabzudrücken (Abb. 174).

Soll der Gleichstrommotor auch elektrisch gebremst werden, so ist zunächst die einfache Widerstandsbremsung möglich. Bekanntlich fällt dabei aber das Bremsmoment mit der Drehzahl rasch ab. Bei fester Klemmspannung ist eine Rückarbeitsbremsung nur durch erhöhte Drehzahl wirksam, bis zum Stillstand herab wirkt dabei allein eine Gegenstrombremsung. Mit der Gittersteuerung des Stromrichters ist man aber in der Lage, die Rückarbeit bis zum Stillstand durchzuführen. Der Stromrichter muß dabei die Bremsenergie an das Drehstromnetz zurückgeben, somit als Wechselrichter arbeiten. Beim Übergang zum Bremsen ist die Gittersteuerung in die Wechselrichterstellung zu bringen, außerdem ist der Anker- oder Feldkreis des Motors umzupolen. Wenn häufig und rasch gebremst werden muß, wird man besser ein zweites Gefäß in Wechselrichterschaltung für die Bremsenergie bereitstellen.

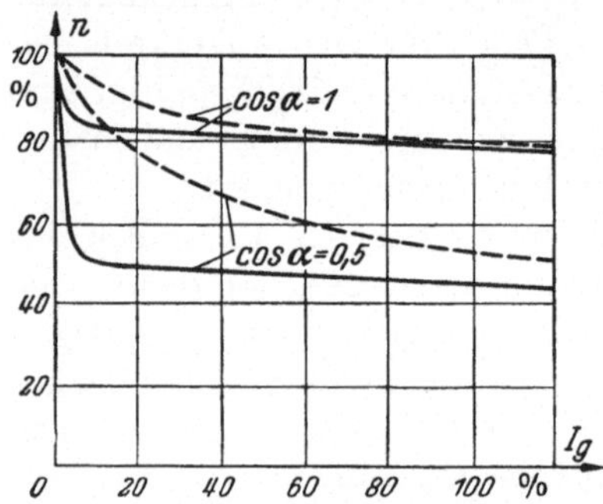


Abb. 174. Drehzahlanstieg bei Entlastung von Gleichstrommotoren. Belastungskennlinien bei Aussteuerung $\cos\alpha = 1$ und 0,5.
– – – – ohne Kathodendrossel $X_k = 0$,
———— mit Kathodendrossel $X_k > 0$ [1]

Zum Umsteuern der Drehrichtung muß das Drehmoment umgekehrt werden. Stromrichtgefäße können aber den Strom nur in *einer* Richtung führen. Es sind also besondere Maßnahmen notwendig, um Ankerstrom oder Fluß des Motors umzukehren.

Bei den sogenannten Zweigefäßschaltungen wird für jede Stromrichtung im Anker ein Gefäß oder eine Gefäßgruppe bereit gestellt. Damit erhält man die Kreuzschaltung nach Abb. 175, a. Jedes Gefäß wird von einer eigenen Wicklung des gemeinsamen Transformators gespeist.

Die Gleichstrompole dieser beiden Stromrichtsysteme sind über Kreuz an den Motoranker angeschlossen. Die beiden Gittersteuerungen werden gemeinsam verstellt. Nach dem Arbeitsdiagramm (Abb. 176) entspricht unter Vernachlässigung der Brennspannung jeder Aussteuerung bei dem einen Gefäß eine bestimmte Gleichrichterspannung, bei dem zweiten Gefäß eine bestimmte Wechselrichterspannung. Im Linkslauf dient also das eine Gefäß als Gleichrichter, das andere als Wechselrichter; im Rechtslauf sind die Funktionen der Gefäße vertauscht. Das Motorfeld wird getrennt gespeist. Mit dieser Schaltung

[1] AEG.-Mitt. 1937, S. 177, Abb. 9.

kann der angeschlossene Gleichstrommotor durch praktisch verlustlose Ankersteuerung in der Drehzahl beliebig eingestellt und umgesteuert werden.

Die Betriebsweise entspricht also dem des bekannten LEONARD-Umformers. Zum Anfahren wird die Gittersteuerung aus ihrer Nullstellung $\left(\alpha = \frac{\pi}{2}\right.$, im Arbeitsdiagramm Abb. 176 waagerechte Achse$\left.\right)$ verstellt (z.B. nach rechts). Der Motor wird im Linkslauf angelassen bis zur gewünschten Drehzahl (Gefäß $G_1$ als Gleichrichter $Gl_1$). Wird jetzt der Verzögerungswinkel $\alpha$ wieder vergrößert, so sinkt die Spannung des Gleichrichters. Infolge der Schwungmassen bleibt aber die EMK des Motors zunächst unverändert und überwiegt auch die Gleichspannung des Wechselrichters. Über ihn (Gefäß $G_2$) gibt der Motor Energie an das Drehstromnetz zurück, so daß er sich auf die neue, durch die Gittersteuerung gegebene Drehzahl abbremst.

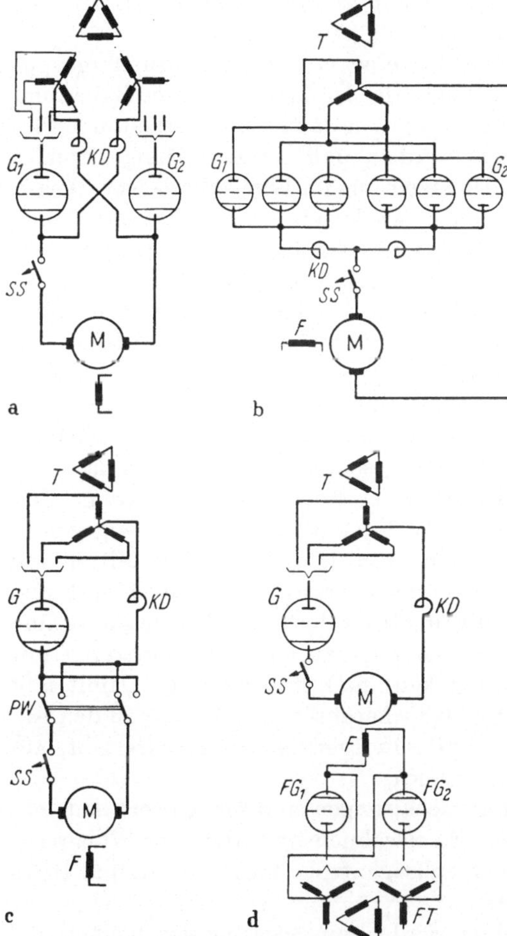


Abb. 175 a u. b. Umsteuerschaltungen für Antriebe.
a) Kreuzschaltung, b) Gegenparallelschaltung (Zweigefäßschaltungen); c) Ankerumschaltung, d) Feld-Kreuzschaltung (Eingefäßschaltungen)
$F$ Feldwicklung; $FG_1$ $FG_2$ Feldgleichrichter; $FT$ Feldgleichrichter-Transformator; $G$ $G_1G_2$ Gleichrichter, Gleichrichtergruppen; $KD$ Kathodendrosseln; $M$ Motoranker; $SS$ Schnellschalter; $T$ Haupttransformator

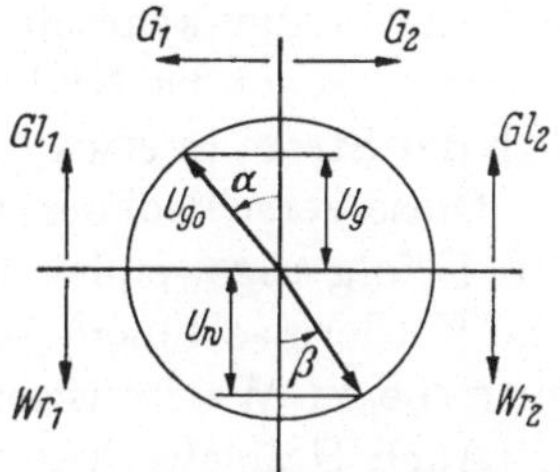


Abb. 176. Arbeitsdiagramm für Stromrichter-Umkehrantriebe
$Gl_1$ Gefäß $G_1$ als Gleichrichter, $Wr_1$ Gefäß $G_1$ als Wechselrichter; $Gl_2$ Gefäß $G_2$ als Gleichtichter; $Wr_2$ Gefäß $G_2$ als Wechselrichter (vgl. Abb. 118)

Dann setzt wieder der Gleichrichter ($G_1$) ein. Man kann aber die Verstellung der Gittersteuerung und damit die Bremsung bis zum Stillstand (Nullstellung der Gittersteuerung) fortsetzen. Wird dann die Verstellung im selben Sinne noch weiter geführt, so kehren sich die Spannungen der beiden Stromrichter um, sie vertauschen ihre Rollen. Der Motor wird nun im entgegengesetzten Drehsinn (Rechtslauf) hochgefahren (Gefäß $G_2$ als Gleichrichter). Sparsamer ist die Gegenparallelschaltung (oder Antiparallelschaltung) mit einer einzigen Sekundärwicklung. Es werden aber einanodige Gefäße notwendig (Abb. 175, b).

Eingefäß-Schaltungen kommen mit einer einzigen Stromrichtergruppe für den Motoranker aus. Zur Umkehr des Drehmomentes muß aber umgeschaltet werden. Im Anker benutzt man dazu schnell arbeitende Polwendeschalter, die so gesteuert werden, daß sie zuverlässig stromlos umschalten (Abb. 175, c). Bei Umsteuerung im Erregerkreis ist es wegen der kleinen Erregerleistung möglich, wieder eine Zweigefäß-Anordnung zu verwenden. Die Feldwicklung wird also über zwei Erregerstromrichter in Kreuzschaltung umgesteuert (Abb. 175, d).

Die Umkehr des Drehmomentes erfolgt bei den Zweigefäßschaltungen theoretisch verzögerungsfrei. Durch die zulässige Kollektorbeanspruchung ist jedoch die Stromsteilheit begrenzt, man rechnet mindestens 0,1 s für volle Stromumkehr. Man hat einen stetigen Nulldurchgang des Ankerstromes. Dagegen muß bei einer Ankerumschaltung zunächst der Stromrichter mit Gittersteuerung gesperrt werden. Wenn dann der Ankerstrom Null geworden ist, kann der Polwender umschalten. Erst dann wird der Ankerstrom mit der Gittersteuerung wieder frei gegeben. Daraus ergibt sich eine Totzeit, man kann sie mit modernen Mitteln auf 0,1—0,2 s herabdrücken. Bei Feldumsteuerung nach Abb. 175, d sind besondere Maßnahmen notwendig, um trotz der hohen Feldzeitkonstante rasch zu reversieren. Man verwendet hierzu Gleichstrommotoren mit voller Blechung (auch Gehäuserücken) und Stoßerregung. Damit läßt sich die Feldumkehrzeit auf 0,7—0,8 s herabsetzen. Wenn man den Ankerstrom schon bei Nulldurchgang des Erregerflusses wieder frei gibt, läßt sich der Strom in etwa 0,5 s umsteuern.

Diese verschiedenen Umsteuerschaltungen sind für schwere Antriebe mit Erfolg angewendet worden. Zu erwähnen sind Reversier-Walzwerke und Fördermaschinen, aber auch Schrägaufzüge für Hochöfen und Hilfsantriebe in Walzwerksanlagen.

Auch Halbleiter-Gleichrichter werden zur Speisung von kleinen und mittleren Motoren verwendet. Die Steuerung der Spannung läßt sich über einen großen Bereich führen, und zwar mittels vormagnetisierter Drosseln (Transduktoren) oder auch über die Steuerelektrode des Halbleiters. Der Stellbereich beträgt ohne Regelung 1:10, mit Regelung bis zu 1:100. Mit Steuerung über Transduktoren ist eine Umkehr der Drehrichtung nur durch Umschalten möglich. Zum Bremsen benutzt man einfach einen Parallelwiderstand zum Anker.

Nach der Art des stationären Belastungsverlaufs pflegt man bei Arbeitsmaschinen zu unterscheiden:

a) *Antriebe mit konstanter Leistung*; das Drehmoment fällt also mit steigender Drehzahl, z.B. Werkzeugmaschinen, Walzgerüste im oberen Regelbereich,

b) *Antriebe mit konstantem Drehmoment*; das Drehmoment bleibt unabhängig von der Drehzahl konstant, z.B. Kalander, Walzenstraßen, Drehöfen, Brikettpressen, Kolbenverdichter,

c) *Antriebe mit steigendem Drehmoment*, wobei das Drehmoment theoretisch mit dem Quadrat der Drehzahl steigt, z.B. Kreiselverdichter, Kreiselpumpen.

Für Antriebe mit konstantem oder mit der Drehzahl steigendem Drehmoment empfiehlt sich die Ankersteuerung. Dagegen ist bei konstanter Leistung Feldsteuerung vorzuziehen. In gewissen Fällen kann es zweckmäßig sein, beide Steuerungen zu vereinigen. Dies wird durch Abb. 177 erläutert. Im unteren Drehzahlbereich sei das Drehmoment $M_d$ konstant, hier werden die Ankerspannung und damit die Drehzahl durch Gittersteuerung eingestellt. Da das Motorfeld $\Phi$ fest erregt wird, bleibt der Ankerstrom $I_g$ unverändert. Der Leistungsfaktor $\cos \varphi_1$ steigt mit zunehmender Drehzahl $n$, entsprechend geht die Blindleistung $P_b$ zurück (vgl. auch Abb. 101). Im oberen Bereich aber wird konstante Leistung $P_w$ angenommen, daher wird hier Feldsteuerung benutzt. Das Drehmoment fällt mit der Drehzahl. Da gleichzeitig das Motorfeld in gleichem Maß zurückgeht, bleibt der Ankerstrom konstant. Leistungsfaktor und Blindleistung bleiben bei ihrem der vollen Aussteuerung des Hauptgleichrichters entsprechenden Wert. Beim Antrieb eines Lüfters wäre es falsch, Feldsteuerung in dieser Weise anzuwenden; infolge der Feldschwächung bei höherer Drehzahl würde der Ankerstrom noch stärker als quadratisch ansteigen. Man würde einen größeren Stromrichter benötigen und mit höheren Verlusten arbeiten.

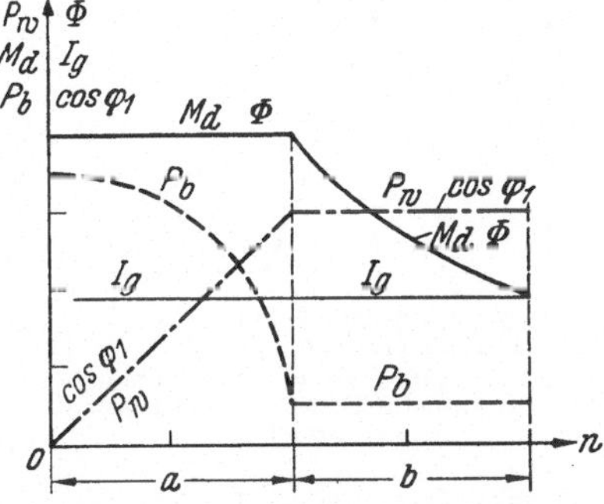


Abb. 177. Gleichstromantrieb mit unterteiltem Steuerbereich.
*a* Ankerspannung eingestellt durch Gittersteuerung, Drehmoment $M_d$ konstant, *b* Feldsteuerung, Wirkleistung $P_w$ konstant, $P_b$ Blindleistung, $\Phi$ Erregerfluß, $I_g$ Gleichstrom, $n$ Drehzahl, $\cos \varphi_1$ Leistungsfaktor der Grundwelle

Durch die Gittersteuerung wird der Verschiebungsfaktor der Drehstromseite herabgesetzt, so daß er etwa proportional mit der Drehzahl fällt. Die aufgenommene Blindleistung wird aber noch durch das bei der verminderten Drehzahl aufzubringende Drehmoment bestimmt. Abb. 101 zeigt den Verlauf der Blindleistung für die genannten Antriebsarten. Bei konstanter Leistung steigt die Blindleistung bei Abwärtssteuerung rasch auf außerordentlich hohe Werte. Auch bei konstantem Drehmoment ist die Blindstromaufnahme hoch, strebt aber einem Grenzwert zu. Mit Magnetisierung- und Kommutierungs-Blindleistung erreicht sie bei 60% Drehzahl schon den Nennwert der Wirkleistung (Abb. 102, Kurve *a*). Erst bei Antrieben mit quadratischem Drehmomentverlauf ist der Blindstrombedarf erheblich geringer. Bei Abwärtsreglung steigt die Blindleistung nur um rd. 30% über den Wert bei höchster Drehzahl an und geht dann wieder stark zurück (Abb. 179, Kurve *a* — — —).

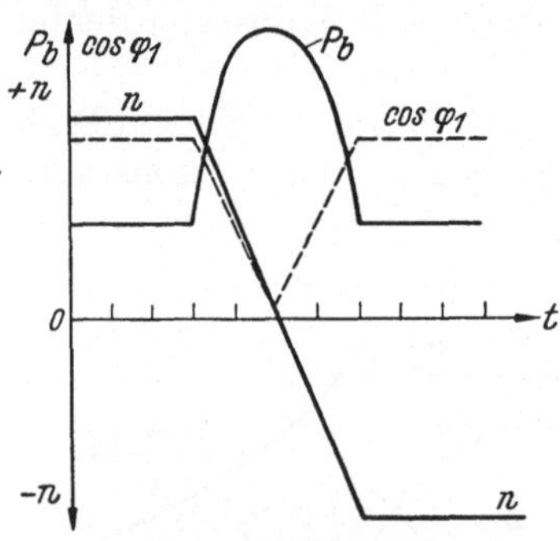


Abb. 178. Umsteuern eines Gleichstromantriebs mit Gittersteuerung. $n$ Drehzahl, $P_b$ Blindleistung, $\cos\varphi_1$ Leistungsfaktor der Grundwelle, Ankerstrom konstant angenommen [78]

Besonders hohe Blindlast ergibt sich beim Umsteuern. Da der Wechsel der Drehrichtung außerdem meist sehr rasch erfolgt, tritt diese erhöhte Blindlast stoßweise auf. Wie Abb. 178 zeigt, durchläuft der Leistungsfaktor etwa beim Wechsel der Drehrichtung ein Minimum. Rechnet man mit konstantem Strom, so ergibt sich der eingezeichnete Verlauf der Blindleistung. Es darf aber nicht übersehen werden, daß das Umsteuern nur einen Teil der gesamten Betriebszeit ausmacht. Wenn während der eigentlichen Arbeitszeit des Antriebs der Stromrichter voll ausgesteuert ist, so liegt die mittlere Blindleistung auch bei Umkehrantrieben nicht viel höher als im durchlaufenden Betrieb. Die hohen Blindlaststöße solcher Umkehrantriebe mit Stromrichterspeisung können aber starke Spannungsschwankungen durch den Spannungsabfall an den drehstromseitigen Induktivitäten verursachen. Bei Antrieben großer Leistung wird man diese Rückwirkungen sowohl bei der Planung des Netzanschlusses als auch bei der Betriebsführung zu berücksichtigen haben [77].

Die Maßnahmen zur Verbesserung des Leistungsfaktors und zur Verringerung der Blindleistung bei Gittersteuerung wurden bereits näher erläutert (S. 115). Die Wirkung der Stufensteuerung ist in Abb. 179 für Antriebe mit konstantem und quadratisch ansteigendem Drehmoment unter Berücksichtigung aller Blindleistungsanteile dargestellt. Dabei zeigen zunächst die Kurven *a* den Verlauf von Leistungsfaktor und Blindleistung bei reiner Gittersteuerung. Wenn man nun die obere Hälfte des Steuerbereichs mit vier Stufen unterteilt, so fällt hier der Leistungsfaktor nicht mehr unter rd. 0,8. Die Blindleistung wird aber im ganzen Steuerbereich bis zum Stillstand herab erheblich vermindert. Die

Herabsetzung der Blindleistung durch Kondensatoren ist an den Kurven $a$ leicht abzulesen, wenn man die Abszissenachse um die Kondensatorleistung nach oben verschiebt. Antriebe mit konstantem Drehmoment (Abb. 180, Kurve $c$, $d$) arbeiten dann zwar noch fast im ganzen Steuerbereich induktiv. Bei quadratisch veränderlichem Drehmoment aber genügt schon eine mäßige Kondensatorleistung, um den Leistungsfaktor im unteren Drehzahlbereich kapazitiv werden zu lassen (Abb. 180, Kurven $a$, $b$).

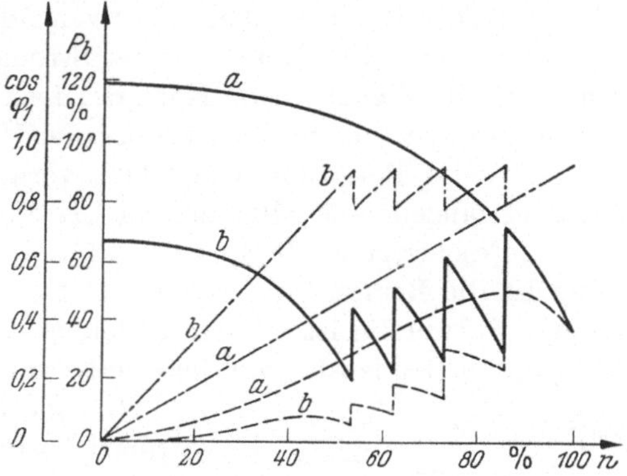


Abb. 179. Blindleistung (bezogen auf die Nennwirkleistung) eines Gleichstromantriebs mit Gittersteuerung und Stufenschalter.

$a$ reine Gittersteuerung, $b$ Gittersteuerung und Stufenschalter. ——— Drehmoment konstant, — — — Drehmoment quadratisch ansteigend, —·—· Leistungsfaktor der Grundwelle

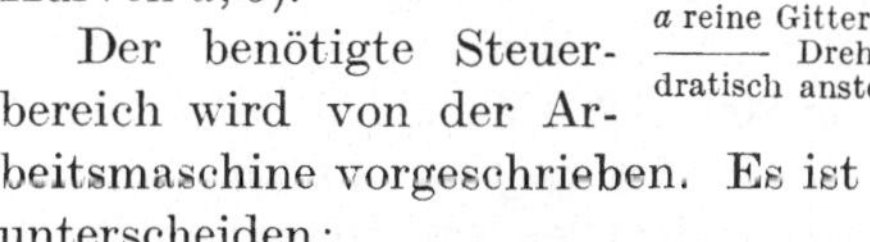

Der benötigte Steuerbereich wird von der Arbeitsmaschine vorgeschrieben. Es ist zu unterscheiden:

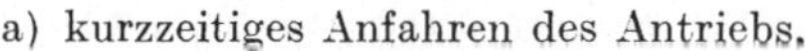

a) kurzzeitiges Anfahren des Antriebs,

b) Einrichten der Arbeitsmaschine bei herabgesetzter Drehzahl, Betriebsdauer begrenzt,

c) Bereich der Arbeitssteuerung, und zwar zur Änderung des Herstellungsprogramms mit dauernder Einstellung einer bestimmten Drehzahl, zur Ausführung des Arbeitsspiels und zum Umsteuern, zur selbsttätigen Reglung der Arbeitsmaschine, zu Einstellung bestimmter gegenseitiger Abhängigkeiten mehrerer Antriebe,

d) Bremsen, regelmäßig im Arbeitsvorgang oder nur gelegentlich als Notbremse bei Störungen.

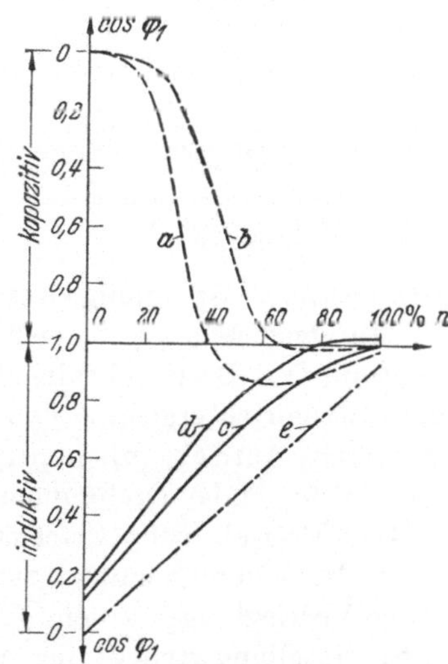


Abb. 180. Leistungsfaktor der Grundwelle eines Gleichstromantriebs mit Kondensatorbatterie, Drehzahlverstellung nur durch Gittersteuerung.

——— Drehmoment konstant, — — — Drehmoment quadratisch ansteigend, —·—· Leistungsfaktor ohne Kondensatoren. (Kurve $e$).

Kurve $a$ Kondensatorleistung 20%,
,, $b, c$ ,, 40%,
,, $d$ ,, 60%
der Nennleistung

Von Interesse ist weiter der zeitliche Verlauf der Belastung während des Arbeitsprogramms. Um unter den Steuerverfahren und den Maßnahmen zur Verbesserung des Leistungsfaktors die richtige Wahl treffen zu können, muß man im Anwendungsfall die tatsächlichen Betriebsbedingungen möglichst eindeutig zu erfassen suchen. Wo dies im voraus nicht möglich ist, ist man darauf angewiesen, sich nach ähnlichen ausgeführten Anlagen zu richten. Für die Bemessung der Teile der Stromrichteranlage wählt man den effektiven Mittelwert des schwersten Arbeitsprogramms. Der Hersteller des Stromrichtgefäßes wird aber auch Dauer und Häufigkeit sowie Höhe der Lastspitzen erfahren wollen.

Schwere Antriebe verlangen oft hohe Überlastungen. Üblich ist es, eine stoßweise Belastung von 200% vorauszusetzen. Reversier-Walzwerke verlangen eine Überlastung bis zum Dreifachen des Effektivwertes. Erschwert wird dabei der Betrieb durch große Gittersperrung. Daher ist die Bemessung des Stromrichters besonders sorgfältig auszuführen. Notwendig ist eine gute Betriebswärme der Gefäße. Zuweilen läßt man zu Betriebsbeginn die Gefäße vorwärmen.

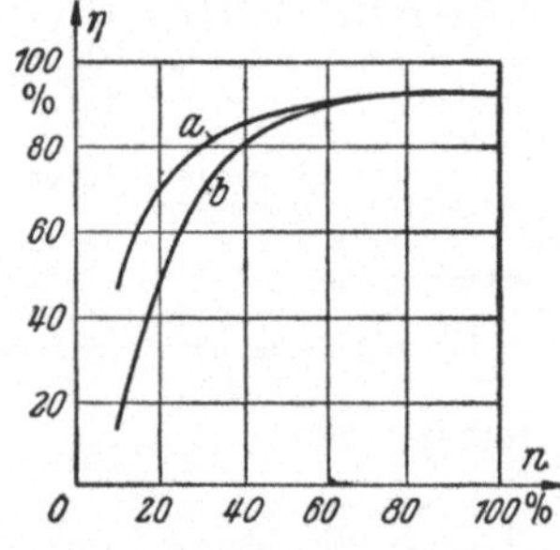


Abb. 181. Wirkungsgrad eines Gleichrichters für einen Antrieb mit Gittersteuerung. *a* Drehmoment konstant, *b* Drehmoment quadratisch ansteigend, *n* Drehzahl

Wie sonst bei der Anwendung des Stromrichters wird man auch hier die Gleichspannung möglichst hoch wählen. Bei kleinen Antrieben muß man sich meist an die üblichen Spannungen halten. Großantriebe mit Stromrichterspeisung werden aber für 800—1200 V und höher entworfen. Die Grenze ist gegeben durch die Ausführbarkeit der Gleichstrommotoren. Wenn der Stromrichter auch zur Steuerung des Antriebs dient, so gehört zur Änderung der Belastung auch eine Änderung von Drehzahl und Spannung. Bei einer Teildrehzahl arbeitet also der Stromrichter mit herabgesetzter Spannung, was für seinen Wirkungsgrad weniger günstig ist. Infolgedessen ergibt sich für die Umformung ein stärker mit der Leistung und Drehzahl fallender Wirkungsgrad. Abb. 181 zeigt dies an einer Stromrichtergruppe von 1000 kW 500 V, wobei Kurve *a* für Speisung eines Antriebs mit konstantem Drehmoment, Kurve *b* für quadratisch ansteigendes Drehmoment gilt [*78*].

Der Betrieb von Gleichstrommotoren über Stromrichter verlangt einige besondere Schutzeinrichtungen. Bei der Inbetriebsetzung sind einige Verrieglungen zu empfehlen. Vor allem muß die Gittersteuerung in Sperrstellung stehen, dies entspricht der Nullstellung eines normalen Gleichstromanlassers. Außerdem muß das Motorfeld erregt sein. Im Erregerkreis wird das Motorfeld durch einen Parallelwiderstand gegen Überspannungen geschützt. Bei Ausfall der Erregung muß der Motoranker sofort abgeschaltet werden. Hierfür wird im Erregerkreis ein Unterstromrelais oder an der Motorwelle ein Fliehkraftschalter eingebaut. Wenn im Gleichrichter die Ventilwirkung versagt, ist vom Motoranker her Rückstrom zu erwarten, besonders bei Antrieben mit großen

Schwungmassen. Gittersperrung vermag hier den Rückstrom nicht zu unterbrechen, es muß vielmehr durch einen Schnellschalter oder Anodensicherungen sofort die Gleichstromseite abgeschaltet werden. Im Bremsbetrieb arbeitet der Stromrichter als Wechselrichter. Tritt hierbei eine Störung auf, so ist der Motor zu entregen und ebenfalls mit dem Schnellschalter abzuschalten.

## 4. Stromrichtermotoren

Bei den im vorigen Abschnitt beschriebenen Schaltungen kommen normale Gleichstrom-Kollektormotoren zur Verwendung. Der vorgeschaltete Stromrichter und der Kollektor arbeiten dabei beide als Schaltvorrichtungen und steuern den Arbeitsstrom in der zugehörigen Wicklung. Es liegt nahe, dadurch eine Vereinfachung zu suchen, daß man die Kommutierung nur von einem einzigen Element ausführen läßt. Der Stromrichter selbst könnte als Kommutierungseinrichtung für die Motorwicklung benutzt werden. In manchen Betrieben ist außerdem eine Kollektormaschine wegen der damit verbundenen Gefahren nicht zulässig. Hier würde ein solcher kollektorloser Drehstrom-Reguliermotor mit Stromrichtersteuerung einem dringenden Bedarf entsprechen. Es sind zwei grundsätzliche Bauweisen zu unterscheiden [3, 8, 68]: der eigentliche Stromrichtermotor und die Stromrichterkaskade.

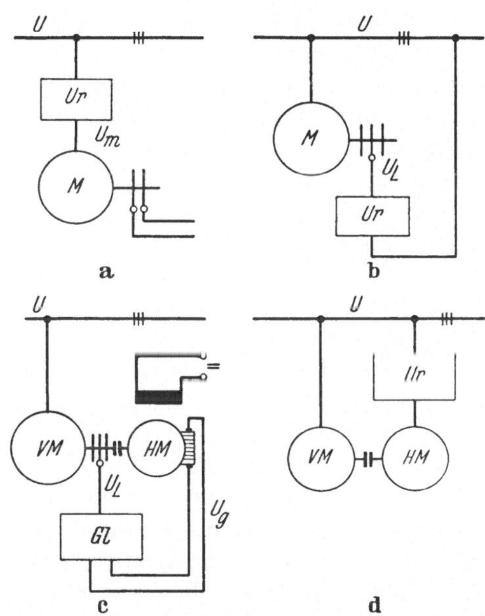


Abb. 182 a—d. Grundsätzliche Schaltungen von Stromrichtermotoren.

a) Stromrichtermotor, b) Stromrichterkaskade, c) Krämer-Kaskade mit Stromrichter, d) schleifringlose Stromrichterkaskade.

*Gl* Gleichrichter, *M* Motor, *HM* Hintermotor, *VM* Vordermotor, *Ur* Umrichter, *U* Netzspannung, $U_g$ Gleichspannung, $U_L$ Läuferspannung, $U_m$ Motorspannung (Ständer)

Für den *Stromrichtermotor* verwendet man eine Synchronmaschine, die aus dem Drehstromnetz über einen elastischen Umrichter mit regelbarer Frequenz gespeist wird (Abb. 182, *a*). Dabei ist die Phasenzahl des Motors frei wählbar; man begnügt sich meist mit drei oder sechs Phasen. Auch die vom Umrichter gelieferte Frequenz kann beliebig sein; wenn sie über der Normalfrequenz von 50 Hz liegt, ergibt sich eine bessere Ausnutzung des Motormodells. Meist wird man es vorziehen, für den

Motor selbst eine Drehstrommaschine normaler Bauweise zu verwenden. Der Aufbau des Umrichters läßt sich vereinfachen, wenn man ihn mit verstecktem Gleichstromzwischenkreis ausführt. Dazu braucht man aber im Ständer des Motors eine Sonderwicklung, wodurch diese Maschine eine erhöhte Typenleistung erhält. Der Motor wird mit Gleichstrom erregt; infolgedessen vermag diese Schaltung ihren Blindstrombedarf selbst zu decken.

Am übersichtlichsten ist die Arbeitsweise, wenn der Umrichter mit ausgeprägtem Gleichstromzwischenkreis angenommen wird. Der Gleichrichter wird dann mit der Frequenz des Drehstromnetzes gesteuert, der Wechselrichter mit der Motorfrequenz. Die Steuerspannungen dieser sekundären Frequenz werden von einem Steuerkollektor auf der Motorwelle geliefert. Im Gleichstromzwischenkreis müssen die Gleichspannungen von Gleichrichter und Wechselrichter einander gleich sein. Es ergibt sich ohne Berücksichtigung der Spannungsabfälle also folgende Beziehung:

$$U_g = k_{0n}\, U \cos\alpha = k_{0m}\, U_m \cos\beta \tag{263}$$

worin $U$ die Spannung des Drehstromnetzes, $U_m$ die Motorwechselspannung, $\alpha$ den Steuerwinkel des Gleichrichters, $\beta$ den Steuerwinkel des Wechselrichters und $k_{0n}$, $k_{0m}$ die Gleichrichtungs- und Übersetzungsfaktoren zur Berücksichtigung der Schaltung und des Übersetzungsverhältnisses der Transformatoren bedeuten. Meist wird die Einstellung am Gleichrichter ausgeführt. Wenn man neben der Aussteuerung des Wechselrichters auch die Motorerregung unverändert läßt, so führt eine Verstellung der Gittersteuerung des Gleichrichters zu einer Änderung der Motorspannung und damit der Motordrehzahl. Mit zunehmender Aussteuerung des Gleichrichters wird also der Motor schneller laufen. Es ist auch übersynchroner Betrieb möglich. Wie die vorstehende Gleichung erkennen läßt, bestehen noch andere Möglichkeiten zur Drehzahlverstellung. Durch Stufenschalter an den Transformatoren kann man das Übersetzungsverhältnis verändern. Die Steuerung des Wechselrichters wird durch Verstellen der Bürsten des Steuerkollektors beeinflußt, damit ändert sich der Zündverfrühungswinkel $\beta$ des Wechselrichters. Schließlich kann man wie bei einer normalen Gleichstromnebenschlußmaschine in die Motorerregung eingreifen; auch hier entsteht durch einen höheren Erregerstrom eine größere EMK und damit eine kleinere Drehzahl.

Der Motor kann jede beliebige Kennlinie annehmen, wenn man wie bei der Gleichstrommaschine die Erregung entsprechend schaltet. Auch von der Gittersteuerung her läßt sich der Verlauf der Drehzahlkennlinie bestimmen. Durch Verstellung der Gittersteuerung kann der Motor in den Nutzbremsbetrieb übergeführt werden. Gleichrichter- und Wechselrichterteil vertauschen dabei ihre Aufgaben. Eine Umschaltung im Hauptstromkreis ist nicht erforderlich.

Die obige Grundgleichung gibt auch über den Leistungsfaktor des Motors Auskunft. Man sieht, daß der Leistungsfaktor mit der Drehzahl etwa proportional fällt. Nur in der Nähe der vollen Aussteuerung des Gleichrichters wird mit gutem Leistungsfaktor gearbeitet. Die aufgenommene Blindleistung richtet sich natürlich nach der Motorbelastung. Es kann hier einfach auf die entsprechenden Untersuchungen im Abschnitt „Elektromotorische Antriebe" verwiesen werden. Ebenso sind die dort behandelten Maßnahmen zur Verbesserung des Leistungsfaktors hier sinngemäß anzuwenden. Der Primärstrom auf der Drehstromseite hat dieselbe Kurvenform wie bei einem gittergesteuerten Gleichrichter.

Der Umrichter ist bei diesem Stromrichtermotor für die höchste auftretende Scheinleistung auszulegen, außerdem hat er stets die volle Wirkleistung zu übertragen. Damit wird ein solcher Stromrichtermotor verhältnismäßig teuer. Ein wirtschaftlicher Betrieb ist nur bei großen Motorleistungen zu erwarten. Wenn ein beschränkter Drehzahleinstellbereich genügt, ergibt sich mit der *Stromrichterkaskade* ein geringerer Aufwand (Abb. 182, *b*). Dabei wird ein Drehstrom-Asynchronmotor mit der Ständerwicklung direkt an das Drehstromnetz angeschlossen. Seine Schlupfenergie wird vom Schleifringläufer über einen Umrichter an das Drehstromnetz zurückgegeben. Der Umrichter vertritt hier also die Hintermaschine der Drehstromregelsätze. Die Grundgleichung lautet für die Stromrichterkaskade [entsprechend Gl. (263)]:

$$k_{0m}\, U_L \cos\alpha = k_{0n}\, U \cos\beta\,, \tag{264}$$

wobei sich die linke Seite auf die Gleichrichtung der Läuferspannung $U_L$, die rechte Seite auf den Wechselrichter mit der sekundären Netzspannung $U$ bezieht. Es ist also wieder ein Umrichter mit Gleichstromzwischenkreis angenommen. Zur Drehzahleinstellung verändert man den Steuerwinkel des Wechselrichters $\beta$. Bei untersynchronem Betrieb ohne Nutzbremsung kann der Gleichrichterteil ungesteuert arbeiten. Es genügt also ein Halbleiter-Gleichrichter. Im Anlauf ist $\beta = \beta_{min}$, die Wechselrichterspannung hat ihren Höchstwert, entsprechend der Stillstandspannung des Motorläufers. Durch Vergrößerung der Zündverfrühung $\beta$ bis etwa $\pi/2$ wird der Motor angefahren. Der Netzstrom setzt sich aus dem Ständerstrom des Motors und dem Sekundärstrom des Umrichters zusammen. Der Leistungsfaktor nimmt zwar mit der Drehzahl zu, bleibt aber im oberen Bereich wesentlich niedriger als bei dem eigentlichen Stromrichtermotor. Die Blindleistung nimmt mit der Drehzahl zu, sowohl bei konstantem Drehmoment als auch quadratisch ansteigendem Drehmoment. Der Motor kann auch über die synchrone Drehzahl hinaus gebracht werden. Die Energierichtung im Umrichter kehrt sich dann um. Dem Läufer wird über den Umrichter Energie zugeführt. Die Stromrichterkaskade hat an sich eine Nebenschlußcharakteristik, durch die Gittersteuerung läßt sich aber auch hier die Kennlinie weitgehend beeinflussen. Bei sehr kleiner Last ergibt sich ein steiler Drehzahlanstieg. Es muß also für solche Fälle gut geglättet werden.

Wie bereits erwähnt, eignet sich die Stromrichterkaskade vor allem für einen kleineren Drehzahlbereich. Die Typenleistung des Umrichters wird dann entsprechend verringert, er braucht nicht mehr für die hohe Stillstandspannung des Läufers ausgelegt zu werden. Zum Anfahren benutzt man dabei einen Widerstandsanlasser. Erst bei Erreichen der unteren Grenzdrehzahl des Steuerbereichs wird auf den Umrichter umgeschaltet. Der Oberwellengehalt des Primärstroms des Umrichters wird bei der Kaskade nicht nur von der Pulszahl $p$ der Umrichterschaltung bestimmt, sondern auch von der jeweiligen Schlupffrequenz des Motors. Damit ist der Oberwellengehalt von der Drehzahl abhängig. Bezeichnet man den Schlupf mit $\Delta f$, so ergeben sich alle möglichen Oberwellen mit der Frequenz $(1 - \Delta f)\, f \pm k\, p\, \Delta f\, f$.

Einen besonders günstigen Leistungsfaktor erreicht man durch einen Aufbau der Schaltung nach Art der KRÄMER-Kaskade. Mit dem Hauptmotor wird ein Gleichstrommotor gekuppelt, dem die Schlupfenergie des Hauptmotors über einen Gleichrichter zugeführt wird (Abb. 182, *c*). Es genügt meist ein ungesteuerter Gleichrichter, für kleinere Leistungen einfach ein Halbleitergleichrichter.

Die Stromrichterkaskade läßt sich auch ohne Schleifringe betreiben. Hierfür werden zwei gleiche Drehstrommotoren direkt gekuppelt. Der Vordermotor wird vom Drehstromnetz gespeist. Die kurzgeschlossenen Läuferwicklungen sind miteinander verbunden, jedoch derart, daß in der Hintermaschine das Läuferdrehfeld umgekehrten Drehsinn hat. Die Schlupfenergie wird vom Ständer der Hintermaschine über einen Umrichter ins Drehstromnetz übertragen (Abb. 182, *d*).

## 5. Gleichrichter für elektrochemische Anlagen

Gleichstrom wird bekanntlich auch für elektrochemische Anlagen benötigt. Dazu gehören galvanotechnische Bäder aller Art zur Herstellung von galvanischen Metallüberzügen und galvanischen Plastiken und zur quantitativen, elektrochemischen Analyse. Die Badspannungen betragen nur ca. 4—20 V. Entladungsgefäße sind daher hierfür nicht wirtschaftlich. Außer Niederspannungsgeneratoren kommen nur Halbleitergleichrichter in Frage, und zwar in sechspulsiger Schaltung, um mit kleiner Welligkeit eine gleichmäßige Galvanisierung zu bekommen. Der Badstrom (von wenigen A bis 30 kA) wird durch Stufen am Transformator oder über vormagnetisierte Drosseln eingestellt.

Höhere Spannungen erreicht man bei industriellen Elektrolyseanlagen zur Metallveredlung und Metallgewinnung [*37, 62, 69*]. Hier wird eine große Zahl von Einzelbädern in Reihe geschaltet. Im Interesse einer erhöhten Wirtschaftlichkeit der Energieumformung hat man die Gesamtspannung auf diese Weise immer mehr heraufgesetzt. Durch höhere Spannung steigt aber die Gefährdung des Bedienungspersonals, zumal bei wäßrigen Elektrolysen. Zur Verringerung der Berührungsspannung kann man die Mitte der Bäderreihe erden. Der Isolationszustand wird an beiden Systemhälften mit Voltmetern oder Spannungsrelais überwacht. Die Stahlgefäße der Gleichrichteranlage haben dann gegen Erde die halbe Betriebsspannung.

Solche Elektrolyseanlagen dienen zur Herstellung von Zink, Elektrolytkupfer und Elektrolyteisen mit hohem Reinheitsgrad. Dies sind sogenannte wäßrige Elektrolysen. Leichtmetalle (Al, Mg) werden dagegen aus einer Badschmelze hoher Temperatur (z.B. bei Al 950°) gewonnen. Solche Schmelzbäder arbeiten nur bei hoher Stromstärke wirtschaftlich (bei etwa 10—40 kA). Die Spannung einer Bäderreihe beträgt 600 bis 800 V und mehr, Gesamtstromstärke solcher Anlagen bis 150 kA. Schmelzflußelektrolysen arbeiten im ununterbrochenen Tag- und Nachtbetrieb. Bei einer längeren Betriebsunterbrechung beginnen die Bäder einzufrieren. Es werden daher an die Zuverlässigkeit der Stromversorgung besonders hohe Anforderungen gestellt.

Die von der Gleichrichteranlage gelieferte Spannung hat den Spannungsabfall in den Zuleitungsschienen und die Summe der einzelnen Badspannungen zu überwinden. Die Badspannung einer einzelnen Zelle besteht aus der elektrochemischen Gegenspannung und dem Ohmschen Spannungsabfall. Der Anteil der Gegenspannung ist je nach Art des Elektrolyseverfahrens und der Zellenbauart verschieden, er entspricht dem nutzbaren Stromumsatz in der Zelle. Bei wäßrigen Elektrolysen ist die Gegenspannung verhältnismäßig hoch, etwa 70—75%. Schmelzflußelektrolysen haben dagegen infolge der hohen Stromwärmeverluste nur eine verhältnismäßig niedrige Gegenspannung, etwa 35—40%.

Bei der Inbetriebsetzung wird die Anlage mit allmählich steigender Spannung angefahren. Dieser Vorgang dauert bei Schmelzflußelektrolysen je nach Konstruktion und Größe der Bäder etwa 1—2 Tage. Die Bäder müssen allmählich gruppenweise aufgeheizt werden. Erst bei geschmolzenem Zustand der Badfüllung entsteht die elektrolytische Gegenspannung. Bei wäßrigen Elektrolysen stellt sich diese Gegenspannung jedoch schon in kürzester Zeit ein, so daß man hier meist auf ein Anfahren verzichtet.

Im Betrieb soll der Gleichstrom konstant gehalten werden. Während aber bei wäßrigen Elektrolysen hierfür eine feste Gleichspannung genügt, muß bei Schmelzelektrolysen ständig nachgeregelt werden. Dies wird durch innere Störungen in einzelnen Bädern, das sog. Funken, veranlaßt, wodurch die Badspannung auf das Mehrfache ansteigt (bei Al von 5—6 auf über 20 V). Zum Ausgleich muß die Gleichrichterspannung nachgestellt werden. Bei Anlagen mit Quecksilberdampf-Gleichrichtern benutzt man hierzu Gittersteuerung mit einem Konstantstromregler. Wegen der hohen Benutzungsdauer ist es natürlich auch wichtig, mit einem guten Leistungsfaktor zu arbeiten. Daher verwendet man die Gittersteuerung nur zum Anfahren der Bäder, zum Abgleich der Lastverteilung auf die einzelnen Stromrichtgefäße und zum Einstellen der Gleichspannung in einem engen Bereich (5—10%, zur Konstanthaltung des Badstromes). Außerdem führt, wie oben bereits näher erläutert, eine größere Verringerung der Aussteuerung zu einer übermäßigen Beanspruchung der Stromrichtgefäße im Dauerbetrieb. Es werden daher zur Spannungsreglung noch Laststufenschalter am Gleichrichtertransformator oder an einem vorgeschalteten besonderen Regeltransformator angebaut. Mit Rücksicht auf die hohe Leistung solcher Anlagen (bis zu 60000 kW und mehr) muß für eine gute Kurvenform des Primärstroms gesorgt werden. Hier finden daher die oben beschriebenen, höherpulsigen Schaltungen eine bevorzugte Anwendung. Meist arbeitet die einzelne Gleichrichtergruppe, bestehend aus einem Transformator und z.B. ein oder zwei Großgleichrichtern, zwölfpulsig. Durch Schwenktransformatoren kann die ganze Anlage für eine weitere Erhöhung der Pulszahl und einen entsprechend gut sinusförmigen Primärstrom eingerichtet (z.B. 24 oder 36 Pulse) werden.

An die Stelle dieser Großgleichrichter sind zunächst Kontaktumformer getreten. Auch Gruppen von großen Einanodengefäßen wurden verwendet. Nunmehr hat sich auch hier der Halbleiter-Gleichrichter durchgesetzt, seitdem mit Silizium und Germanium höhere Sperrspannungen je Zelle beherrscht werden.

Einen Überblick über den Schaltungsaufbau einer Halbleitergleichrichteranlage bietet Abb. 183. Es ist darin nur eine einzelne Gruppe in zwölfpulsiger Schaltung gezeigt. Dazu gehören vier Gleichrichterschränke und ein gemeinsamer Doppeltransformator, der aus zwei sechspulsigen Teilsystemen (z. B. nach Abb. 69) besteht. Die Gesamtanlage umfaßt mehrere solche, grundsätzlich gleichartig aufgebaute Gruppen. Zur Verbesserung der gemeinsamen Primärstromkurve können Schwenkumspanner vor jede Gruppe gesetzt werden. Zur Regelung werden Stufen am vorgeschalteten Spar-Regeltransformator und Transduktorsteuerung benutzt. Dabei werden die Gleichrichter-Teilsysteme einzeln durch ihre Ausgleichsregler auf gleiche Lastverteilung geregelt. Die Gesamtreglung erfolgt aber durch einen Konstantstromregler, der den an die Elektrolyse abgegebenen Gesamtstrom auf einem einstellbaren Wert konstant hält [*42*].

Als wäßrige Elektrolysen arbeiten auch Elektrolyseure zur Gewinnung von Gasen wie Wasserstoff, Sauerstoff, Chlor usw. Auch hier ergibt sich eine höhere Gesamtspannung durch die Reihenschaltung einer größeren Bäderzahl (250—700 V).

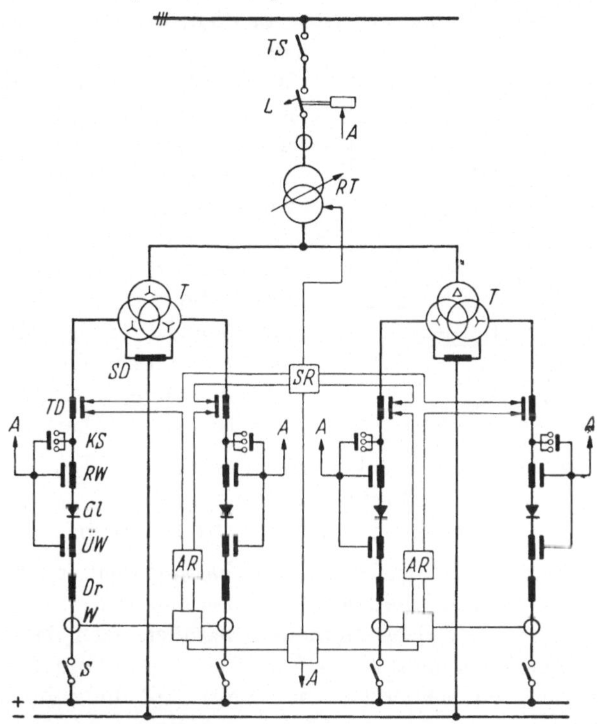


Abb. 183. Halbleiter-Gleichrichteranlage für Elektrolyse, Übersichtsschaltbild einer 12pulsigen Doppelgruppe (erforderliche Anzahl der Doppelgruppen entsprechend der Höhe des Gesamtgleichstroms) [*42*]. *A* Auslösung des Leistungsschalters *L*; *AR* Ausgleichsregler; *Dr* Drossel; *Gl* Silizium-Dioden; *KS* Kurzschließer; *L* Leistungsschalter (Drehstromseite); *RT* Regeltransformator; *RW* Rückstromwandler; *S* Trennschalter (Gleichstromseite); *SD* Saugdrossel; *SR* Stromregler; *T* Transformator; *TD* Transduktordrossel; *TS* Trennschalter (Drehstromseite); *ÜW* Überstromwandler; *W* Gleichstromwandler zur Stromregelung [*42*]

## 6. Gleichrichter für Batterieladung

Wenn eine Sammlerbatterie geladen wird, so steigt ihre Spannung stetig bis zu einem gewissen Höchstwert. Wie die nebenstehenden Ladekennlinien zeigen (Abb. 184), beträgt bei Bleizellen die Anfangsspannung etwa 2,1 V je Zelle. Bei 2,4 V setzt eine starke Gasentwicklung an den Elektroden ein. Die Aufspeicherung elektrischer Energie hat dann angenähert 90% des Höchstwertes erreicht. Es folgt nun die sog. Nachladung mit rasch steigender Spannung bei verhältnismäßig hohen Verlusten. Erst bei etwa 2,75 V gilt die Ladung als beendet. Man hat also während des Ladevorgangs einen Spannungsanstieg von rd. 30%. Bei Stahlakkumulatoren (Ni—Fe) liegen die Spannungswerte niedriger. Die Zellenspannung steigt von 1,4—1,6 V auf 1,75—1,85 V, also um 16 bis

26%. Wenn man mit konstanter Stromstärke laden will, muß also die Spannung des Ladegeräts während der Ladung ständig erhöht werden. Dabei hat man unnötig hohe Verluste. Es dient besonders der Schonung der Batterie, wenn man gegen Ende der Ladung den Strom herabsetzt. Daher wird in vielen Fällen mit abnehmender oder abgestufter Stromstärke oder mit konstanter Spannung geladen.

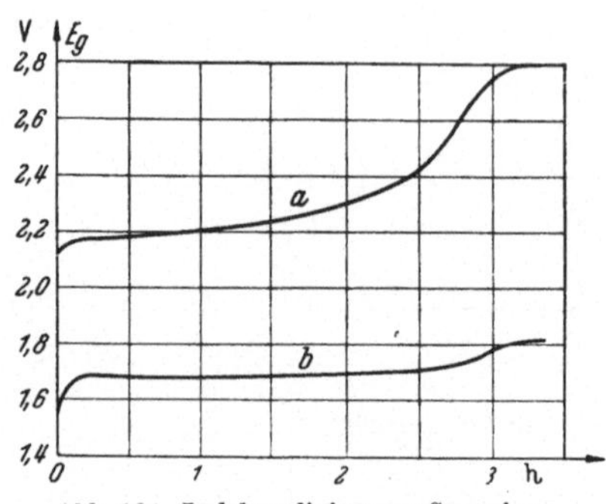

Abb. 184. Ladekennlinien von Sammlern. *a* Bleisammler, *b* alkalischer Sammler, $E_g$ Zellenspannung, *h* Ladedauer in Std.

Es sind hierfür verschiedene Lademethoden üblich, die sich durch die stufenweise oder stetige Anpassung von Spannung oder Strom unterscheiden. Nach DIN 41772 sind dafür Kurzbezeichnungen festgelegt. Danach bedeuten:

$J$ = Ladung mit konstantem Strom
$U$ = mit konstanter Spannung
$W$ = mit steigender Spannung bei fallendem Strom.

Zusätzliche Hinweise kennzeichnen Umschaltung und selbsttätige Abschaltung. Abb. 185 zeigt die Ladekennlinien und den zeitlichen Verlauf der Ladung für verschiedene Methoden, nämlich nach der Einstufenladung mit fallender Kennlinie, die Zweistufenladung mit Umschaltung der Ladedrossel und schließlich die Dreistufenladung für hohe Ansprüche [87].

Batterien können grundsätzlich im Alleinbetrieb am Verbraucher und im Parallelbetrieb mit der Gleichstromquelle arbeiten. Aus den praktischen Anwendungen ergeben sich folgende Betriebsweisen:

a) Reiner Batteriebetrieb.

Die Batterie ist jeweils nur mit dem Verbraucher oder mit der Ladestromquelle verbunden. Die Verbraucherspannung wird mit einem Zellenschalter eingestellt. Diese Betriebsweise liegt vor bei Batterien für Fahrzeuge, Rundfunkgeräte, Handlampen usw.

b) Pufferbetrieb.

Die Batterie liegt ständig parallel zur Gleichstromquelle am Verbraucher und dient zur Spannungshaltung und Spitzendeckung. Die Batteriespannung kann auf der Lade- und Entladeseite über Doppelzellenschalter angepaßt werden. Einfacher arbeitet man ohne dieses teure Gerät mit einer festen Zellenzahl und begrenzter Ladespannung, z.B. für Batterien in Schalt- und Signalanlagen, für Fernmeldeanlagen und im Fahrzeugbetrieb.

c) Dauerladung mit einem Ladestrom als Ersatz für den äußeren Verbrauch und zur Ladungserhaltung. Wenn gelegentlich hoher Strom entnommen wird, kann man eine Schnelladung einsetzen

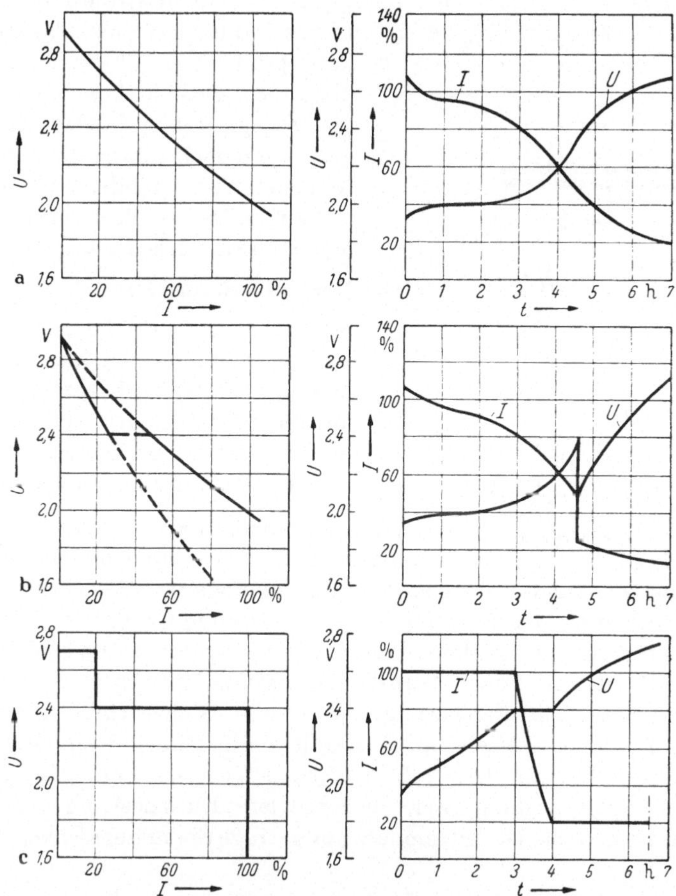


Abb. 185a—c. Lademethoden für Sammlerbatterien.
a) Einstufenladung (fallende Kennlinie); b) Zweistufenladung (mit Umschaltung); c) Dreistufenladung (mit Reglung). Stromkennlinien und zeitlicher Verlauf, $U$ Spannung je Zelle in V; $I$ Ladestrom in %; $t$ Ladezeit in Std [87]

(Abb. 186). Hier wird auch mit Stoßladegeräten (über Kippdrossel) ein selbsttätiger Wechsel der Betriebsweise durchgeführt.

Der Dauerladestrom $I_d$ hat den mittleren Entladestrom und die inneren Ladungsverluste der Batterie zu ersetzen. Es gilt:

$$I_d = \frac{1}{\eta_l} I_e + I_l , \tag{265}$$

worin $I_e$ den Mittelwert des Entladestroms, $I_l$ den Ladungserhaltungsstrom und $\eta_l$ den Ladewirkungsgrad (Ah-Wirkungsgrad) bedeuten. Der Ladungserhaltungsstrom beträgt bei Bleizellen etwa 0,16—0,25% des 10stündigen Nennladestroms, bei alkalischen Zellen 0,67% des 7stündigen Nennladestroms. Als Ah-Wirkungsgrad kann 0,9 eingesetzt werden; bei zeitlich konstantem und völlig geglättetem Entladestrom ergibt sich jedoch 1,0, da dann der Verbraucherstrom ständig vom Gleichrichter selbst geliefert wird und an der Batterie vorbeifließt.

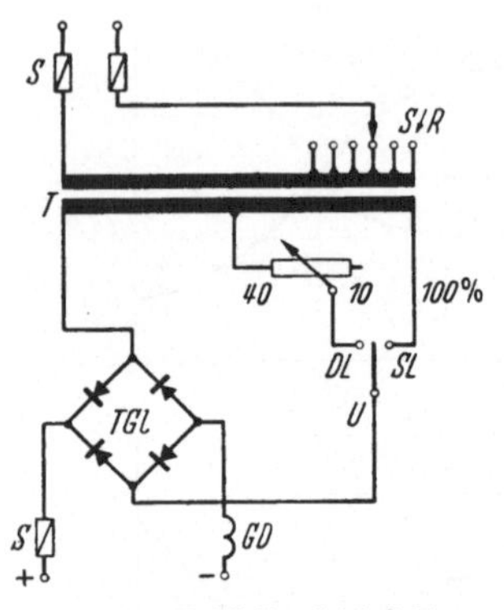


Abb. 186. Halbleitergleichrichter für Batterieladung.
*GD* Glättungsdrossel, *S* Sicherungen, *StR* Stufenschalter, *T* Transformator, *TGl* Halbleitergleichrichter, *U* Ladeumschalter, (*DL* Dauerladung, *SL* Schnelladung)

d) Bereitschaftsbetrieb.

Stromentladung erfolgt nur im Notfall. Es handelt sich also um Notstrom- und Reservebatterien, die oft nur teilweise entladen werden. Meist wird bei Ausfall der normalen Stromquelle selbsttätig umgeschaltet.

Im Parallelbetrieb von Batterie und Ladegerät gibt es natürlich Übergänge zwischen den zuletzt festgelegten Betriebsweisen. Gelegentlich wird der Alleinbetrieb der Batterie nur zu bestimmten Zeiten benötigt.

Zur Steuerung des Ladevorganges wird die Spannung am Gleichrichter eingestellt. Hierzu dienen Transformatorstufen, Steuerdrosseln (Transduktoren) oder Gittersteuerung. Wenn ein Gleichrichter gleichzeitig mehrere Batterien speisen soll, so ist in jeden Ladeabzweig ein Stellwiderstand einzuschalten. Dies gibt natürlich Verluste. Für Dauerladung genügt Handeinstellung, wenn der mittlere Entladestrom angenähert bekannt ist und das Drehstromnetz nur geringe Spannungsschwankungen aufweist.

Um den Ladevorgang nicht dauernd überwachen zu müssen, wählt man selbsttätige Ladegeräte. Für Netzbetrieb wurde hier früher meist ein automatischer Zellenschalter verwendet. Heute wird eine feste Zellenzahl bevorzugt. Eine selbsttätige Steuerung wird über die Gleichrichtergruppe vorgenommen. Die Ladekennlinie kann angenähert durch entsprechende Bemessung der Elemente der Gleichrichtergruppe oder durch ein Zusatzgerät (Ladedrosseln) eingestellt werden. Zwischen den verschiedenen Abschnitten des Ladevorganges und am Ende wird möglichst selbsttätig geschaltet. Zur Beendigung des Ladevorganges kann man einen selbsttätigen Ladewächter (Pöhler-Schalter) verwenden (Abb. 187). Dabei benutzt man zwei besondere Eigenschaften der Bleizellen. Nach

Erreichen der Gasungsspannung von 2,4 V benötigt eine Bleizelle bis zur völligen Aufladung nur noch eine bestimmte Strommenge, die von dem Grad der vorausgegangenen Entladung fast unabhängig ist. Bei Beginn der Gasung steigt die Zellenspannung ziemlich rasch über 2,4 V hinaus. Auf diesen Spannungsanstieg spricht ein Relais an und setzt eine Schaltuhr in Gang. Nach Ablauf der eingestellten Nachladezeit wird der Ladestromkreis selbsttätig unterbrochen. Das Nachladen wird mit verringerter Stromstärke, z. B. 30—50% ausgeführt.

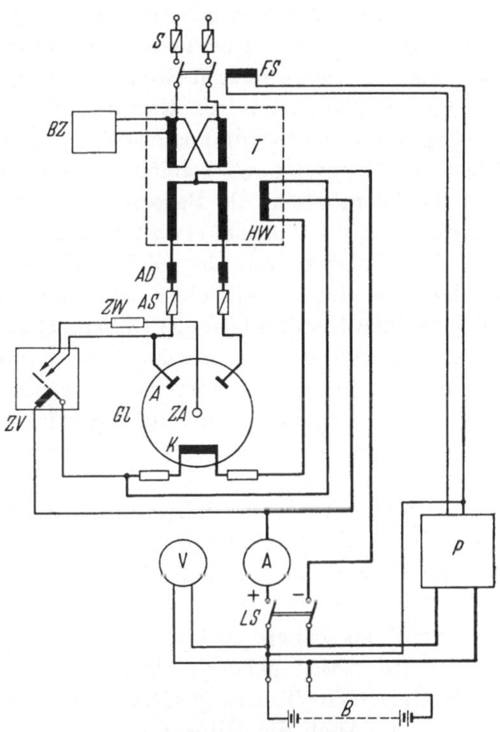


Abb. 187. Glühkathodengleichrichter für selbsttätige Batterieladung.
*AD* Anodendrosseln (Ladedrosseln), *AS* Anodensicherungen, *B* Batterie, *BZ* Brennstundenzähler, *FS* Fernschalter, *Gl* Gleichrichter, *HW* Heizwicklung, *LS* Ladehebelschalter, *P* PÖHLER-Ladeschalter, *T* Transformator, *ZV* Zündverzögerungsschalter, *ZW* Zündwiderstand [37]

Stetige Dauerladegeräte liefern stets so viel Strom, wie notwendig ist, um die Batteriespannung in gewissen Grenzen zu halten (Abb. 188, Kurve *c*). Wie bei Handdauerladung, ist der Gleichrichterstrom die Summe von Verbraucherstrom und Ladungserhaltungsstrom. Der Gleichrichter erhält für diese Aufgabe einen selbsttätigen Regler, z. B. ein Kontaktvoltmeter, einen Kohledruckregler, Öldruckregler u. ä., die auf einen Stufenschalter oder auf die Gittersteuerung wirken. Eine solche Einrichtung ist verhältnismäßig teuer, daher nur bei großen Anlagen wirtschaftlich. Die Spannung einer Zelle hält sich etwas höher als 2 V, z. B. bei etwa 2,2 V. Mit solchen Regelgeräten läßt sich aber eine hohe Genauigkeit der Gleichspannung erreichen.

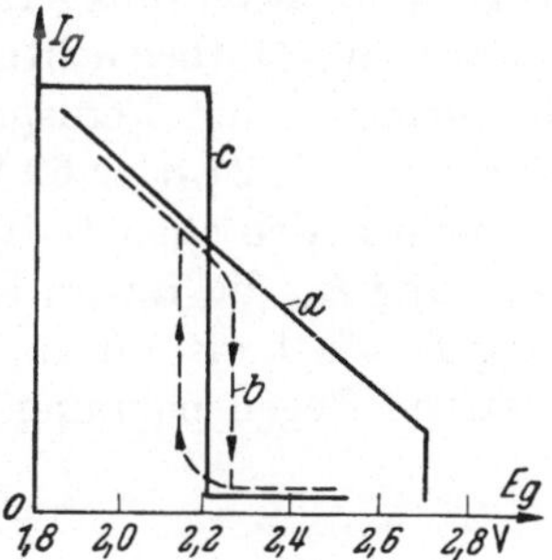


Abb. 188. Ladediagramme, Ladestrom $I_g$ als Funktion der Zellenspannung $E_g$. *a* Ladung mit fallender Stromstärke, *b* Stoßladung, *c* Dauerladung [64]

Für kleine Batterien kann man Stoßladegeräte verwenden, deren Ladestrom unstetig zwischen Schnelladebetrieb und Ladeerhaltung wechselt. Wie das Diagramm schematisch zeigt (Abb. 188, b), setzt bei Unterschreiten eines gewissen Spannungswerts stoßartig die Ladung ein, und zwar mit hohem Strom. Der Ladestrom sinkt mit steigender Spannung. Bei einem gewissen oberen Grenzwert kippt der Strom ab, es bleibt nur ein kleiner Reststrom zur Erhaltung des Ladungszustandes. Bei Belastung der Batterie nimmt ihre Spannung wieder ab. Wird der untere Wert des Kippvorgangs erreicht, so setzt die Schnelladung von neuem ein. Es ist möglich, die Batteriespannung auf diese Weise in ziemlich engen Grenzen zu halten, etwa 2,1—2,2 V. Diese Regelgrenzen sind aber von der Netzspannung des Gleichrichters abhängig. Man kann diesen Fehler auch noch ausgleichen, wenn man vor dem Stoßladegerät einen selbsttätigen Spannungsregler anbringt, z.B. einen magnetischen Spannungsgleichhalter. Der beschriebene Kippvorgang wird durch ein besonderes Regelorgan hervorgerufen, die sog. Kippdrossel. Es ist dies eine mit dem Ladegleichstrom vormagnetisierte Drossel auf der Wechselstromseite des Gleichrichters oder eine gesättigte Drossel mit Parallelkondensator [*64*].

Die Spannung des Gleichrichters richtet sich nach der Zellenzahl, die Stromstärke nach Kapazität und Verwendungszweck der Batterie. Bei Lichtbatterien für den allgemeinen Netzbetrieb rechnet man mit einer Entladung bis auf 1,83 V/Zelle (Bleisammler). Dann benötigt man für 110 V 60 Zellen, ihre gesamte Ladespannung steigt aber bis rd. 165 V. Zu 220 V gehören 120 Zellen.

Batterien für Triebwagen haben 220 Zellen bei 600 V höchster Ladespannung. Auch die Hilfsstromkreise großer Schaltanlagen (Signalisierung, Fernsteuerung und Meldung) werden von einer unabhängigen Gleichstromquelle versorgt, und zwar mit 110 oder 220 V aus einer Batterie. Die Ladung erfolgt im allgemeinen im Dauerladebetrieb. Viele andere Ladegeräte haben nur kleine Nennspannung. Batterien für Motorfahrzeuge und Rundfunkgeräte haben nur wenige Zellen mit geringem Ladestrom. Notbeleuchtung wird meist nur mit 12—24 V betrieben. Gleichrichter für Fernsprechbatterien werden mit 6—30 Zellen entsprechend 12, 24 oder 60 V Nennspannung eingerichtet.

Beim Laden einer Batterie arbeitet der Gleichrichter auf eine Gegenspannung $E_g$, die innere EMK der Batterie. Setzt man die Brennspannung $E_b$ als konstant an, so lassen sich beide zusammenfassen zu einer relativen Gegenspannung [*2, 74*]:

$$e_g = \frac{E_b + E_g}{\sqrt{2}\, U_s}. \tag{266}$$

Wenn diese gesamte Gegenspannung größer ist als der Augenblickswert der gleichgerichteten Spannung, so verläuft bei fehlender Induktivität der Gleichstrom lückenhaft. Solange die Anodenspannung unter der Gegenspannung liegt, ist eine Zündung nicht möglich (Abb. 189, a, für $\alpha = 0$ bis $x_1$). Dadurch wird der Stellbereich der Gittersteuerung eingeengt, wie das Liniendiagramm zeigt, bei zweiphasiger Schaltung von $\pi$ auf $x_2 - x_1 = \pi - 2\,\alpha_{min}$ worin sich die Mindestzündverzögerung $\alpha_{min}$ ergibt aus:

$$\cos\left(\frac{\pi}{2} - \alpha_{min}\right) = e_g\,.$$

Wenn die Anodenspannung die Gegenspannung übersteigt, setzt der Anodenstrom ein. Das Gleichgewicht zwischen Gleichrichterspannung und Gegen-EMK erfordert eine Strombegrenzung durch Ohmsche oder induktive Widerstände (evtl. zusätzlich durch Ladewiderstand oder Ladedrossel).

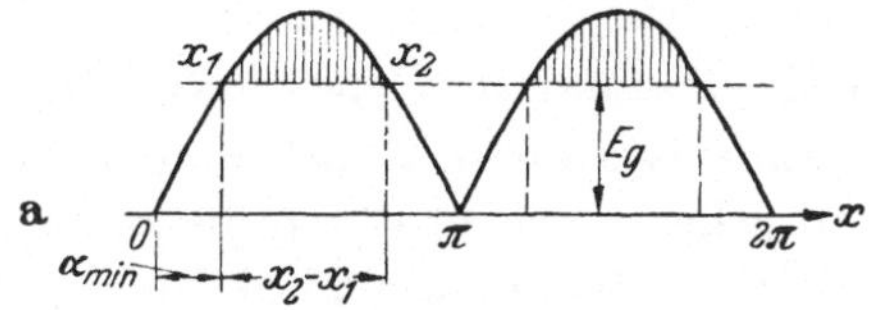


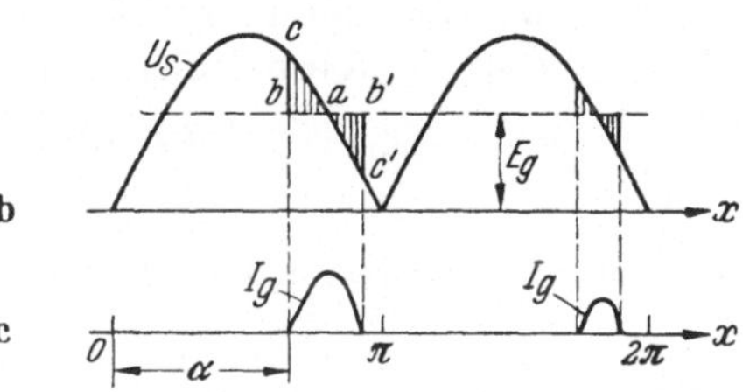


Abb. 189 a—c. Zweipulsiger Gleichrichter mit Belastung durch eine Gegenspannung $E_g$ (Batterie).
a) mögliche Brenndauer bei Ohmscher Strombegrenzung;
b) mit Gittersteuerung bei induktiver Strombegrenzung;
c) zugehöriger Ladestrom (zu b)

Induktivität im Ladestromkreis führt zu einer Verlängerung der Brenndauer der Anode. Bei rein induktivem Widerstand und lückendem Strom wird die Brenndauer soweit verlängert, daß die Spannungszeitflächen zwischen Anodenspannung und Gegenspannung vor und nach ihrem Schnittpunkt einander gleich werden (Dreieck $abc$ = Dreieck $a'b'c'$ in Abb. 189, b). An der Induktivität liegt also eine reine Wechselspannung.

Zwischen der relativen Gegenspannung und der Brenndauer $\delta$ läßt sich folgende Beziehung ableiten [2]:

$$\frac{e_g}{\sqrt{1 - e_g^2}} = \frac{1 - \cos\delta}{\delta - \sin\delta}\,. \tag{267}$$

Der mittlere Gleichstrom errechnet sich aus:

$$\frac{I}{I_{gk}} = \frac{1}{2\,\pi}\left[(\delta - \sin\delta)\sqrt{1 - e_g^2} - \left(\frac{\delta^2}{2} - 1 + \cos\delta\right)e_g\right]\frac{2}{1 + k_x} \tag{268}$$

worin $k_x$ die Art der Induktivitäten berücksichtigt. Es ist $k_x = 0$, wenn nur Primärdrosseln vorhanden sind, dagegen $k_x = 1$ für ungekoppelte Anodendrosseln, $k_x = {}^1/_3$ für reine Transformatorstreuung, wobei davon ${}^3/_4$ wie Primärdrosseln, ${}^1/_4$ wie eine Kathodendrossel wirkt; schließlich $k_x > 1$ für eine große Kathodendrossel.

Diese Gleichung ist für ein- und zweipulsige Schaltung abgeleitet. Sie läßt sich auch auf mehrpulsigen Betrieb für den Fall ungekoppelter

Anodendrosseln übertragen. Dann ist $k_x = 1$, die Anodenströme beeinflussen sich gegenseitig nicht. Für den Kurzschlußstrom $I_{gk}$ ist einzusetzen:

$$I_{gk} = \frac{p\sqrt{2}\, U_s}{X'_a}, \tag{269}$$

wo $X'_a$ die Reaktanz eines Anodenstrangs bedeutet.

Eine bestimmte Ladekennlinie bei selbsttätiger Ladestromreglung wird gekennzeichnet durch die zu Ladebeginn und Ladeende gehörigen Werte von Spannung und Strom $E_{g1}$, $I_{g1}$ und $E_{g2}$, $I_{g2}$. Dabei ist nach Gl. (266) zur Ladespannung die Brennspannung hinzuzurechnen. Unter Einführung der Verhältniszahlen

$$e = \frac{E_b + E_{g2}}{E_b + E_{g1}} \qquad i = \frac{I_{g2}}{I_{g1}} \tag{270}$$

läßt sich aus der Näherungsgleichung für Gl. (268) [74]:

$$\frac{I_g}{I_{gk}} \cong 0{,}785\,(1 - e_g)^2 \tag{271}$$

ableiten:

$$e_{g1} = \frac{1 - \sqrt{i}}{e - \sqrt{i}}. \tag{272}$$

Man erhält dann die notwendige Anodenspannung aus Gl. (266) wie folgt:

$$U_s = \frac{E_b + E_{g1}}{\sqrt{2}\, e_{g1}}.$$

Die Reaktanz je Phase errechnet sich mit Hilfe von Gl. (269) nach der Beziehung

$$X'_a = \frac{p\sqrt{2}\, U_s}{I_{g1}} \frac{I_{g1}}{I_{gk}}, \tag{273}$$

wobei das Verhältnis $I_{g1}/I_{gk}$ mit der Näherungsgleichung (271) bestimmt wird.

Der Formfaktor des Anodenstroms ist zu Beginn der Ladung [74]:

$$f_{a1} \cong \sqrt{\frac{2{,}1}{1{,}3 - e_{g1}}}. \tag{274}$$

Also ist der höchste Anodenstrom dabei (effektiv):

$$I_a = \frac{I_{g1}}{p} f_{a1}. \tag{275}$$

Jede Anodendrossel hat eine Typenleistung

$$P_a = \frac{I_a^2\, X'_a}{2}. \tag{276}$$

Wenn aber die Induktivität durch die Streuung des Transformators aufgebracht werden soll, so ist seine Kurzschlußspannung:

$$e_k = \frac{I_a X_a'}{U_s} 100\,\% \,. \tag{277}$$

Die Belastungskennlinie ist stark abfallend. Ihr Verlauf ist jedoch von der Anordnung und Wirkungsweise der Induktivitäten abhängig. Für den einfachsten Fall ungekoppelter Anodendrosseln erhält man die Kurve in Abb. 190.

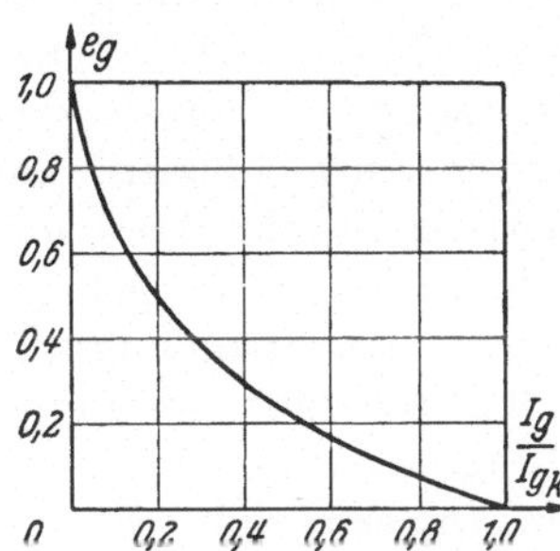


Abb. 190. Belastungskennlinie bei Batterieladung mit ungekoppelten Anodendrosseln [2, 71]
$e_g$ relative Gegenspannung (Gl. 266), $I_g/I_{gk}$ relative Belastung (Gl. 271)

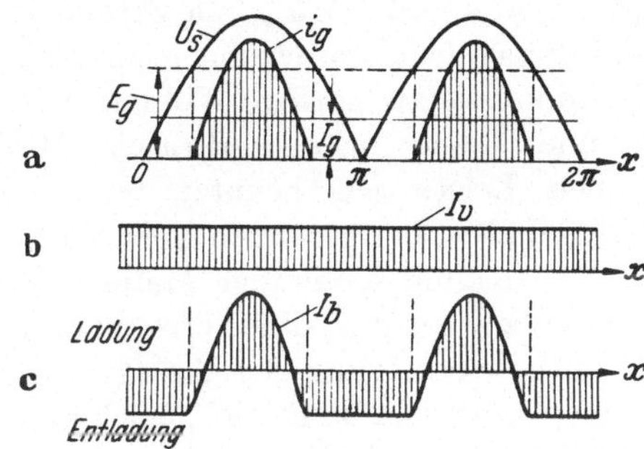


Abb. 191a—c. Dauerladebetrieb eines zweipulsigen Gleichrichters.
a) Gleichrichterspannung und Gleichrichterstrom $I_g$; b) Verbraucherstrom $I_v$, c) Batteriestrom $I_b$; Ladung und Entladung abwechselnd; $E_g$ Gegenspannung [*65*]

Bei rein Ohmscher Begrenzung des Belastungsstroms ergeben sich folgende Gleichungen [*55*]:

$$I_g = \frac{U_s}{r} \sqrt{2}\, \frac{p}{\pi} \left(\sqrt{1 - e_g^2} - e_g \arccos e_g\right) \tag{278}$$

$$I_{ge} = \frac{U_s}{r} \sqrt{\frac{p}{\pi} \left((1 + 2\, e_g^2) \arccos e_g - 3\, e_g \sqrt{1 - e_g^2}\right)} \,. \tag{279}$$

Interessant ist auch der Kurvenverlauf der Ströme im Dauerladebetrieb. Ohne Glättungseinrichtung entsteht kein zusammenhängender Gleichstrom im Gleichrichter. Die Batterie wechselt ständig zwischen Ladung und Entladung. Dies ist in Abb. 191 für die zweipulsige Gleichrichterschaltung gezeigt. Es ist eine gute Glättung mit Drossel notwendig. Damit verbessert sich auch der Wirkungsgrad der Batterie, die Beanspruchung des Ladegeräts wird niedriger. Die Welligkeit auf der Gleichstromseite wird ebenfalls kleiner, was in vielen Fällen, z. B. bei Fernsprechanlagen erst einen störungsfreien Betrieb ermöglicht.

Mit diesen kurzen Erläuterungen soll nur ein einführender Überblick gegeben werden. Es ist in dem hier gesteckten Rahmen nicht möglich, auf die verschiedenartigen Schaltungen und Arbeitsweisen der Ladegeräte im einzelnen näher einzugehen [*84*].

## 7. Gleichrichter für Sendeanlagen

Für den Betrieb von Sende- und Empfangsanlagen der drahtlosen Fernmeldetechnik (Telegraphie, Telephonie, Rundfunk) werden jetzt an Stelle der früher gebräuchlichen Maschinen und Batterien meist Gleichrichter verwendet [*8, 37*]. Die Betriebsbedingungen sind je nach Schaltung, Aufbau und Leistung der Anlage außerordentlich verschieden. So werden z. B. *Anodenspannungen* von einigen 100 V bis zu 30 kV und mehr verlangt, die Stromstärken liegen im Bereich von 5—100 A. Dementsprechend kommen auch alle Stromrichterbauarten zur Anwendung. Es sind folgende Anforderungen zu erfüllen: großer Stellbereich, kleiner Spannungsabfall, geringe Welligkeit, hohe Ausnutzung von Transformator und Stromventilen und rasche Abschaltung von Kurzschlüssen. Bei großen Leistungen benutzt man Quecksilberdampfgleichrichter mit Stahlgefäßen, bei mittleren Leistungen Glühkathodenröhren, für geringe Beanspruchung schließlich Halbleitergleichrichter. Zur Spannungseinstellung können die beiden erstgenannten Bauarten Steuergitter erhalten. Bei Inbetriebsetzung der Anlage wird die Gleichspannung von einem Anfangswert von z. B. 40% hochgesteuert. Im Dauerbetrieb wird die Gleichspannung noch in gewissen Grenzen eingestellt. Als wesentlichsten Vorteil bietet die Gittersteuerung die Möglichkeit, Kurzschlüsse durch Gittersperrung abzuschalten. Solche Kurzschlüsse treten auf der Gleichstromseite infolge von vorübergehenden Durchschlägen in der Senderöhre häufig auf. Zur Schonung der Röhre muß dann möglichst rasch abgeschaltet werden. Hierzu dient ein Schnellschaltrelais, das die Gitter in ca. 10 ms sperrt. Nach dem Löschen des Kurzschlusses werden die Gitter wieder freigegeben, die Gleichspannung wird aber von einem gewissen begrenzten Teilwert an selbsttätig wieder auf den eingestellten Betriebswert hochgesteuert. Auf diese Weise wird die Sendung nur für höchstens 1 s unterbrochen, so daß die Störung vom Rundfunkhörer meist gar nicht bemerkt wird.

Glühkathodengleichrichter werden auch mit Hauptstromreglung, d. h. mit einem Drehtransformator auf der Primärseite ausgeführt. Halbleitergleichrichter für kleine Leistungen erhalten eine Stufeneinstellung oder eine grobstufige Umschaltung der Transformatorwicklung. Für mehranodige Stromrichter verwendet man eine sechsphasige Mittelpunktschaltung, für einanodige Ventile dagegen die dreiphasige Brückenschaltung.

Die Belastung ist im Fernsprech- und Rundfunkbetrieb angenähert konstant, bei Telegraphiebetrieb schwankt sie dagegen im Takt der gesendeten Telegraphenzeichen. Bei Handtastung rechnet man mit einer Telegraphiefrequenz von max. 18 Hz, durch Maschinentastung erreicht man 25—80 Hz. Es wird meist eine Welligkeit der Gleichspannung von max. 0,5—1$^0/_{00}$ vorgeschrieben. Die dazu notwendige Glättungseinrichtung muß diese Telegraphiefrequenzen noch durchlassen. Man verwendet meist eine Reihendrossel und einen Spannungsresonanzkreis.

Wenn der Minuspol am Sender geerdet ist, so führt ein Stahlgefäß volle Betriebsspannung gegen Erde. Das Gefäß muß also auf Isolatoren aufgestellt werden. In den Kühlwasserkreis sind Porzellanrohrschlangen ausreichender Länge einzuschalten. Die am Gefäß angebauten Hilfsgeräte werden über Isoliertransformatoren gespeist.

Die Gleichrichter für die *Gittervorspannung der Senderöhren* arbeiten meist ohne Spannungsregler. Es wird eine Glättung auf 0,5$^0/_{00}$ Restwelligkeit verlangt.

Höhere Anforderungen an die Reglung stellt der *Heizstromkreis des Senders*. Wegen der Empfindlichkeit der Kathoden muß die Heizspannung konstant gehalten werden, am besten selbsttätig durch einen Öldruckregler, der auf einen Drehtransformator vor dem Gleichrichtertransformator wirkt. Außerdem ist bei der Inbetriebsetzung der Heizstrom zu begrenzen, da der Widerstand der Kathoden im kalten Zustand nur ein Bruchteil des Warmwiderstands beträgt. Zu diesem Zweck wird die Heizung mit dem Drehtransformator auf der Primärseite oder mit einem Widerstandsanlasser erst allmählich hochgesteuert. Wegen der niedrigen Heizspannung (22 V und weniger) verwendet man nur Halbleitergleichrichter, und zwar meist in dreiphasiger Brückenschaltung. Auch hier läßt sich mit einfachen Mitteln eine Restwelligkeit von 1$^0/_{00}$ erreichen.

Ähnliche Betriebsbedingungen findet man bei Gleichrichtern für Tonfilmverstärker und für Hochfrequenzerzeuger für Industrie, Laboratorien und Prüffelder.

## 8. Gleichrichter für Lichtbogenspeisung

Gleichrichter, deren Belastung in einem elektrischen Lichtbogen besteht, müssen einen Begrenzungswiderstand oder eine Drossel erhalten, um den Lichtbogen zu beruhigen und den Kurzschlußstrom beim Zünden zu begrenzen. Man erhält damit eine stark fallende Belastungskennlinie, welche die fallende Charakteristik des Lichtbogens in einem stabilen Betriebspunkt schneidet.

In *Kinoanlagen* [*37, 60*] werden zur pausenlosen Vorführung stets zwei Bildwerfergeräte mit Lichtbogenlampen verwendet, sie lösen sich gegenseitig ab. Man kann sie grundsätzlich auf zwei verschiedene Arten betreiben. Im Überblendbetrieb werden beide Bildwerfer von einem gemeinsamen Gleichrichter gespeist. Dann schwankt die Belastung des Gleichrichters zwischen 100% bei Betrieb eines Bildwerfers allein während des normalen Filmablaufs und 200% bei Überblendung zwischen zwei Akten (rd. 5 min) mit zwei Bildwerfern. Daher soll die Gleichspannung möglich unabhängig von der Belastung sein. Jedes Vorführgerät erhält einen eigenen Beruhigungswiderstand. Im Alleinbetrieb der Bildwerfer aber erhält jedes einen eigenen Gleichrichter. Hier kann der Beruhigungswiderstand als Vordrossel auf der Primärseite eingebaut werden. Der Wirkungsgrad ist wesentlich besser als im Überblendbetrieb.

Verwendet werden Quecksilberdampf-Glasgleichrichter, Glühkathodengleichrichter und Halbleitergleichrichter im Überblendbetrieb für 2 · 15 — 2 · 75 A, im Alleinbetrieb einer Bogenlampe für etwa 15—90 A. Die Bogenspannung beträgt bei Reinkohlen 50 V, bei Effektkohlen (Dochtkohlen) 35 V. Um flimmerfreie Beleuchtung zu erreichen, darf der Gleichstrom nur eine geringe Welligkeit haben. Außerdem ergibt sich eine zusätzliche Schwankung der mittleren Helligkeit des Bildes durch die Arbeitsweise des Bildwerfergeräts selbst. Die Bildblende läuft mit 24 U/min um, infolge des Frequenzunterschieds gegenüber der Netzfrequenz erhält man einen zeitlich veränderlichen Ausschnitt aus der Kurve des vom welligen Gleichstrom gelieferten Mischwellenlichtes. Diese Schwankung hat eine Frequenz von 2 p Hz für die Pulszahl $p$ des Gleichrichters, z. B. für drei Phasen 6 Hz. Die höchste Empfindlichkeit des menschlichen Auges liegt in der Nähe dieser Frequenz, nämlich bei 7 Hz. Somit ist eine dreipulsige Schaltung des Gleichrichters mit Rücksicht auf die Bildfrequenz am ungünstigsten, wie bei der zweipulsigen Schaltung ist eine gute Glättung des Gleichstroms notwendig. Daher wird oft die sechspulsige Schaltung vorgezogen.

Noch höhere Anforderungen werden bei der Speisung der großen Scheinwerfer in *Tonfilmateliers* gestellt, soweit noch Lichtbogenlampen verwendet werden. Der Strombedarf ist außerordentlich groß, z. B. mehrere 1000 A bei 220 V. Durch das plötzliche Zu- und Abschalten einzelner Scheinwerfergruppen entstehen Laständerungen von $\pm 25\%$, dabei soll die Gleichspannung noch möglichst konstant bleiben. Es werden daher Spannungsschnellregler verwendet. Im Lichtbogen der Scheinwerfer entsteht schon bei geringer Welligkeit des Stroms ein Störton. Man muß an zentraler Stelle für die gesamte Anlage eine Glättungseinrichtung mit Drosseln und Resonanzkreisen einbauen. Der Aufwand wird dafür größer als bei Stromversorgung über Motorgeneratoren oder Einankerumformer, um so mehr, wenn man die Reglung durch Gittersteuerung ausführt.

Auch Gleichrichter für *Lichtbogenschweißung* müssen in ihrer Kennlinie der Lichtbogencharakteristik angepaßt werden. Wenn man mehrere Schweißstellen anschließen will, wird für jede ein regelbarer Vorwiderstand benötigt. Bei Einstellenbetrieb erhält jedes Schweißgerät einen eigenen, meist fahrbaren Gleichrichter mit Vordrossel. Man verwendet hierfür Halbleitergleichrichter in dreiphasiger Brückenschaltung. Der

Schweißstrom wird am Umspanner stufenlos durch Veränderung der Streuung eingestellt. Es werden von dem Gerät gute Schweißeigenschaften, also eine gute dynamische Kennlinie verlangt. Der Kurzschlußstrom darf nur einen begrenzten Wert wenig über dem normalen Schweißstrom (30—300 A) haben. Nach einem Kurzschluß soll die Spannung sofort wieder angenähert die Leerlaufspannung von ca. 75 V annehmen. In keinem Fall darf sie die erforderliche Schweißspannung unterschreiten. Mehrstellenschweißanlagen liefern Ströme von 1000—3000 A.

Hier sind auch die Lichtbogenöfen für chemische Gasreaktionen zu erwähnen. Zur Speisung mit Gleichstrom dienen ein- oder mehranodige Quecksilberdampfgleichrichter (Stahlgefäße). Die Nennspannung liegt zwischen ca. 7 und 10 kV, die Stromstärke bei 1000—1200 A. Der Betriebsstrom wird mit elektronischen Reglern über die Gittersteuerung konstant gehalten. Quarzschmelzen werden mit Gleichstromlichtbögen bei 220 V, 1000 A betrieben. Andere Verfahren arbeiten mit Hochvakuum-Lichtbögen bei 30—40 V (Zündspannung 70 V) und 5—20 kA. Für diese besonderen Verwendungszwecke wurden über Transduktoren geregelte Halbleitergleichrichter mit gutem Erfolg eingesetzt.

## 9. Fernleitung mit Hochspannungsgleichstrom

Die Übertragung elektrischer Energie über große Entfernung mit Drehstrom bereitet bekanntlich erhebliche Schwierigkeiten. Selbst bei guter Reglung im speisenden Kraftwerk kann man mit der höchstmöglichen Spannung nur eine gewisse Grenzentfernung erreichen. Darüber hinaus wird es notwendig, die Leitungsreaktanz abschnittsweise durch Blindleistungsstationen zu kompensieren. Das bedeutet erhebliche Aufwendungen, die Erhaltung der Stabilität bleibt aber auch dann stets eine schwierige Betriebsfrage. Die notwendige hohe Spannung verursacht außerordentliche Koronaverluste auf der Freileitung. Man ist daher bestrebt eine solche Fernübertragung mit Gleichstrom durchzuführen. Dann treten keine Blindströme auf, die Stabilität ist stets gewahrt, die Koronaverluste steigen weniger rasch mit der Spannung an, statt Freileitung kann man Kabel verwenden, und bei gleichem Materialaufwand läßt sich eine höhere Leistung übertragen [8, 97].

Eine solche Fernübertragung mit Gleichstrom bedingt aber eine Energieumformung in der Anfangs- und Endstation. Hierfür werden Stromrichter verwendet. Nach dem derzeitigen Stand der Technik läßt sich mit einem einzigen Entladungsgefäß nur eine bestimmte höchste Gleichspannung erreichen. Für die Übertragungsspannung der Fernleitung muß man daher mehrere einanodige Gefäße in Reihe schalten. Die Gefähe werden isoliert aufgestellt und erhalten zur Sicherstellung der Spannungsaufteilung eine kapazitive Potentialsteuerung.

Der grundsätzliche Aufbau einer solchen Anlage ist schematisch in Abb. 192 gezeigt. In den beiden Endstationen sind je zwei Stromrichtergruppen in Brückenschaltung für 220 kV aufgestellt. Die Betriebsspannung zwischen den beiden Übertragungsleitungen beträgt 440 kV. Der Mittelpunkt des Systems ist geerdet. Dadurch entspricht die höchste Isolationsbeanspruchung gegen Erde nur der halben Übertragungsspannung. Die beiden Stromrichtergruppen einer Station werden mit Gittersteuerung selbsttätig derart geregelt, daß die Erdleitung stromlos ist. Die Schaltung der beiden Stromrichtertransformatoren wird zweckmäßig so gewählt, daß sie zusammen zwölfpulsig wirken. Besondere Schutzmaßnahmen sind notwendig gegen ein Kippen der Wechselrichtergruppen, wenn im Drehstromnetz der Empfangsseite die Spannung absinkt.

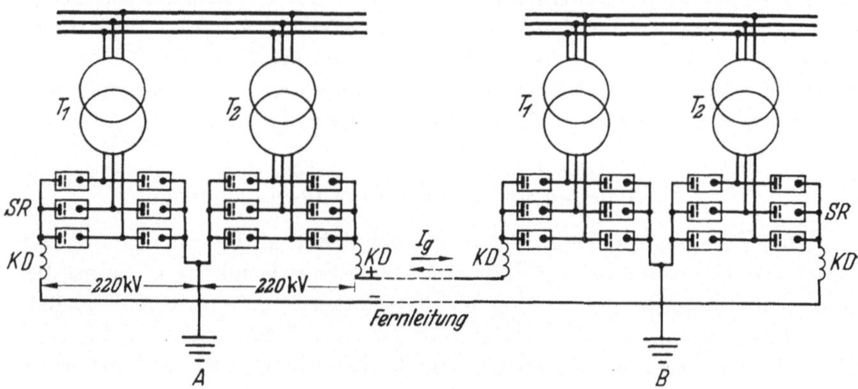


Abb. 192. Anlage zur Hochspannungsgleichstrom-Übertragung (HGÜ). Grundsätzliche Schaltung.
Stromrichterwerk A Gleichrichter (Wechselrichter),
B Wechselrichter (Gleichrichter)
Energierichtung A → B (A ← B)
$I_g$ Gleichstrom, *KD* Kathodendrosseln, *SR* gesteuerte Stromrichtgefäße (einanodig, für jedes sind mehrere in Reihe zu denken), $T_1$, $T_2$ Transformatoren

Das ganze System entspricht einem Umrichter mit Gleichstromzwischenkreis. Es wird nur Wirkleistung übertragen. Die Lastabgabe hat man mit der Gittersteuerung in Stromrichterwerk *A* oder *B* ganz in der Hand. Damit ist auch eine Umkehr der Übertragungsrichtung möglich. Bei der Energierichtung $A \rightarrow B$ arbeiten die Stromrichter im Werk *A* als Gleichrichter, diejenigen im Werk *B* als fremdgeführte Wechselrichter. Für die umgekehrte Richtung vertauschen die beiden Stromrichterwerke ihre Rollen. Nach Vorversuchen an verschiedenen Stellen über geringe Entfernung wurde 1955 eine Verbindung mit 100 kV Gleichspannung, 20 MW von Schweden nach der Insel Gotland (120 km) aufgenommen. Eine ähnliche Entfernung überbrückt eine Übertragung von Kaschira nach Moskau mit $\pm$ 100 kV bei 30 MW. In Betrieb ging

Ende 1961 eine Kabelverbindung zwischen Frankreich und England durch den Ärmelkanal mit $\pm$ 100 kV, 160 MW über 64 km. In der Sowjetunion soll eine Freileitungsübertragung mit $\pm$ 400 kV, 720 MW über 475 km folgen [103, 106], in Neuseeland mit 500 kV, 600 MW über 615 km.

## 10. Fahrbare Gleichrichteranlagen

In manchen Fällen ist es notwendig, mit der Gleichrichteranlage den örtlichen Veränderungen der Belastung zu folgen. Derartige Aufgaben werden sowohl in allgemeinen Licht- und Kraftnetzen als auch bei Bahnanlagen gestellt. Es handelt sich dabei um das Auftreten ungewöhnlicher Belastungen einzelner Netzteile oder Bahnstrecken für eine begrenzte Zeit z. B. an Festtagen, bei Massenveranstaltungen, für besondere Transportaufgaben oder auch bei schweren Betriebsstörungen ortsfester Unterwerke oder bei umfangreichen Überholungen. Ein großer Energiebedarf entsteht auch auf Verkehrslinien zu Großbaustellen oder neuen Ortsteilen oder an diesen Stellen selbst. Es ist möglich, daß sich dafür die Errichtung ortsfester Unterwerke nicht lohnt, oder aber ein sofortiger Einsatz von Gleichrichtergruppen notwendig ist, bevor bleibende Einrichtungen zu schaffen sind. Ein weiterer typischer Fall ortsveränderlichen Energiebedarfs stellen die Abraumbetriebe des Braunkohlenbergbaus dar. In diesen Fällen ist für den Betrieb ein bequemes Mittel durch fahrbare Gleichrichteranlagen gegeben. Der Betriebsleiter ist mit ihnen in der Lage, an beliebigen Stellen des Netzes einzugreifen und mit solchen Stationen den Ortsveränderungen der Belastung zu folgen. Außerdem hat er damit eine wertvolle, sofort betriebsbereite und bewegliche Reserve. In den ortsfesten Unterwerken kann dann an Reserveeinheiten manches gespart werden.

Die Bauweise und Ausrüstung solcher fahrbaren Anlagen richtet sich ganz nach dem Verwendungszweck. Der Anschluß erfolgt meist an hochgespannten Drehstrom. Die Gleichspannung ist vom Verbraucher vorgeschrieben, für industrielle Zwecke und allgemeinen Netzbetrieb 230 oder 460 V, für Abraumbahnbetrieb 600—1500 V, für Straßenbahnen 550—750 V, für Schnellbahnen und Fernbahnen noch höher.

Die Fahrzeuge zur Aufnahme der Gleichrichter und ihres Zubehörs erhalten meist keinen eigenen Antrieb. Zur Beförderung ist ein besonderes Zugfahrzeug notwendig. Mit Straßenfahrzeugen ist man freizügiger und kann beinahe beliebige Bedarfsstellen erreichen. Schienenfahrzeuge können dagegen Gleichrichtergruppen größerer Leistung aufnehmen; es sind höhere Gewichte zulässig, infolgedessen auch eine reichlichere Ausstattung der elektrischen Anlagen. Bei den üblichen Achsdrücken kann ein zweiachsiges Straßenfahrzeug eine Gleichrichtergruppe von etwa 600A bei 600—750 V aufnehmen, ein dreiachsiges Fahrzeug eine Gruppe von

1200 A (s. Abb. 193). Nach DIN-Norm ist die normale Baugröße 600 und 1200 A bei 660 V für Anschluß an 5 oder 10 kV Drehstrom. Dabei werden folgende Abmessungen vorausgesetzt: Wagenbreite 2,5 m, Länge 6,5 m bzw. 9 m, Höhe 3,85 m. Straßenbahnwagen gestatten den Einbau größerer Leistungen, z. B. 2000 A bei 600 V. Mit einem zweiten Anhänger läßt sich natürlich die Leistung noch weiter erhöhen. Für die größten Anlagen sind Vollbahnwagen geeignet; hier sei ein Gleichrichterunterwerk für Vollbahnbetrieb von 3000 kW bei 3 kV Gleichspannung zum Anschluß an 90 kV Drehstrom erwähnt, wozu ein Schienenfahrzeug mit zwei dreiachsigen Drehgestellen und ein zweites mit zwei zweiachsigen Drehgestellen verwendet wurden [*79*].

In allen Fällen ist eine sorgfältige konstruktive Durchbildung der Anlage notwendig, da Aufstellungsraum und Gewicht beschränkt sind. Gegenüber ortsfesten Anlagen macht sich vor allem die beschränkte Raumhöhe bemerkbar. Der Transformator erhält daher eine Sonderkonstruktion mit möglichst niedrigem Ölkessel ohne Rollen, nötigenfalls werden die Hochspannungsanschlüsse seitlich herausgeführt. Bei sehr großen Leistungen kann es notwendig werden, die Plattform zwischen den Achsen wie bei einem Tiefladewagen herabzuziehen, um an Bauhöhe zu gewinnen.

Die geringe Bauhöhe erschwert auch die Kühlung. Schon bei mäßigen Leistungen wird man nicht ohne künstliche Luftkühlung auskommen, da Strömungsquerschnitt und Zughöhe nur gering sind. Die Frischluft wird am Wagenboden zugeführt und unter Dach abgeführt. Um totes Gewicht möglichst zu vermeiden, werden Gerüste nur sparsam verwendet. Die Gesamtleistung wird nur soweit unterteilt, als dies aus konstruktiven Gründen notwendig ist. Auf Reserve wird ganz verzichtet.

Trotz der gedrängten Bauweise müssen alle Teile für die Bedienung und Überwachung gut zugänglich und übersichtlich sein. Hierzu dienen zahlreiche Türen und Kontrollöffnungen in den Seitenwänden und an den Stirnseiten des Fahrzeugs. Man wird nämlich den ganzen Aufbau meist geschlossen ausführen, nicht etwa als Freiluftanlage. An Stelle von Türen genügt es aber vielfach, Teile der Wand leicht abnehmbar einzurichten. Dies gilt vor allem für die Einbaustellen des Transformators und der Stromrichtgefäße.

Man pflegt die Teile der Anlage, von dem einen Wagenende beginnend, hintereinander aufzustellen, nämlich (Abb. 193): Hochspannungsanschluß, Hochspannungsschalter mit Meßeinrichtung und Hilfstransformator (für Zündung, Erregung, Belüftung, Beleuchtung und Betätigungsstromkreise), Haupttransformator, Stromrichtgefäße, Steuer- und Regeleinrichtung, Gleichstromschaltanlage mit Messung und Abzweigschaltern, Gleichstromanschlüsse.

Die Wahl der Gefäßbauart richtet sich nach der Leistung. Kleinere Anlagen wurden mit Glasgleichrichtern ausgerüstet. Heute werden meist pumpenlose Stahlgefäße verwendet. Fahrbare Anlagen großer Leistung sind auch mit wassergekühlten Stahlgefäßen gebaut worden. Die Stromrichtgefäße sind in normaler Konstruktion ausgeführt, werden aber auf gedämpften Federn aufgestellt. Man kann auch die Meßinstrumente gefedert einbauen oder auf Kosten ihrer Genauigkeit ihre Meßsysteme in Achsen statt in Spitzen lagern. Im allgemeinen wird man aber Instrumente normaler Ausführung verwenden. Die Gleichrichteranlage ist nur im Stillstand des Wagens in Betrieb. Glasgefäße werden oft zur Vorsicht während des Transports herausgenommen. Übrigens werden solche Anlagen auf Straßenfahrzeugen nur mit geringer Geschwindigkeit bewegt [*37*, *38*].

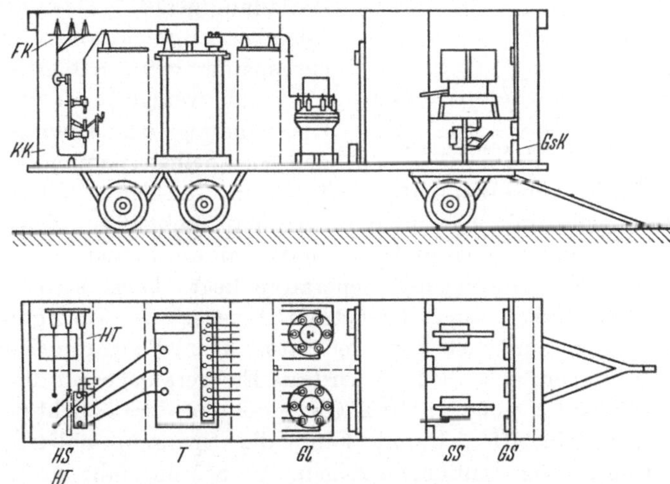


Abb. 193. Ausführungsschema einer fahrbaren Gleichrichteranlage für Bahnbetrieb (1200 A, 660 V).
*FK* Freileitungsklemmen (Drehstrom), *Gl* Gleichrichter, *GS* Gleichstrom-Schaltanlage, *GsK* Gleichstromklemmen, *HS* Hochspannungs-Schaltanlage, *HT* Hilfstransformator, *KK* Kabelklemmen (Drehstrom), *SS* Schnellschalter, *T* Haupttransformator [25]

## 11. Weitere Anwendungsgebiete

Ein ziemlich umfangreiches Anwendungsgebiet mit besonderen Betriebsbedingungen ist auch die Speisung von *Magnetwicklungen* aller Art. Hierher gehören Magnetkupplungen, magnetische Aufspannplatten, Lasthebemagnete, Bremslüfter, magnetische Sortiereinrichtungen, Relaisspulen und Feldwicklungen von elektrischen Maschinen. Die Belastung des Gleichrichters ist dabei überwiegend induktiv. Es genügt deshalb eine kleine Pulszahl der Schaltung, eine Glättung ist nicht notwendig. Wenn man Gleichrichter mit Entladungsgefäßen benutzt, so können beim Abreißen des Lichtbogens Überspannungen und infolgedessen Durchschläge an den Wicklungen auftreten. Es empfiehlt sich daher, hier auf Anodensicherungen zu verzichten. Parallel zur Magnetwicklung wird ein Schutzwiderstand oder ein Überspannungsableiter gelegt. Heute werden Halbleitergleichrichter bevorzugt.

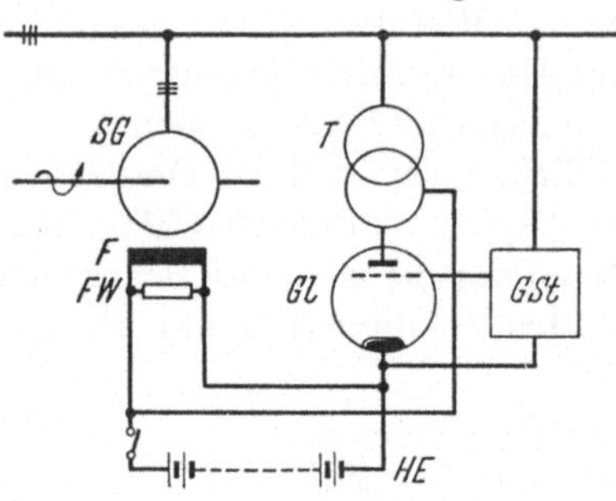


Abb. 194. Selbsterregter Synchrongenerator. *F* Feldwicklung, *FW* Feldschutzwiderstand, *Gl* Gleichrichtergefäß, *GSt* Gittersteuerung, *HE* Hilfserregung, *SG* Synchrongenerator, *T* Transformator zum Gleichrichter

*Synchrongeneratoren* können *über Gleichrichter* mit der eigenen Klemmenspannung *selbsterregt*, also ohne Gleichstromerregermaschine, betrieben werden. Die Erregerspannung beträgt meist 65 oder 110 V, bei langsamlaufenden Generatoren 220 V. Für große Generatoren wird man Entladungsgefäße [*72*] benutzen. Im Alleinbetrieb reicht aber die Remanenzspannung (nach Kurzschlüssen 2% und weniger) oft nicht zur Überwindung der Brennspannung und zur Selbsterregung aus. Man muß zur Inbetriebsetzung die Feldwicklung für kurze Zeit aus einer Hilfsstromquelle mit Gleichstrom speisen (Abb. 194). Die hierfür benötigte Leistung ist recht klein, und zwar um so mehr, je höher die normale Erregerspannung des Generators liegt. Meist steht aber im Kraftwerk ein zuverlässiges Drehstrom-Hausnetz zur Verfügung. Von dort kann man zunächst den Generator über die Stromrichter auf Spannung bringen, anschließend wird die Erregeranlage auf die eigenen Generatorklemmen umgeschaltet. Gittersteuerung ermöglicht besonders schnelle Regeleingriffe. Damit kann die Spannungshaltung selbst raschen Blindlastschwankungen folgen. Im Störungsfalle wird Schnellentregung durchgeführt, indem der Stromrichter als Wechselrichter arbeitet und anschließend Gegenerregung gibt [*41*].

Für bestimmte Zwecke (z. B. für Bordnetzbetrieb) werden Synchron-Generatoren kleiner Leistung selbstregelnd ausgeführt. Hier erregt sich der Generator selbst über Halbleitergleichrichter in dreiphasiger Brückenschaltung. Ein Kompoundregler hält die Klemmenspannung konstant, unabhängig von Belastung, Leistungsfaktor, Erwärmung und Drehzahlabfall der Antriebsmaschine. Kleine Einheiten dieser Art sind als Außenpolmaschine ausgeführt, sonst wie allgemein üblich als Innenpolmaschine. Die Erregeranlage mit Regler wird unter der Generatorhaube eingebaut.

In modernen Hüttenwerken werden große Reversierantriebe über Stromrichter gesteuert. Dadurch ergeben sich hohe Blindlaststöße bis zu 20 MVA und mehr. Ähnlich wirkt der stoßartige Einsatz des Walzgutes in kontinuierlichen Breitbandstraßen. Noch größere Blindlaststöße bringen Lichtbogenöfen. Dadurch entstehen starke Spannungsschwankungen, die andere Verbraucher empfindlich stören können. Die übliche Regelung der Generatoren im Kraftwerk über Erregermaschinen vermag nicht rasch genug zu folgen. Hier hilft eine Erregung mit Stromrichter und elektronischer Regelung am Generator oder an einem besonderen Phasenschieber. Schaltbild Abb. 195 zeigt schematisch den Anschluß eines Synchron-Phasenschiebers nach diesem Verfahren. Seine Erregung wird geregelt auf konstante Blindlastaufnahme aus dem allgemeinen

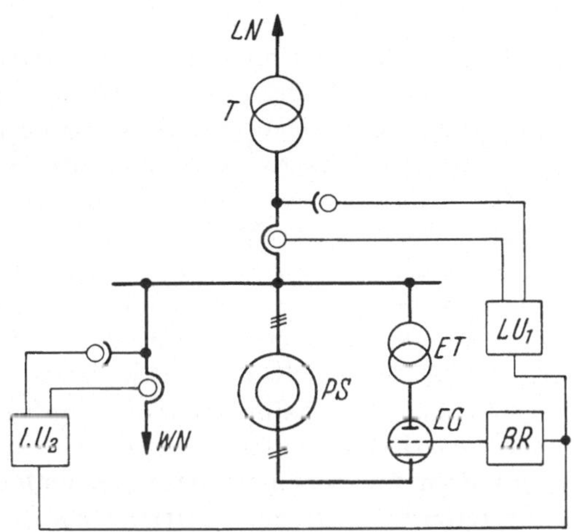


Abb. 195. Phasenschieber mit Stromrichtererregung.
*BR* Blindleistungsregler; *EG* Erreger-Gleichrichter; *ET* Erreger-Transformator; *LN* Landesnetz; $LU_1$ Leistungs-Umsetzer (Blindleistung vom Landesnetz); $LU_2$ Leistungs-Umsetzer (Blindleistung vom Werksnetz, Verbraucher); *PS* Phasenschieber; *T* Transformator; *WN* Werksnetz (Verbraucher) [*101*]

Netz. Der Phasenschieber muß also die Blindlaststöße übernehmen. Damit lassen sich die Spannungsschwankungen auf der Hochspannungsseite um eine Größenordnung herabsetzen, so daß sie nicht mehr stören [*101*].

Allgemein ist der Gleichrichter natürlich das willkommene Gerät, um Gleichstromverbraucher aller Art zu versorgen, die nach der Umstellung eines Netzes auf Drehstrom unverändert weiter betrieben werden sollen. Es gibt auch noch zahlreiche sonstige Anwendungsgebiete, auf die hier nicht ausführlich eingegangen werden kann. Gittergesteuerte Glühkathodengefäße, Thyratrons und Ignitrons werden als elektronische Schalter benutzt für die Steuerung von Widerstandsschweißmaschinen. Bei Naht- und Punktschweißmaschinen soll die Dauer des Schweißstromes zeitlich genau gesteuert werden. Hierzu werden auf der Primärseite des Schweißtransformators Ignitrons in Gegenparallelschaltung eingesetzt. Nur mit solchen Geräten kann man bei großer Schaltleistung

16*

die hohe Schalthäufigkeit beherrschen. Weiter werden solche gesteuerten Ventile verwendet für Industrieöfen, zur Regelung der Theaterbeleuchtung oder der Scheinwerfer in Tonfilmateliers, für die Röhrensteuerung und allgemein für Regelgeräte mit besonderen Aufgaben.

Zu erwähnen sind auch Hochspannungsgleichrichter für die elektrische Gasvereinigung und für Prüfanlagen. Im Meßwesen haben Halbleitergleichrichter eine umfangreiche Verwendung gefunden, vor allem für die Messung von Wechselstromgrößen mit Drehspulinstrumenten.

Abschließend soll noch die Speisung von *Hochfrequenzinduktionsöfen* kurz erläutert werden. Hierbei bildet das Schmelzgut unmittelbar die sekundäre Belastung einer einphasigen, den Schmelztiegel konzentrisch umschließenden Spule ohne Eisenkern. Die Spule wird bei einem Einsatzgewicht von rd. 0,2—10 t mit Wechselspannung von rd. 2000—500 Hz gespeist. Da der magnetische Rückschluß fehlt, nimmt die Spule fast reinen Blindstrom auf ($\cos\varphi = 0{,}1$—$0{,}3$). Zur Entlastung der Stromquelle, meist ein Maschinenumformer, wird der Blindstrom durch Kondensatoren auf $\cos\varphi = 1$ kompensiert. Während des Einschmelzvorgangs ändern sich jedoch die elektrischen und magnetischen Eigenschaften des Schmelzguts. Dadurch sinkt der Leistungsfaktor, man muß einige Kondensatoren zu- oder abschalten. Einfacher ist es, die Frequenz entsprechend zu verändern, was bei einem Maschinenumformer aber eine Drehzahländerung erfordert. Wenn man statt dessen einen Umrichter verwendet, so läßt sich diese Anpassung der Frequenz mit der Gittersteuerung bequemer durchführen. Die Schaltung des Umrichters

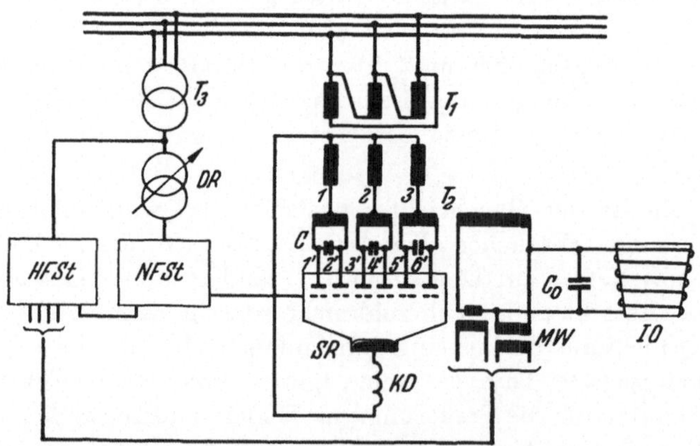


**Abb. 196. Umrichter für Hochfrequenz-Induktionsofen.**

*C* Kommutierungskondensatoren, $C_0$ Kompensationskondensator, *DR* Drehregler, *HFSt* Hochfrequenz-Steuerung, *IO* Induktionsofenspule, *KD* Kathodendrossel, *MW* Meßwandler, *NFSt* Niederfrequenz-Steuerung, *SR* Stromrichtgefäß, $T_1$ Gleichrichtertransformator, $T_2$ Wechselrichtertransformator, $T_3$ Hilfstransformator

(Abb. 196) entspricht grundsätzlich derjenigen mit einem versteckten Gleichstromzwischenkreis nach Abb. 125 [*3*, *37*]. Die Gitter des Entladungsgefäßes werden mit Spannungen von Primär- und Sekundärfrequenz gesteuert. Im Niederfrequenzteil kann man mit einem Drehregler die Umrichterspannung und damit die abgegebene Leistung regeln. Die Frequenz des Ofens bestimmt der Hochfrequenzteil der Steuerung. Die Grundfrequenz wird dabei je nach Größe des Ofens und Art des Schmelzguts eingestellt. Hier greift auch die Abstimmung auf konstanten Leistungsfaktor ein. Zur Entlastung des Bedienungspersonals kann der Abgleich durch Frequenzänderung auch selbsttätig ausgeführt werden, wobei Strom und Spannung des Ofenkreises über Wandler auf ein besonderes Regelgerät in der Steuerung wirken.

# Schrifttumsverzeichnis

## 1. Bücher und Sonderveröffentlichungen

[*1*] MARTI, O. K. u. H. WINOGRAD: Stromrichter, deutsch v. Gramisch. München: R. Oldenbourg 1933.

[*2*] GLASER, A. u. K. MÜLLER-LÜBECK: Einführung in die Theorie der Stromrichter, Bd. 1, Elektrotechnische Grundlagen. Berlin: Springer 1935.

[*3*] SCHILLING, W.: Die Wechselrichter und Umrichter. München: R. Oldenbourg 1940.

[*4*] FREGE, CHR.: Blindleistungs-Stromrichter. Dissertation TH. Braunschweig 1941.

[*5*] SCHILLING, W.: Stromrichtertechnik. München: R. Oldenbourg 1950.

[*6*] RZIHA, E. v.: Starkstromtechnik. 8. Auflage, 1951, S. 225, 4. Abschnitt: Stromrichter. Berlin: Wilh. Ernst u. Sohn.

[*7*] KÜCHLER, R.: Die Transformatoren. Berlin/Göttingen/Heidelberg: Springer 1956.

[*8*] HÜTTE, des Ingenieurs Taschenbuch, Band IV A, Abschnitt VII: Stromrichter, S. 578. Berlin: Wilh. Ernst u. Sohn 1957 (mit Literaturverzeichnis).

[*9*] MOELLER-WERR: Leitfaden der Elektrotechnik, Band II, Teil 3: KÜBLER, Stromrichter. Stuttgart: Teubner 1958.

[*10*] LAPPE, R.: Stromrichter (mit Literaturverzeichnis) 1958, Leipzig, Verlag Technik, und Stuttgart, Berliner Union.

[*11*] AEG-Hilfsbuch. Abschnitt 4: Elektrische Ventile und Stromrichter, 8. Auflage. Essen: Girardet 1960.

[*12*] WASSERAB, Th.: Schaltungslehre der Stromrichtertechnik, Berlin/Göttingen/Heidelberg; Springer 1962.

## Vorschriften

[*21*] VDE 0555/1936 Regeln für Stromrichter, 1962 Neufassung.

[*22*] IEC Publication 84, Recommendations for Mercury-arc Convertors, Genf, 1957.

[*23*] DIN 41760/61/62 Trockengleichrichter, Benennungen.

[*24*] DIN 41771, 1—3 Trockengleichrichter, Prüfverfahren.

[*25*] DIN 43111 Fahrbare Unterwerke.

[*26*] VDE 0532/55 Regeln für Transformatoren.

[*27*] VDE 0227/1.59 Leitsätze für Maßnahmen bei Beeinflussung von Fernmeldeanlagen durch Wechselstrombahnen.

## Stromrichter — Sonderhefte

[*31*] Elektrotechn. Z. 53 (1932), Heft 32, S. 761 ff., siehe [*53*].

[*32*] Elektrische Bahnen 8 (1932), Heft 3, S. 45 ff., Fachheft Stromrichter.

[*33*] Siemens-Zeitschrift, Stromrichter-Sonderheft I. Teil, 13 (1933) S. 253 ff. — II. Teil, 15 (1935) S. 189 ff.

[34] Brown-Boveri-Nachrichten 22 (1935), Heft 1, S. 1ff., Sonderheft Stromrichter.
[35] Elektrische Bahnen 13 (1937), Heft 8/9, S. 189ff., Umrichterheft.
[36] Brown-Boveri-Mitteilungen 25 (1938), Heft 5/6, S. 83ff., 25 Jahre Brown-Boveri-Mutator.
[37] AEG-Mitteilungen 1939, Heft 2, S. 53ff., Sonderheft Stromrichter in der Industrie.
[38] AEG-Mitteilungen für Bahnbetriebe, Neue Folge, Heft 22, 1942, Stromrichterheft I.Teil; Heft 23, 1943, Stromrichterheft II.Teil.
[39] AEG-Mitteilungen 41 (1951), Heft 9/10, S. 165ff., Sonderheft Stromrichter.
[40] Brown-Boveri-Mitteilungen 42 (1955), Heft 4/5, S. 119ff., Sonderheft Mutatoren (mit Schrifttumsverzeichnis BBC 1938/54)
[41] AEG-Mitteilungen 48 (1958), Heft 11/12, S. 585ff., Sonderheft Stromrichterantriebe.
[42] Brown-Boveri-Mitteilungen 48 (1961), Heft 3/4, Sonderheft Siliziumgleichrichter.
[43] Brown-Boveri-Nachrichten 43 (1961), Heft 11/12, S. 639, Sonderheft Stromrichter.
[44] AEG-Mitteilungen 51 (1961), Heft 11/12, Sonderheft Halbleiter-Gleichrichter.

## 2. Aufsätze

### a) *Stromrichter und ihre Anwendungen*

[51] Jungmichl, H.: Oberwellen in den Primärströmen von Gleichrichteranlagen. Elektrotechn. Z. 52 (1931) S. 171.
[52] Dahl, C. E.: Wiedereinschaltung großer Gleichstromnetze. AEG-Mitt. 1931, H. 6.
[53] Schenkel, M.: Technische Grundlagen und Anwendungen gesteuerter Gleichrichter und Umrichter, mit Aussprache. Elektrotechn. Z. 53 (1932) S. 761.
[54] Meyer-Delius, H.: Die Oberwellen der Gleichspannung und des primären Netzstromes in Gleichrichteranlagen. Elektrotechn. Z. 54 (1933) S. 959.
[55] Müller, K. u. E. Uhlmann: Die Strom- und Spannungsverhältnisse der gittergesteuerten Gleichrichter. Arch. Elektrotechn. XXVII (1933) Heft 5, S. 347.
[56] Meyer-Delius, H.: Zwölfphasenschaltungen. Brown-Boveri-Nachr. 20 (1933) S. 3.
[57] Lebrecht, L.: Zur Frage der Stromrichterbelastung der Hochspannungsnetze. VDE-Fachberichte 7 (1935) S. 85.
[58] Uhlmann, E.: Zur Theorie der Gleichrichtertransformatoren. Elektrotechn. u. Maschinenb. 54 (1936) H. 11.
[59] Geise, H. u. F. Heinrich: Glättungseinrichtungen in Gleichstrom-Erzeugungsanlagen, insbesondere bei Verwendung von Gleichrichtern. AEG-Mitt. 1937 S. 189.
[60] Adler, H.: Neuere Gesichtspunkte für den Bau von Kinogleichrichtern. VDE-Fachberichte 9 (1937) S. 82.
[61] Monath, L. P.: Der Wellenstrom-Bahnmotor für Einphasenspeisung mit 50 P/s über gittergesteuerte Gleichrichter. VDE-Fachberichte 9 (1937) S. 144.
[62] Pascher, A.: Großgleichrichter für Elektrolyse. AEG-Mitt. 1937, Heft 7.
[63] Jungmichl, H.: Oberwellen, Welligkeit und Störspannung bei Stromrichtern. Elektrotechn. Z. 58 (1937) S. 417.

[64] Miehlich, R. u. A. Müller: Die selbsttätige Ladung von Batterien mit Stoßladegeräten. Elektrotechn. Z. 59 (1938) S. 747.

[65] Maier, K.: Zur handbedienten Dauerladung von Batterien mittels Gleichrichter. Elektrotechn. Z. 59 (1938) S. 936.

[66] Lebrecht, L.: Wirtschaftliche Grenzen bei der Wahl größter Gleichrichtergefäße für Elektrolyseanlagen. VDE-Fachberichte 11 (1939) S. 180.

[67] Reinhardt, G.: Die Messung des Lichtbogenabfalls von Quecksilberdampf-Gleichrichtern. Elektrotechn. u. Maschinenb. 57 (1939) S. 497.

[68] Stöhr, M.: Vergleich zwischen Stromrichtermotor und untersynchroner Stromrichterkaskade. Elektrotechn. u. Maschinenb. 57 (1939) S. 581.

[69] Ummelmann, E.: Stromrichter für Elektrolysen. Siemens-Z. 1939, H. 8 S. 375.

[70] Siebert, E.: Der Trockengleichrichter und seine Eigenschaften. Elektrotechn. Z. 60 (1939) S. 1427.

[71] Maier, K.: Gesichtspunkte für die Auswahl von Gleichrichtern. Elektrotechn. Z. 46 (1940) S. 1029.

[72] Leonhard, A.: Betriebsverhalten eines Generators mit Gleichrichtererregung. Elektrotechn. u. Maschinenb. 59 (1940) S. 301.

[73] Reinhardt, G.: Schaltungen zur Gittersteuerung von Stromrichtern. Elektrotechn. u. Maschinenb. 59 (1941) S. 436.

[74] Thiel, K.: Berechnen von Ladegleichrichtern mit selbsttätiger Ladestromreglung. Elektrotechn. Z. 62 (1941) S. 791.

[75] Meyer, K.: Die Sperrspannung der Stromrichter üblicher Schaltung und Steuerung. Elektrotechn. u. Maschinenb. 60 (1942) S. 60.

[76] Schilling, W.: Gittersteuerung und Blindleistung in der Stromrichtertechnik. Elektrotechn. u. Maschinenb. 60 (1942) S. 508.

[77] Lebrecht, L.: Netzrückwirkungen bei stromrichtergespeisten Walzwerksantrieben. Elektrotechn. u. Maschinenb. 60 (1942) H. 47/48.

[78] Anschütz, H.: Zur Frage der Wirtschaftlichkeit von industriellen Antrieben mit Stromrichterspeisung. Elektrotechn. u. Maschinenb. 61 (1943) S. 170.

[79] Kern, E.: Ein fahrbares Mutator-Bahnunterwerk für 3000 kW mit Stromrückgewinnung für Nutzbremsung. Brown-Boveri-Mitt. 30 (1943) S. 110.

[80] Verse, H.: Gleichrichtersysteme bei hohen Spannungen und bei hohen Stromstärken. Elektrotechn. 2 (1948) S. 143.

[81] Brunke, F.: Moderne Selen-Gleichrichter. Elektrotechn. Z. 70 (1949) S. 161.

[82] Ostendorf, W.: Stromrichteranlagen in Eingefäß-Schaltung für Umkehrwalzenstraßen. Elektrotechn. Z. 71 (1950) S. 137.

[83] Lappe, R.: Ein-Anoden- und Mehr-Anoden-Stromrichter. Elektrotechn. 4 (1950) S. 179.

[84] Böhm, H.: Selbsttätig geregelte Ladung von Bleisammlern. Elektrotechn. 4 (1950) S. 293 (nach Harvey, Proc. Inst. electr. Eng., Bd. 96, Teil II, Nr. 52, Aug. 1949 S. 607).

[85] Gerecke, E.: Systematik der elektrischen Ventilapparate. Bulletin SEV 43 (1952), S. 727.

[86] Möltgen, G.: Stromrichteranlagen mit verminderter Blindleistungsaufnahme. Siemens-Z. 27 (1953), S. 363.

[87] Schröder, E.: Gebräuchliche Lademethoden für Batterien elektrischer Fahrzeuge. Der Ingenieur 8 (1954) Heft 5.

[88] Wasserrab, Th.: Die Belastbarkeit der Mutatoren. BBC-Mitteilungen 42 (1955) S. 133.

[89] WASSERRAB, TH.: Die Belastbarkeit der Mutatoren bei zeitlich konstanter Last. BBC-Mitteilungen 43 (1956) S. 92.

[90] WASSERRAB, TH.: Die Belastbarkeit der Mutatoren bei zeitlich veränderlicher Last. BBC-Mitteilungen 43 (1956) S. 467.

[91] FILBERICH, L. u. W. SCHMALENBERG: Einanoden-Stromrichter. Siemens-Z. 30 (1956) S. 573.

[92] MÖLTGEN, G.: Stromrichter in Kreuzschaltung und Gegenparallelschaltung. Siemens-Z. 30 (1956) S. 580.

[93] MATTA, U.: Einige Gesichtspunkte zur Verwendung von Mutatoren für Warmwalzwerke. BBC-Mitteilungen 43 (1956) S. 452.

[94] SPENKE, E.: Leistungsgleichrichter auf Halbleiterbasis. Elektrotechn. Z. A 79 (1958) S. 867.

[95] MEISSEN, W.: Steuerung von Quecksilberdampf-Stromrichtern mit Transistor-Gittersteuersätzen. VDE-Fachberichte 20 (1958).

[96] KORB, FR.: Die Gefäßfolgesteuerung, ein Mittel zur Verminderung der Blindleistung von Stromrichteranlagen. Elektrotechn. Z. A 79 (1958) S. 273.

[97] GOLDSTEIN, A. u. W. FREY: Höchstspannungs-Energieübertragung. BBC-Mitteilungen 46 (1959) S. 227.

[98] FRASE, O.: Anlagenbau mit Quecksilberdampf-Stromrichtern. BBC-Nachrichten 41 (1959) S. 248.

[99] LUDWIG, E. H.: Entwicklungstendenzen und Probleme beim Bau von Quecksilberdampf-Stromrichtern. Elektrotechn. Z. A 81 (1960) S. 903.

[100] METSCHL, E. C.: Stromrichter, Akkumulatoren und Ladegeräte. VDI-Zeitschrift 102 II (1960) S. 1698, mit Schrifttumsangaben 1956/60.

[101] HAAMANN, K. P.: Erregung und Reglung großer Synchron-Maschinen mit Stromrichtern. Elektrotechn. Z. A 81 (1960) S. 317.

[102] KANNGIESSER, K.-W.: Ein neuer frequenzelastischer Umrichter. VDE-Fachberichte 21 (1960) I/82.

[103] LAMM, U.: Hochspannungs-Gleichstrom-Energieübertragung, Teknish Tidshrift 90 (1961), S. 1.

[104] DANDERS, M.: Die AEG-Typenreihe einanodiger Stromrichtgefäße. AEG-Mitteilungen 51 (1961) S. 107.

[105] KORB, FR.: Aufbau moderner Stromrichteranlagen für Antriebe in Walzwerken. BBC-Nachrichten 43 (1961) S. 146.

[106] LAPPE, R.: Der heutige Stand der Gleichstrom-Höchstspannungs-Übertragung, Elektric 16 (1962), S. 173.

b) *Schaltgeräte und Meßverfahren*

[121] HUETER, E.: Ein unmittelbar anzeigendes Oberwellenmeßgerät. Elektrotechn. Z. 52 (1931) S. 471.

[122] SPIELHAGEN: Messung der Welligkeit von Wellenströmen und Wellenspannungen. Arch. Elektrotechn. XXVII (1933) S. 805.

[123] KIND: Messen der Wechselstromkomponente von überlagerter Gleichspannung oder Gleichstrom. Elektrotechn. Z. 55 (1934) S. 541.

[124] METZGER, F.: Neue stromrichtungsempfindliche Auslösevorrichtungen für Schnellschalter. Elektrotechn. Z. 55 (1934) S. 1123.

[125] BEETZ: Über den Einfluß der Kurvenform auf die Angaben von Elektrizitätszählern. Elektrotechn. Z. 55 (1934) S. 1223.

[126] ROSSKOPF: Die Bestimmung der Kupferverluste bei Transformatoren für Gleichrichterbetrieb. Electrotechniek 13 (1935) S. 101, besprochen in Elektrotechn. Z. 57 (1936) S. 1305.

[*127*] Savagnone: Bestimmung des Wirkungsgrades von Gleichrichtergruppen durch Kurzschlußversuch. Elettrotecnica 23 (1936) S. 718.

[*128*] Kern-Berger: Die Messung des im Wechselstromnetz auftretenden zusätzlichen Spannungsabfalles in Mutatoranlagen. Bull. schweiz. elektr. techn. Ver. 1937, S. 183, besprochen in Elektrotechn. Z. 58 (1937) S. 1221.

[*129*] Krämer, W.: Ein einfacher Gleichstrommeßwandler mit echten Stromwandler-Eigenschaften. Elektrotechn. Z. 58 (1937) S. 1309.

[*130*] Haag, L.: Ein neuer Gleichstrom-Schnellschalter mit sehr kleinem Schaltverzug. Elektrotechn. Z. 59 (1938) S. 229.

[*131*] Reinhardt, G.: Die Messung des Lichtbogenabfalles von Quecksilberdampf-Gleichrichtern. Elektrotechn. u. Maschinenb. 57 (1939) S. 497.

[*132*] Mertens, F.: Kurzschlußschutz und Kurzschlußfortschaltung in Stromrichteranlagen. Brown-Boveri-Nachr. 30 (1943) S. 1.

[*133*] Reinhardt, G.: Die Gitterschnellabschaltung in Quecksilberdampf-Stromrichteranlagen. AEG-Mitteilungen 41 (1951) S. 240.

[*134*] Schmalenberg, W.: Messungen an Quecksilberdampf-Stromrichtgefäßen. ATM Archiv für techn. Messen V 8252, 1955 u. 1958.

[*135*] Fehling, H.: Die neue AEG-Gleichstrom-Schnellschalterreihe Gearapid H und S. AEG-Mitteilungen 48 (1958) S. 201.

[*136*] Brückner, P.: Ein neuartiges Schaltgerät mit äußerst kurzen Schaltzeiten. ETZ A/79 (1958) S. 33.

[*137*] Müller-Lübeck, K.: Ein tragbares direkt anzeigendes Brennspannungs-Meßgerät für Stromrichter. BBC-Nachrichten 42 (1960) S. 98.

[*138*] Gatz, H.: Der Kurzschlußschutz von Halbleiter-Gleichrichtern in Elektrolyseanlagen. ETZ A/81 (1960) Heft 20/21, S. 729.

[*139*] Horst, H. A., H. H. Johann u. W. Schulze-Buxloh: Schutz von Silizium-Gleichrichtern in Elektrolyseanlagen. ETZ B/13 (1961), Heft 12, S. 334.

# Sachverzeichnis

Die Ziffern bedeuten die Seitenzahlen, dagegen verweist Kursivdruck auf Zahlentafeln (z. B. *ZT. 3* mit Seitenzahl *S. 26*)

721/5/62 — V/12/6

## Berichtigungen

| | | |
|---|---|---|
| S. 6, | Zeile 7 v. o.: | statt ... Nur bei ... **lies** ... Um bei ... |
| S. 10, | Zeile 8 v. o.: | statt [*56,83*] **lies** [*39,83*] |
| S. 51, | Zahlentafel 7, Spalte 5 (Tabellenkopf): | statt $\overline{U}_s$ **lies** $U_s$ |
| S. 79, | Zeile 5 v. o.: | statt 150 Hz **lies** $3f$ |
| S. 79, | Zeile 4 v. u.: | statt Schaltungen<br>**lies** Schaltung |
| S. 93, | Zeile 1 v. o.: | statt ... der Gleichstromleistung<br>**lies** ... als Gleichstromleistung |
| S. 93, | Zeile 15 v. o.: | statt $1 \cdot 10^{-1}{}_0$, **lies** $1 \cdot 10^{-10}$ |
| S. 188, | Zeile 7 v. u.: | statt ... wenn es ...<br>**lies** ... wenn sie ... |
| S. 249, | Zeile 29/30 v. o.: | statt Teknish Tidshrift<br>**lies** Teknisk Tidskrift |
| S. 249, | Zeile 36 v. o.: | statt Elektric **lies** Elektrie |

Anschütz, Stromrichteranlagen, 2. Aufl.